力学基本问题

Basic Issues in Mechanics

杨 卫 著

科学出版社

北京

内 容 简 介

本书在全景式的视野下,以哲理式、开放式的描述方法,介绍力学学科及其学科交叉的前沿,尤其着重梳理出与之相关的 70 个基本问题。本书力图展示:即使是力学这一科学发展的先行学科,也仍然存在很多基本问题尚没有得到认识、解决。书中以"基础力学""流体力学""固体力学""交叉力学"四个板块进行展示:头尾体现了从基础到交叉的脉络,中间嵌入了力学的两大主流领域。

本书适合力学领域的同行阅读,包括高年级本科生、研究生和科研人员,也适用于对力学感兴趣的相关领域专家,力求为他们提供学术思想的启迪。书中很少涉及力学的应用部分和需求牵引部分,这两部分内容将在其姊妹书《力学工程问题》中加以展述。

图书在版编目(CIP)数据

力学基本问题 / 杨卫著. — 北京:科学出版社,
2024.6
ISBN 978 - 7 - 03 - 078504 - 6

Ⅰ. ①力… Ⅱ. ①杨… Ⅲ. ①力学-基本知识 Ⅳ.
①O3

中国国家版本馆 CIP 数据核字(2024)第 093907 号

责任编辑:潘志坚 徐杨峰 孙 月 / 责任校对:谭宏宇
责任印制:黄晓鸣 / 封面设计:殷 靓

科 学 出 版 社 出版
北京东黄城根北街 16 号
邮政编码:100717
http://www.sciencep.com

南京展望文化发展有限公司排版
苏州市越洋印刷有限公司印刷
科学出版社发行 各地新华书店经销
*

2024 年 6 月第 一 版 开本:787×1092 1/16
2024 年 6 月第一次印刷 印张:19 3/4
字数:418 000

定价:160.00 元
(如有印装质量问题,我社负责调换)

前　言

　　作为一位多年来研读力学的专家，我不断地被问着同样的问题："力学作为一门发展较早的学科，还有哪些基本问题是尚未被认识的？"无论是教书育人之时，还是策划课题之际，这一问题都始终萦绕在脑海，挥之不去。

　　三十年前，当我与清华大学的同事们策划重大项目时，我们内心认可的说法是："流体力学的湍流问题和固体力学的宏微观破坏问题是力学领域尚未认识清楚的两个基本问题。"时光荏苒，三十年弹指一挥间，非但这两个问题依然是千呼万唤、未见真颜；反而有更多的悬而未决的基本问题横亘在力学发展的地貌图之上。群峰障目，难见力学的真容。

　　三年前，我与赵沛、王宏涛两位同事一起，撰写力学领域的入门教科书《力学导论》，意在一窥力学学科的全貌。经过一番梳理，我们发现，尽管经过两千余年的探索（始于墨子、亚里士多德、阿基米德等先贤），力学学科仍处于不断发展的壮年期，尚有众多没有发掘到或没有认识清的基本问题。囿于以本科生为主要受众而无法向幽深之处探寻，《力学导论》对所有的问题都采取了浅尝辄止的处理方法，未能进行深究和凝练。

　　2022年底，科学出版社的编辑们向我转达了这样的信息，希望能撰写一本关于《力学基本问题》的书，并郑重嘱托这是他们多年的心愿。面对这一嘱托，我经历了一个从排斥到沉思、再到内心点燃的过程，并终于在2023年春节期间启动了本书的著述过程。

　　作为本书的基础，我在近几年曾先后做过"力之大道两周天""力之大道——作用于有形与无迹之间""固体力学的十个基本问题""物理力学的十个基本问题"等讲座报告，形成了数次自下而上的尝试。本书这次尝试的自上而下的构架方式，其难度必然会有量级上的增加。我平生也著就数部中文或英文的书，但都是对已有知识框架的展述。像这样一本从选题、内容到构架方式都以"提问题"为主，有点别出心裁的著作，还是首次尝试。不足之处，切望广大读者与诸位学术同行海涵。

　　本书力图向我的力学同行（也包括对力学感兴趣的相关领域专家）展示：即使对于力学这一科学发展的先行军，也仍有很多基本的问题尚没有得到认识或解决。书中以"基础力学""流体力学""固体力学""交叉力学"四个板块进行展示，这一分解也仅代表了我个人对力学基础部分的一种剖分。头尾为从基础到交叉,中间嵌入了力学的两大主流领域区分,暗合了国际理论与应用力学联盟(International Union of Theoretical and Applied Mechanics,IUTAM)对力学的大致区分。题目使然,书中很少涉及力学的应用部分和需求牵引部分;当然它们同样重要,同样应列入"基本"的范畴。

最后再强调三点。一是力学基本问题属于开放性的范畴,力学领域中竞秀的群峰是在拨开云山雾罩时逐渐显现的,因此,本书中所列出的问题并不是一张完整的清单。二是力学基本问题应该是具有根本性的问题,不是当今知识的简单结合或应用,且应该在力学的发展中起到枢纽性作用的新知识点。三是力学基本问题是尚未认清的问题,这里不排除有可能包含一些伪命题,如果有三分之二的问题是真问题,著者便足以告慰了。

著书过程中,得益于我的几位年轻同事的帮助:浙江大学的王宏涛教授、李铁风教授、赵沛教授、黄洋博士,北京大学的杨越教授,他们都与我分享了知识、数据和凝练问题的视角。这里还要致谢常若菲女士为本书绘图。

甲辰龙年正月
于杭州玉泉求是村、北京海淀紫竹公寓

目　　录

第二篇　流　体　力　学

第三篇　固 体 力 学

第四篇　交 叉 力 学

引 言

"力学标志着人类对物理世界之科学理解的第一缕曙光。力学构成理工的脊梁。力学铺就了世界上无数的城市建设的基石……"

——刘淇,《北京市申办 2008 年世界力学家大会的报告》

0.1 循史:力学的引领式发展

若要厘清一个学科发展之脉络,循史是重要的抓手。

宇宙之大、基本粒子之小、生命体之复杂,从物质到精神,力无所不在!

科学旨在发掘物质、信息、生命三元世界之规律。这些规律多为相互作用与自身运动之规律:无论是宇宙万物之间、信息影响之间、生命繁衍之间,还是物质与精神之间、自然与生命之间、物质-信息-能量之间,都是通过对其相互作用的机理和定量表征所描述的。人们把这林林总总的相互作用冠以一个神秘而又具有直觉色彩的词,即所谓"力"。按照篆书的古汉字(图 0.1),"力"是象形字,像古人犁地用的工具"耒"的形状,可具象化地指辩为对知识大地的深耕。

图 0.1　篆书"力"字

力是对各种相互作用的概念化描述。它量化了在诸种相互作用下其主体和受体的状态变化。宇宙万物是根据生命的意志、信息的指引、能量的存续,以"力"来作为维系个体及群体的规律载体来运动的。所以,"力"体现了宇宙间万物的演化规律。

如何解释力学的内涵呢?最新的定义是:"力学是关于物质相互作用和运动的科学,研究物质运动、变形、流动的宏观与微观行为,揭示上述行为的科学规律,及其与物理学、化学、生物学等过程的作用。"[1]

这个力学的定义是比较新的定义。如果时间倒退至 1985 年,那时大百科全书上的定义是"力学是研究机械过程关系科学规律的学科"[2]。显而易见,现在力学的内涵比以往有了进一步的拓展。

力与力学的这一本原性概念决定了其必然在人类科学的发展中起到先行、奠基和引领作用。以往对科学史的描述中是将数学与自然科学的发展分别论述的。自然科学(其前身为自然哲学)的发展是以物理学为先导的,而物理学的发展则是以力学为先行的。

自墨子(约公元前 476~公元前 390)、亚里士多德(Aristotle,公元前 384~公元前 322)的自然哲学发展时代以来,力学的发展起到了引领作用。数学中以微积分为代表的"高等数学"是以力学家艾萨克·牛顿(Isaac Newton,1643~1727)的奠基性工作引领的[3],以极限推理逻辑为代表的"数学分析"是以数学家、巴黎大学力学教授奥古斯丁·柯西(Augustin Cauchy,1789~1857)的奠基性工作引领的[1];同时代在数学上做出重大贡献的力学家还有伯努利叔侄(Johann Bernoulli,1667~1748;Daniel Bernoulli,1700~1782)[4]、莱昂哈德·欧拉(Leonhard Euler,1707~1783)[5]、约瑟夫·拉格朗日(Joseph Lagrange,1736~1813)[6]、皮埃尔-西蒙·拉普拉斯(Pierre-Simon marquis de Laplace,1749~1827)[7]等。物理学中的光学理论是以力学家罗伯特·胡克(Robert Hooke,1635~1703,前英国皇家学会创始人之一兼实验室主任,他奠基了弹性力学并创立了显微学)和牛顿(他奠基了动力学三大定律和万有引力定律,也发现了光的色散并奠基了物理光学)的奠基性工作引领的,物理学中的电磁场理论是以力学家詹姆斯·麦克斯韦(James Maxwell,1831~1879)[8]、赫尔曼·冯·亥姆霍兹(Hermann von Helmholtz,1821~1894)[9]的开创性工作引领的。化学的早期发展多冠有体现力学含义的名称,如热力学(thermodynamics)、动理学(kinetics)、动力学(dynamics)等。天文学的起源凝聚了大量力学家的贡献,如尼古拉·哥白尼(Nicolaus Copernicus,1473~1543)的太阳中心说[10]、约翰尼斯·开普勒(Johannes Kepler,1571~1630)的行星运动三定律[11]、伽利略·伽利雷(Galileo Galilei,1564~1642)的《关于两门新科学的对话》[12]、牛顿的《自然哲学的数学原理》[3]。地学的早期发展和主要理论均奠基在力学的基本理论之上,如张衡(78~139)的地动说、地球动力学的建立、板块理论、李四光(1889~1971,英文名为 J. S. Lee)的地质力学理论[13]等。生命科学的奠基之一——细胞的发现与得名,也是力学家胡克用他所发明的光学显微镜观测到的。

2018 年,中国科学院召开第十九次院士大会,习近平总书记在会上提到了《墨经》中的力学定义:"力,形之所以奋也",就是说动力是使物体运动的原因,无论做什么事情都要有动力,这样才会有所前进。这些论述深刻地展示了"力"不仅对物质世界适用,也对精神世界适用。

力学的起源可追溯到人类文明之初。春秋战国时期,在墨子及其学派的著作《墨经》中就有关于力的概念。古希腊时期,阿基米德(Archimedes,公元前 287~公元前 212)对杠杆平衡、物体在水中受到的浮力等开展研究,初步奠定了静力学即平衡理论的基础。文艺复兴时期,列奥那多·达·芬奇(Leonardo da Vinci,1452~1519)引入力矩的概念,阐述了力的平行四边形法则[14]。伽利略通过对抛体和落体的研究,提出了惯性定律来解释物体和天体的匀速运动,并在对灯的摆动研究中首次建立力学模型。

17 世纪,牛顿提出力学运动的三条基本定律和万有引力定律的数学描述,奠定了经典力学的基石[3]。此后,力学的研究对象由单个的自由质点转向受约束的质点和质点系,其标志性成果是让·勒朗·达朗贝尔(Jean le Rond d'Alembert,1717~1783)原理[15]、拉格朗日分析力学[5]和威廉·罗恩·哈密顿（William Rowan Hamilton，1805～1865）分析力学[16]。

18世纪，欧拉提出连续介质及其无限小微元假设，基于牛顿定律建立了刚体和理想流体的动力学微分方程。克劳德·纳维（Claude Navier，1785～1836）、柯西、西莫恩·德尼·泊松（Siméon-Denis Poisson，1781～1840）、乔治·斯托克斯（George Stokes，1819～1903）等将微元的变形关系、运动定律和物性定律结合，建立了弹性固体力学和黏性流体力学的基本理论。此后，涉及材料物性的连续介质力学蓬勃发展，逐渐形成了力学学科。

20世纪初，路德维希·普朗特（Ludwig Prandtl，1875～1953）的边界层理论和空气动力学研究将力学带入了应用力学的新时期。此后，西奥多·冯·卡门（Theodore von Kármán，1881～1963）、斯蒂芬·铁摩辛柯（Stephen Timoshenko，1878～1972）及其学派将力学深度融入于工程技术之中，催生了以航空航天科技为代表、以力学为主要支撑的现代工程和技术科学。20世纪中后期起，变分法、有限元法、计算科学、信息技术等迅猛发展，大幅提升了力学解决工程技术问题的能力，加快了人类文明发展的步伐。

中国力学工作者在物理力学、湍流理论、喷气推进、工程控制论、广义变分原理、断裂力学等方面做出开创性贡献，在支撑中国创建现代工业体系方面发挥了重要作用，尤其是成就了"两弹一星"等重大工程。近年来，中国在航空工程、载人航天、深空探测、高超声速飞行器、高端制造、大跨度桥梁、超高层建筑、深海钻探、高速列车等方面取得的成就，充分体现了力学学科的重大贡献和重要作用。

近代力学已具有较为完整的理论、实验和计算体系。20世纪后期以来，以分岔、混沌、分形等理论为代表的非线性科学研究，极大地拓展了牛顿力学的深度和广度，深刻地改变了人们的自然观。与此同时，力学与其他学科的交叉与融合推动了交叉学科的形成和发展，不断丰富着力学的研究内容和方法。20世纪以来，力学学科在动力学与控制、固体力学、流体力学、工程力学的主体架构上，与数学、物理、生物、环境、化学等其他领域交叉结合形成了计算力学、物理力学、生物力学、环境力学、软物质力学等分支。21世纪以来，人类文明、社会经济发展和国家安全的新需求，如空天飞行器、深海空间站、绿色能源、新材料、灾害预报与预防、人类健康与重大疾病防治等问题的突破与解决，都离不开力学的重要作用。

与此同时，力学仍在不断追求基础理论、计算方法和实验技术的创新，不断在与其他学科的交叉融合中获得蓬勃生机。在20世纪50年代之前，力学研究的基本范式是基于实验观测，建立力学问题的理论模型并借助数学工具开展定量分析。随着电子计算机的出现以及数据科学、人工智能的快速发展，随着力学行为与物理、化学、生物等行为的相互作用日益增强，力学与其他学科的交叉创新成为常态。基于数据驱动的研究范式开始崭露头角，而基于新硬件体系架构、新测量原理发展起来的新计算/测量方法、新实验装置和实验技术也层出不穷。此外，各种新的力学现象、先进计算方法和实验技术的不断涌现，力学与其他学科之间深刻持久的交叉互动，使得力学研究能够更主动地开辟新方向，更充分地挖掘出海量数据背后蕴含的力学机理,揭示更大空间尺度、更高时空分辨率、更极端服役环境下力学行为的本质规律,从而在更高的起点上推动力学向前发展。

当代力学的发展趋势体现为:更加重视非线性、非定常、跨尺度、多场耦合等力学难题,更加重视高性能计算,更加重视先进的实验技术,更加重视与其他学科的交叉与融合等。面对21世纪诸多世界性难题,力学学科正经历着众多超越经典研究范畴的新挑战,深入研究非均质复杂介质、极端环境、不确定性、非线性、非定常、非平衡、多尺度和多场耦合等难题,促使现代力学体系发生新的变革。

力学既是基础科学,又是技术科学。作为基础科学,力学探索自然界运动的普遍规律,以机理性、定量化地认识自然、生命与工程中的规律为目标。力学是最早形成科学体系的一门学科,并成为精确科学的典范,其方法论在自然科学诸学科中有指导性意义。作为技术科学,力学是工程科学的先导和基础,为开辟新的工程领域提供概念和理论,为工程设计提供有效的方法,是科学技术创新和发展的重要推动力。力学的研究成果和研究方法具有极强的普适性,被诸多学科采用。力学与诸多学科交叉融合,开拓出一系列新的学科增长点。

力学的主要理论包括:① 物体运动基本定律;② 分析力学理论;③ 连续介质力学理论;④ 流体力学基本理论;⑤ 固体力学基本理论;⑥ 物理力学与生物力学基本理论。

0.2 前瞻:力学3.0的构架

当代力学工作者在20世纪所接受的基础教育,使得他们有时停留在前三次科技革命的语境之下[17]。然而,在21世纪的第二个十年,特别是随着人工智能技术的梯次勃兴,现代社会实际上进入了变革时代,新科技革命已经开始。正如习近平主席在第六届世界互联网大会的贺信中所指出的:"当前,新一轮科技革命和产业变革加速演进,人工智能、大数据、物联网等新技术新应用新业态方兴未艾"。[18]

力学是科技创新和发展的重要推动力。拂去前三次科技革命表面以蒸汽机、电动机、生产线等为代表的技术面纱,革命的内驱力均来自力学的推动:以牛顿力学为代表的动力学促成了机械系统的发展和人力畜力的大规模被替代,是"大工业真正科学的基础[19]"(马克思语);欧拉-伯努利梁方程及随后发展出的固体力学理论,在19世纪成为"第二次科技革命的基石"[4];流体力学和研究"高压气体、高温气体、高压固体和临界态及超临界态"[20]的物理力学则是第三次科技革命中航空航天这一代表性技术的最大动力。但是,在新科技革命的当今语境中,力学的这一基础角色却被明显地忽视了。

力既表征物质之间的相互作用,也表征信息之间的相互影响,还表示生命的活力。力不仅仅存在于物理空间之中,也存在于赛博空间(cyberspace,也称信息空间、网络空间)和生命空间之中。科学界正在致力于发展一个称为信息-物理-人体(cyber-physical-human,CPH)理论的三元世界学说,其前期的信息物理系统(cyber-physical system,CPS)理论已经发展得小有规模[21]。这一学说中假定存在三个互相影响的空间：物理空间、赛博空间、生命空间。若按照力与流的关系将其进行构架，便得到如图 0.2 所示的关联对应[22]。

图 0.2　三个空间的关联图

可由物理时空来描述物理世界。在物理空间中，存在着四种物理力，即万有引力、电磁力、强相互作用力、弱相互作用力。物理空间中具有支配性的规律为物理规律。这些物理规律的一条发展主线是力学。以力学的体系来说，有早期的牛顿力学，在理论物理方面高耸的四大力学（经典力学、热力学与统计力学、电动力学、量子力学）与相对论力学，以及在应用方面建立的以连续介质力学为基础的应用力学。随着力学发展阶段的不同，其框架体系和适用范围便有力学 1.0、力学 2.0、力学 3.0 等诸阶段。其中，力学 1.0 反映学科的建构；力学 2.0 反映学科的辐射；力学 3.0 反映学科的融通。

在信息世界中，可由赛博空间来描述。在赛博空间中，可定义不同语义之间的信息力，其表现为影响力、传播力、意识形态力、潜意识力等形式。在赛博空间中，信息规律主导着信息的产生、流动、传播与滞失。其中，信息之间的作用可由信息力学来加以刻画。知识产生、知识传播是信息力作用下产生的信息源和信息流。信息流动可采用固定网络（如互联网）、移动网络（如移动互联、云互联）和人–人、人–机、机–机等交流互联方式进行。

在生命空间中，存在有生命力，如生命创造力、生命传承力、生命进化力等。在生命空间中遵循生命规律，其中生命的原动力可由生命力学来加以刻画。生命进化有三种方式，参见马克斯·埃里克·泰格马克（Max Erik Tegmark，1967~）所著《生命 3.0》一书[23]。该书作者认为,生命是具有一定复杂性的系统,这个系统会不断复制自我。生命有硬件也有软件,硬件是生命有形的部分,用来收集信息;软件是生命无形的部分,用来处理信息。生命的复杂性越高,其发展的版本就越高,可以分为生命 1.0、生命 2.0 和生命 3.0。生命1.0 指的是,系统不能重新设计自己的软件和硬件,两者均由 DNA 决定,只能通过缓慢的代际进化才能带来改变。生命 2.0 指的是,系统虽然还不能重新设计自己的硬件,但是,它能够通过脑的塑造,重新撰写自己的软件,可以通过学习获得新技能。人类就是生命2.0 的代表,人体传承多由 DNA 决定,依然要依靠代际进化,才能发生缓慢的改变。生命3.0 指的是,生命体能不断升级自己的软件和硬件,不用等待缓慢的代际进化。

在三元世界中存在着交叉重叠的融合区域(或界面)。在连通生命空间与物理空间的界面上,既体现生命世界对物理世界的作用,也体现物理世界对生命世界的作用。对前者来说:人类可以认识自然,这就是科学;也可以改造自然,这就是工程。认识与改造自然可以通过分析、实验、计算、数据关联等多种方法进行。对后者来说:自然可以改造生命体本身,这里既有生命 1.0 和生命 2.0 中体现"物竞天择、适者生存"的缓慢代际进化的途径,即查尔斯·罗伯特·达尔文(Charles Robert Darwin,1809~1882)的进化论[24];也有在生命 3.0 中的渐次升级的科学干预的进化途径,如通过基因编辑的方法。毋庸置疑,对后者的实施规范要在严谨的伦理学指导下进行制定。

赛博空间对物理空间和生命空间的作用可通过数据驱动和机器学习这类方式进行。物联网是它与物理空间交互的一种方式,它对物理世界的作用可以通过数字孪生、数值模拟等计算科学的方式进行。务联网是它与生命空间交互的一种方式,它对生命世界的作用可以通过数智孪生、记忆增强、混合增强等人工智能的方式进行。

三元世界的交汇点则是通用型人工智能或强人工智能。它也是物理力学、信息力学与生命力学的交汇点,这时的力学框架为力学 3.0。相对于力学奠基的力学 1.0 和力学向工程辐射的力学 2.0 而言,它是一个全新的阶段。力学在 21 世纪的跃进以其建模方法迁移至"形而上"领域为特征[25]。在力学 3.0 的时代,学科将出现从物质基础到上层建筑的嬗变,以体现"宇宙之大,基本粒子之小,生命之复杂,从物质到精神,力无所不在"的理念。

0.3　物质世界的力学

对物质世界的力学来说,它涉及不同尺度的描述层次,并与不同类型的物理场交织在一起。若把力学视为一个独立的学科,其涉及的第一个基本问题就涉及定义的厘清:

力学基本问题 01　怎样完整、清晰地定义力学的基本内涵?

在前面的定义中已给出:"力学……研究物质运动、变形、流动的宏观与微观行为……及其与物理学、化学、生物学等过程的作用。"这里涉及三个具体问题:① 对走入微观尺度的力学,它与介观物理(meso-physics)的区别是什么?② 对应于跨越宏观与微观不同描述层次的相互作用规律研究,也就是跨物理尺度(multi-scales)的力学,它只涉及或仅研究纯粹的力学过程吗?③ 若依定义来研究力学"与物理学、化学、生物学等过程的作用",也就是多物理场耦合(multi-physics)的力学,这时耦合仅在力学行为上发生吗?这些问题对厘清力学的基本内涵非常重要。

作者认为可以用三个"不可或缺"来诠释这一问题。① 力学作为一门以力为核心追求的物理科学,其基本内涵中的力场不可或缺,力学可以研究力场与其他场的相互作用,但这些场产生的作用必须与力场有所关联;力学工作者可以研究物质的结构功能和输运功能,但这些功能必须与力场有关。② 力学从一门以研究宏观世界规律向跨物质层次和尺度来进行研究的科学,其宏微观结合不可或缺,力学可以研究微观、细观的物理量产生的作用,但这些层次或尺度的作用必须与宏观响应有所关联。③ 力学作为一门以力为核心追求的物理科学,在研究"与物理学、化学、生物学等过程的作用"时,其中对应的以力学场为轴心的多物理场耦合不可或缺,力学仅研究物理学、化学、生物学等过程中力场可以起到决定性或重要关联性的问题。

对于力学所涉及的两类介质——流体与固体,其涉及的第二个基本问题是过渡的缺失:

力学基本问题 02　如何多关联地体现跨层次、跨介质的过渡?

这里涉及两个具体问题:① 从粒子模型到连续介质模型的过渡;② 从流体到固体的过渡。

第一个问题涉及从描述粒子运动的牛顿力学到描述连续介质的变形、流动、破坏的连续介质力学模型的过渡。经典的连续统假设未能给出一个普适的误差度量;弹性体的统计力学模型[26]也很难应用于对微结构敏感行为的跨尺度关联。这里唯一比较成功的跨层次过渡模型是稀薄气体动力学[27],可以通过玻尔兹曼(Ludwig Boltzmann,1844~1906)方程与矩方程来实现从气体动力学到 N-S 方程的过渡。根据气体分子的平均自由程与一般物体特征长度的比值(即克努森数 Kn),钱学森(Hsue-shen Tsien,1911~2009)早在1946 年就将稀薄气体动力学划分为连续流($Kn<0.01$)、滑移流($0.01<Kn<0.1$)、过渡流($0.1<Kn<10$)与自由分子流($Kn>10$)四个部类。

第二个问题涉及从流体到固体的过渡。物理学家按照粒子排列的规律性来区分气体、液体、固体:气体为完全无序排列的粒子聚集体;液体为短程有序但长程无序排列的粒子聚集体;固体为长程有序排列的粒子聚集体。在物理学中,从流体向固体过渡的区分标志是从"短程有序"到"长程有序"。力学家则按照连续介质的剪切承载能力来区分流体和固体。在力学中,现有的定义是从"短期抗剪"到"长期抗剪"。哈佛大学詹姆斯·莱斯教授(图 0.3)在《大英百科全书》中给出的定义为:"一种材料之所以被称为固体而非流体,是因为在自然过程或者工程应用所关心的时间尺度范围内能有效地抵抗剪切变

图 0.3 哈佛大学詹姆斯·莱斯（James R. Rice，1940~ ）

形。"[28]而流体则与之相反，当时间 t 趋于无穷时，其剪切模量 G 消失为零。

对上述固体与流体的力学定义可做三点诠释：一是虽然长程有序态是抵抗剪切加载的充分条件，但不是其必要条件，如金属玻璃、交联型高分子等物质虽然不具有长程序，但却可以承受剪切；二是流体虽然不能有效地承受长时间的剪切作用，但却可以承受体积变形（可压缩或不可压缩流体），也可以在较短的时间尺度内承受剪切（即具有黏性）；三是固体可以抵抗体积和形状的改变，而流体在同样的时间尺度内只能抵抗体积变化，而形状只能随意变化。

以长期抗剪切能力来区分固体和流体也仍旧有一些模糊之处。例如，流变体是固体还是流体？固体与流体的划分是否与承力或变形的大小有关（见 12.4 节与 16.1 节）？如何理解软物质（其定义是小扰动导致大响应），它是流体还是固体？

在物质世界中，力学的复杂性体现在两个未解之谜：流体中的湍流与固体中的破坏。这两个问题具有某种程度的相似性。

湍流问题是跨尺度的典型，是钱学森先生所提到的十个半复杂系统中的半个复杂系统。对湍流的研究是典型的内禀跨尺度问题。湍流远比混沌复杂，湍流对应于强非线性的偏微分方程组，相当于无限维的非线性的动力系统，而混沌只对应于低维的非线性常微分方程组。

破坏问题是跨层次的典型，它涉及从宏观到细观到介观到微观的层次过渡和模型过渡。对破坏的研究涉及建模体系的过渡，从牛顿力学到连续介质力学、到细观力学、到分子动力学、到第一性原理模拟、到强关联量子力学的跨体系建模。

0.4　精神世界的力学

精神世界的研究如何影响力学的发展？这可以从三个方面去阐述：一是哲学层次的研究将为力学工作者树立世界观和方法论；二是可以从心理层次和生理层次来阐述精神力的形成；三是精神与物质之间可以通过力的作用来进行转换。

为了引出第一个方面，在此与读者们分享一段往事。钱学森先生曾在 1956 年创建清华大学力学班，并担任首任班主任。在力学班的基础上，1958 年清华大学成立了工程力学系。著者曾经在 1994~2004 年担任清华大学工程力学系的系主任。25 年以前，有 10 位清华大学工程力学系的博士生联名给钱先生写了一封信，信中表达了自己对工程力学的未来发展的迷茫。几天后，系里收到了钱先生托我们转交的回信，其中最关键的一段讲到："研究工程力学一定要结合国家的重大需求，结合重大工程、复杂系统。……而这些重大工程问题千变万化,如何能够把握它? ……以我自己个人的经历来说,一定要以马克思主义哲学引导分析和解决工程问题的过程。"

　　力学工作者尤其着重其在三观(人生观、价值观、世界观)一论(方法论)的建构。在力学从诸学科中脱颖而出之前,人们将科学称为自然哲学。自然哲学是现代自然科学的奠基,主要阐述人对于自然界的哲学认识——包括自然界和人的相互关系、人造自然和原生自然的关系、自然界的基本规律。因此,力学的探索中会遇到很多哲学层面的问题。如墨子的"力,形之所以奋也"就给出了在"形"为主体时,"力"与"奋"的因果关系,《墨辩》也被哲学家胡适(1891~1962)誉为"中国古代第一奇书"[29]。亚里士多德认为:"凡运动的事物必然都有推动者在推着它运动",但一个推一个不能无限地追溯上去,因而"必然存在第一推动者",即存在超自然的神力,这便引入了"无穷追溯"这一哲学命题。牛顿试图论证是"产生力"还是"施加力"这一哲学命题,他倾向于后者,但由此产生了"第一推动力"的问题,也仍未摆脱无穷追溯问题。哲学中的宇宙决定论就是以力学家拉普拉斯为代表的,哲学中的唯心主义就是以力学家勒内·笛卡儿(René Descartes,1596~1650)为代表的,哲学中的辩证法就是以力学家格奥尔格·威廉·弗里德里希·黑格尔(Georg Wilhelm Friedrich Hegel,1770~1831)[30]为代表的,哲学中的马赫主义和科学哲学就是以力学家恩斯特·马赫(Ernst Mach,1838~1916)为代表的,而整个德国古典哲学就是以伊曼努尔·康德(Immanuel Kant,1724~1804)[25]为代表的,他作为力学家提出过后人称为"康德-拉普拉斯学说"的星云假说理论[31]。阿尔伯特·爱因斯坦(Albert Einstein,1879~1955)有关"上帝不是掷骰子的"名言,代表着他对确定与随机这一哲学命题的立场。量子力学的建立展示了"连续与离散"这一新的哲学命题。爱因斯坦广义相对论的提出引致了运动与物质互为因果的哲学命题。

　　精神力的形成具有心理层次和生理层次的基础。当前,心理学的发展已经进入了神经心理学的范畴,而神经心理力学就是其中的一个主导方向。像应力、应变、舒张度、脑压、可塑性这些力学词汇已经大量地应用于神经科学与脑科学之中。各种源于力学的方法,如扩散张量成像(diffusion tensor imaging,DTI)、神经联络图,已经大量地用于探索神经科学与脑科学行为。人们开始探索在环境与意念的作用而施加的应力下,思维过程与脑神经环路生长的关系,探索跨学科的力电神经化学,并考虑与精神层面上情感、记忆、创新、顿悟的关系。科学家们发现,在意念驱动下,神经突触能够产生可观察到的凸起[32]。也就是说,人们在凝思苦想之际,其意念促进了神经突触的生长,有可能造成新的神经回路的形成,导致创新思想的产生。

　　精神与物质之间可以通过力的作用来进行转换。以前人们大多是身心二元论者,将"物"与"心"作为哲学意义上的两极,即唯物主义与唯心主义。偶尔,我们也会讨论"物质变精神"与"精神变物质"的二元转换,例如谈到主观能动性。这是通过精神力的感召作用与物质力的涵养作用来实现的。当前的神经科学发现显示:我们的大脑和意识都具有物质性,意识的身心二元论在很多情况下不能成立,应该回归于大脑一元论[33]。

参考文献

[1] 国务院学位委员会力学评议组. 力学一级学科简介及其博士、硕士学位基本要求[Z], 2023.

[2] 中国大百科全书总编辑委员会《力学》编辑委员会. 中国大百科全书：力学[M]. 上海：中国大百科全书出版社,1985.

[3] Newton I. Philosophiae naturalis principia mathematica[M]. Oxford：University of Oxford Press, 1687.

[4] Wikipedia. Euler-Bernoulli beam theory[OL]. [2023 − 12 − 21]. https：//en. wikipedia. org/wiki/Euler%E2%80%93Bernoulli_beam_theory.

[5] Euler L. Mechanik[M], 1736.

[6] Lagrange J L. Analytical mechanics[M]. Berlin：Springer-Science+Business Media, 1997.

[7] Laplace P S. Traité de mécanique céleste[M]. Paris：De L'Imprimerie de Crapelet, 1799 − 1825.

[8] Maxwell J C. A dynamical theory of the electromagnetic field[J]. Philosophical Transactions of the Royal Society of London, 1865, 155：459 − 512.

[9] von Helmholtz H L F. On the conservation of force[M]. Ann Arbor：Charles River, 1863.

[10] 哥白尼. 天体运行论[M]. 叶式辉,译. 北京：北京大学出版社,2006.

[11] Kepler J. Summary of Copernican astronomy (Austria)[M], 1622.

[12] 伽利略. 关于两门新科学的对话[M]. 武际可,译. 北京：北京大学出版社,2006.

[13] 李四光. 地质力学概论[M]. 北京：科学出版社,1999.

[14] 沃尔特·艾萨克森. 列奥纳多·达·芬奇传[M]. 汪冰,译. 北京：中信出版集团,2018.

[15] D'Alembert J R. Traité de dynamique[M]. Paris：David L'aîné, 1743.

[16] Hamilton S W R. On a general method in dynamics[M]. Oxfordshire：Richard Taylor, 1834.

[17] 赵沛,王宏涛,杨卫. 新语境下力学本科课程体系的重塑与实践[J]. 力学与实践,2020,42(6)：766 − 770.

[18] 新华网. 习近平向第六届世界互联网大会致贺信[OL]. [2023 − 12 − 19]. http：//www. xinhuanet. com/politics/2019-10/20/c_1125127764. htm.

[19] 中共中央马克思恩格斯列宁斯大林著作编译局. 马克思恩格斯全集[M]. 北京：人民出版社,2016.

[20] 钱学森. 物理力学讲义[M]. 北京：科学出版社,1962.

[21] NIST. Cyber-physical systems website[OL]. [2023 − 12 − 19]. https：//www. nist. gov/el/cyber-physical-systems.

[22] 杨卫,赵沛,王宏涛. 力学导论[M]. 北京：科学出版社,2020.

[23] 迈克斯·泰格马克. 生命3.0：人工智能时代——人类的进化与重生[M]. 汪婕舒,译. 杭州：浙江教育出版社,2018.

[24] Darwin C. On the origin of species by means of natural selection, or the preservation of favoured races in the struggle for life[M]. London：John Murray, 1859.

[25] 依曼努尔·康德. 自然科学的形而上学基础[M]. 邓晓芒,译. 上海：上海人民出版社,2003.

[26] Weiner J H. Statistical mechanics of elasticity[M]. Hoboken：Wiley, 1981.

[27] 陈伟芳,赵文文. 稀薄气体动力学矩方法及数值模拟[M]. 北京：科学出版社,2017.

[28] Rice J R. Mechanics of solids, mechanics, the new encyclopedia of Britainnica [M]. Chicago：

Encyclopedia Britainnica Incorporated，2002.

［29］胡适. 中国哲学史大纲（上）［M］. 北京：东方出版社,1996.

［30］黑格尔. 精神现象学［M］. 贺麟,王玖兴,译. 北京：商务出版社,1979.

［31］依曼努尔·康德.宇宙发展史概论［M］. 全增嘏,译. 上海：上海译文出版社,2006.

［32］Kwok O L, Nancy Y I. Synapse formation and plasticity：Roles of ephrin/eph receptor signaling［J］. Current Opinion in Neurobiology, 2009, 19(3)：275－283.

［33］包爱民,罗建红,迪克·斯瓦伯. 从脑科学的新发展看人文学问题［J］. 浙江大学学报：人文社会科学版,2012,42(4)：6－17.

第一篇
基 础 力 学

基础力学包括动力学、理性力学与物理力学。

动力学的主要研究分支包括：分析力学、多体系统动力学、非线性动力学、随机动力学等；特别关注非线性、非光滑性、不确定性等问题。分析力学主要研究几何力学理论、非完整约束系统理论、伯克霍夫（George David Birkhoff, 1884~1944）系统理论及广义哈密顿动力学等。多体系统动力学主要研究多物理场、多尺度等复杂系统的动力学建模和计算。非线性动力学主要研究非线性系统的动态分析与控制，尤其是系统呈现的分岔、混沌、分形、突变和孤立子等复杂现象。随机动力学主要研究系统在随机因素作用下的动力学统计特征。

理性力学旨在用严密的公理体系和数学理论来描述物质运动和变形的一般规律，并与热学、电磁学等学科融合发展为统一的连续统物理的理论基础。

物理力学将宏观力学与描述微观物质行为的量子力学相结合，从微观尺度认识物质相互作用、运动规律以及宏观效应，尤其是物质在高温、高压、辐射等极端条件下的力学行为和性质研究。

第1章
确定性与不确定性

　　　　"道可道,非常道。"

　　　　　　　　　　　　　　　　　　——老子,《道德经》

1.1　从牛顿力学到可知论到机械唯物论

　　牛顿是人类历史上出现的最有影响的科学家,并兼具数学家、哲学家和经济学家于一身。奠定牛顿在科学史上地位的是他在 1687 年 7 月 5 日出版的不朽著作《原理》(*The Principia*,即《自然哲学的数学原理》)[1]。正如牛顿本人在第三卷的前言中所说,为了"演示世界体系的框架",他用数学方法阐明了宇宙中最基本的法则——万有引力定律和三大运动定律。这四条定律构成了一个统一的体系,被认为是"人类智慧史上最伟大的一项成就",由此奠定了之后三个世纪中物理界的科学观点,亦为现代工程学的基础。

　　欧洲自文艺复兴之后到 19 世纪末,力学的发展一直引领和主导着整个科学的发展。美国宪法与《独立宣言》的作者托马斯·杰斐逊(Thomas Jefferson,1743~1826)认为,"美国宪法是臣服于牛顿力学规律的"。分析力学的奠基者拉格朗日[2]评价牛顿说:"牛顿是最杰出的天才,同时也是最幸运的,因为我们不可能再找到另外一次机遇去建立世界的体系。"《原理》的出版为持续近两千年的"宇宙框架演绎"画上了一个暂时的句号。牛顿用"万有引力"这一概念终结了亚里士多德时代就开始的对天体和抛体运动的讨论,证明两者是同源的。牛顿力学的诞生深刻地影响着随后出现的光学、热力学和电磁学,一代又一代的科学家们将牛顿力学奉为"圣经",并沿着牛顿所指引的方式和道路去完成宇宙其他部分的拼图。可以认为牛顿力学就是现代科学的启蒙。

　　微积分这一工具出现在牛顿的身边无疑是至关重要的,因为"微分方程理论的建立,满足了现代物理学家对确定性的全部要求"[3],而确定性正是牛顿力学的重要内核。在这一工具和确定性的思想下,数学家、力学家拉普拉斯完成了共 5 卷 16 册的《天体力学》巨著[4],并提出了后人称为"拉普拉斯决定论"(Laplacian Determinism)的哲学思想。决定论是一种哲学立场,认为每一事件的发生,包括人类的认知、举止、决定和行动,都有条件决定是它发生,而非另外的事件发生。决定论又称为拉普拉斯信条。拉普拉斯在牛顿力学的基础上曾构想出一种拉普拉斯妖,在知道了宇宙中每个原子确切的位置和动量后,它能够使用牛顿定律来展现宇宙现在、过去及未来。

牛顿力学在物理空间和物质空间所取得的伟大成就,让更多学科的研究者们开始属意于用力学来解释一切,甚至包括人类在社会空间中行为的方式。他们相信,既然力学能够告诉我们由基本单元原子所组成的物质会如何演变,那么作为社会基本单元的人聚在一起后会如何行动,力学也同样能够揭示出答案。爱尔兰著名哲学家与政治经济学家弗朗西斯·埃奇沃思(Francis Edgeworth,1845~1926)在他的巨著《数理心理学》中就如是写道:"'社会力学'不像早些时候以《天体力学》为题的著作那样,能引起一般人的礼赞,这是因为前者的正确只能靠信念之眼才能分辨。一个所具有的雕像般的美是十分明显的,而另一个天仙般的容颜和动人的身段却被遮掩……电的力量是看不见的,而拉格朗日的出色方法却能够把握住它;快乐的能力是看不见的,但也可能以类似的方法与之打交道。"[5]

牛顿力学的出现对于哲学上可知论与不可知论的讨论有推动作用。可知论是认为世界可以认识的哲学学说,与不可知论相对立。凡是认为物质和意识具有同一性,主张世界是可以认识的,就是可知论;反之则为不可知论。主张世界是可认识的即可知论代表人物为费尔巴哈和黑格尔,后者对力的概念有着极其精深的研究[6]。不可知论怀疑、限制或者完全否认人对客观世界的认识能力,其典型代表人物是18世纪英国哲学家大卫·休谟(David Hume,1711~1776)和德国哲学家康德,后者对宇宙演化的星云假说理论被称为康德-拉普拉斯学说[7]。三百余年前,科学的进展,特别是牛顿力学的进展,似乎在暗示人类:没有不可认识的事物,只有未被认识的事物。未知的只有宇宙动力学系统的初始条件,或是"第一推动力"。当时,真正完备的科学研究体系才初步形成,下这样的结论显然为时过早。当时对力学的定义还是停留在"力学是研究物质机械运动规律的科学"而不是今天的"力学是关于物质相互作用和运动的科学"[8]。今天,力学已经从研究得相对充分的"机械运动"限制中解脱出来,从笛卡儿、拉普拉斯、费尔巴哈、马赫等建立发展的机械唯物主义中解放出来。

下面将梳理最近百年间对确定性与不确定性的力学讨论,旨在展述这样一个力学基本问题:

力学基本问题 03　区别不同的宏观与微观场景(包括宏微观关联),如何表示力学量和力学过程内在的确定性和不确定性?

我们可以精确地模拟宏观和微观世界吗?(科学125[9]之一)

1.2　理性力学与公理化体系

理性力学是自然哲学的力学式表现,它致力于数学与物理科学的统一。自然哲学学会于 1963 年由理性力学家克利福德·特鲁斯德尔（Clifford Truesdell, 1919～2000）创建[10]，致力于可统一数学和物理科学的专门研究，尤其注重其中的高质量研究工作，其成立时的图片见图 1.1。理性力学提出构筑以客观性公理、确定性公理、时间不可逆性、记忆衰退性、物质对称群等为基础的公理化体系，其代表性工作有公理化的连续介质力学（如 Gurtin[11]）、几何流形上的弹性理论（如 Marsden 和 Hughes[12]）等。力学的探究促发了新的数学方法，理性力学促进了张量函数表示、物质对称群（如 Noll[13]）、复变函数论[14]和奇异积分方程[15]。

图 1.1　自然哲学学会的首届会议

理性力学的基本公理[10]有：

（1）确定性公理。由物体迄今为止的力学场变量历史，可以确定其将来的演化。出于牛顿力学的可求积性，人们一度认为任意一个体的时间演化都是确定的。也就是说，知道该个体的过去与现在，就可以推测它的未来。其数学表示是：① 物体中任意一点的即时应力可表示为该点迄今为止的历史泛函；② 若该点从过去到现今的响应都是唯一的，其今后的响应也是唯一的。该确定性公设对于大多数情况是正确的，但对于复杂的非线性演化情况，却可能发生分叉、突变、混沌和湍流，此时确定性公理失效[16]。但即使在出现动力学混沌的情况下，也可以描述其混沌结构特征，或用庞加莱（朱尔·亨利·庞加莱，Jules Henri Poincaré, 1854～1912）截面法勾勒出现混沌区域的范围和演化规律。

（2）客观性公理。该公理认为，对事物进行客观观察的空间是各向同性的，若从不同角度上进行观察，其所得到实体响应是相同的。其数学表示是：① 物体的构效关系要满足对观察坐标系平动的不变性；② 物体的构效关系要满足对观察坐标系转动的不变性。由该公理亦可推论出空间的各向同性原理。

（3）局部作用公理。该公理认为，由于物质个体之间相互作用的屏蔽性，某个体的动力学响应仅与其周围局部的个体有关，而与较远处的个体响应无关。其数学表示是：① 某物质个体的演变仅与围绕该点的微小邻域的时间演化有关，与该邻域以外的诸物质个体的演化历史无关；② 在有关光滑邻域的进一步假设下，若在该点处进行泰勒展开，则在该点处的演变仅与该点处变形梯度和诸高阶变形梯度有关。因此，任一物质个体的演化仅为其邻域内物质个体所蕴含的特征场变量历史的泛函。应该指出，有一类物质的相互作用不满足局部性公理，可称为非局部作用，对它们必须用非局部力学进行研究[17]。

在牛顿力学、相对论力学和量子力学中，由其基本方程可知：当给定了初始状态的参数条件后，就可以根据基本方程去推导之后或者逆推之前所有时间物体的运动状态，即这些自然法则都具有确定性和时间对称性。确定性中不包含任何随机成分。对于确定性的模型，只要设定了输入和各个输入之间的关系，其输出也是确定的，而与实验次数无关。

1.3 本原不确定性：海森堡原理

由牛顿力学演绎出的确定性原理，在最近的一个世纪内受到了三方面的挑战：即来源于量子力学的本原不确定性、来源于非线性科学的数学不确定性，以及来源于信息理论的信息模糊性。本节讨论来源于量子力学的本原不确定性。

图 1.2　维尔纳·海森堡
（Werner Heisenberg, 1901～1976）

维尔纳·海森堡 1923 年毕业于慕尼黑大学（图 1.2），但他在博士期间在德国哥廷根大学"物质结构研讨班"的交流生涯对他的影响更为深刻，在这里他结识了一批之后与他共同奋斗在量子力学最前线的同学们，如沃尔夫冈·恩斯特·泡利（Wolfgang Ernst Pauli, 1900～1958）、保罗·阿德里安·莫里斯·狄拉克（Paul Adrien Maurice Dirac, 1902～1984）、帕斯夸尔·约当（Pascual Jordan, 1902～1980）等。海森堡的博士论文是关于流体力学的，但是在答辩过程中并不顺利。在毕业之后，海森堡重新回到了哥廷根大学与马克斯·玻恩（Max Born, 1882～1970）一起工作。1924 年，海森堡发表了一篇论文（被称为"一个人的文章"）[18]，创造了一套新的数学符号，用来描述可观测量之间的关系。但是，这套符号却并不满足乘法的交换律，即

$$A \cdot B \neq B \cdot A$$

海森堡由此产生了巨大的困惑。在他休假期间，玻恩和已成为他助教的约当却发现这套符号可以用当时流行的矩阵来解释，于是共同联名发表了另一篇论文（被称为"两个人的文章"）来对海森堡的论文进行注释[19]，并在次年三人联名发表了第三篇论文（被称为"三个人的文章"）[20]。这三篇论文共同构成了矩阵力学的整个体系，相比于尼尔斯·玻尔（Niels Bohr, 1885～1962）的原子模型，这套理论能够更好、更精确地解释原子的光谱，其核心思想实际上就来自不满足乘法交换律的全新符号体系。

　　1927 年,海森堡提出不确定关系,表明粒子的位置和速度不能同时确定[21]。不确定关系(不可能同时准确知道一个粒子的位置和它的速度)也称测不准原理或海森堡原理,它是自然法则不确定性的表现,故此处称为本原不确定性。

1.4　随机与统计: 薛定谔方程的演变

图 1.3　埃尔温·薛定谔 (Erwin Schrödinger, 1887 ~ 1961)

　　除了本原不确定性外,不确定性进一步渗入到对力学基本方程的理解上。在埃尔温·薛定谔(图 1.3)提出量子力学中的基本方程(薛定谔方程)时[22],其主要的变量是波函数,方程是确定性的,并且其表达形式对于过去和未来具有对称性。在薛定谔方程中,如果给定了一个初始状态的波函数,便能够推导出所有其他时间的波函数及其叠加状态。在海森堡原理的基础上,1927年玻尔提出“互补原理”(Complementarity Principle)[23],认为“观测”这一动作将必然干扰到被观测的对象,从而破坏经典牛顿力学中的因果论,导致概率的出现——量子力学的结果,只能用统计的方式来描述。此即为量子力学的“哥本哈根诠释”(Copenhagen Interpretation),迫使经典力学的“朴素实在论”走向了终结。

　　矩阵力学和前述薛定谔所建立的波动力学,虽然都能够准确地对原子的实验现象进行描述,但是在诞生初期是互不相容的。在量子力学的特征逐渐彰显之时,爱因斯坦就对量子理论的基本统计性质表示不能容忍。1924 年,爱因斯坦在给玻恩的信中,挑起了与玻尔的论战。他在信中写道:“我觉得完全不能容忍这样的想法,即认为电子受到辐射后,不仅它的跳跃时刻,而且它的方向,都由它自己的自由意志去选择。真是那样,我还不如去做一个补鞋匠,去赌场里当荷官,而不是在这里当物理学家。”1926 年,薛定谔证明了波动力学和矩阵力学两者本质上是相同的,由此量子力学的框架基本建立[24]。同一年,玻恩提出波函数实际代表的是粒子出现的概率,并不代表实际空间中的波或波包[25]。对于真实测量而言,即使对于符合量子力学的微观粒子,其表现出的状态在当次测量中也具有“唯一性”,也就是说发生了“量子坍缩”或“波函数的坍缩”,对应于其他的概率状态在“遭遇”测量这一动作的时候消逝。量子坍缩现象已经由电子的双缝衍射实验证明。这种不确定性或许是熵所带来的,正如泡利所说,“有一些事情只在作出观察时才真正发生,并与……熵的必然增加相关”[26]。

　　将波函数的主变量视为粒子出现的概率也赋予了统计力学的微观基础。由此产生的基本科学问题是:

力学基本问题 04　量子不确定性和非局部性背后是否有更深刻的原理?
(科学 125[9]之一)

1.5 自然法则的不确定性：对因果律的争论

除了本原不确定性外，不确定性还可能表现在自然法则的基础层面上。"哥本哈根诠释"在当时即遭到了爱因斯坦、薛定谔等的强烈质疑，他们的共同观点是波函数应该是一个实在的、可观测的物理量而不是代表某种概率。因此，爱因斯坦有了那句名言"上帝不会掷骰子"，薛定谔也提出了不可能存在"既生又死"的"猫"（即"薛定谔的猫"）。

索尔维会议是 20 世纪物理学界的重要会议。在第一届索尔维会议，与会者们就尝试讨论并解决微观世界的种种议题。但是随后科学家围绕新生的量子力学产生了巨大的分裂。1925~1927 年短短两年间，量子力学基本成形，并一直沿用至今。但对于量子力学的理解和诠释，爱因斯坦和玻尔在 1927 年的第五届索尔维会议上进行了激烈的争论。图 1.4 展示了 1927 年第五届索尔维会议的一张合影。参加该次会议的二十九人中有十七人已获得或将要获得诺贝尔奖，堪称空前绝后。

第三排左起：(1)奥古斯特·皮卡德、(2)亨里厄特、(3)保罗·埃伦费斯特、(4)爱德华·赫尔岑、(5)西奥费·顿德尔、(6)埃尔温·薛定谔、(7)维夏尔特、(8)沃尔夫冈·泡利、(9)维尔纳·海森堡、(10)拉尔夫·福勒、(11)莱昂·布里渊
第二排左起：(1)彼得·德拜、(2)马丁·努森、(3)威廉·劳伦斯·布拉格、(4)亨德里克·克雷默、(5)保罗·狄拉克、(6)阿瑟·康普顿、(7)路易·德·布罗意、(8)马克斯·玻恩、(9)尼尔斯·玻尔
第一排左起：(1)欧文·朗缪尔、(2)马克斯·普朗克、(3)玛丽·居里、(4)亨德里克·洛伦兹、(5)阿伯特·爱因斯坦、(6)保罗·朗之万、(7)查尔斯·古耶、(8)查尔斯·威耳逊、(9)欧文·理查森
缺席：威廉·亨利·布拉格、亨利·亚历山大·德兰德雷斯、凡·奥贝尔

图 1.4 1927 年第五次索尔维会议合影

会上玻尔演讲的题目是"量子假设与原子学说之新进展"，内容为波粒两象之并协互补，并用以直观定性地分析测不准关系。爱因斯坦则提出了双缝衍射等思想实验，力图证明测不准关系与量子力学形式体系之间的内在矛盾，借以否定玻尔的互补原理。在三年后的第六届索尔维会议上，爱因斯坦提出了著名的光子箱实验，挑战了玻尔的学说。玻尔苦思冥想一夜，竟然从爱因斯坦的广义相对论里找来了引力红移，从而用爱因斯坦自己的

理论予以反驳。不过,爱因斯坦未被挫败,后续又和助手一起批判量子力学的不完备性,提出了[爱因斯坦-波多尔斯基-罗森(Einstein-Podolsky-Rosen,EPR)]佯谬[27]等问题向玻尔发起质疑。时至今日,这一历史争论所引发的哲学与科学思考仍未停息,不同意见的交锋时有爆发。在今天看来,对量子力学本质的解释中以"哥本哈根诠释"略占上风,但是以"多世界理论"(The Many-Worlds Interpretation)[28]为代表的其他理论也占有一席之地。

在量子力学中有一种量子纠缠作用。让人最不可思议的是该纠缠的超距性,即爱因斯坦所言的"鬼魅般的超距作用",参见图 1.5。可以设想这样的问题:假设光子之间是可以纠缠的。假设在宇宙大爆炸的前夕,一团物质上有两个纠缠着的光子。爆炸后,一个飞向宇宙这一头,另一个飞向宇宙那一头。经历了一百亿年后,它们之间的距离可能超过一百亿光年,但信息还纠缠在一起。若对某个光子观察这一信息,另一个光子就会有所感知。这一感知不是以光速传播的感知,而是即时的、飞越 100 亿光年距离的感知,这就是量子纠缠。是什么样的信息纠缠力才可以做到这一点?还是我们必须在更高维的时空中讨论信息纠缠力?

图 1.5　鬼魅般的超距作用

量子纠缠作用已经成为正在飞速发展的量子通信技术的基础。通过量子通信卫星,发放一条涉及密码要素的量子态。量子通信卫星远在一千公里之外。如果观测者观察了这个密码,卫星上即刻就可以获取信息,而不是在 1/300 s 后才能获取。目前所定义的交互作用力只是描述物质之间的作用。信息纠缠是量子态之间的一种交互作用。这一交互作用对应着什么样的力?现在的力学理论中还没有描述。信息之间怎么纠缠?用何种力来度量其纠缠,均不得而知。由此可以提出下述力学基本问题:

力学基本问题 05　为什么可以超距实现量子信息的纠缠,它对应于什么样的信息纠缠力?

2022 年诺贝尔物理学奖授予了法国物理学家阿兰·阿斯佩(Alain Aspect,1947~)、美国理论和实验物理学家约翰·克劳瑟(John Clauser,1942~)和奥地利量子论物理学家安东·塞林格(Anton Zeilinger,1945~),以表彰他们"用纠缠光子进行实验,证伪贝尔不等式,开创量子信息科学",见图1.6。他们通过开创性的实验,展示了研究和控制纠缠态粒子的潜力。一堆相互纠缠的粒子,哪怕它们相隔很远的距离,无法相互影响,也能决定对方会发生的变化。

图 1.6 2022 年诺贝尔物理学奖获得者
左起:阿兰·阿斯佩、约翰·克劳瑟、安东·塞林格

图 1.7 潘建伟,中国科学院院士

其中塞林格与同事提出了多光子干涉度量学,进一步把该学说用于量子信息处理。他在 1997 年首次实现量子隐形传态的工作,被公认为是量子信息实验研究的"开山之作"。通过"墨子号"量子科学实验卫星,塞林格团队以合作形式参与到中国科学院主导的洲际量子通信实验。而且,还在全球第一次使北京-维也纳两地的量子保密通信成为可能,他这次获得诺贝尔物理学奖,与他的学生潘建伟(图 1.7)在卫星通信尺度上证明了他所发明的技术密切相关。

1.6 数学不确定性:非线性、分叉、混沌与奇怪吸引子

除了物理上的不确定性以外,对宇宙万物的动力学描述还具有数学不确定性。

动力学以牛顿力学为第一个高峰,拉格朗日-哈密顿力学为第二个高峰,庞加莱-李雅普诺夫-阿诺德(亚历山大·米哈伊洛维奇·李雅普诺夫,Aleksandr Mikhailovich Lyapunov,1857~1918;弗拉基米尔·伊戈列维奇·阿诺德,Vladimir Igorevich Arnold,1937~2010)动力系统理论为第三个高峰,混沌与复杂系统理论为第四个高峰。

"确定性"的对应面是"混沌"(chaos)。"混沌"是一个富有现代科学含义的词汇,但是却在古代中国文化中具有其源头,指代一些神话传说中的人物或巨兽。《庄子·应帝王》即描述有:"南海之帝为倏,北海之帝为忽,中央之帝为混沌。倏与忽时相与遇于浑沌之地,混沌待之甚善。倏与忽谋报混沌之德,曰:'人皆有七窍,以视听食息,此独无有,尝

试凿之。'日凿一窍,七日而混沌死。"这个故事也表明,当"混沌"遭遇外力的干预时,其本身会发生剧变,这也在一定程度上与其现代意义相符合。混沌的现代内涵涉及广阔,一般用于指代某种表现为随机的时间相关过程,其中包含有涨落、分叉和不确定性。例如,湍流即为一种复杂的混沌现象。

混沌现象出现的根源之一,是经典力学理论在描述多体或系统时出现的不完备性。牛顿力学和相对论力学均是着眼于两个物体(天体)之间力的描述,但是当系统的自由度增加时,它们在准确记录系统的状态时就会捉襟见肘。三体(即包含三个天体的系统在万有引力作用下的运动)问题直至今日尚无法获得精确求解。此外,经典力学中的基本方程,在描述与时间相关的规律时无法描述时间的不可逆性,正向与反向的时间将会给出同样的运动规律。但当个体置于系统中时,它们之间的相互作用将为系统带来熵增,其表达形式为热力学第二定律,即时间的不可逆性。此外,热力学中平衡和非平衡状态下的统计方法,也与经典力学中"轨迹"的确定性描述存在矛盾。这些经典力学和热力学之间无法逾越的鸿沟,最终不可避免地造成了确定性的终结和混沌的产生[29]。物理学家史蒂文·温伯格(Steven Weinberg,1933~2021,1979 年获诺贝尔物理学奖)在表达他对湍流的看法时就表现出对经典理论的灰心,认为湍流问题将会"在基本粒子的终极理论成功之后可能仍然毫无解决办法,因为我们已经理解了关于控制流体的基本原理所需要知道的一切"[30]。

混沌理论的代表之一是"蝴蝶效应"(butterfly effect),由气象学家爱德华·诺顿·洛伦茨(图 1.8)命名。其通俗说法是"巴西的一只蝴蝶扇动翅膀时,能引起得克萨斯州的一场龙卷风"。洛伦茨在进行气象模拟时,将其中三种输入数据的有效数字从小数点后 6 位简化为 3 位,两者的计算结果却迥然不同。他意识到问题的根源在于,当计算机发生迭代时,每一步的运算误差均被放大,从而彻底改变了系统的状态[31]。蝴蝶效应说明,一些开始看起来微不足道的因素,可能在过程的后期起着举足轻重的作用。

美国数学家约翰·冯·诺依曼(John von Neumann,1903~1957)在 20 世纪 50 年代曾经在普林斯顿进行过一次演讲,认为只要拥有好的电脑,就能够对气象中稳定的部分进行预测,并对不稳定的扰动进行人为控制。但是气象学家们以 1949 年的一次

图 1.8　爱德华·诺顿·洛伦茨（Edward Norton Lorenz,1917~2008）

飓风作为研究对象,无数次地设定了当时的天气条件,却没有一次能够如预期般发生在实际的地点[32]。即使时至今日,对于天气的预测依然只能提供一个概率。冯·诺依曼的预测最终无法实现的原因,就在于整个天气系统中每个细小变化所存在的蝴蝶效应。

与之关联的一个问题是对地震灾害的预报。地震是不是一定会有先兆,这可能是一个具有混沌类型不可预测性的问题。最近的研究也表明:在断层破口且引发地震后,它既可能以亚瑞利速度扩展,也能以超剪切的形式扩展[33]。解答这些疑问需要进一步探究以下科学问题:

力学基本问题 06　我们是否能够更准确地预测灾害性事件（海啸、飓风、地震）？（科学 125[9] 之一）

1.7　信息不确定性：模糊力学

在生产实践、科学实验以及日常生活中，人们经常会遇到模糊的概念。它们既可能是信息的不确定性，也可能是因果逻辑的不确定性。这种不确定性为非黑即白的确定性力学蒙上了一层灰色的面纱。若想对这类涉及模糊概念的问题给出定量的分析，就需要利用模糊数学这一工具。模糊数学是继经典数学、统计数学之后发展起来的一门新的数学学科。统计数学将数学的应用范围从确定性领域扩大到了随机领域，即从必然现象到随机现象；而模糊数学则把数学的应用对象从确定性的领域扩大到了模糊领域，即从精确现象到模糊现象。对于不确定性问题，又可分为随机不确定性和模糊不确定性两类，而后者属于模糊数学的研究范畴。

图 1.9　控制论专家拉特飞·扎德（Lotfi A. Zadeh，1921~2017）

模糊数学是研究和处理模糊性现象的一种数学理论和方法。由于模糊性概念已经找到了模糊集的描述方式，人们运用概念进行判断、评价、推理、决策和控制的过程也可以用模糊性数学的方法来描述。1965 年，美国控制论专家拉特飞·扎德（图 1.9）在 *Information and Control* 杂志上发表了题为"Fuzzy Sets"的论文[34]，提出用"隶属函数"来描述现象差异的中间过渡，从而突破了经典集合论中属于或不属于的这类非黑即白的绝对关系。扎德这一开创性的工作，标志着数学的一个新分支——模糊数学的诞生。

模糊数学的基本思想就是：用精确的数学手段对现实世界中大量存在的模糊概念和模糊现象进行描述与建模，以达到对其进行恰当处理的目的。模糊集合的出现是数学适应描述复杂事物的需要而形成的概念，扎德的功绩在于用模糊集合的理论将模糊性对象加以确切化，从而使研究确定性对象的数学与不确定性对象的数学沟通起来。模糊理论以模糊集合为基础，以研究不确定事物为目标，接受模糊现象存在的事实，乃传统集合论的扩展。一般数学上所谓的集合称为明确集合（crisp set），是以特征函数（characteristic function）描述个体与集合的隶属关系，采用非 0 即 1 的二分法，不存在任何模糊地带，为二值逻辑和二进位电脑的科学基础。而模糊理论已经发展成为专门探讨如何利用模糊或不完全讯息，借由近似推理（approximation reasoning）仍能作出正确判断的理论。其涵盖范围极广，除了最基本的模糊集合外，还包括了模糊关系（fuzzy relation）、模糊逻辑（fuzzy logic）、模糊量测（fuzzy measure）、模糊推理（fuzzy reasoning）等内涵。

如何在模糊数学下,改造表观为确定性的牛顿动力学与连续介质力学,使之具有模糊力学的因果逻辑、近似推理与关联关系,同时融入信息在一定范围的不确定性,应该是发展模糊力学的应有之义[35]。

1.8 宏观不确定性

从宏观的角度,由于复杂性和非线性,也可能产生不确定性。

牛顿力学可以在数学上归结为动力系统。对高维且非线性的动力系统,其解的特征必然具有复杂性。兴起于 20 世纪 80 年代的复杂性科学(complexity sciences),是系统科学发展的新阶段,也是当代科学发展的前沿领域之一。英国著名物理学家斯蒂芬·威廉·霍金(Stephen William Hawking, 1942~2018)称"21 世纪将是复杂性科学的世纪"。尽管复杂性科学流派纷呈、观点多样,但是复杂性科学却具有某些共同的特点可循:① 它只能通过研究方法来界定,其度量标尺和框架是非还原的研究方法论。② 它不是一门具体的学科,而是分散在许多学科中,是学科互涉的。③ 它力图打破传统学科之间互不来往的界限,寻找各学科之间的相互联系、相互合作的统一机制。④ 它力图打破从牛顿力学以来一直统治和主宰世界的线性理论,抛弃还原论适用于所有学科的意图。

复杂性科学研究主流发展的三个阶段主要是指:埃德加·莫兰(Edgar Morin, 1921~)的学说、伊利亚·普里高津(Ilya Prigogine, 1917~2003)的布鲁塞尔学派、圣塔菲研究所的理论。

(1) 莫兰的学说。莫兰是当代思想史上最先把"复杂性研究"作为课题提出来的人。莫兰正式提出"复杂性方法"是在他 1973 年发表的《迷失的范式:人性研究》[36]一书中。莫兰关于复杂性思想的核心是他所说的"来自噪声的有序"的原理。在该原理中,无序性是必要条件而不是充分条件,它必须与现存的有序性因素配合才能产生现实的有序性或更高级的有序性。这条原理打破了有关有序性和无序性相互对立和排斥的传统观念,指出它们在一定条件下可以相互为用,共同促进系统的组织复杂性的增长。这是关于复杂性方法的一条基本原则,它揭示了动态有序的现象的本质。

(2) 普利高津的布鲁塞尔学派。普利高津在他与伊莎贝尔·斯唐热于 1979 年出版的法文版《新的联盟》一书中提出了"复杂性科学"的概念,此书的英文版改名为《从混沌到有序》[37]。在那里,复杂性科学是作为经典科学的对立物和超越者而被提出来的。他说:"在经典物理学中,基本的过程被认为是决定论的和可逆的。"今天,"我们发现我们自己处在一个可逆性和决定论只适用于有限的简单情况,而不可逆性和随机性却占统治地位的世界之中"。因此,"物理科学正在从决定论的可逆过程走向随机的和不可逆的过程"。普利高津紧紧抓住的核心问题就是经典力学在它的静态的、简化的研究方式中从不考虑"时间"这个参量的作用,从而把该过程看成是可逆的。普利高津提出的复杂性的理论主要是揭示物质进化过程的理化机制的不可逆过程的理论,即耗散结构理论。

（3）圣塔菲研究所的理论。圣塔菲研究所的复杂性观念与莫兰和普利高津的复杂性观念有很大的区别。例如,圣塔菲研究所的学术领头人默里·盖尔曼（Murray Gell-Mann,1929~2019,因在夸克方面的贡献而获得1969年诺贝尔物理学奖）指出:"在研究任何复杂适应系统的进化时,最重要的是要分清这三个问题:基本规则、被冻结的偶然事件以及对适应进行的选择。""被冻结的偶然事件"是指一些在物质世界发展的历史过程中其后果被固定下来并演变为较高级层次上的特殊规律的事件,这些派生的规律包含着历史特定条件和偶然因素的影响。盖尔曼认为,事物的有效复杂性只受基本规律少许影响,大部分影响来自"冻结的偶然事件"。

复杂性科学的典型成就包括协同学、突变论和耗散结构理论。

协同学（Synergetics）由德国学者赫尔曼·哈肯（Hermann Haken,1927~）创立。协同学是研究有序结构形成和演化的机制,描述各类非平衡相变的条件和规律。协同学认为,千差万别的系统,尽管其属性不同,但在整个环境中,各个系统间存在着相互影响而又相互合作的关系。协同学进一步指出,对于一些很不相同的系统,也可以产生相同的图样。由此可以得出一个结论:形态发生过程的不同模型可以导致相同的图样。在每一种情况下,都可能存在生成同样图样的一大类模型[38]。

突变论（Catastrophe Theory）的创始人是法国数学家雷内·托姆（Rene Thom,1923~2002,获1958年菲尔兹奖）。突变论是研究客观世界非连续性突然变化现象的一门新兴学科。当参数在某个范围内变化,该函数值有不止一个极值时,系统必然处于不稳定状态。托姆指出:系统从一种稳定状态进入不稳定状态,随参数的再变化,又使不稳定状态进入另一种稳定状态;那么,系统状态就在这一刹那间发生了突变。突变论还提出:高度优化的设计很可能有许多不理想的性质,因为结构上最优,因而可能存在对缺陷的高度敏感性,产生特别难以对付的破坏性,以致发生真正的"灾变"[39]。

耗散结构理论由普利高津于20世纪60~70年代创立。普利高津一直在从事关于非平衡统计物理学的研究工作,当他将热力学和统计物理学从平衡态推到近平衡态,再向远平衡态推进时终于发现:一个远离平衡态的非线性的开放系统通过不断地与外界交换物质和能量,在系统内部某个参量的变化达到一定的阈值时,通过涨落,系统可能发生突变即非平衡相变,由原来的混沌无序状态转变为一种在时间上、空间上或功能上的有序状态。这种在远离平衡的非线性区形成的新的稳定的宏观有序结构,由于需要不断与外界交换物质或能量才能维持,因此称为"耗散结构"（Dissipative Structure）。

由此可见,即使对于宏观系统,在考虑了非线性、高维和复杂性时,事物的演化也不尽然是确定性的。在1986年,在牛顿曾执教的剑桥大学的应用数学与理论物理系举办了一个《原理》出版300周年的纪念会。著名流体力学家,曾担任第16任剑桥大学卢卡斯数学教席(即当年牛顿所持有的教席)的詹姆斯·莱特希尔(图1.10)在英国皇家学会纪念《原理》出版300周年的演讲中这样说道:"这里我必须再次代表全世界的力学实践者们郑重声明如下:我们的前辈们,由于他们在牛顿力学指引下所取得的非凡成就,使得他们对于牛顿力学在对预测自然原理时的普适性深信不疑。事实上,在1960年之前我们也是倾向于这么认为,并向公众宣传说一个满足牛顿运动定律的系统就是一个确定性的系统。但是现在我们知道这种看法是错误的。因此,对于1960年以后这一说法给公众带来的误导,我们全体愿就此道歉。"[40]

图 1.10　詹姆斯·莱特希尔(James Lighthill, 1924~1998)

由此产生的一个基本科学问题是:

力学基本问题 07　有可能预知未来吗?（科学 125[9] 之一）

参考文献

[1] Newton I. Philosophiae naturalis principia mathematica[M]. Oxford:University of Oxford Press, 1687.

[2] Lagrange J L. Analytical mechanics[M]. Berlin:Springer-Science+Business Media, 1997.

[3] Einstein A. Albert Einstein's appreciation of Newton at the second centenary of Newton's death[R]. Smithsonian Annual Report, 1927.

[4] Laplace P S. Traité de mécanique céleste[M]. Paris:De L'Imprimerie de Crapelet, 1799 – 1825.

[5] Edgeworth F Y. Mathematical psychics:An essay on the application of mathematics to the moral sciences [M]. London:Kegan Paul & Co. , 1881.

[6] 黑格尔. 精神现象学[M]. 贺麟,王玖兴,译. 北京:商务出版社,1979.

[7] 依曼努尔·康德. 宇宙发展史概论[M]. 全增嘏,译. 上海:上海译文出版社,2006.

[8] 国务院学位委员会力学评议组. 力学一级学科简介及其博士、硕士学位基本要求[Z], 2023.

[9] Science. 125 questions:Exploration and discovery[OL]. [2023 – 12 – 19]. https://www.sciencemag. org/collections/125-questions-exploration-and-discovery.

[10] Truesdell C. A first course in rational continuum mechanics[M]. Cambridge:Academic Press, 1977.

[11] Gurtin M E. An introduction to continuum mechanics[M]. Cambridge:Academic Press, 1981.

[12] Marsden J E, Hughes T J R. Mathematical foundations of elasticity [M]. Hoboken:Prentice-Hall, 1983.

[13] Noll W. The foundations of mechanics and thermodynamics[M]. Berlin:Springer-Verlag, 1974.

[14] Muskhelishvili N I. Some basic problems of the mathematical theory of elasticity. Basic equations, the plane theory of elasticity, torsion and bending[M]. (Russian) 5th edition. Moscow:Nauka, 1966.

[15] Muskhelishvili N I. Singular integral equations:Boundary problems of function theory and their application to mathematical physics[M]. New York:Dover Publications Inc. , 2008.

[16] Lighthill M J. The recently recognized failure of predictability in Newtonian dynamics[J]. Proceedings of the Royal Society A, 1986, 407: 35 – 50.

[17] Eringen A C. Nonlocal continuum field theories[M]. Berlin: Springer, 2002.

[18] Heisenberg W. Über quantentheoretische umdeutung kinematischer und mechanischer beziehungen[J]. Zeitschrift für Physik, 1925, 33: 879 – 893.

[19] Born M, Jordan P. Zur quantenmechanik[J]. Zeitschrift für Physik, 1925, 34: 858 – 888.

[20] Born M, Heisenberg W, Jordan P. Zur quantenmechanik Ⅱ[J]. Zeitschrift für Physik, 1925, 35: 557 – 615.

[21] Heisenberg W. Über den anschaulichen Inhalt der quantentheoretischen kinematik und mechanic[J]. Zeitschrift für Physik, 1927, 43: 3 – 4, 172 – 198.

[22] Schödinger E. Quantisierung als eigenwertproblem[J]. Annalen der Physik, 1926, 79: 361 – 376.

[23] Bohr N. The quantum postulate and the recent development of atomic theory[J]. Nature, 1928(121): 580 – 590.

[24] Schrödinger E. On the connection of Heisenberg-Born-Jordan's quantum mechanics with mine[J]. Annalen Der Physik, 1926, 79(8): 734 – 756.

[25] Born M. Zur quantenmechanik der stoßvorgänge[J]. Zeitschrift für Physik, 1926, 37(12): 863 – 867.

[26] Laurikainen K V. Beyond the atom: The philosophical thought of wolfgang Pauli[M]. Berlin: Springer Verlag, 1988.

[27] Einstein A, Podolsky B, Rosen N. Can quantum-mechanical description of physical reality be considered complete? [J]. Physical Review, 1935, 47: 777 – 780.

[28] DeWitt B S. The many-worlds interpretation of quantum mechanics[M]. Princeton: Princeton Press, 1973.

[29] 伊利亚·普里戈金. 确定性的终结:时间、混沌与新自然法则[M]. 湛敏,译. 上海:上海世纪出版集团,2009.

[30] 史蒂文·温伯格. 湖畔遐思:宇宙和现实世界[M]. 丁亦兵,乔从丰,李学潜,等译. 北京:科学出版社,2015.

[31] Lorenz E N. Deterministic nonperiodic flow[J]. Journal of the Atmospheric Sciences, 1963, 20(2): 130 – 141.

[32] 王颖. 混沌状态的清晰思考[M]. 北京:中国青年出版社,1999.

[33] Dong P, Xia K, Xu Y, et al. Laboratory earthquakes decipher control and stability of rupture speeds[J]. Nature Communications, 2023, 14(1): 2427.

[34] Zadeh L A. Fuzzy sets[J]. Information and Control, 1965, 8(3): 338 – 353.

[35] 余绍蓉,尹益辉. 力学分析中的模糊性与模糊力学[C]. 井冈山:第十三届全国结构工程学术会议,2004.

[36] 埃德加·莫兰. 迷失的范式:人性研究[M]. 陈一壮,译. 北京:北京大学出版社,1999.

[37] 伊·普里戈金,伊·斯唐热. 从混沌到有序:人与自然的新对话[M]. 曾庆宏,沈小峰,译. 上海:上海译文出版社,1987.

[38] 赫尔曼·哈肯. 大自然成功的奥秘:协同学[M]. 凌复华,译. 上海:上海译文出版社,2018.

［39］雷内·托姆. 结构稳定性与形态发生学［M］. 成都: 四川教育出版社,1992.

［40］Thompson J M T, Sen A K, Last A G M, et al. The recently recognized failure of predictability in Newtonian dynamics: Discussion［J］. Proceedings of the Royal Society of London Series A, 1986, 407 (1832): 48 - 50.

第 2 章
连续与离散

"道生一,一生二,二生三,三生万物。"

——老子,《道德经》第四十二章

在力学建模中,对物质世界有两种描述的方法:即连续统(continuum)的描述方法和粒子聚集体的描述方法。前者包括以康德-拉普拉斯的星云假说理论为代表的连续化星空模型,也包括欧拉、柯西、纳维叶、斯托克斯等建立的弹性力学和流体力学模型。后者的代表为牛顿的质点力学、拉格朗日-哈密顿的分析力学、庞加莱-李雅普诺夫的动力系统、近代的分子动力学理论、玻尔兹曼的气体动力学和统计力学理论等。

在力学发展的长河中,连续与离散始终是相辅相成的孪生物像。从离散至连续的过渡中,尚有稠密与疏密两个中间阶段。两者均对应于质点的密集分布。不同的是:稠密是指在任意小描述长度的两点间,必然存在其中间一点;疏密对应于在任意两点之间,存在某一相当小的最小间距。

这样便形成了从连续到离散之间诸种物质表示构象。

2.1 稠密性与连续性

在数学上,稠密性与连续性是不同的概念。对有理数而言,无法找到不同有理数之间的最小距离:即无论两个不同的有理数的距离多么小,总能找到另外一个有理数夹在这两个有理数中间。也可以理解为,在数轴上取一个线段,不管这个线段多么短,总能在这个线段上找到一个有理数。数学家将有理数这样的性质称为"稠密性"。发现无理数,是数学史上第一次危机和第一次"违反直观"的概念,给了信仰"万物皆数"的毕达哥拉斯(Pythagoras,约公元前580~约公元前500)学派以致命打击。从公元前470年希帕索斯(Hippasus,约公元前470)第一次提出无理数,直到19世纪80年代初格奥尔格·康托尔(Georg Cantor,1845~1918,德国数学家)的集合理论出现,让人们意识到:直观上有理数点充满整个数轴的认识是错误的,数轴上还有许多"点"无法被有理数点填充,有理数对一些数学运算(如开根号)也无法封闭,这些点就是无理数所在。对实数而言,不需要在数轴上选取线段,任意选取一个点,这个点就一定是实数,这时候的数轴才是真正的"完整"了,没有任何的"间断点"。

对物质构象来说,稠密性假设是 1753 年由瑞士著名科学家欧拉(图 2.1)在气体动力学采取的假设,当时也称为连续性假设。按照这一假设,流体(液体和气体的统称)充满一个体积时是不留任何自由空隙的,其中没有真空的地方,也没有分子间的间隙和分子的运动,即把流体看作是稠密的介质。用今天的数学认识来看,稠密性并不能等同于连续性,稠密介质尽管不留任何可用非零长度来度量的体积,但却包含无数多个(对应于无理数的)空白点,因此它还无法等同于连续介质。

图 2.1　欧拉(数学家、力学家)

连续介质假设也由欧拉于 1753 年提出,是连续介质力学中一个根本性假设。它体现了一种新的时空观。从空间的观点来看,连续介质假设将真实流体或固体所占有的空间视为由"质点"来连续(既无空隙、也无现代数学中所认为的空点,从而形成一个对所使用的数学计算可以实现封闭的集合)地充满。质点指的是微观充分大、宏观充分小的微团。"微观充分大"是指该微团的尺度和分子运动的尺度相比应足够大,使得微团中包含大量的粒子,对微团进行统计平均后能得到确定的表征值;"宏观充分小"是指该微团的尺度和所研究问题的特征尺度相比要充分地小,使得微团上赋予的物理量可视为均匀不变,从而可以把该微团近似地看成是几何上的一个点。质点所承载的宏观物理量(如质量、速度、压力、温度等)满足一切应该遵循的物理定律。例如:质量守恒定律,牛顿运动定律,能量守恒定律,热力学定律,以及扩散、黏性及热传导等输运规律。

从时间的观点来看,它还要求进行统计平均的时间必须是微观充分长、宏观充分短。"微观充分长"是指统计平均的时间应选得足够长,使得在这段时间内,微观的过程(如粒子间的碰撞)已进行了许多次,能够由统计平均能够得到确定的数值;"宏观充分短"是指统计平均的宏观时间应该比所研究问题的特征时间小得多,以致可以把进行平均的时间视为宏观的一个瞬间。

如果连续介质中"质点"的尺寸与真实物体中的分子自由程具有相同量级,连续介质假设可能失效。例如,在稀薄气体中,分子间的距离很大,有可能接近物体的特征尺度;这时,虽然获得确定平均值的分子团还存在,但无法再将其视为一个质点。又如,考虑激波内的气体运动,激波的波前厚度与分子自由程同量级,激波内的流体只能看成分子而不能当作连续介质来处理。对流体来讲,物质的致密度越大,就能够在越小的尺度应用连续介质假设。连续介质假设存在着一个适用尺度的下限。对该下限值来说,液体最低、稠密气体次之、稀薄气体再次之、等离子体最为苛刻。

固体由于高度致密且具有更规则的原子排列,其连续介质假设的适用尺度具有更低的下限。对弹性行为来说,具有规则原子点阵的晶体弹性比具有长链网状结构的高分子熵弹性有更低的连续介质假设的适用尺度下限。由弹性体的统计理论[1]，建立在宏观连续介质的基础上的弹性力学在纳米尺度也可以近似应用于晶体弹性描述。文献中这类例子层出不穷：利用弹性共振，直径为几个纳米的碳纳米管可以做成纳米秤，称量基因的重量[2]。对塑性行为来讲，固体中特有的微细结构（如位错、损伤、界面等）加大了连续介质假设中的适用尺度。这时需要引入细观力学的概念：即一个宏观连续介质质点需要包括足够多的细观元素，使人们可以在一个细观的代表胞元上实现具有时间和空间统计意义的平均；而每个细观胞元上又应包括足够多的细观连续介质质点（而该细观质点又包括足量的粒子），使人们可以用满足连续介质力学的统计规律进行描述[3]。

在连续介质假设下，空间中每个点在每一时刻都具有确定的物理量。这些物理量是空间坐标和时间的连续函数，从而可以利用强有力的数学分析工具。根据连续介质假设得到的理论结果，在很多情况下与实验符合得很好。

连续介质描述和离散粒子描述是描述物质运动的两种模式，具有哲学意义上的对立和统一。可以星云假说为例来说明这一点。太阳星云是地球所在的太阳系形成的气体云气，它最早由伊曼纽·斯威登堡（Emanuel Swedenborg, 1688~1772）在1734年提出的。熟知斯威登堡工作的著名哲学家康德就采用连续介质观点的"星云假说"[4]来阐述太阳系的起源，并以其来替代和洞悉呈离散状的"灿烂的星空"。康德认为在星云慢慢地旋转下，由于引力的作用，云气逐渐坍塌和渐渐变得扁平，最后形成恒星和行星。拉普拉斯在1796年也提出了相同的模型，于是形成了早期的宇宙论。20世纪60年代，林家翘（Chia-Chiao Lin, 1916~2013）采用连续介质模型来研究天体物理，创立了星系螺旋结构的密度波理论[5]，成功地解释了盘状星系螺旋结构的主要特征。他确认了天文学家观察到的旋臂是波而不是物质臂，克服了困扰天文界数十年的"缠卷疑难"，并进而发展了可长期维持星系旋臂的动力学理论。这种"云气"和"星云"的认识论，在云的连续介质描述下遮盖了每个云滴之间的相互作用，但却得以统计平均出其信息传递的宏观规律。

2.2 连续与离散的跨层次交替

连续介质描述和粒子描述是认识物质相互作用机制的两种方式。这两种方式既可能是交替进行的，又可能是首尾连接的。从宇观、巨观、宏观、细观到微观，可以交替地、协同地用连续介质描述和粒子描述来表达物质和物质上承载的物理规律。对宇观来讲，可以按照类似于星云假说理论的连续介质模型，将宇宙模拟为由星团（连续介质点）组成的星云连续介质；对巨观来讲，可以把星团中的一颗颗恒星模拟成为粒子，按照恒星之间的万有引力作用规律，以多体动力学体系来模拟其动力学规律；对每一颗恒星，又有其环绕的行星，也可以按照类似的方式进行处理；对宏观来讲，可以在连续介质模型下，研究某颗行星（如地球）上某个物质团的运动、变形与受力行为，而该团连续介质的构成可以由本构方程来描述；对应于宏观的每个质点，又可以用含有细观结构（如空洞、微裂纹、位错等）

的物质基元来描述,其对应的物质基元具有更简单的本构规律(如弹性本构或牛顿流体本构);对微观来讲,可以按照离散的粒子模型(如玻尔兹曼气体模型、分子动力学模型、密度泛函模型、量子力学模型等)来建构对该物质的表达。粒子间的价键关系,还可以用强关联的量子力学模型来计算电子云的分布密度概率。因此,在不同的层次之间,存在从离散到连续再到离散的连接。这种连接要表达不同层次之间、不同展现方式(连续与离散)之间的过渡,还体现出一种具有"否定之否定""往复表达""首尾连接"等哲学意义的过渡。荷兰科学家皮特·德拜(Peter Debye,1884~1966)曾用一只首尾连接的蛇来描述这种层次之间的连接,后人称为"德拜蛇",见图 2.2。

图 2.2　德拜蛇

这种德拜蛇的方式,体现了在微观与宇观具有共同的方法论。实际上,研究天体物理的学者与研究理论物理的学者往往具有共同的学术语言和表达方式。

2.3　泡利不相容原理

要从物理上探讨连续与离散,就必然涉及泡利不相容原理。

泡利是美籍奥地利科学家、物理学家,见图 2.3。泡利于 1925 年通过分析实验结果,提出后来以他的姓氏来冠名的不相容原理(Pauli's exclusion principle):在量子力学里,所有同种微观粒子是不可分辨的,两个电子不能处于相同的量子态[6]。由该原理可以演绎出,两个电子或者两个任何其他种类的费米子 [fermion,以意大利物理学家恩利克·费米(Enrico Fermi,1901~1954)命名],都不可能占据完全相同的量子态。泡利不相容原理是微观粒子运动的基本规律之一。它指出:在费米子组成的系统中,不能有两个或两个以上的粒子处于完全相同的状态。在原子中完全确定一个电子的状态需要四个量子数,所以泡利不相

图 2.3　泡利,物理学家

容原理在原子中就表现为：不能有两个或两个以上的电子具有完全相同的四个量子数，或者说在轨道量子数 m、l、n 确定的一个原子轨道上最多可容纳两个电子，并且这两个电子的自旋方向必相反。这一规律成为电子在核外排布形成周期性，从而解释元素周期表的准则之一。泡利在 1925 年的论文中并没有说明为什么自旋为半整数的费米子遵守泡利不相容原理[6]。

由泡利不相容原理可引申出全同性原理，其数学表述是：多粒子体系的波函数对于同种粒子的交换不导致新态，因而必须或者是对称的或者是反对称的，前者称为玻色子 [boson，以印度物理学家萨特延德拉·纳特·玻色（Satyendra Nath Bose，1894～1974）命名]，而后者称为费米子。粒子为玻色子或费米子，取决于其内禀性质自旋为整数或半整数。费米子的波函数对于粒子交换具有反对称性，因此遵守泡利不相容原理，必须用费米-狄拉克统计描述其统计行为。玻色子的波函数对于粒子交换具有对称性，因此它不遵守泡利不相容原理，其统计行为符合玻色-爱因斯坦统计。任意数量的全同玻色子可以处于同一量子态，如激光产生的光子和玻色-爱因斯坦凝聚。粒子全同性影响统计力学中构象数的计算，在统计力学中有重大意义。玻色统计在 1924 年提出，而费米统计在 1926 年提出。

泡利不相容原理是原子物理学与分子物理学的基础。粒子全同性不涉及任何位势或任何相互作用，是一种纯粹的量子性质，完全没有与其对应的经典物理学。泡利不相容原理可用来解释多种不同的物理与化学现象，包括原子的性质、大块物质的稳定性与性质、中子星或白矮星的稳定性、固态能带理论，直至夸克色荷概念的提出。

奥地利数学家、物理学家保罗·埃伦费斯特（Paul Ehrenfest，1880～1933）于 1931 年指出，由于泡利不相容原理，在原子内部的束缚电子不会全部掉入最低能量的原子轨道，它们必须按照顺序占满越来越高能量的原子轨道。因此，原子会拥有一定的体积，物质才会存在目前的体积。1967 年，弗里曼·戴森（Freeman Dyson，1923～2020）与安德鲁·雷纳（Andrew Lenard）给出严格证明，他们计算吸引力（电子与核子）与排斥力（电子与电子、核子与核子）之间的平衡，推导出重要结果：假若不相容原理不成立，则普通物质会坍缩，只占有非常微小体积[7]。假若泡利不相容原理不成立，除了与原子核的电荷平方成正比的电离能以外，元素与元素之间不会存在什么显著差别；元素的性质不会出现周期性；化学与生物学不复存在，更不会有任何地球生命。只因原子内绝对不能有两个或多个的电子处于同样状态，才有化学的变幻多端，才有生命世界的绚丽多彩。

菲尔兹在 1939 年明确地表述了自旋和统计间的关联，1940 年泡利尝试给出证明。但是，实际而言，"自旋-统计定理"只展示出了自旋与统计间的关系符合相对论性量子力学，自洽而无矛盾。泡利于 1947 年承认，他无法对于泡利不相容原理给出一个逻辑解释，也无法从更基础理论推导出这一原理。理查德·费曼（Richard Feynman，1918～1988）在其著名的讲义里有清楚的申明："为什么带半整数自旋的粒子是费米子，它们的概率幅是以负号相结合？而带整数自旋的粒子是玻色子，它们的概率幅是以正号相结合？我们很抱歉不能给出一个简单的解释。泡利从量子场论与相对论出发,以复杂的方法推导出一个解释。他证明了这两者必须搭配得天衣无缝。我们希望能从更基本的层级复制他的论述,但是尚未获得成功……这或许意味着我们还未完全了解所牵涉的基本原理。想要找到这基本原因的物理学者至今仍旧无法得到满意答案!"

1964 年,夸克的存在被提出之后不久,奥斯卡·华莱士·格林柏格(Oscar Wallace Greenberg,1932~)引入了色荷的概念,试图解释三个夸克如何能够处于在其他方面完全相同的状态,但却仍满足泡利不相容原理,从而共同组成重子。这概念后来证实有用,并且成为夸克模型(quark model)的一部分。20 世纪 70 年代,量子色动力学开始发展,并构成粒子物理学中标准模型的重要成分[8]。

2.4　量子化：能量、空间与时间

量子化(quantum)是离散的一种体现。它发源于马克斯·普朗克(Max Planck,1858~1947)对能量的量子化,发祥于泡利对状态或空间的量子化,也正在期待着对时间的量子化。

马克斯·普朗克在考虑威廉·维恩(Wilhelm Wien,1864~1928)和瑞利(John William Strutt,1842~1919)对黑体辐射谱的实验解释时发现了量子。维恩公式在黑体辐射谱的短波段或紫外区与实验符合得很好,但在长波段与实验的符合不如瑞利的理论。1900 年底,普朗克修正了维恩定律,由热力学和统计力学从熵的概念对这一问题给出了理论推导,只有假定电磁波的发射和吸收不是连续的,而是一份一份地进行的,计算的结果才能和试验结果得到精确的拟合。这样的一份能量称为能量子,每一份能量子等于 $h\nu$,称为能量基元;其中 ν 为辐射电磁波的频率,h 为一常量,后人称为普朗克常数,它刻画了量子的大小。在普朗克的统计力学解释中,显示存在"作用量量子"h,它配平了振动熵与构型熵。普朗克常数 h 在量子力学中占有重要的角色,也是由科学家的创造性所发现的、物理学中的一个具有重要意义且神奇的自然常数。千克的定义也由普朗克常数决定,其原理是将移动质量 1 千克物体所需机械力换算成可用普朗克常数表达的电磁力,再通过质能转换公式算出质量[9]。1911 年在第一次索尔维会议上,亨德里克·安东·洛伦兹(Hendrik Antoon Lorentz,1853~1928)评论说,普朗克的"能量基元假说对我们就像是一束奇妙的光线,给我们展现了意想不到的景色;即使对它有某种怀疑的那些人也必定会承认它的重要性和富有成果"。由此,他提出"新力学"一词,在会议文集的德文版编辑时称其为"量子力学"。

继普朗克 1900 年对能量的量子化之后,1905 年爱因斯坦在普朗克能量子假说的基础上提出了光量子假说。其内容是：光和原子电子一样也具有粒子性,把光具有这种(不连续的)粒子属性称作光量子。与普朗克的能量子相同,每个光量子的能量 $E = h\nu$,根据相对论的质能关系式,每个光子的动量 $p = E/c = h/\lambda$。光量子造成其附着的电子轨道的跃迁,造成物质的更大体积与活性。

1961年,日本的久保(Kubo)及其合作者在研究金属纳米粒子时提出了著名的久保理论,提出了纳米粒子所独特具有的量子限域(quantum confinement)效应,是指当能级间距大于热能、磁能、静电能、静磁能、光子能或超导态的凝聚能时,会出现纳米材料的量子效应,从而使其磁、光、声、热、电、超导电性能变化。1986年Halperin(沃尔夫奖获得者)对久保理论进行了全面地归纳,并用这一理论对金属超微粒子的量子尺寸效应进行了深入的分析。研究表明随着粒径的减小,能级间隔增大。能带理论表明,金属费米能级附近电子能级一般是连续的,这一点只有在高温或宏观尺寸情况下才成立。对于只携载有限个导电电子的超微粒子来说,低温下能级是离散的,对于宏观物体包含无限个原子(即导电电子数趋于无限时)的场景,能级间距则趋于零,即对大粒子或宏观物体能级间距几乎为零;而对于纳米粒子,由于其包含的原子数有限,导电电子数很小,这就导致有一定高度值的能级间距,即能级间距发生分裂。量子限域效应是泡利不相容原理在低维或小尺度物质体系的必然产物。

由普朗克理论所对应的能量量子化,到泡利不相容原理所对应的状态量子化,以及它们产生的动量的量子化,按照海森堡不确定性原理,则必然导致空间尺度与时间尺度的量子化。这一量子化确定了时空的疏密性,由此得到下述力学基本问题:

力学基本问题 08　时空的最小尺度是多少?(科学125[10]之一)

适应于这一疏密时空的量子力学应该是对时间和空间同样进行了量子化的力学,可称为时空量子动力学。由于时空的疏密性,应该采用非连续的数学描述来表达其规律。在时空量子动力学下,有可能解决理论物理中的奇点、奇异场与可积性问题。

2.5　符号主义:数理逻辑与算符演绎

关于连续与离散的另一种观察角度是对连绵成一体的事物的离散式、数据式的表达。其中的一个例子是对物理世界与精神世界规律的符号式表达,可称为符号主义。符号主义将人们对物质世界与精神世界的认识过程诠释为符号的演绎。这一符号演绎的逻辑又称为逻辑主义。逻辑主义在哲学上起源于亚里士多德的三段论法,以及近代黑格尔的逻辑学,其数学的来源是数理逻辑和数据解析。例如,如何用符号和算法语言(基于二进制的数字)来表达数学定理的证明过程。我国著名数学家吴文俊先生(图2.4),就在数学定理的机器证明上做出过开创性的工作[11]。

**图2.4　数学家吴文俊
(1919~2017)**

符号主义的力学源头是计算力学的发展。计算力学把力学量的场计算用算法语言转化为数组、变量、数据、符号和逻辑关系之间的符号计算,是符号主义最先得到数字实现的一片沃土。目前的计算力学发展还不能掌握力学的建模过程,仅能在定解条件提出后进行力学的计算。借助于以离散为特点的数据驱动过程,通过横跨虚拟-现实的机器学习、数字孪生和混合增强计算,将形成人工智能在计算力学场景中的主要抓手。

　　将物质世界的连续与离散转化为数学世界的连续与离散也将是力学工作者的一个重要的研究方向。

参考文献

[1] Weiner J H. Statistical mechanics of elasticity[M]. Chelmsford:Courier Corporation, 2012.

[2] Poncharal P, Wang Z L, Ugarte D, et al. Electrostatic deflections and electromechanical resonances of carbon nanotubes[J]. Science, 1999, 283(5407):1513 – 1516.

[3] Yang W, Lee W B. Mesoplasticity and its application[M]. Berlin:Springer-Verla, 1993.

[4] 康德. 宇宙发展史概论[M]. 上海外国自然科学哲学著作编译组,译. 上海:上海人民出版社, 1972.

[5] Lin C C, Shu F H. On the spiral structure of disk galaxies[J]. The Astrophysical Journal, 1964, 140:646.

[6] Pauli W Z. Remarks on the history of the exclusion principle[J]. Science, 1946, 103(2669):213 – 215.

[7] 唐福元. 沃尔夫冈·泡利——理论物理学界的良知[J]. 物理与工程,2005,15(1):56 – 60.

[8] 杨福家. 原子物理学[M]. 上海:上海科学技术出版社,1985.

[9] 陈海波. 国际单位制迎来历史性变革[N]. 光明日报,2018 – 11 – 17,07 版.

[10] Science. 125 questions:Exploration and discovery[OL]. [2023 – 12 – 19]. https://www. sciencemag. org/collections/125-questions-exploration-and-discovery.

[11] 吴文俊. 几何定理机器证明的基本原理[M]. 北京:科学出版社,1984.

第3章
因果与关联

四因说：质料因，动力因，形式因，目的因。

——亚里士多德，"形而上学"

力学的基本规律有两种认识方式：按照事物因果关系来描述的因果法和按照事物的表象数据关联来描述的关联法。本章首先描述前一认识方式溯古至今的发展，然后再扼要地介绍后者。

3.1 力学基本规律的因果陈述：从墨子到亚里士多德到牛顿

"力，形之所以奋也"，这个概念的提出，从墨子到亚里士多德，再到牛顿，经历了一个漫长的过程。

墨子(图3.1)的代表性的著作之一是《墨经》，其中的《经上》《经下》《经说上》《经说下》《大取》和《小取》被合称为《墨辩》。文科的一些著名的学者对墨子推崇备至。例如哲学家胡适在《中国哲学史大纲》中讲到，《墨辩》是"中国古代第一奇书"，并称其为科学

图3.1 墨子(公元前476~公元前390)

的百科全书，内容囊括了八种科学的门类：算学、几何学、光学、力学、心理学、人生哲学、政治学、经济学等[1]。著名的史学家冯友兰在1922年撰写了名为《为什么中国没有科学》的文章，后被收入在其代表著作《三松堂学术文集》中。他在这篇文章中讲道："如果中国人遵循墨子的善即有用的思想，或是遵循荀子的制天而不颂天的思想，那就很可能早就产生了科学。"[2]"为什么中国没有科学"后来也被李约瑟再次提出，称为"李约瑟之问"[3]。

在《墨辩》中对力是这样描述的："力，形之所以奋也"，也有版本是"力，刑之所以奋也"。据考证，在古代"刑"和"行"词义相通。该句中的"形"指形体，指具有形体的实在内容，也就是蕴含质量的物质；"形"在力的作用过程中起到了力的承受者的作用。

"奋"代表它状态的变化。"力"与"奋"刻画了在承受体"形"上发生的因果关系。对于"力,形之所以奋也"这句话的解释,一直存有争议。较被认可的解释是"力是使物体运动的原因"。也有学者认为,"形"可以用形体的质量所描述,"奋"则描述了状态的变化,也就是加速度;因此,墨子对力的定义是牛顿第二定律的雏形,意指力就是质量乘以加速度。

图 3.2 亚里士多德(公元前 384~公元前 322)

在墨子以后,在西方的古希腊出现了一位重要的学者——亚里士多德(图 3.2)。亚里士多德是百科全书式的学者,他所创建的学派就以百科全书学派而命名。亚里士多德以百科全书的态势席卷当时出现的诸门学科,如哲学、逻辑学、心理学、自然科学、历史学、政治学、伦理学、美学等,而且在每个学科上都具有奠基性的建树。他觉得所有的学科可以分成两大类:一类为 Meta-Physics,即形而上学;另一类为 Natural Philosophy,即自然哲学。亚里士多德所创建的自然哲学是现代自然科学的奠基,主要阐述人对于自然界的哲学问题,包括自然界和人的相互关系、人造自然和原生自然的关系、自然界的基本规律。在自然哲学中,他又专门论述了其中的物理学、气象学、生命科学(论生灭)等。

2017 年暑季,著者有幸访问了位于希腊塞萨洛尼基的亚里士多德大学(Aristotle university of Thessaloniki)。该校位于希腊第二大的城市塞萨洛尼基(Thessaloniki)。当年,亚历山大征服了这座城市后,便用他同父异母妹妹的名字 Thessalonike 来命名这座城市,以此来纪念他的妹妹。亚历山大的老师就是亚里士多德,于是他又在这座城市里建立了一所大学,即亚里士多德大学。著者去访问亚里士多德大学的时候,被该校授予了自然哲学的荣誉博士(图 3.3),并在亚里士多德大学里做过一次讲演。该大学的大礼堂两面侧壁上都有雕塑式画像,均为举世闻名的学者。著者绕行环顾了一周,其中具有东方面孔的只有孔子一位。

亚里士多德是如何阐述力学的? 他用因果律来解释杠杆理论说:"距支点较远的力更易移动重物,因为它画出一个比较大的圆。"他关于落体的运动的观点是:"体积相等的两个物体,较重的下落得比较快。"现在大家都知道这个说法是错误的。伽利略通过比萨斜塔试验纠正了这个错误。但因为亚里士多德太著名了,这个错误统治了全世界的学术界千余年,对后世的影响也比较大。

亚里士多德还认为:"凡是运动的事物必然都有推动者在推着它运动。"以此类推,推动者身后必然还有推动者,由于一个推动一个不能无限地追溯,因而"必然存在第一推动者",即存在超自然的神力。这样就陷入了一个无穷追溯、无穷循环的哲学问题:你动是因为他人推动你,但那个人怎么会推动你呢,是因为有另外一个人在推动他,以此因果循环往复,没有终点。这个在哲学上称为无穷追溯的问题,至今也还没有解决这个问题。

又过了近 2 000 年,伽利略 1564 年在意大利出生,之后成为意大利著名的物理学家、

图 3.3 亚里士多德大学授予杨卫自然哲学荣誉博士学位

天文学家和哲学家,近代实验科学的先驱者,他的成就包括改进望远镜和其所带来的天文观测,以及支持哥白尼的日心说。人们传颂:"哥伦布发现了新大陆,伽利略发现了新宇宙。"斯蒂芬·霍金说:"自然科学的诞生要归功于伽利略,他在这方面的功劳大概无人能及。"

伽利略最著名的书是《关于两门新科学的对话》(*Dialogue Concerning Two New Sciences*)[4]。该书的某版英译本封面(图 3.4)展示了一堵墙,在这面墙中间砌了一根梁,梁上吊挂着一个重物。材料力学中称其为悬臂梁,悬臂梁上因为吊了重物而变弯了。如

图 3.4 伽利略《关于两门新科学的对话》的英译本封面

何计算梁中的应力与变形,就是材料力学要研究的一个问题。当时伽利略是怎么理解的呢? 他的意思是,梁弯曲的时候,所有的横截面都是绕着它的下支点呈一个倾斜的平面而转动。伽利略大部分的学说都是正确而伟大的,只有这一条"绕着下支点转动"存在一些问题。梁截面并不是绕着下支点转动,而是绕着梁的中性轴而转动。后来问世的欧拉-伯努利梁理论,就纠正了这一点。

在伽利略之后,最伟大的力学家就是牛顿。

牛顿(图 3.5)是人类历史上出现过的最伟大、最有影响的科学家。他兼具物理学家、数学家和哲学家于一身,但晚年醉心于炼金术和神学。他在 1687 年 7 月 5 日发表的不朽著作《原理》[5]里阐明了宇宙中最基本的法则——万有引力定律和三大运动定律。这四条定律构成了一个统一的体系,被认为是"人类智慧史上最伟大的一项成就",由此奠定了之后接近三个世纪中物理界的科学观点,并成为现代工程学的基础。

图 3.5　艾萨克·牛顿
(1643~1727)

牛顿的学识的渊博程度不亚于前面所述的亚里士多德。他精通当时几乎所有根植于因果规律的学科,如物理学(Physics)、自然哲学(Natural philosophy)、炼金术(Alchemy)、神学(Theology)、数学(Mathematics)、天文学(Astronomy)、经济学(Economics)等,并都有重大的贡献。牛顿曾经担任过英国皇家学会的会长。

在牛顿的体系里,物体本身不产生力,力都是通过别的媒介去施加的。这就与亚里士多德当年的观点——运动是因为别人往其身上施加力——相同。于是由哲学的无穷追溯问题,又绕回了第一推动力的疑问。牛顿研究神学后,认定第一推动力只能来自上帝。

牛顿去世以后,他的墓廓得以进入威斯敏斯特教堂(Westminster Abbey)。该墓上部雕塑了一座牛顿的像,座下有墓志铭。这个墓志铭是请了当时著名的文学家亚历山大·蒲柏(Alexander Pope,1688~1744)写就。蒲柏写道:"Nature and Nature's Laws Lay Hid in Night;God Said'Let Newton Be'and All Was Light"。读者如果稍微了解《圣经》的内容,就会知道里面有"上帝说要有光,就有了光"的说法,而这句墓志铭的意思就是"自然与自然法则沉浸在夜幕之中;上帝说'让牛顿现世吧',于是便处处光明"。刻在牛顿的墓志铭上的此评价是将其类比为神的评价。

2017 年,著者曾率领国家自然科学基金委员会代表团访问英国皇家学会,英国皇家学会和国家自然科学基金委员会签署了一个协议(图 3.6)。这个协议就是共同支持英国皇家协会设立的牛顿奖学金(Newton Fellowship),它是专门用来支持非常出色的,包括初露锋芒的和比较年轻的研究者。

图 3.6 英国皇家学会与国家自然科学基金委员会签署共同支持对中国学者的牛顿奖学金协议

3.2 因果表达的对称性与美感

在牛顿之后又一位非常重要的科学家是拉格朗日,他创立的分析力学充分体现了力学的对称美。拉格朗日当时在法国的巴黎综合理工学院(Ecole Polytechnique)任教,该所学校是拿破仑·波拿巴(Napoleon Bonaparte,1769~1821)建立的。拿破仑当时评价拉格朗日是"数学科学高耸的金字塔"。拉格朗日的后辈中有一位名为哈密顿的科学家,也是力学家。他评论道:"拉格朗日展现出一个惊世骇俗的公式,描述了系统运动万变的结果;拉格朗日方法的美在于它完全容纳了其结果的尊严,以至于他的伟大工作仿佛像一首科学的诗篇。"这些评价都是非常中肯的。

因果性自然法则的对称性是一个非常引人深思的问题,也许它们本身就代表了秩序的一种制衡性。

把承载于质点的牛顿力学用到固体或者流体的基本理论在 18 世纪上半叶开始形成,其中包括纳维、柯西、泊松、圣维南(Adhémar Jean Claude Barré de Saint-Venant,1797~1886)、斯托克斯等的贡献。对于固体来讲要遵循纳维方程;对于流体来讲,其控制方程为纳维-斯托克斯方程。这些方程都体现了热力学"力"与热力学"流"的因果关系,体现了"应力"与"应变"的对称性。这就引入了下述与哲学和科学都相关的力学基本问题:

力学基本问题 09 **宏观世界的因果表达为什么具有对称性?**

经典力学在 1900 年开始遭遇巨大的挑战,并迅速形成了相对论力学与量子力学两座新的大厦。两者在建立过程中均受到哈密顿力学的深远影响。以量子力学为例,其重要分支波动力学与哈密顿力学的关系,完全可以类比于光学中惠更斯的波动理论与牛顿的粒子理论。1926 年,薛定谔独自连续发表 6 篇论文,成功构造了波动力学,其中所提出的薛定谔方程是现代物理学中最广为人知和最为人所用的方程:

$$i\hbar\dot{\Psi} = \hat{H}\Psi \tag{3.1}$$

薛定谔方程在描述量子力学基本规律方面的地位无可取代。方程中,Ψ 为粒子的波函数;$\hbar$ 为约化普朗克常数;$\hat{H}$ 为哈密顿算符,代表了系统的哈密顿量。方程(3.1)如此重要,以至于它被铭刻在薛定谔的墓碑上(图 3.7)。方程(3.1)如此对称优美,左边为虚数(i),右边为实数(1);左边为导数 $\dot{\Psi}$,右边为函数 Ψ;左边为 $\hbar$,右边为 $\hat{H}$。薛定谔方程与哈密顿-雅可比方程存在高度相似性——而这种相似性事实上也有其根源—— $\hbar$ 为零时,薛定谔方程即退化为哈密顿-雅可比方程。在薛定谔最早的思考中,他试图为电子行为找到一种合理描述。1924 年物质波理论的提出给了他巨大的灵感——根据路易德·布罗意(Louis de Broglie,

图 3.7　薛定谔的墓碑

1892~1987)的理论,电子本质上也是一种波。薛定谔由此出发,认为应该能找到一个波动方程来描述电子的运动,就如同惠更斯原理(克里斯蒂安·惠更斯,Christiaan Huyghens,1629~1695)能够描述光的波动那样。惠更斯原理在动力学中已经有了非常优美和完整的形式,那就是哈密顿原理。薛定谔为哈密顿原理添加上了约束条件,即其极小值是符合量子化条件的,也就是普朗克常数的整数倍。所以从一定意义上来说,波动力学并不是新的理论,而是哈密顿力学在新的实验结果基础上的拓展。但是这并不影响对薛定谔这一贡献的评价。阿诺德·索末菲(Arnold Sommerfeld,1868~1951)甚至认为:波动力学"是 20 世纪惊人发现中最惊人的一个"[6]。

薛定谔对哈密顿力学的推崇可能很大程度上来自他对美的执着。这不仅仅体现在他同样具有的诗人身份上,也体现在他对数学美的极致追求中。狄拉克曾说[7]:"我和薛定谔都极为欣赏数学美,这种对数学美的欣赏,曾经支配我们的全部工作,这是我们的一种信念,相信描述自然界基本规律的方程,都必定有显著的数学美。"薛定谔方程最终体现出的与哈密顿-雅可比(卡尔·古斯塔夫·雅各布·雅可比,Carl Gustav Jacob Jacobi,1804~1851)方程如孪生一般的偏微分方程形式,也再次向所有人证明了科学所具有的美感。

薛定谔本人将自己所取得的成就大部分归功于哈密顿。他对哈密顿充满了赞誉:"现代物理学的发展让哈密顿声誉日隆。他著名的力学-光学类比实际上催生了波动力学。波动力学本身对哈密顿众多的科学思想并未有很大的拓展,当代物理学家们所需要的只不过是在一个世纪前哈密顿处理实验结果的基础上再多思考一点点而已。现代物理学所有理论的核心概念都是哈密顿量,如果你想用现代物理学来解决任何问题,你首先需要知道的就是其哈密顿量。所以,哈密顿是有史以来最伟大的人物之一[8]。"

1933 年,由于对"发现原子理论新的有效形式"的贡献,薛定谔荣获诺贝尔物理学奖。在当年的颁奖演讲中,他依然不吝篇幅地讲述哈密顿带给他的启示:"费马原理(最小光程原理)是波动理论的精华,哈密顿发现质点在力场中的运动也受到类似规律的支配,因此从那时起这个原理就以他的名字命名,并且使他成名。哈密顿原理没有明确说出质点选择了最快的路径,但它确实与最小光程原理异曲同工。大自然似乎把同一规律用完全不同的方式表现两次,一次用十分明显的光线来表现,另一次则是以质点来表现。因此除非以某种方式把质点和波动性联系起来,才能理解这些。[9]"

由拉格朗日、哈密顿到薛定谔,他们的分析力学或波动力学旨在探讨和阐述自然现象的普遍因果规律。薛定谔方程最早的成功在于它以德·布罗意波的形式精确地重现了玻尔的氢原子的离散能量谱。德·布罗意、薛定谔和爱因斯坦试图为量子力学提供一个像光波在真空中传播那样的真实图像,但是泡利、海森堡及玻尔都反对这个真实的图像。1926 年,玻恩提出概率幅的概念,作为"哥本哈根诠释"的重要内容,赋予了波函数的概率意义,称为"玻恩法则"[10]。对哥本哈根学派而言,波函数只是计算概率的一个工具,从而给出了薛定谔方程非因果关系的解释。但是薛定谔不赞同这种统计或概率方法,以及它所伴随的非连续性波函数坍缩。薛定谔在世的最后一年,他在写给玻恩的一封信中清楚地表示:他不接受哥本哈根诠释[11]。

3.3 从还原论到归纳法

牛顿力学的成功在于它把因果律还原为一个最简单场景的运动:① 找到一个孤立的、不可能再进一步还原的物质单元,在一般力学中是质点或刚体,在连续介质力学中是一个均质的单元体;② 写出作用于该物质单元上所有的力;③ 由牛顿力学确定该物质单元的运动。这种还原论的方法可用于几乎所有的自然过程与技术过程。其得以成立的条件是:① 事物的可还原性;② 可穷尽所有的外部作用力;③ 定量阐明因果性的自然法则存在。

对于一些事物,其本质上是复杂的,是无法剖分还原的,如物理学中的强关联基本粒子问题、中医学中的复杂系统的诊治问题。还有一些事物,人们无法找到描述自然法则的因果规律。这时就要从另外一种方法,即关联或归纳的方法,来认识事物。

归纳与演绎是逻辑思维的两种方式。演绎就是从一般到个别,归纳则是从个别到一般。人类认识活动,总是先接触到个别事物,而后推及一般,又从一般推及个别。如此循环往复,使认识不断深化。人们在解释一个较大事物时,从个别、特殊的事物总结、概括出各种各样的带有一般性的原理或原则,然后才可能从这些原理、原则出发,得出关于个别事物的结论。在进行归纳和概括的时候,解释者不单纯运用归纳推理,同时也运用演绎法。在人们的解释思维中,归纳和演绎是互相联系、互相补充、不可分割的。这种认识秩序贯穿于人们的解释活动中,不断从个别上升到一般,即从对个别事物的认识上升到对事物的一般规律性的认识。归纳推理是从认识个别事物到总结、概括一般性规律的推断过程。

在牛顿前,归纳法与演绎法被认为是互相排斥的。牛顿在科学方法上的重大贡献就是把这两种方法有机地结合起来了:归纳法是从实验出发,由特殊到一般;演绎法是从原理出发,由一般到特殊。牛顿在其科学巨著《自然哲学的数学原理》[5]中,提出了 4 条"哲学中的推理法则":① 简单性原理,除那些真实且已足够说明其现象者外,不再去寻求自然界事物的其他原因;② 因果性原理,对于自然界中同一类结果,必须尽可能归之于同一种原因;③ 统一性原理,物体的属性,凡是既不能增强也不能减弱者,又为我们实验所能及的范围内一切物体所具有者,就应视为所有物体的普遍属性;④ 真理性原理,在实验哲学中,必须把那些从各种现象中运用一般归纳而导出的命题看作是完全正确的或很接近于真实的,虽然可以构想出相反的假说,但是在没有出现其他现象足以使之更为正确或者出现例外之前,仍然应该给予如此的对待。

同样,力学中的基本原理和基本假设也被推广应用于思辨性论证。黑格尔在其立身之作《精神现象学》第三章"力与知性:现象和超感官世界"中讲到"力与力的交互作用"时是这样定义力的表现和存在的辩证统一的:"……这种运动过程就叫做力:力的一个环节,就是力之分散为各自具有独立存在的质料,就是力的表现;但是当力的这些各自独立存在的质料消失其存在时,便是力的本身,或没有表现的和被迫返回自身的力。但是第一,那被迫返回自身的力必然要表现其自身;第二,在表现时力同样是存在于自身内的力,正如当存在于自身内时力也是表现一样"[12]。黑格尔的这一思想还是中国哲学中"由用求体""格物穷理"的系统性体现。马克思特别注重黑格尔的《精神现象学》,曾称"精神现象学是黑格尔哲学的真正起源和秘密"。在《德意志意识形态》一书中又称精神现象学是"黑格尔的圣经"[13]。在黑格尔对力的定义中,综合体现了其还原性和归纳性,说明了其个例与一般、外在与内在、此岸与彼岸的辩证统一。

3.4 唯象理论:从现象关联到数据关联

除了体现因果的机理性描述外,力学理论还常以唯象性关系来作为其基本表达方式之一。唯象理论起源于现象关联。例如,热力学力与热力学流之间的关系往往采用一种现象关联的方式,称为本构关系。在本构方程中,常常包含必须用现象学的实验来加以确定的待定参数。这些参数有时被赋予一些准物理的意义,如牛顿流体模型中的流体黏性系数、弹性理论中的弹性模量、塑性理论中的屈服应力与硬化常数等,并且它们常常被认为或假定为是与物质的几何形状无关的常数,一旦对一组试件得以确定,便可以适用于同类材料的任一几何形状。这种现象关联的研究范式已经用于各种力学的建模与求解实践之中,并不囿于连续介质力学[14]。

除了唯象理论建模时的现象关联外,力学家们还可以采用各种参数集合来描述物体的几何、受力和物质构成。例如,可以采用傅里叶级数(巴龙·让·巴普蒂斯·约瑟夫·傅里叶,Baron Jean Baptiste Joseph Fourier,1768~1830)来表达任何一个力学场,级数中的任意一个待定系数通常会全局性地影响着场的分布,其求解的方程组往往是一个满阵的方程组。在有限元法中可以通过形状函数来叠加表达力学场,这里的每个形状函数只在总体刚度矩阵构成中具有局部的支撑,其求解的方程组往往是一个带状的方程组。经过上述的数值表达,机理性不清的力学建模部分就从现象关联转为(半机理的)数据关联,还可以通过机理已经认清的部分(如牛顿动力学、变形几何学)来缩减所涉及数据的维度。当然,最后的求解方程往往也依赖于(常以能量泛函来表达的)某种力学原理。

如果抛弃这些现象学的原理,而仅仅通过学习和奖赏的过程进行数据关联,就是完全的数据关联。力学计算与数据科学有着天然的联系。一方面,基于数据(如外载荷、初边值条件等)并通过算法产生数据(如边值问题的数值解)正是力学计算的核心任务;另一方面,数据科学中所利用的效益函数极小化、数据拟合等方法也可以从力学计算中找到其基本思想的渊源。如果在加权残值法框架下构造目标泛函,完全可以建立起人工神经网络训练过程与系统总势能极小化之间的对应关系。

3.5 人工智能的三个来源

2016 年 10 月 13 日,美国白宫科技政策办公室下属的国家科学技术委员会发布了《人工智能——未来已来》和《国家人工智能研究与发展战略规划》两份重要报告,将发展人工智能提升至国家战略层面,并制定了详尽的发展蓝图。2017 年 7 月 8 日,我国国务院印发《新一代人工智能发展规划》,为我国人工智能发展指明了方向[15]。

从人工智能的历史发展来看,它有三个来源,呈互相关联但又此起彼伏的发展态势。按照神经心理学的称谓,这三个来源分别是:符号主义、行为主义和连接主义。

第一个来源为符号主义,符号主义将智能诠释为符号的演绎,这在第 2.5 节中已经加以说明。

第二个来源为行为主义,行为主义就是输入和输出之间有一个因果关系,这个因果关系体现在一种行为。行为主义又称为进化主义,它为人工智能提供了物理学和生物学背景。行为主义的力学源头是动力学与控制。动力学与控制将行为的决策和实施过程转化为由一组微分方程定义的动力系统,它为人工智能的行为提供了牛顿力学的物理内涵和控制论所展示的各种决策机制。例如,由计算动力学的动态子结构法,可演绎至人工智能的区块链技术;由多刚体/多柔体的动力学理论,可以扩展到现在的共融机器人技术;由非线性力学发展出的结构性混沌控制技术,可以融入现代的模糊控制技术之中。行为主义的应用可以覆盖从机器人控制到神经控制的广袤领域。

第三个来源为连接主义,连接主义就是不同的对象之间的连接,也有跨层次的连接,这些连接体现了连接双方的互相影响。连接主义为人工智能提供了认识事物的世界观与方法论,它又代表了人工智能的生理学派或神经网络学派。连接主义的力学源头是多尺度力学:它包括多层次力学和多种层次并行的生物力学与实验力学。跨层次学习与增强记忆是其重要内容。在传统的多尺度力学中,不同尺度或层次之间的连接多采取串行方案,如从微观到细观再到宏观的均匀化方案、从宏观到细观再到微观的差异化方案、湍流中从大涡到小涡的能量级串传递,或实验力学中的串行金相学方案。借助于人工智能的理念,还可以提出基于视觉系统的多层互动、逐渐增强的方案,参见后面章节中的图 17.1[16]。在连接主义的方向下,数据关联的未来发展可指向深度数据分析力学,它本身应该具备层次交叉融合的自觉性,如新近发展的基于机器学习的实时拓扑优化方法,为机器学习与物理空间的设计提供了连接。

在人工智能三个来源集成的浪涌式发展过程中,有的浪潮是某一个来源起很大的作用,有的浪潮可能是另外一个来源起很大的作用。在人工智能发展的过程中,这三个来源在不同阶段发力。一个来源发力的时候,一个浪潮就产生了,下个来源发力就是另外一个浪潮,呈一波一波前推式发展状态。例如,当今的人工智能浪潮主要是连接主义发挥重要作用,就是从深度学习、神经网络、生成式人工智能等方面,推动不同事物之间的连接。该发展将推进形成关联科学的新高度。

3.6　非结构化数据

数据关联的要义在于需要关联的数据类型。信息化系统中的数据可分为结构化数据、半结构化数据,以及非结构化数据。结构化数据是指可由二维表结构来逻辑表达和实现的数据,严格地遵循数据格式与长度的规范,主要通过关系型数据库进行存储和管理。它也称为行数据:数据以行为单位,一行数据表示一个实体的信息,每一行数据的属性是相同的。半结构化数据是结构化数据的一种形式,虽不符合关系型数据库或其他数据表的形式关联起来的数据模型结构,但包含相关标记,用来分隔语义元素以及对记录和字段进行分层。因此,它也被称为自描述的结构。非结构化数据是数据结构不规则或不完整,没有预定义的数据模型,不方便用数据库二维逻辑表来表现的数据,它包括所有格式的办公文档、文本、图片、超文本标记语言(hyper text markup language,HTML)、各类报表、图像和音频/视频信息等。

非结构化数据在许多领域都有广泛的应用,如自然语言处理、图像识别、语音识别等。在自然语言处理领域,非结构化数据被用于分析和理解人类语言,如文本分类、情感分析等;在图像识别领域,非结构化数据被用于分析和识别图像中的物体和场景;在语音识别领域,非结构化数据被用于分析和识别人类语音,如语音识别和语音合成。

对结构化数据,可根据简单的数理统计方法进行关联;而对非结构化数据,多采用模式识别的方法进行关联。后者用数学技术方法来研究模式的自动处理和判读,把环境与客体统称为"模式"。根据样本的特征,模式识别旨在用统计模式识别(statistic pattern recognition)的方法将样本划分到一定的类别中去。统计模式识别的主要方法有：判别函数法、近邻分类法、非线性映射法、特征分析法、主因子分析法等。在统计模式识别中，贝叶斯决策规则从理论上解决了最优分类器的设计问题，但其实现却必须解决困难的概率密度估计问题。

在 ChatGPT 大语言模型中，主要针对非结构化数据。ChatGPT 带来了两个新进展：交互不仅仅是应用，还是一种学习手段，它可以产生新的知识；在大模型训练中，当模型参数达到一定规模，人的反馈价值远超模型参数和计算量的价值，因此有可能造成正反馈的知识增长。ChatGPT 的核心进展是与人的协同和交互学习能力提升，而不只是模型变大，体现了人机互动、对非结构化数据进行关联的结果。ChatGPT 基于模式识别，是在统计计算的基础上编译句子，因此无法对所给出的建议承担最后的责任。

3.7 关联度空间与数据驱动

关联度表征两个事物之间的关联程度，在数学上是指两个事物表现数据的相似程度，是灰色系统分析的一个术语。若不同的数据之间不存在因果或关联关系，数据之间的独立性便使其具备统计学的样本条件。统计学的基本原理，如大数定律、中心极限定理等，可以适用于非关联数据。而关联性的数据，如微信中的群数据，具有或强或弱的因果或关联关系，不能将每个数据都视为具有统计学意义的独立个体，统计学的基本定律可能无法适用，但却为数据的关联研究提供了渠道。

每个数据在赛博空间中具有高低不等的价值。该价值具有使用价值和交换价值的两重性。对某些数据的需求造成其使用价值，并由该需求进一步形成数据流动的驱动力。部分数据的独有性和非共享性产生了对数据流动的阻力和禁锢力。如知识产权的保护就为数据流动提供了一定时间段的阻力。数据流动的驱动力与阻力的平衡定义了数据的交换价值。网络战就是对高价值数据的攫取和保护。数据动力学就是探讨结构和非结构数据在赛博空间（或物理空间）中产生、流动和扬弃的动力学规律。

在无障碍的情况下，数据在物理空间的传播可以用接近于光速的速率进行。因此，数据在物理空间的流动主要取决于网关动力学和末端的非网络传播。网关动力学主要取决于网关的带宽、配送方式、数据的分解/整合规律、网关排队优化。动力学与控制是其基础理论。数据经常表示为多媒体方式，对其流动的优化控制需要用到跨媒体计算。跨媒体计算还可以用来标定数据的价值。

开展力学与数据科学的交叉研究可谓正逢其时。因此，力学与数据科学的交叉研究最有希望在计算力学和动力学等方向上率先取得突破，并在更大范围内催生力学计算范式的重大变革。

力学与数据科学交叉研究的一个方向是探讨自在和自为的数据关联力。在赛博空间中存放着浩如烟海的数据，有些是可观察的，更多是不可观察的。在能够观察的数据中有一些是被(人类)观察过的,还有更多的一些是从未被观察过的。在观察的过程中产生了具有观察者烙印的"关联",这一关联可能造成新知识的产生,即抬高关联内能;也可能提供进一步观察的路径,即提供知识价值驱动的关联力。无论是否被观察,数据之间必然存在着交互作用能,即由于关联而产生的知识合成,从而具有更高的价值,其驱动就是自在的数据关联力。现在的问题是:有没有自为的数据关联力? 若有的话,控制其开启的临界条件是什么? 于是便有下述力学基本问题:

力学基本问题 10　数据会主动地进行关联吗? 数据什么时候会产生思想? 它能否成为一种新的科学范式?

通过目前的研究发展来看,人们已经知悉:① 可以通过"人在回路"的混合智能方式触发数据之间的关联;② 可以通过"生成式人工智能"来获得数据关联后的知识增值,无论是对结构化数据还是非结构化数据均为如此;③ 大模型所依赖的海量数据库可以吸引散布数据的主动关联;④ 可以在关联度空间[17]或语义空间[18]讨论相关的数据动力学问题。

3.8　因果律与关联律的互鉴

在力学研究中,经常可以通过两种方法来求解一个初边值问题:一种是基于定解方程和初边值条件的强解法,另一种是基于目标泛函和约束条件的弱解法。前者追求(可解析表达的)连续解,后者追求(可数值表达的)离散解。前者的优点在于求解的准确性与解析性,后者的优点在于求解过程的通用性。这两种方法均对应着基于因果律的求解过程。

广而言之,我们还有基于因果律的力学经典求解方法与基于关联律的力学数据驱动解法。前者已经发展得比较完备,但一旦出现因果律缺失或不完备就无法进行,也不能实现从现象到现象的递归式计算。后者则方兴未艾,有可能遇到下述有关数据科学的问题[19]:① 维度灾难;② 重采样问题;③ 分布式计算问题;④ 信息融合问题;⑤ 可视分析问题;⑥ 跨媒体计算问题。这些问题都涉及深刻的计算力学诉求。尽管基于数据驱动的力学计算研究近年来受到高度重视,相关工作大量涌现,但仍需解决一系列基础科学问题才能实现内涵式发展。一是关联与因果的混合建模问题。在面向机器学习的数据生成和同化方面,当前工作大多简单套用图像处理、模式识别领域的既有模式,尚需结合具体问题的力学背景,综合运用量纲分析、对称性分析等因果分析手段来确定更合适的数据流形结构,个性化地确定学习对象。二是关联与因果的优化连接问题。机器学习从本质上是从数据样本中发现隐藏的流形结构和定义于其上的概率分布。但如何借助力学原理确定学习能力更强、稳定性更好的编码映射参数化表示,即如何找到学习过程中的关联与因果的优化连接,目前相关研究还几近空白。

于是,将因果律与关联律的互鉴就成为一种可能的选择。美国加州理工学院迈克尔·奥尔蒂斯(Michael Ortiz,1954~)团队新近提出:可放弃经典本构关系,而采取数据驱动的边值问题求解算法[20-22]。该方法在概念上有一定新意,但还必须突破二阶收敛率丧失、计算效率低下等瓶颈,才有可能应用于复杂工程结构的力学分析。此外,如何评价数据驱动边值问题解的可置信性,也是尚未得到充分研究的重要问题。从泛函极小化的概念出发,结构拓扑优化的基本思想也可应用于人工神经网络架构等的优化设计。

我国学者在数据驱动的力学计算研究方面起步较早并取得了一系列成果。我国学者提出了基于数据驱动、可高效预测非均质材料非线性性能的新型能量原理;还将基于人工神经网络训练得到的隐式本构映射与数据驱动的计算力学框架结合,构造了具有二阶收敛率的高效算法。我国学者还发展了基于电子计算机断层扫描(computed tomography,CT)观测的图像有限元方法;结合模型减缩技术建立了针对梁-板-壳复合结构的结构基因驱动求解框架。今后可期待如下方面研究:① 基于力学原理实现人工神经网络等机器学习架构的拓扑优化;② 基于数据驱动的跨尺度/多尺度数值分析算法;③ 数据驱动下先进结构与超材料的优化设计;④ 数据驱动下边值问题数值解的界限估计和不确定性分析;⑤ 数据驱动力学计算方法与经典方法的协同融合;⑥ 基于原位观测的数字孪生模型构造技术[23]。

参考文献

[1] 胡适. 中国哲学史大纲上册[M]. 上海:东方出版社,1996.

[2] 冯友兰. 三松堂学术文集[M]. 北京:北京大学出版社,1984.

[3] 李约瑟. 中国科学技术史[M]. 北京:科学出版社,2013.

[4] 伽利略. 关于两门新科学的对话[M]. 武际可,译. 北京:北京大学出版社,2006.

[5] Newton I. Philosophiae naturalis principia mathematica[M]. Oxford:University of Oxford Press,1687.

[6] Moore W. Schrödinger:Life and thought[M]. Cambridge:Cambridge University Press,1989.

[7] 保罗·狄拉克. 回忆激动人心的年代[J]. 曹南燕,译. 科学与哲学,1981.

[8] Schrodinger E. The Hamilton postage stamps:An announcement by the Irish Minister of Posts and Telegraphs[Z]. Baltimore:John Hopkins University Press,1980.

[9] 薛定谔. 薛定谔讲演录[M]. 范岱年,胡新和,译. 北京:北京大学出版社,2007.

[10] Born M. Quantenmechanik der stoßvorgänge[J]. Zeitschrift für Physik,1926,38(11-12):803-827.

[11] Gribbin J. Erwin Schrodinger and the quantum revolution[M]. Hoboken:Wiley,2013.

[12] 黑格尔. 精神现象学[M]. 贺麟,王玖兴,译. 北京:商务出版社,1979.

[13] 马克思,恩格斯. 德意志意识形态[M]. 中共中央马克思恩格斯列宁斯大林著作编译局,译. 北京:人民出版社,1961.

[14] 杨卫,赵沛,王宏涛. 力学导论[M]. 北京:科学出版社,2020.

[15] 国务院. 新一代人工智能发展规划[Z]. 国发〔2017〕35号,2017.

[16] Yang W,Wang H T,Li T F,et al. X-Mechanics——An endless frontier[J]. Science China Physics,

Mechanics & Astronomy, 2019, 62(1): 1-8.

[17] 杨卫. 研究生教育动力学[M]. 北京:科学出版社,2021.

[18] Wu Z H, Chen H J. Semantic grid: Model, methodology, and applications [M]. Berlin: Springer, 2008.

[19] 邢黎闻. 徐宗本院士:从科学的角度说大数据的科学问题[J]. 信息化建设,2017(6): 13-15.

[20] Kirchdoerfer T, Ortiz M, Data-driven computational mechanics [J]. Computer Methods in Applied Mechanics and Engineering, 2016, 304: 81-101.

[21] Kirchdoerfer T, Ortiz M. Data-driven computing in dynamics[J]. International Journal for Numerical Methods in Engineering, 2018, 113(11): 1697-1710.

[22] Stainier L, Leygue A, Ortiz M. Model-free data-driven methods in mechanics: material data identification and solvers[J]. Computational Mechanics, 2019, 64(2): 381-393.

[23] 国务院学位委员会第七届力学学科评议组. 中国力学学科发展报告[R],2019.

第4章
时间的指向与时空观

"三十功名尘与土,八千里路云和月。莫等闲,白了少年头,空悲切。"

——岳飞,《满江红·写怀》

时间的指向是时空观的一个重大问题。一方面,大众普遍接受的认知倾向于接受时间的箭头性,即在《论语》中所记录的孔子所言、又经毛泽东主席在《水调歌头·游泳》中所转述的"子在川上曰:逝者如斯夫"。另一方面,对逆时间流动的探索一刻也没有停止:在科学的层面,有平行世界理论(parallel worlds)、时光穿梭机(time travel)、量子态隐形传送(teleportation)等假说;在哲学乃至神学层面,有各种循环乃至轮回的说法。

作为科学先行的力学,时间的指向与时空观对应于哪些力学基本问题?这将是本章所要讨论的主要内容。

4.1 时间指向与记忆衰减原理

时间是日常生活中最为常见却又最难以捉摸的概念之一。它既是我们生命中最为宝贵的资源,是物理学中最为基础的概念之一,更是力学建构时中的基本自变量。时间的指向,或"时间之矢",赋予了力学四维时空的不对称性:时间的维度是单向的,而空间的任何一个维度却可以沿正向和反向延伸。它为我们的四维时空塑造了流形的特征。时间之矢这个特殊属性是指时间的拓扑结构向前推移,即从"过去"流向"未来",它展现了时间的"位置"和与时俱进的状态之间的关联。与之对应的基本科学问题是:

力学基本问题 11　为什么时间似乎只朝一个方向流动?(科学 125[1]之一)

时间之矢指的是时间的指向性质,即时间只能沿着一个特定的方向流动。当人们看到落叶飘零、冰山消融和青春消逝时,我们感受到的都是时间之矢。人们尝试解释时间之矢的哲学与科学本质。哲学领域的本体论研究实体的本质和存在方式。在本体论中,时间被视为一个相对稳定的存在状态,而时间之矢则被认为是一个固有属性,无法被人为地改变。宇宙学家认为时间之矢与宇宙的演化方向有关。随着宇宙的不断演化,物质会在空间中集聚成更复杂、更有序的结构,而不会与之相反。

力学的基本方程随时间的变化可以区别为四种类型。第一种为时间指向对称型。在经典力学哈密顿量的表达式中,如果以负方向的时间 $-t$ 来代替 t,它的形式不会发生任何变化;力学的动力学方程,无论是对于粒子或刚体的牛顿动力学方程,还是对于高速运动物体的爱因斯坦相对论方程,或者是不含时变哈密顿量的薛定谔方程,或者是对应于连续介质的动力学方程(如动量方程、动量矩方程)均对时间的正负指向无关。第二种为与时间变化和指向无关的即时平衡型,其代表为连续介质的运动学方程(如几何方程、连续性方程)、能量守恒方程和无阻尼或耗散的"弹性"本构方程。第三种为隐含时间指向性的演化方程,在宏观的模型中有内时[2]演化方程,内变量演化方程,具有黏性、速率相关或记忆性的本构方程;在微观描述中结合了玻尔兹曼平衡态假设以后的经典和量子统计力学,这时,出于波动力学的指向性,波函数的演化时只存在从过去到未来的箭头,尽管科学家在探索更深层次的规律时偶尔使用相反的时间箭头来解释某些现象,例如时间对称性破缺效应,但真正意义上的时间倒流却从未被证实。第四种为构筑时间指向性的、描述不可逆过程的方程,它们包括:① 记忆衰减原理,它作为本构理论的一项公理将在本节末尾加以阐述;② 老化(aging)原理,但对生命体还可能有与之反向的回复过程,将在第 4.2 节中讨论;③ 热力学第二定律,对应于熵增原理,将在第 4.3 节中讨论。基于这一分类性阐述,可以引出下述力学基本问题:

力学基本问题 12 为什么力学定解方程的不同部分有不同的时间箭头作用?逆时演化或多路径演化可能吗?

下面叙述记忆衰减原理。从哲学、脑科学和认知科学的观点来看,对事物有记忆衰减性,正所谓"逝者如斯夫"。其力学表达是:物体中任一质点对以往变形历史的记忆具有衰减性。若采用记忆性泛函来表达以往变形历史的影响,则与变形历史进行卷积的记忆函数必须是一个衰减函数。若物体瞬间就可以失去对以往变形历史的记忆,则现今的变形响应与以往的变形历史无关,这种物体就称为弹性体;若物体虽然不能瞬间丧失对以往变形历史的记忆,但却可以随时间的延续而不断失去对以往变形历史的记忆,以至于最后可以完全忘却,这种物体就称为黏性体。如果承认记忆衰减原理,物体的本构律(或内变量变化)就必然具有时间指向的特征。在物理空间中,变形的历史是逐步被忘却的;在信息空间,信息也是随时间而衰减的;在生命空间,生命体的记忆也是随时间而消逝的。

4.2 老化与回复

讨论时间指向与循环时,不仅仅要讨论物理空间,还要涉及生命空间与信息空间。在生命空间中,生长是所有活体组织不断演化和变形的过程,它从单细胞阶段开始一直持续到成年。顾名思义,一个生长过程只能朝着越来越成熟、越来越复杂的状态发展。生命的基本特征是不停地将有机物转变为更复杂的结构,并形成越来越高级别的组织和器官。因此,在整个生长过程中,生命系统始终只向着更加成熟和复杂的状态演变。这种方向性与时间之矢是非常相似的。这也许可以解释为什么一个婴儿会成长为一个成年人而不是相反的情况发生。著名量子力学专家薛定谔在 1944 年出版了一本小册子:《生命是什么:生物细胞的物理学见解》,其中译文版见文献[3]。他陈述道:"有机体成功地在它的存活期间不断地消除活着的时候不得不产生的全部的熵,这即是新陈代谢的本质。"

对于任何实体性的物质,在没有外界能量输入的条件下,随着时间的演进,都会发生一种"老化"过程,如脑灰质的不断减少、细胞的凋亡与坏死、高分子长链的交联硬化、电化学作用下氧化物的逐渐增加等。与之相对应的,在外界有活力的能量加持下,还可以发生一种回复过程。即便对于无生命的形状记忆材料,卸去外载后,会通过一个突变过程而回复到已经被记住的初始构形,其对应的迟滞曲线显示着随时间增加的能量耗散,这种正值的能量耗散彰显了时间的箭头性。凋亡的细胞可以作为能量来提供给新生的细胞,起到了由于回复而产生的更新(revitalization)作用。随着阳极与阴极的转换,在能源材料中也会出现反向流动的电化学反应,建构了电储能材料的充放电循环。

由于迟滞回线或能量耗散的存在,"回复"过程并不一定代表重归原态,时间的指向性往往带来了不可逆的"损伤"沉淀。在循环外载场作用下的物体仍可能发生一种疲劳损伤行为,无法实现完全的回复,且不可回复的部分具有累积效应。对于金属[4]与陶瓷材料[5],这种疲劳损伤得到了大量的记载。对于高分子材料,这种疲劳损伤对应于长链高分子的"机械降解"(mechanical aging)。对于电化学能源材料,这种损伤疲劳决定了电池的寿命。对于软物质,这种疲劳损伤定义了裂纹扩展的门槛。对于有生命的物体,这种损伤疲劳决定了生命体的积年损伤和生命活性丧失。综上所述,老化、回复和疲劳损伤的过程决定了物体的寿命。

4.3   熵增原理与不可逆过程

时间之矢指出了时间只能沿着一个特定的方向流动,这一定向性是基础性自然法则之一。热力学第二定律和熵增原理在研究时间之矢中扮演着重要角色。对于时间是否具有箭头这一问题的深入探索,交给了 19 世纪隆重登场的热力学。

随着蒸汽机和内燃机的发展,对热和能量的研究变得越来越重要。19 世纪中期詹姆斯·普雷斯科特·焦耳(James Prescott Joule,1818~1889)发现,不管是采用通电还是机械方式,只要外力做的功是相同的,那么功所产生的热量也相同,即"热功当量"。焦耳的实验最终证明,在一个系统中能量总值是守恒的,做功过程中所消失的能量都将最终转化为热量。

随后不久,热力学中最重要的物理量"熵"(entropy)出现了。熵是由鲁道夫·克劳修斯(Rudolf Clausius,1822~1888)于 1865 年在一篇《论热的移动力及可能由此得出的热定律》的论文中首次引入的,用来作为一个热力学体系的状态函数[6]。熵并不是一个抽象的概念,而是一个具有明确物理意义的可测量量。处于绝对零度时,所有物质的熵都为零(即热力学第三定律)。通过升温过程将每一无穷小过程里系统吸收的热量除以吸收热量时的绝对温度,再对整个过程求积分,即可获得该系统在升温结束时所具有的熵。

热力学第二定律具有几种不同的表达形式,它的克劳修斯表述为"热量可以自发地从温度高的物体传递到温度低的物体,但不可能自发地从温度低的物体传递到温度高的物体"[6];而威廉·汤姆森·开尔文(William Thomson, 1st Baron Kelvin, 1824~1907)表述为"物体不可能从单一热源吸取热量,并将这热量完全变为功,而不产生其他影响"[7]。从熵的角度来描述,热力学第二定律可以表述为"在一个孤立系统中,它的熵的总量不会减小",即著名的熵增原理。热力学第二定律所关注的是能量转换的过程中如何不断有序化,它指出,在孤立系统中,任何一种形式的能量转换,都会使能量向着更加无序、难以预测的状态转化,同时伴随而来的是熵的增加。熵是物理学中衡量有序程度的关键量,可以看作"无序度"。熵增原理则体现了时间之矢只朝着一个方向流动。

康斯坦丁·卡拉西奥多里(Constantin Caratheodory, 1873~1950)是"热力学公理化"思想的提出者。他陈述了他的热力学两大公理,试图将整个热力学像欧氏几何一样建立在公理体系之上。其中第二公理为"从一个处于均匀热平衡的任意状态出发,存在着一个不可能由绝热且准静态的过程所连通的邻近状态"[8]。从这条公理出发,它用数学工具推导出了热力学温标,推导出存在着作为状态函数的内能与熵,从而把以往的热力学概念赋予了在数学公理体系下的严格证明。这个公理也隐含了热力学的不可逆过程,并由不可逆过程的存在提供了时间指向性的基础。

需要指出的是,从作为动力学基础的最小作用量原理出发,目前依然无法推导出热力学理论。热力学与经典力学两者的统一有待于未来更加先进科学理论的出现,但其建立也许要比能容纳四种相互作用的"大统一理论"还要艰难。

熵这一概念,在物理时空、信息时空和生命时空中,都有其独到的表达形式。

在物理时空中,可用物理熵来刻画物理世界的混乱程度。物理熵可包括振动熵、混合熵、构型熵等多种类型。物理熵与温度的乘积代表着不能自由释放的(即在自由能中应当扣除的)能量。对于封闭物理系统,熵趋于极大,"环球同此凉热"。这里需要特别提及是玻尔兹曼的熵解释。玻尔兹曼认为,熵表示了系统中大量微观粒子的无序性,并在此基础上给出了它的定量表达式[9]。这一公式在 1900 年由普朗克改写成人们现在熟知的形式,即熵为

$$S = k \ln \Omega \tag{4.1}$$

这是物理学中最美丽和最富有智慧的公式之一,它将作为经验科学的热力学与严谨的数学之间建立起关系。公式中 k 为玻尔兹曼常数,Ω 代表该热力学体系对应的宏观状态数,因此熵值的增加代表着无序性的增加。玻尔兹曼常数的数值等于理想气体常数 R

除以洛伦佐·阿伏伽德罗（Lorenzo Avogadro，1776～1856）常数 N_A，其物理意义是单个气体分子平均动能随绝对温度变化的系数。由此可见，玻尔兹曼的工作是完全建立在原子论的基础之上的，也获得了一些科学家的认可。如当时（1900 年）爱因斯坦就认为："玻尔兹曼的工作实在出色，我已经搞清楚了，他真是位阐述大师，我确信他的理论在原理上是正确的，这就是说，我的确认为，可以将其看成是由一个个具有确定大小的、彼此分开的点质量组成的，它们的运动遵从一定的规律……这是在力学角度解释物理现象之路上迈出的一步。"[10]

"热寂"（Heat Death）是对宇宙终极命运的一种猜想。根据热力学第二定律，当宇宙的熵不断增加直至最大值时，宇宙中的所有其他能量都将转化为热能，整个宇宙达到热平衡状态，再也没有任何可以维持运动或是生命的能量存在，"一切迹象都以不可抵抗的力量说明，一个或一系列确定的宇宙演化事件，将在并非无穷的某一个时间或某些时间发生……除不能化为辐射的原子之外不会留下任何原子，宇宙间将无日光也无星光，只有辐射的一道冷辉均匀地扩散在空间，这的确是今日科学所可以看到的全部宇宙演化，终究必将达到的最后结局。"[11]此时即为热寂状态。

热寂理论最早由热力学第二定律开尔文表述和开尔文温标的提出者开尔文勋爵于 1851 年左右提出[7]，随后获得了克劳修斯的支持。这一"科学理论"从思想上"击溃"了一代又一代卓越的天才们，如控制论之父诺伯特·维纳（Norbert Wiener，1894～1964）就曾经发出"我们迟早会死去，很有可能，当世界走向统一的庞大的热平衡状态，那里不再发生任何真正新的东西时，我们周围的宇宙将由于热寂而死去，什么也没有留下"的悲叹[12]。但是，也有许多著名的科学家和哲学家，如麦克斯韦、玻尔兹曼、恩格斯等，从不同角度对热寂学说进行着批判。恩格斯在致马克思的信中就曾指出："这种理论认为，世界愈来愈冷却，宇宙中的温度愈来愈平均化，因此，最后将出现一个一切生命都不能生存的时刻，整个世界将由一个围着一个转动的冰冻的球体所组成。我现在预料神父们将抓住这种理论，当作唯物主义的最新成就……而这种论证实质上是与辩证唯物论背道而驰的。"[13]

热寂学说基于一个基本假设：宇宙是一个封闭且有限的热力学系统，以使得热力学第二定律能够适用。20 世纪后半叶开始，"宇宙大爆炸"的理论逐渐得到了科学界的公认。大爆炸理论表明宇宙处在不断地膨胀之中，其中的辐射和粒子永远不可能达到热平衡状态。此外，引力的因素也需要被考虑进宇宙的热力学模型之中。这两者使得符合热力学第二定律的"热寂状态"永远不会到来。但宇宙的命运却不会因此而变得更加令人乐观。大爆炸理论也预言了另一个"宇宙末日"——宇宙将永远膨胀下去。这是目前最先进的理论所告诉人们的宇宙归宿，也再次把人们拉回到被"热寂学说"支配的恐惧中。

可以注入一线光明的是，除了物理时空以外，人们还生活在信息时空与生命时空之中。在信息时空中，可用信息熵来刻画信息世界的混乱程度。信息熵表达信息的混乱性、跃动性和真伪并存性。信息熵与信源热度的乘积代表了无法产生置信作用的信息量。这些不可信的信息会随着时间的消逝变成矛盾的信息，变成对宏观语义不造成影响而被扬弃的信息。类似于力学上的自由能,可将自由信息量视为是信息量减去热度与信息熵的乘积。自由信息量是可以释放出来,对语义空间的全部均具有影响力的信息。对于封闭信息系统,信息的普遍交流可能造成信息的结构化,造成统一意识的形成,造成熵减。一方面,类似于物理空间(基于热力学第二定律)的熵增,信息空间的熵减是封闭空间内的一种自然发展过程,即实证与沟通会导致熵减。而另一方面,信息零和博弈的结果将使全球出现信息麻木,造成信息空间的熵增。这种零和博弈针对着非合作情形,这时产生了大量无法置信的信息,因此自由信息量不断减少,信息产生的置信效用不断降低,造成信息受体对信息影响的麻木。

由此可以看出,在物理世界会不断地、不可逆地造成熵增;在信息世界,信息的作用可以造成熵减;那么,在生命世界,会给熵带来什么样的影响呢?其基本内容在于诠释生命有机体是如何避免衰亡的。生命体无时无刻不在外界产生熵,也在体内制造熵。结果只能是不断接近熵的最大值。而一旦到了这个最大值,生命体也就到了它的危险时刻,即死亡。那么,该如何摆脱死亡呢?其可能的途径是,通过新陈代谢,通过物质交换和化学反应,我们产生能量,并不断与环境进行能量的交换,源源不断获得负熵。获得负熵的有机体,可以维持自身在相对高水平的有序状态,而与此同时,环境的熵正在不断增加,环境变得越来越无序。每一个过程、事件、发生在大自然中的一切,都会自发地混乱、无序,趋向于热力学平衡的"衰退"和"死亡",它只有通过不断地从环境中获取负熵来避免这种状态并维持生存。因此,负熵其实是有机体赖以生存的东西[3]。

4.4　量子态的时空观

在量子物理中,量子态描述了一个孤立系统的状态,包含了系统所有的信息。它是状态统计的承载体,且其结果随着测量过程而变化。按照海森堡的不确定性原理,在量子测量中,无法同时精确地测量两个互不相容(non-commuting)的物理量,这为其奠定了统计属性。例如,根据玻恩的波函数统计解释,只要知道了系统量子态的信息,就能给出对系统进行测量的结果。量子态包括纯态和混态。光量子具有量子性,其轨道是跃迁而不是连续变化的。

量子态演化是量子力学中的一个核心概念,它涉及量子系统从一个状态变为另一个状态的过程。在没有测量的情况下,量子态会根据薛定谔方程自发地演化。因此,量子态演化的底层时空观与薛定谔方程类同。量子时空观的扼要陈述是:宇宙是量子的,时空是绝对的,空间是有限而无边界的,时间是有箭头指向的。

然而,由于波粒二象性,量子态的时空观呈现出两个独特且鲜明的特征:测量与纠缠。它们分别对应着量子的波动性与相干性。当进行测量时,波函数会立即塌缩到与测量结果对应的本征态。这种突变式的波函数变化与薛定谔方程描述的连续演化形成鲜明对比,体现了测量在量子世界中的特殊地位。量子纠缠(quantum entanglement)是量子力学的一个核心概念。当两个或多个量子比特相互关联时,这些量子比特的状态将无法独立描述。量子隐形传态是一种基于量子纠缠的远程传输信息方法。它的原理是利用两个纠缠粒子之间的关联,在不直接传输信息的情况下实现远程粒子状态的传输。

对量子隐形传态来讲,其时空观似乎不同于由薛定谔方程描述的连续演化的量子场时空观,前者的传播在时间上是即时的,在空间上是超距的。对比两者,可以提出下述基本科学问题:

力学基本问题 13　量子多体纠缠比量子场更为基本吗?（科学 125[1] 之一）

有关于量子多体纠缠理论已经有一些经典著作,可以发现量子多体纠缠理论都是通过量子场理论计算得到的,最后通过一些特殊的效应和流体力学的方法总结出了量子多体理论,但是有关于量子现象的理论经典物理学无法解释,所以只能通过一些模型的构建来更好地理解或推测量子多体纠缠。从量子纠缠的特征可知,至少需要两个量子粒子才可以发生量子纠缠,这也似乎表明,量子纠缠的相关非定域性可能是量子世界一个比量子干涉或者量子场更基本的性质。2000 年,因斯布鲁克大学的塞林格教授团队创造了三光子纠缠,其目的是避免人们对贝尔定理和贝尔不等式的正确性的疑惑。这就是著名的 GHZ 态,是以物理学家丹尼尔·格林伯格（Daniel Greenberger, 1932~）、迈克尔·霍恩（Michael Horne, 1943~2019）和安东·塞林格名字的首字母命名的。2022 年诺贝尔物理学奖授予阿斯派科特、克劳瑟和塞林格,其中最后一位的一项重要成就是:提出并在实验中制备首个多粒子纠缠态 GHZ 态。潘建伟团队多次实现多个量子位的纠缠态,就是 GHZ 态。可以说,多体纠缠就是量子计算之源。更有意义的问题是:在宇宙之始、混沌未开之际,宇宙是多量子纠缠态吗?宇宙是台量子计算机吗?

量子场论（Quantum Field Theory, QFT）是结合了经典场论、狭义相对论和量子力学的理论框架。它在粒子物理学中用于构建亚原子粒子的物理模型,在凝聚态物理学中用于构建准粒子的模型。比较量子多体纠缠与量子场论,前者基于连续的时空观（空间和时间中的每个点都有一个值）;后者则基于离散的时空观（多个离散体）。可以认为,量子多体纠缠与量子场论是一体两面,都是宇宙本质的体现,是宇宙时空观的两重性。

4.5　物质态的光速不可逾越与量子信息态的瞬时改变

早在 1632 年,伽利略就通过实验指出:相对于惯性系做匀速直线运动的任一惯性系,力学规律是相同的。这一观点在当时被广泛接受,被称为伽利略相对性原理,也被后人称为"管定律的定律"。伽利略相对性原理的数学表述自然是:在伽利略变换下,力学定律的形式不变。在 20 世纪以前,物理学家的时空观是绝对时空观,反映不同惯性系之间时空坐标变换关系的公式是伽利略变换。

然而,适用于光电规律的麦克斯韦方程组不满足伽利略变换。迈克耳孙-莫雷实验的结果使爱因斯坦(图 4.1)坚信:真空中的光速与观测者的速度无关,恒为 c(即光速不变原理)。这意味着麦克斯韦方程组在任何惯性参考系中都成立,不需要修改。他同时猜测:任何物理规律(不管是电磁学规律还是力学规律)在惯性系下都是相同的(即狭义相对性原理)。现在,麦克斯韦方程组不具有伽利略变换的协变性,这说明伽利略变换没有正确地反映惯性系之间的时空坐标变换关系。因此,需要修改的是绝对时

图 4.1　阿尔伯特·爱因斯坦 (1879~1955)

空观和对应的伽利略变换。爱因斯坦于 1905 年在《论动体的电动力学》[14]中提出了两条基本原理:狭义相对性原理和光速不变原理,并据此建立了狭义相对论(Special Theory of Relativity)。狭义相对论的数学表述是洛伦兹变换(Lorentz transformation)而不是伽利略变换,时空描述是四维的时空图(spacetime diagram)。区别于牛顿的绝对时空观,狭义相对论将时间和空间与观测者视为一个不可分割的整体。在这一描述下,真空光速是恒定的,质量随着光速发生变化,对低速运动的物质仍可近似地采用牛顿力学定律,牛顿力学定律可视为宏观尺度上经验总结和实验推断的结果,但接近光速运动时具有相对论效应。能量与质量之间可以建立非常简洁的爱因斯坦质能关系:

$$E = mc^2 \tag{4.2}$$

狭义相对论对高速运动的微观粒子发挥了巨大威力。例如,德·布罗意利用相对论能量动量关系提出了物质波假设和德·布罗意关系,托马斯考虑了相对论运动学效应后才给出正确的自旋轨道耦合相互作用。

通过天文观测来证明光速不变的四项事实是:① 恒星光行差;② 恒星都是一个个的小圆点;③ 恒星都静止;④ 对太阳光的迈克尔孙-莫雷实验。从物理学的角度则有:① 光速在真空中为各向同性;② 由实验约束光子静止质量上限;验证光速与光源速度无关[15]。对这一问题的进一步探究涉及下述基本科学问题:

力学基本问题 14　为什么真空光速为定值?(科学 125[1]之一)**我们能以光速行驶吗?**(科学 125[1]之一)

力学基本问题 15　我们最多可以将粒子加速到多快?(科学 125[1]之一)

在狭义相对论中,信号传播的极限速度是光速,相互作用只能是定域的,这一理念是爱因斯坦早期反对量子力学完备性的强烈理由[16]。爱因斯坦的质疑推动了隐变量理论和贝尔不等式的检验,最终物理学家发现了量子力学的固有非定域特征。物理学家研究微观世界,离不开量子场论,而量子场论是建立在量子力学和狭义相对论的基础上的[17]。除了启发和指导新理论,狭义相对论对物理学家思考问题的方式产生了深远的影响。洛

伦兹群反映连续的时空对称性,它要求物理的拉氏量应具有时空转动(boost)和空间旋转不变性,这启发物理学家去发现系统潜在的自由度和对称性,如宇称、同位旋、规范对称性等。爱因斯坦无法将万有引力定律纳入狭义相对论的框架,万有引力定律无法被修改为洛伦兹协变的形式。

与物质态的光速不可逾越成为鲜明对比的是量子信息态的瞬时改变。如图 1.5 和力学基本问题 05 所示。

在量子计算中,科学家把粒子固定住,引导它们产生信息的纠缠。固定粒子用的是物质作用力,但信息的纠缠是什么力还不清楚。多少个粒子完全纠缠在一起就有多少个量子比特,多少个量子比特就相当于 2 的多少次方,就有 2 的多少次方个纠缠的可能。2^{100} 在量级上相当于 10^{30}。现在最快的计算机是 10^{18},即百亿亿次的 E 级超算。如果是 100 个量子比特完全纠缠在一起,那就是 10^{30},如果能做到这一点,并设计出通用的计算格式,就可以碾压当今的电子计算机技术。

4.6 时间的最小步长

1900 年,物理学家马克斯·普朗克发现,能量可以分为不可再分割的单位,并将其命名为"量子"。在量子力学中,能量是可以量子化的;由泡利不相容原理可知,空间也可以量子化;那么时间能不能量子化呢?由海森堡不确定性原理,我们不能同时精确地测量时间和空间。也就是说,粒子位置的不确定性和动量不确定性的乘积必然大于等于普朗克常数 h(Planck constant)除以 4π[18],用公式表达即为

$$\Delta x \Delta p \geqslant \frac{h}{4\pi} \tag{4.3}$$

由普朗克常数还可以推导出普朗克长度,后者是最小的长度量子,其计算公式为

$$l_P = \sqrt{\frac{\hbar G}{c^3}} \approx 1.616\,229 \times 10^{-35}\ \text{m} \tag{4.4}$$

式中,$\hbar$ 是约化普朗克常数或称狄拉克常数;c 为真空中光速;G 为万有引力常数,$G = 6.672\,59 \times 10^{-11}\ \text{N} \cdot \text{m}^2/\text{kg}^2$。普朗克长度远远小于原子核的尺度,后者约为 10^{-15} m。

在对时间量子化时,一个重要的概念是普朗克时间(Planck time),是指时间量子间的最小间隔,约为 5.39×10^{-44} s。普朗克时间等于普朗克长度除以光速:

$$t_P = \sqrt{\frac{\hbar G}{c^5}} \approx 5.391\,16 \times 10^{-44}\ \text{s} \tag{4.5}$$

普朗克时间是时间量子的最小间隔,即没有比这更短的时间存在。一秒钟中所具有的普朗克时间超过了宇宙诞生到如今总秒数的和。普朗克时间这个概念本身产生于量子力学

之中,已经是最小的幅度了,科学家们也无法去测量它到底是多少。目前,科学家们所能测量到的最少时间间隔为 247 仄秒(247×10^{-21} s),是光子穿越两个氢原子的时间。

有关时空量子动力学的研究,即在构建的数学工具上同时体现时间与空间的量子效应,有可能成为一个新的发展尝试。

参考文献

[1] Science. 125 questions:Exploration and discovery[OL].[2023 - 12 - 19]. https://www.sciencemag. org/collections/125-questions-exploration-and-discovery.

[2] Valanis K C. A theory of viscoplasticity without a yield surface[J]. Archives of Mechanics, 1971, 23(4):515 - 553.

[3] 埃尔温·薛定谔. 生命是什么[M]. 仇万煜,左兰芬,译. 海口:海南出版社,2016.

[4] Meyers M A, Chawla K K. 金属力学原理及应用[M]. 程莉,杨卫,译. 北京:高等教育出版社,1992.

[5] Suresh S. Fatigue of materials[M]. Cambridge:Cambridge University Press, 1999.

[6] Clausius R X. On a modified form of the second fundamental theorem in the mechanical theory of heat [J]. The London, Edinburgh, and Dublin Philosophical Magazine and Journal of Science, 1856, 12(77):81 - 98.

[7] Thomson W. On the dynamical theory of heat, with numerical results deduced from Mr Joule's equivalent of a thermal unit, and M. Regnault's observations on steam[J]. Transactions of the Royal Society of Edinburgh, 1851.

[8] Pogliani L, Berberan-Santos M N. Constantin Carathéodory and the axiomatic thermodynamics[J]. Journal of Mathematical Chemistry, 2000, 28:313 - 324.

[9] Boltzmann L. Weitere studien über das wärmegleichgewicht unter gasmolekülen[J]. Wiener Berichte, 1872, 66:275 - 370.

[10] Einstein A. The collected papers of Albert Einstein[M]. Princeton:Princeton University Press, 1987.

[11] 丹皮尔 W C. 科学史[M]. 李珩,译. 北京:中国人民大学出版社,2010.

[12] 维纳 N. 人有人的用途[M]. 陈步,译. 北京:商务印书馆,1978.

[13] 中共中央马克思恩格斯列宁斯大林著作编译局. 马克思恩格斯全集[M]. 北京:人民出版社,2009.

[14] Einstein A. Zur elektrodynamik bewegter körper[J]. Annalen der Physik, 1905, 17:891 - 921.

[15] Bryant H C, Dieterle B D, Donahue J, et al. Is the speed of light independent of the velocity of the source? [J]. Physical Review Letters, 1977, 39(19):1236.

[16] Einstein A, Podolsky B, Rosen N. et al. Can quantum-mechanical description of physical reality be considered complete? [J]. Physical Review, 1935, 48:696 - 702.

[17] Weinberg S. 量子场论[M]. 北京:世界图书出版公司,2014.

[18] Heisenberg W. Über den anschaulichen Inhalt der quantentheoretischen Kinematik und Mechanik[J]. Zeitschrift für Physik, 1927, 43(3 - 4):172 - 198.

第5章
质量的起源与表象

"一尺之棰,日取其半,万世不竭。"

——庄子,《杂篇·天下》

力学旨在研究物质在力作用下的运动规律。因此,物质、力和运动是力学的三个核心要素。墨子云:力,形之所以奋也,这里的"形"即为物质的表象,"奋"即为"运动"的状态。牛顿讲:力等于质量乘以加速度,这里的"质量"即为物质的代表性表征量,"加速度"即为运动的特定表征量。由此可见,"质量"是力学的核心表征量之一,其重要性和地位不容置疑。本章旨在阐述质量这一概念的起源和对其表象化认识的发展。

5.1 牛顿质量:物质的含量

质量(mass)是物体所具有的一种物理属性,它是一个正的标量。关于质量概念的科学定义可以追溯到弗兰西斯·培根(Francis Bacon, 1561~1626)在 1620 年出版的《新工具》(*Novum Organum*)一书,他把质量定义为物体所含物质的多少。牛顿在《自然哲学之数学原理》一书中首次引入了惯性质量的概念,定义为物体惯性大小的量度。质量分为惯性质量和引力质量。自然界中的任何物质既有惯性质量又有引力质量。这里所说的"物质"是自然界中的宏观物体、各种客观存在的场、天体和星系、微观世界的基本粒子等的总称。在牛顿力学中,物体的质量就是物体中物质的含量。物体的质量是不变的量,与物体的运动状态无关。作为一个与时间和空间位置无关的物质表征量,给定物体的惯性质量出现在牛顿力学第二定律之中:

$$F = ma \tag{5.1}$$

即物体加速度 a 的大小与所受力 F 的大小成正比,比例系数 m 称为该物体的惯性质量。惯性质量是物体惯性的量度:对于 m 越大的物体,其物质的含量就越多,也就越难改变其运动状态(速度)。在牛顿力学中,没有惯性质量等于零的物体存在。类似的叙述亦出现在牛顿的万有引力公式中。该处的 m 称为该物体的引力质量。

5.2　质量与速度：爱因斯坦的质能公式

在狭义相对论中,惯性质量又细分为静质量 m_0、动质量和相对论质量(总质量) m。动质量是相对论质量与静质量的差[1]。也就是说,物体的质量不再是一个恒量,而是与运动速度有一定的函数关系,即质速关系:当静止质量为 m_0 的物体以速度 v 运动时,其总质量 m 的表达式为

$$m = \frac{m_0}{\sqrt{1 - \dfrac{v^2}{c^2}}} \tag{5.2}$$

式中, c 为真空中的光速。式(5.2)即为相对论的质速关系, m 与 m_0 的差别只在物体运动速度很大,可与光速比拟时才显示出来。质速关系式已为实验所证实。质速关系式表明,物体的速度愈大,其质量愈大;速度为零时,质量最小,这时的质量就是静质量 m_0。在光速不可逾越的假定下,以真空中的光速运行的粒子,其静止质量必然为零。

对于可以在实验室里测试的物体,惯性质量和引力质量相等。爱因斯坦在广义相对论中提出等效原理就是以惯性质量和引力质量相等这一前提为依据的。可以认为,一切与广义相对论有关的观察和实验的精确结果都可以视为这两种质量相等的证明。因此,惯性质量和引力质量是表征物体内在性质的同一个物理量的不同表现[2]。与牛顿力学不同,并不是所有的微观粒子都具有静质量。光子作为一种基本粒子,其静止质量为零,这是由相对论和量子力学相互支持的一个重要结论。从相对论的角度上看,因为光子的速度始终是光速,光子的质量就始终为零。而从量子力学的角度上看,则是认为光子具有强大的波动性质。光子的运动受麦克斯韦方程组的支配,且其方程组满足洛伦兹变换。

能量是对蕴藏于物质之中的做功能力的一种量化描述。其中最基本的应为由于质量本身所产生的能量,可由著名的爱因斯坦公式来加以度量:

$$E = mc^2 \tag{5.3}$$

除了由于质量而具有的能量之外,在物质中还有束缚于物质之中的能量(亦称为内能),以及可以自由释放的能量(亦称为自由能)。按照爱因斯坦公式,如果把质量全释放出来,再乘上光速的平方,就得到能量。那么,能量能不能变成质量?目前的认识还无法为之下定论,因为能量能否完全转化成质量还是一个开放性的问题。因此可陈述以下力学基本问题:

力学基本问题 16　质量可以转化为能量,能量可以凝聚为质量吗?

5.3 质量与时空的交织：广义相对论与引力波

对牛顿力学的另一个批判是广义相对论力学的提出。其主要在于三个层次的批判：一是哲学层次的批判，否定了牛顿的绝对时空观，认为空间度量应该是相对的，运动和物质是关联的，坐标与质量分布有关；二是几何学层次的批判，否定了平直的时空观，提出弯曲的时空；三是物理学层次的批判，提出了爱因斯坦场方程，并预言了引力波的存在，见图5.1。

图5.1 广义相对论与爱因斯坦

按照万有引力定律，质量分布就对应着引力分布，质量的多寡会使空间坐标产生变化和弯曲。爱因斯坦将狭义相对性原理推广到广义相对性，又利用在局部惯性系中万有引力与惯性力等效的原理，建立了用弯曲时空的黎曼几何描述引力的广义相对论理论。广义相对论的两个基本原理是：① 等效原理——惯性力场与引力场的动力学效应是局部不可分辨的[3]；② 广义相对性原理——所有的物理定律在任何参考系中都取相同的形式。在上述假设下，广义时空下的爱因斯坦张量 $G_{\alpha\beta}$ 与引力张量具有下述关系，称为爱因斯坦场方程：

$$G_{\alpha\beta} = R_{\alpha\beta} - \frac{1}{2}g_{\alpha\beta}R = \frac{8\pi G}{c^4}T_{\alpha\beta} \tag{5.4}$$

式中，$g_{\alpha\beta}$ 代表度规张量；$R_{\alpha\beta}$ 代表由黎曼曲率张量缩并后的里奇（Ricci）张量；R 代表曲率标量；$T_{\alpha\beta}$ 代表能量动量张量；G 为万有引力常数；c 为真空中的光速。在经典力学中，亦存在一个度规张量 $g_{\alpha\beta}$。对于笛卡儿直角坐标系，度量张量就是单位阵；对于曲线坐标，度量张量要反映曲线特征。在广义相对论下的时空坐标，则由于质量分布不均匀而十分复杂。按照广义相对论，度量张量和引力质量两者之间有着确切的关系。传统力学专业所学的连续介质力学忽略了这一关系。如果发生很大的质量变化，就会引起空间度规的变化，等价于坐标系的改变。如果想用有限元法去做广义相对论计算，则单元的划分就要与引力数值相关。通过引力，可以把所有的维度纠缠在一起，这是力学的新问题。需要专门研究怎么把计算力学的方法（例如有限元法）引入广义相对论力学的计算。

与之相对应的哲学命题是运动与物质的关系，它们通过"力"偶联在一起。其对应的基本力学问题是：

力学基本问题 17　什么是引力？（科学 125[4]之一）

力学基本问题 18　爱因斯坦的广义相对论是正确的吗？（科学 125[4]之一）

引力波，在物理学中是指时空弯曲中的涟漪，通过波的形式从辐射源向外传播。引力波是物质和能量的剧烈运动和变化所产生的一种物质波，以引力辐射的形式传输能量。引力波按照它的频率可从低频到高频不等，对于它的探测可采取各种手段，见图 5.2。对于极其低频的引力波，如 10^{-16} Hz 以下的，称为原初引力波，它记录了宇宙大爆炸时候的痕迹，其尺度贯穿整个宇宙。如果能探测出原初引力波，就可以推算出宇宙大爆炸的过程，即质量是如何按照时间的演进而变化分布的。原初引力波对应于整个宇宙尺度，所以需要对整个天区进行观测，横跨南半球与北半球。目前，世界上建设了 3 个观测装置，其科学目的在于探测原初引力波。其中两个装置建在南半球；还有一个装置建在北半球，在西藏的阿里地区。阿里地区地势高，大气视宁度好，有利于观测天文。由中国科学院高能物理研究所主导的"阿里实验计划"是在我国西藏的阿里地区放置一个小型但具有大视场的射电望远镜，从地面上欣赏原初引力波的"彩虹"。这 3 个观测装置将来可能会联网来构建对整个天区的观察。在中频阶段，中国的"天眼"（Five-hundred-meter Aperture Spherical radio Telescope，FAST）将有所作为，可借助于对脉冲星的时间标定进行观察。图 5.2 还介绍了其他观测计划。在高频阶段，2016 年 2 月 11 日，激光干涉引力波天文台（Laser Interferometer Gravitional-wave Observatory，LIGO）科学合作组织和 Virgo 合作团队宣布他们利用高级 LIGO 探测器，首次探测到了来自双黑洞合并的引力波信号[5]。2017 年诺贝尔物理学奖颁给了雷纳·韦斯（Rainer Weiss，1932～）、巴里·巴里什（Barry Barish，1936～）和基普·索恩（Kip Thorne，1940～），获奖理由是"为 LIGO 探测器以及引力波观测做出的决定性贡献"。在高频段对引力波信号的观察难度相当大，相对精度要达到 10^{-22}。美国从 20 世纪 70 年代开始支持这一研究，40 年磨一剑，终于探测到高频引力波。高级 LIGO 是通过激光干涉来观察引力波，中间使用量子光学来加快误差收敛的速度。LIGO 装置的干涉距离为 3 000 m，经过多次反射相当于几千公里的干涉距离。

我国现在酝酿着两个高频引力波探测计划，即太极计划和天琴计划，参见图 5.2(b)。太极计划是中国科学院力学研究所胡文瑞和中国科学院理论物理研究所吴岳良作为首席科学家提出的，它非常类似于欧洲空间天线激光干涉仪（Europe Laser Interferometer Space Antena，eLISA）计划。天琴计划是重力测量专家罗俊等提出的。这两个计划均通过在空间轨道上置放若干个可实现激光干涉的卫星来测量引力波。这些卫星之间的距离大大地延长了基线。在欧洲航天局所设计的 eLISA 计划中，卫星的距离是 200 万公里；而我国太极计划的卫星干涉距离是 300 万公里；"天琴计划"则将位于地球之上的 10 万公里轨道处，三个卫星的间距在 10 万公里之上。

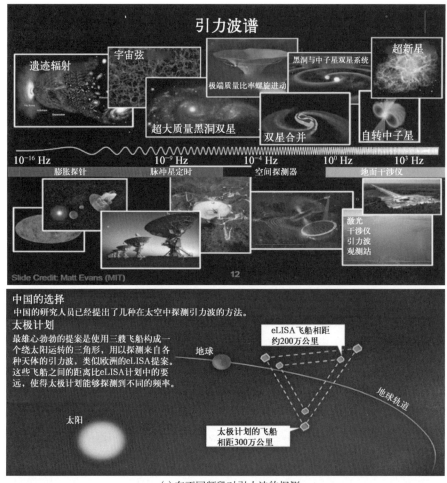

(a) 在不同频段对引力波的探测

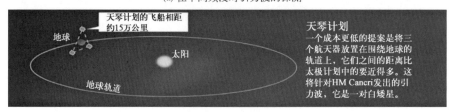

(b) 中国的太极计划和天琴计划

图 5.2　对引力波的探测方案

　　宇宙本身就已经"创造"出了一种探测工具——毫秒脉冲星,它们是大质量恒星发生超新星爆炸形成的高速旋转的致密天体。这些极其稳定的恒星是自然界中最精确的时钟,像灯塔一样每"滴答"一次就向地球扫过一组信号,可以通过尽管细微但还是能够察觉到的时间涨落,探测到引力波。这就是脉冲星计时法(pulsar timing)。中国建设的500 m 口径望远镜,以及国际上正在建设的平方公里阵(square kilometer array, SKA)射电望远镜,都将监测脉冲星,从而在 $10^{-8} \sim 10^{-5}$ Hz 的频段下探测引力波的存在。

5.4　费米子与玻色子

目前人类知道自然界中所有的力只有四种基本类型。除了比较熟悉的引力和电磁力之外,在 20 世纪还发现了原子在衰变过程中的弱力和存在于原子核内部的强力。质子和中子牢牢结合构成原子核的"黏合力"就是强力的一种。随着物理学的不断发展,部分物理学家们认为,这四种基本力可能只是某一种更加"基本"的力的不同"表现"。因此,物理学一定存在一个"大统一理论"(Grand Unified Theories,GUTs)或者"万物之理",可以用一个方程来描述所有的物理学。例如,在爱因斯坦成功地用广义相对论描述了引力之后,就开始致力于构建新的理论框架来将描述原子世界的量子力学也纳入进来。爱因斯坦之后的物理学在这方面的最大突破是"规范场理论"(Gauge Theory)和基本粒子的标准模型。

1918 年,德国数学家赫尔曼·外尔(Herman Weyl,1885 ~ 1955)提出了"规范场理论",其中"规范"的含义是"尺规"。外尔认为,由于"钟慢尺缩",相对论中的时空几何会对做闭合回路运动的物体产生一种电磁效应,由此就将电磁力纳入了引力的范畴。但是外尔的观点遭到了爱因斯坦的质疑,爱因斯坦认为这动摇了"测量"的基础。1927 年,弗拉基米尔·福克(Vladimir Fock,1898 ~ 1974)和菲列兹·伦敦(Fritz London,1900 ~ 1954)发现,只要在外尔的规范场理论中加入了虚数 i,它就能够用来真正地描述电磁力。1954年,杨振宁和罗伯特·劳伦斯·米尔斯(Robert Laurence Mills,1927 ~ 1999)将外尔的规范场理论进行了推广,建立了杨-米尔斯理论。后来,该理论被用来和外尔的理论进行结合,成功地统一了弱力和电磁力,建立了弱电统一理论。外尔、杨振宁和米尔斯的工作构成了物理学最前沿研究的基础。

规范场理论给力(也就是物体间的相互作用)赋予了新的定义。它认为,力是通过规范粒子来完成的,力的作用方式实际上就是规范粒子在物体间的传播过程。描述这些规范粒子和其他基本粒子的理论,被称为基本粒子的标准模型。人类的标准粒子模型基本上已经建立完成了,见图 5.3。在标准模型中,基本粒子包括 48 种构成物质的费米子(自旋为半整数的粒子),其中包括轻子类(电子等)12 种、夸克类(6 味×3 色×正反粒子)36种;12 种传播相互作用的玻色子(自旋为整数的粒子),其中包括传递强力的胶子 8 种、传递电磁力的光子 1 种、传递弱力的 W+、W-、Z 粒子共 3 种;和一种"赋予质量"的希格斯玻色子,总共 61 种。夸克就是构成质子和中子的基本费米子,而光子就是用来传播电磁力的玻色子。可以说就是这 61 种粒子再加上还没被发现的引力子,构成了物理世界的所有现象。由图 5.3 可见,在玻色子中,存在着若干零质量的粒子,如胶子、光子等。

目前,标准模型并未对引力的作用方式做出任何解释,这也是规范理论作为"大统一理论"所缺失的重要一块。另外,虽然人类一直尝试寻找第五种基本力,但是到目前为止都尚未获得公认。例如,宇宙学和天文学的一些观测事实表明,宇宙正处于加速膨胀中,

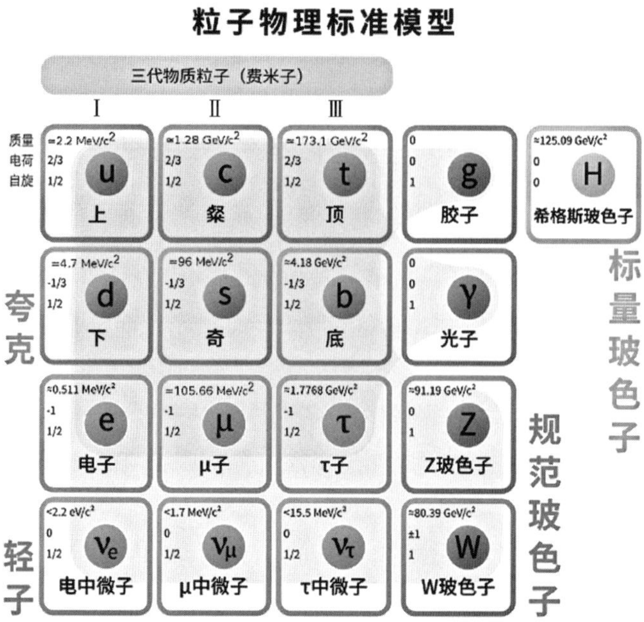

粒子物理标准模型

三代物质粒子（费米子）

图 5.3　粒子物理的标准模型

而暗能量被认为是驱动其膨胀的原因。变色龙理论是用来解释宇宙加速膨胀的一种理论模型,该理论的最大特征之一是预言了已知四种基本相互作用力外的"第五种力",在形式上可以写为对万有引力作用的微小偏离,这为实验研究提供了可能。中国科学技术大学与南京大学组成的联合研究组,利用抗磁悬浮力学系统在实验室环境中对变色龙理论进行实验检验,未发现该理论预言的"第五种力",从而排除了其作为暗能量的可能[6]。最近,一种新的提法是第五种力可能代表粒子与自旋的相互作用[7]。

　　在 21 世纪,李政道先生提出过现代物理的两大疑云:一是缺失的对称性;二是看不见的夸克。李政道认为这两个问题的答案还蕴藏在真空的性质之中。关于物质结构的探求一直是人类持久以恒的科学目标。毛泽东主席曾多次引用庄子的论述"一尺之棰,日取其半,万世不竭"[8],其对应的科学问题是:

力学基本问题 19　什么是物质的最小组成部分?（科学 125[4]之一）

5.5　中微子的质量与中微子振荡

　　中微子的发现起源于 19 世纪末、20 世纪初对放射性的研究。1930 年,奥地利物理学家泡利提出了一个假说,认为在 β 衰变过程中,除了电子之外,同时还有一种静止质量为零、电中性、与光子有所不同的新粒子放射出去,带走了另一部分能量,因此出现了能量亏损。这种粒子与物质的相互作用极弱,以至仪器很难探测得到。1931 年,泡利在美国物理学会的一场讨论会中提出,这种粒子并不是原来就存在于原子核中,而是衰变时产生的。1932 年真正的中子被发现后,意大利物理学家费米将泡利假说中的粒子命名为"中微子"。美国物理学家克莱德·洛兰·科温(Clyde Lorrain Cowan Jr,1919~1974)和弗雷德里克·莱因斯(Frederick Reines,1918~1998)等通过实验第一次直接探测到了中微子[9]。1995 年,由于科温教授已经长逝,莱因斯与发现轻子的美国物理学家马丁·珀尔(Martin L. Perl,1927~2014)分享了该年的诺贝尔物理学奖。1962 年,美国物理学家利昂·马克斯·莱德曼(Leon Max Lederman,1922~2018)、杰克·施泰因贝格尔(Jack Steinberger,1921~2020)和梅尔文·施瓦茨(Melvin Schwartz,1932~2006)发现了第二种中微子——μ 中微子,分享了 1988 年诺贝尔物理学奖。

中微子是一种基本粒子,不带电,质量极小,与其他物质的相互作用十分微弱,在自然界广泛存在。它能自由地穿过人体、墙壁、山脉乃至整个行星,难以捕捉和探测,因而被称为宇宙中的"隐身人"。在基本粒子标准模型中,中微子的质量被假设为零,所以中微子都以光速运行。1987 年,日本神冈实验和美国 IMB 实验群[由加州大学尔湾分校(University of California, Irvine)、密歇根大学(University of Michigan)及布鲁克海文(Brookhaven)国家实验室所组成的实验团体]观测到超新星中微子,日本科学家小柴昌俊(Masatoshi Koshiba,1926~2020)由此获 2002 年诺贝尔物理学奖。1989 年,欧洲核子研究中心证明了存在且只存在三种中微子。

1998 年 6 月,日本超级神冈(Super-Kamiokande)实验以确凿的证据说明中微子具有静止质量,这一发现引起广泛关注。日本科学家宣布他们的超级神冈中微子探测装置掌握了足够的实验证据说明中微子可以从一种类型转变成另一种类型,称为中微子振荡,间接证明了它们具有非常微小的质量。此后,这一结果得到了许多实验的证实。中微子振荡不仅在微观世界最基本的规律中起着重要作用,而且与宇宙的起源与演化有关,例如宇宙中物质与反物质的不对称很有可能是由中微子造成。日本超级神冈实验不能给出中微子的准确质量,只能给出这两种中微子的质量平均值之差——约为电子质量的一千万分之一,这也是中微子质量的下限。2015 年,日本科学家梶田隆章(Takaaki Kajita,1959~)因"发现了中微子振荡,证明了中微子具有质量"与阿瑟·布鲁斯·麦克唐纳(Arthur Bruce McDonald,1943~)分享了 2015 年诺贝尔物理学奖。2000 年,美国费米实验室发现第三种中微子,即 τ 中微子。因此已经确认的有三种中微子存在:电子中微子、μ(缪子)中微子和 τ(陶子)中微子。

中微子具有质量的意义不可忽视。一是由于宇宙中的中微子数量极其巨大,其总质量也就非常惊人。二是在现有的量子物理框架中,科学家用假设没有质量的中微子来解释粒子的电弱作用,如果中微子有质量,目前在理论物理中最前沿的大统一理论模型就需要重建。人类对于中微子的性质的研究还是非常有限的。人们至今不是非常确定地知道:几种中微子是同一种实物粒子的不同表现,还是不同性质的几种物质粒子,或者是同一种粒子组成的差别相当微小的具有不同质量的粒子。

质量导致振荡。有了质量以后,其相互作用就产生了力,于是不同种类的中微子就有振荡模式,它们之间可以互相产生影响。第一类和第二类,第二类和第三类之间都可以相互影响,标记为 θ_{12} 和 θ_{23}。这时还剩一个第一类中微子和第三类中微子之间的作用 θ_{13},以前认为该作用可忽略不计,但也有科学家对此存疑。中微子振荡研究的进一步发展需

图 5.4 王贻芳,大亚湾中微子实验国际合作组发言人

要利用核反应堆周边大量存在中微子的条件来精确测量中微子混合角 θ_{13}。位于中国深圳的大亚湾核电站具有得天独厚的地理条件,是世界上进行这一测量的上佳地点。中国科学院高能物理研究所研究人员提出设想,利用大亚湾核反应堆群产生的大量中微子,来寻找中微子的第三种振荡。由中国科学院高能物理研究所领导的大亚湾反应堆中微子实验于 2006 年正式启动,联合了中国大陆十多家研究所和大学,美国十多家国家实验室和大学,以及中国香港、中国台湾、俄罗斯、捷克的研究机构。选址在大亚湾建造 5 个探测器,中方首席科学家是中国科学院高能物理研究所王贻芳(图 5.4)。这 5 个探测器装置的水平优于已经开建的日本和韩国的装置,其典型装置见图 5.5。

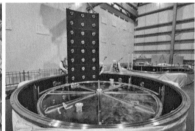

(a) 前4个探测器安装鸟瞰图　　(b) 单个探测器　　(c) 内置闪烁体

图 5.5 大亚湾中微子实验装置

中美联合团队采取了果断的赶超方案,建好了 4 个探测器就开始测量,等到第 5 个建好后再将其数据相加。大亚湾反应堆中微子实验于 2011 年建成。这样就比韩国提前两个月,先得到具有 5σ 确信度的测量数据。随着 5 个探测器数据的不断加入,确信度越来越高,达到了后发先至的效果。2012 年 3 月 8 日,大亚湾中微子实验国际合作组发言人王贻芳在北京宣布,大亚湾中微子实验发现了一种新的中微子振荡,并测量到其振荡概率。该实验达到了前所未有的精度,测得第三种中微子振荡模式的振荡幅度为 9.2%,误差为 1.7%,无振荡的可能性只有千万分之一[10],见图 5.6。中微子的第三种振荡模式,即 θ_{13} 的确切量测,是中美合作发现的,中方的贡献获得了 2016 年度国家自然科学奖一等奖。该发现被认为是对物质世界基本规律的一项新的认识,对中微子物理未来发展方向将起到决定性作用。上海交通大学物理系主任、粒子物理宇宙学研究所所长季向东这样阐释这项研究的意义:"大亚湾实验发现了电子中微子振荡的新模式,这种模式的发现对了解

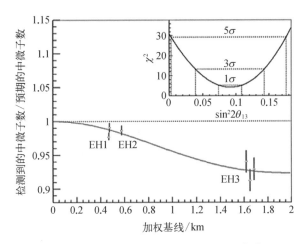

图 5.6　中微子第三种振荡模式的发现[10]

为什么正物质远远多于反物质,对解释太阳系中元素的丰度有极其重要的作用。在我们所观察到的宇宙中,物质占主要地位,但为什么如此,到现在还没有一个合理的解释,大亚湾实验的结果打开了一扇大门。"

目前认为有 24 个最基本的物理常数,万有引力常数就是其中一个。24 个常数里面除了 θ_{13},其他的基本都没有来自中国科学家的贡献。自从希格斯粒子得到验证以后,标准模型有一统天下之势;但是标准模型中并没有假设中微子的质量,于是标准模型就受到了挑战。这次在第一类和第三类中微子之间的测得作用力还颇为可观,与现行物理模型的预测不一样。将来有没有可能分别测出三类中微子的质量?最有希望的装置就是在江门建设中的中微子质量序的测量装置。该装置位于两组核反应堆等间距处,地面下正好有一块很大的花岗岩体,在距地面五六百米深处的花岗岩中安装探测器进行测量,定出三类中微子的质量序列。超越标准模型的物理称为新物理,如果可以测量出这三个质量,就会对中微子有一个新的认识,并可能建立新物理模型。

5.6　杨-米尔斯场与质量的缺失

量子场论是粒子物理标准模型的数学基础和理论框架。标准模型认为目前已知的物质都由基本粒子构成,而这些基本粒子的动力学和相互作用可以用量子场论来描述。量子场论是量子力学狭义相对论与经典场论相结合的物理理论,现在被广泛地应用于粒子物理学和凝聚态物理学中。量子场论为描述多粒子系统,尤其是包含粒子产生和湮灭过程的系统,提供了有效的描述框架。

在量子场论中,粒子是场的量子激发,每一种粒子都有自己相应的场。在量子化过程中,玻色场满足对易关系,而费米场满足反对易关系。粒子之间的相互作用和动力学可以用量子场论来描述。目前已知的四种相互作用中,除去引力,另外三种相互作用都找到了满足特定规范对称性的量子场论来描述：强相互作用有量子色动力学（Quantum Chromodynamics，QCD），电磁相互作用有量子电动力学（Quantum Electrodynamics，QED），弱相互作用有费米子点作用理论。

在大多数物理学家们都致力于引力和电磁力的统一描述时，杨振宁和米尔斯则独辟蹊径，花费约四年的时间推演出 SU（2）规范场，也就是 1954 年给出的杨-米尔斯理论[11,12]。该理论虽然也起源于对电磁相互作用的分析，但是却没有执着于引力和电磁力的统一，而是构建了弱相互作用和电磁相互作用的统一理论。规范场理论原本是基于对称变换可以局部也可以全局地施行这一思想的一类物理理论。杨振宁和米尔斯极大地推广了场和荷的含义。他们设想了一种更为复杂的荷和它们所产生的场以解释强相互作用。这些荷和场都不是用普通的实数能表示的，它们是一些矩阵。矩阵的乘法是不能交换的，这种乘法的不交换性是"非阿贝尔"的，因此也称为非阿贝尔规范场。量子理论里力学变量可以表示成矩阵。但这里说的场和荷表示成矩阵不是量子化的结果，而是在经典物理的意义上它们就是矩阵。由此实现了强弱相互作用和电磁相互作用的大一统，爱因斯坦后半生苦苦思索的统一场论未能如愿，但杨振宁的杨-米尔斯理论却一举统一了宇宙四种基本力的三种。

杨-米尔斯理论的核心概念是规范对称性，即物理定律在某种对称变换下保持不变。这种对称性要求存在一种无质量的规范玻色子来传递相互作用力。与此同时，这些规范玻色子与物质粒子（如电子和夸克）通过所谓的费米子相互作用。规范对称性是杨-米尔斯理论的基石，它是指在某种连续变换下，物理系统的行为保持不变。通过研究这些相互作用的性质，可以更好地理解物质粒子的行为。

1954 年杨振宁到普林斯顿研究院作报告时，泡利当场发难，指出杨-米尔斯理论存在质量缺口（mass gap）问题。因为规范理论中的传播子都是没有质量的，否则便不能保持规范不变。电磁规范场的作用传播子是光子，光子没有质量。但是，强相互作用不同于电磁力，引力和电磁力都属于长程力，强弱相互作用都是短程力，短程力的传播粒子一定有质量，杨-米尔斯理论的量子必须质量为零，以维持规范不变性。如果其作用粒子质量为零，则其作用只能是长程作用力。然而实验上没有观察到长程力的作用。犀利的泡利不断地就规范粒子的质量诘问杨振宁。杨振宁回答说不知道，曾经研究过，但是没有明确结论。泡利说："这不是充分的理由。"泡利随后建议杨振宁去看薛定谔关于引力场中狄拉克方程的文章。杨振宁发现，里面的方程一方面与黎曼几何有关，一方面与他和米尔斯的方程类似。当月，泡利还写了一封长信给杨振宁，将自己之前的结果在平直时空和其他条件下简化，与杨-米尔斯的结果一致，并说他的学生讨论了规范场的拉格朗日函数。泡利最后写道[13]："我曾经而且仍然对粒子静止质量为零的矢量场感到反感和泄气（我不将你的'复杂'之说当回事），而且也存在电磁场的特性导致的群的困难。"据说是因为泡利在杨振宁之前就做出过同样的工作，那时他就发现了这个模型不能解决粒子的质量问题，所以放弃了发表。尽管受到泡利的批评，但杨振宁觉得尽管不能解决粒子的质量问题，但规范场理论非常优美,于是将论文发表。这体现了巨大的勇气,因为泡利的批评有强大的杀伤力。

后来人们认识到非阿贝尔规范场理论是量子力学之后物理学最伟大的成就之一。由杨-米尔斯理论发展的标准模型准确地预言了在世界各地实验室中观察到的事实,其应用已经深入于物理学的其他分支中,如统计物理、凝聚态物理和非线性系统等。其对应的更深刻的科学问题是:

力学基本问题 20 质量的起源是什么?(科学 125[4] 之一)

5.7 质量赋予机制:希格斯理论

从粒子物理的角度来看,如果一个粒子是完全自由、完全对称的,它就没有质量,没有任何一个力可以影响它。力无法影响的物体就没有质量。有些东西是没有质量的,例如物理学家们确定光子是没有静质量的,是属于完全自由的。

质量的一个重要性质是它与对称性相关。在曾经被广泛认可的物理定律中,有一条就是"宇称守恒",可以理解为"物理过程遵守镜像对称",一个物理系统跟它的镜像,应该能遵守同样的物理定律,形成左右对称的过程。镜像对称,天经地义。在此前的无数物理实验里,"宇称守恒"也从未让物理学家们失望。这就是为什么许多物理学家不愿质疑这条规则。杨振宁和李政道的一项重要工作就是要证明"宇称发生了不守恒",见图 5.7。他们发现,此前支持"宇称守恒"的实验都和前三种基本作用(引力、电磁力、强作用力)相关。他们做了大量的计算,发现在弱相互作用的衰变实验里,反映"宇称不守恒"的项恰好被消除了。现在只需要再做一些针对性的新实验,就能知道弱相互作用是否遵从"宇称守恒"。1956 年 10 月 1 日,他们合著的论文《弱相互作用中的宇称守恒质疑》[14] 发表。在论文里,杨李二人列出了若干个实验的详细介绍,并说明这些实验可能证明宇称不守恒。吴健雄是李政道的哥伦比亚大学物理系同事,当李政道、杨振宁提出在 β 衰变过程中

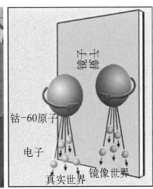

图 5.7 宇称不守恒的发现

宇称可能不守恒之后,她凭着对物理学的直觉意识到了验证"宇称不守恒"的重要性。她立即领导她的小组进行了一个实验,在极低温条件下用强磁场把钴-60原子核自旋方向极化,而观察钴-60原子核β衰变放出的电子的出射方向。他们发现绝大多数电子的出射方向都和钴-60原子核的自旋方向相反[15]。这个实验结果证实了弱相互作用中的宇称不守恒,在整个物理学界产生了极为深远的影响。

巴基斯坦物理学家阿卜杜勒·萨拉姆(Abdus Salam,1926~1996),也是第三世界科学院的创建者,打过一个比方来形容"宇称不守恒"有多么不可思议:"当作家们描写独眼巨人时,总是把那只独眼放在前额的正中间。而宇称不守恒相当于物理学家们震惊地发现,空间原来是个虚弱无力的左眼巨人。"

从质量的溯源来说,质量是由约束所产生的。第5.6节讲到,杨-米尔斯理论的提出受到了泡利的质疑,对泡利质疑的解决方案是彼得·希格斯(图5.8)的质量赋予机制[16-18]。根据杨-米尔斯理论,要求规范玻色子是零质量的,但是最后测量到W和Z玻色子是有质量的,如何解决这一冲突呢? 希格斯认为:在宇宙大爆炸刚发生的时刻,W和Z

图5.8 彼得·希格斯(Peter Higgs,1929~)

这些传递弱力的规范玻色子一出生的时候是零质量的。但在不到一秒的时间后,它们得到了质量。这是它们在一种场中相互作用的结果。希格斯假定这种场能渗透空间,给每一种与其互动的亚原子微粒以质量。虽然希格斯场会给夸克和轻子以质量,但它所给予的质量对其他亚原子粒子来说无足轻重,如质子和中子。在这些粒子中,把夸克黏在一起的"胶子"给予了大部分的质量。也就是说,这些玻色子的质量不是天生的而是后天赋予的,这样就既不与杨-米尔斯理论相冲突,也不跟实际测量相冲突了。在所有可以赋予规范玻色子质量,而同时又遵守规范理论的可能机制中,这是最简单的机制。希格斯机制就是赋予粒子质量的机制。宇宙中到处都充满了希格斯场,粒子如果不跟希格斯场发生作用,它的质量就是零,如光子、胶子。如果粒子跟希格斯场发生作用,那么它就有质量,发生的作用越强,得到的质量就越大。这里说明一点,并不是所有的质量都来自粒子和希格斯场的相互作用,还有一部分来自粒子间的相互作用。2012年7月4日,欧洲核子研究中心(European Organization for Nuclear Research,CERN)宣布LHC的紧凑μ子线圈探测到质量为125.3±0.6 GeV的新粒子(超过背景期望值4.9个标准差),超环面仪器测量到质量为126.5 GeV的新粒子。而在2013年3月14日,CERN发布,先前探测到的新粒子是希格斯玻色子。

希格斯粒子的发现证实了希格斯粒子与其他粒子的相互作用使其他粒子具有质量,相互作用越强,质量就越大,而希格斯粒子本身质量极大。由此,"规范场理论"最后一个缺陷被弥补,它统一了目前自然界的四种力中的三种[19]。

5.8　质量描述：自发对称性的破缺

在杨-米尔斯理论中受到质疑的质量缺口,随着由自发对称性破缺来描述质量的新视角下得以新生。1960 年,出现了南部阳一郎(图 5.9)-杰弗里·戈德斯通(Jeffrey Goldstone,1933~)定理(Nambu-Goldstone Theorem),是指如果某种连续整体对称性是自发破缺的,则一定存在零质量的玻色子,即戈德斯通玻色子。原来由复标量场描述的量子系统,当发生对称性自发破缺后就转化为实部量粒子和戈德斯通玻色子构成的量子系统。这个定理在粒子物理中有着重要应用,如 π 介子就对应着近似手征对称性破缺的戈德斯通玻色子。由于戈德斯通、南部和乔瓦尼·乔纳-拉希尼欧(Giovanni Jona-Lasinio)等开始运用对称性破缺的机制[20],从零质量粒子的理论中去得到带质量的粒子,杨-米尔斯理论的重要性才显现出来。当物理系统所遵守的自然定律具有某种对称性,而物理系统本身并不具有这种对称性,则称此现象为自发对称破缺(spontaneous symmetry breaking)[21]。这是一种自发性过程,由于此过程,本来具有这种对称性的物理系统变得不再具有这种对称性,或不再呈现出这种对称性,因此这种对称性被隐藏。因为自发对称破缺,有些物理系统的运动方程或拉格朗日量遵守这种对称性,

图 5.9　南部阳一郎
(Yoichiro Nambu,
1921~2015)

但是最低能量解不具有这种对称性。从描述物理现象的拉格朗日量或运动方程,可以对这现象做分析研究。

可以找到一批自发对称性破缺的例子。设想一根圆柱形细棒的两端被施加轴向应力,在发生屈曲之前的状态记为 S_0,整个系统对于以细棒为旋转轴的二维旋转变换具有对称性,因此可以观察到此系统的旋转对称性。可是该状态不是最低能量态,因为有应力能量储存于细棒的微观结构内,这状态极不稳定,稍有摄动就可以促使发生屈曲,释出应力能量,跃迁至最低能量态。注意到细棒有无穷多个最低能量态可做选择,这些最低能量态之间因旋转对称性关联在一起,细棒可以选择跃迁至其中任意一个最低能量态,在发生屈曲之后的状态,完全改观为非对称性。尽管如此,仍旧存在旋转对称性的一些特征:假若忽略阻力,则不需施加任何作用力就可以自由地将细棒旋转,变换到另外一个最低能量态,该旋转模态实际就是不可避免的戈德斯通玻色子。另一个例子是设想在无限宽长的水平平板上,有一层均匀厚度的液体。这物理系统具有欧几里得平面的所有对称性。现在从底部将平板均匀加热,使得液体的底部温度大于顶部温度很多。当温度梯度变得足够大的时候,会出现对流胞(convection cell),打破欧几里得对称性[21]。

南部阳一郎的对称性自发破缺机制在质量对称性与约束自由等方面存在许多有意思的内容,这也是在牛顿力学里远远达不到的。质量可视为对称性破缺。例如外尔费米子

是仅有一个磁极且没有质量的粒子,且由于对称性自发破缺机制的南部阳一郎理论而被赋予质量。于是,从哲学的层次来看,力与自由成为关联者,对称与质量成为关联者。南部阳一郎与小林诚(Kobayashi Makoto,1944)和益川敏英(Toshihide Maskawa,1940~2021)的工作都使得规范对称框架下的标准模型能够解释不对称的实验事实,因此他们分享了2008年的诺贝尔物理学奖。

基于希格斯和南部阳一郎等的工作,以杨-米尔斯场方程为旗帜的"规范场理论"被物理学界公认为基本粒子标准模型。标准模型是描述基本粒子和相互作用的理论框架,它建立在杨-米尔斯理论的基础上。在标准模型中,强相互作用由 SU(3) 规范对称性描述,弱相互作用和电磁相互作用则通过电弱统一理论,将 SU(2) 和 U(1) 规范对称性统一起来。标准模型成功地解释了许多实验现象,如中性流、W 玻色子和 Z 玻色子的发现等,被认为是现代粒子物理学的基石。即使是尚未统一到标准模型中的引力,也有可能包括进规范场的理论之中。弱相互作用和电磁相互作用实现了形式上的统一,由杨-米尔斯场来描述,通过希格斯机制产生质量,建立了弱电统一的量子规范理论,谢尔登·李·格拉肖(Sheldon Lee Glashow,1932~)、萨拉姆、史蒂文·温伯格(Steven Weinberg,1933~2021)提出了后人命名的 GWS 模型或弱电统一理论[22]。20 世纪 70 年代,弱电统一理论预言的中性流在 CERN、费米实验室和斯坦福直线加速器实验室(Stanford Linear Accelerator Center,SLAC)的很多实验中得到证实。因此,格拉肖、萨拉姆和温伯格分享了 1979 年的诺贝尔物理学奖,见图 5.10。物理学家以此为基础建立了标准模型,预测了所有的基本粒子及其相互作用,人类也随即达到了目前还原论认知的顶峰。

图 5.10　弱电统一的量子规范理论,即 GWS 模型
从左至右分别为格拉肖、萨拉姆和温伯格

杨-米尔斯场的存在性和质量缺口也是数学领域的世界七大难题之一。该问题的正式表述是:证明对任何紧致的、单的规范群,四维欧几里得空间中的杨米尔斯方程组有一个预言存在质量缺口的解。在这个难题上,藏着微观粒子世界的奥秘,也藏着宇宙大一统的钥匙。杨振宁后来明白了引力场与杨-米尔斯场在几何上的深刻联系,从而促进他在20 世纪 70 年代研究规范场论与纤维丛理论的对应,将数学和物理的成功结合推进到一个新的水平。

　　爱因斯坦-杨-米尔斯理论是广义相对论和杨-米尔斯理论的结合,试图描述引力和其他基本相互作用的统一。在这个理论中,引力被视为一种规范对称性,类似于强、弱和电磁相互作用。尽管目前尚无实验证据支持爱因斯坦-杨-米尔斯理论,但它为研究引力和其他基本相互作用的统一提供了有益的思路。基于自旋和标度规范对称性以及物理规律坐标无关的假设,吴岳良于 2016 年提出了引力规范场的量子场论[23]。他引进了双标架时空概念,即整体平坦坐标时空和局域平坦引力场时空。基本引力场不再是坐标时空的度规场,而是定义在双标架时空上的规范型双协变矢量场。自旋和标度规范对称性支配引力相互作用,将量子场论发展为引力量子场论。

　　因此,还存在下述终极的力学基本问题:

力学基本问题 21　会有“万有理论”吗?（科学 125[4]之一）

　　特别是,被大多数物理学家所确认,并且在他们的对于“夸克”的不可见性的解释中应用的“质量缺口”假设,从来没有得到一个数学上令人满意的证实。该假设提供了电子为什么有质量的一种解释。质量缺口假设的完全解决将提供严格的理论证明,也将阐明物理学家尚未完全理解的自然界的基本方面。此前物理学家只能观察到电子有质量,却无法解释电子的质量从何而来。在这一问题上的进展需要在物理上和数学上两方面引进具有根本意义的新观念。也期待下述基本科学问题的解决:

力学基本问题 22　能找到宇宙中所有未呈现的物质吗?

参考文献

[1] 中国大百科全书总编辑委员会. 中国大百科全书:物理学[M]. 第二版. 北京:中国大百科全书出版社,2009.

[2] 中国大百科全书总编辑委员会. 中国大百科全书:物理学[M]. 第一版. 北京:中国大百科全书出版社,1987.

[3] 刘辽,赵峥. 广义相对论[M]. 北京:高等教育出版社,2004.

[4] Science. 125 questions:Exploration and discovery[OL]. [2023-12-19]. https://www.sciencemag.org/collections/125-questions-exploration-and-discovery.

[5] Abbott B P, Abbott R, Abbott T D, et al. Observation of gravitational waves from a binary black hole merger[J]. Physical Review Letters, 2016, 116(6):061102.

[6] Yin P, Li R, Yin C, et al. Experiments with levitated force sensor challenge theories of dark energy[J]. Nature Physics, 2022, 18(10):1181-1185.

[7] Liang H, Jiao M, Huang Y, et al. New constraints on exotic spin-dependent interactions with an ensemble-NV-diamond magnetometer[J]. National Science Review, 2023, 10(7):nwac262.

[8] 庄子. 庄子[M]. 方勇,译注. 北京:中华书局,2015.

［9］ Cowan C L, Reines J R F, Harrison F B, et al. Detection of the free neutrino: A confirmation［J］. Science, 124(3212): 103－104.

［10］ An F P, Bai J Z, Balantekin A B, et al. Observation of electron-antineutrino disappearance at Daya Bay ［J］. Physical Review Letters, 2012, 108(17): 171803.

［11］ Yang C N, Mills R. Isotopic spin conservation and a generalized gauge invariance［M］. Physical Review, 1954, 95(2): 631.

［12］ Yang C N, Mills R L. Conservation of isotopic spin and isotopic gauge invariance［J］. Physical Review, 1954, 96(1): 191－195.

［13］ Pauli W. Wissenschaftlicher Briefwechsel mit Bohr, Einstein, Heisenberg u. a./Scientific correspondence with Bohr, Einstein, Heisenberg, a. o.: Band Ⅲ/Volume Ⅲ: 1940－1949［M］. Berlin: Springer, 2008.

［14］ Lee T D, Yang C N. Question of parity conservation in weak interactions［J］. Physical Review, 1956, 104(1): 254－258.

［15］ Wu C S, Ambler E, Hayward R W, et al. Experimental test of parity conservation in beta decay［J］. Physical Review, 1957, 105 (4): 1413－1415.

［16］ Higgs P W. Broken symmetries, massless particles and gauge fields［J］. Physics Letter, 1964, 12: 132－133.

［17］ Higgs P W. Broken symmetries and the masses of gauge bosons［J］. Physical Review Letters, 1964, 13: 508－509.

［18］ Higgs P W. Spontaneous symmetry breakdown without massless bosons［J］. Physical Review, 1966, 145: 1156－1163.

［19］ Ellis J, Gaillard M K, Nanopoulos D V. A historical profile of the Higgs boson［J］. The Standard Theory of Particle Physics, 2016: 255－274.

［20］ Nambu Y, Jona-Lasinio G. Dynamical model of elementary particles based on an analogy with superconductivity Ⅰ［J］. Physical Review, 1961, 122(1): 345－358.

［21］ Arodz H, Dziarmaga J, Zurek W H. Patterns of symmetry breaking［M］. Berlin: Springer Science & Business Media, 2003.

［22］ Salam A, Ward J C. Electromagnetic and weak interactions［J］. Physics Letters, 1964, 13: 168－171.

［23］ Wu Y L. Quantum field theory of gravity with spin and scaling gauge invariance and spacetime dynamics with quantum inflation［J］. Physical Review D, 2016, 93(2): 024012.

第二篇
流 体 力 学

流体力学的主要研究分支包括：湍流力学、旋涡动力学、计算流体力学、实验流体力学等，特别关注非定常性、非线性、可压缩性、时空关联、多场多尺度耦合等问题。湍流力学主要研究流动稳定性、转换、湍流结构的生成与演化、湍流模式、湍流燃烧、能量传输等。旋涡动力学主要研究流动分离、旋涡的产生、演化及其与物体和其他流动结构的相互作用，以及在湍流发生、发展和流动控制中的作用。计算流体力学主要研究数值方法、物理模型、网格技术、高精度格式、优化算法、高性能计算等。实验流体力学主要研究不同环境下速度场、密度场、温度场、压力场、组分场等的实验室模拟理论、测量技术与方法等。流体力学与其他学科相结合产生了飞行器空气动力学、高超声速空气动力学、稀薄气体动力学、水动力学、船舶流体力学、海洋工程流体力学、微尺度流体力学、工业与环境流体力学、生物流体力学、多相流、渗流力学、电磁流体力学等方向。

第 6 章
N‑S 方程与湍流

"湍流是经典物理学中最后一个尚未解决的重要问题。"

——理查德·费曼

6.1   千禧年的七大数学问题

量子力学奠基人之一、德国著名物理学家、诺贝尔奖获得者海森堡临终前曾在病榻上说过一句话:"当我见到上帝后,我一定要问他两个问题——什么是相对论,什么是湍流。我相信他应该只对第一个问题有了答案。"由此可见,湍流问题的解决难度之大令人难以想象。

从奥斯本·雷诺(Osborne Reynolds,1842~1912)1883 年在曼彻斯特做的圆管流动实验开始算起[1],虽然湍流现象已经被广泛研究了 140 余年,但是湍流产生的物理机理仍不清楚。经过 100 多年的研究,科学家们相信纳维‑斯托克斯(Navier-Stokes)方程(N‑S方程)是描述湍流的正确方程。现代 N‑S 方程直接数值模拟(direct Navier-Stokes, DNS)的结果几乎与实验数据完全一致。从工程角度考虑,N‑S 方程描述湍流已满足应用要求。但是,数学家和力学家们非常关心的一个问题是 N‑S 方程的解的存在性与光滑性,这个问题至今没有得到证明。2000 年初,美国克雷数学研究所的科学顾问委员会选定了七个"千禧年大奖问题",均集中在对数学发展具有中心意义、数学家们梦寐以求而期待解决的重大难题。其中的一个,即庞加莱猜想(Poincare Conjecture),已经由俄罗斯数学家格里戈里·佩雷尔曼(Grigory Perelman,1966~)破解。剩下六个中的一个就是 N‑S 方程解的存在性与光滑性。虽然这组方程是 19 世纪写下的,但是人们对它们的理解仍然尚少,成为横亘三个世纪的难题。其挑战在于使人们能解锁隐藏在 N‑S 方程中的奥秘。

美国克雷数学所设定了该问题具体的数学描述[2]:"证明或反证下面的问题:在三维的空间及时间下,给定一起始的速度场,存在一矢量的速度场及标量的压力场,为纳维‑斯托克斯方程的解,其中速度场及压力场需满足光滑及全局定义的特性。"

6.2　N－S方程解的存在性与光滑性

瑞士科学家莱昂哈德·欧拉(Leonhard Euler,1707~1783)在忽略黏性的假定下,建立了描述理想流体运动的基本方程:

$$f_i - \frac{1}{\rho} p_{,i} = \frac{\mathrm{D}v_i}{\mathrm{D}t} = \frac{\partial v_i}{\partial t} + v_k v_{i,k} \tag{6.1}$$

式中,ρ 为流体的密度;p 为流体中的压力场;f_i 为外部施加的体力;v_i 为速度场;$\mathrm{D}/\mathrm{D}t$ 为随体导数。式(6.1)中后一等式为在欧拉坐标下的随体导数定义,其中的对流项为方程引进了强烈的非线性。

图 6.1　英国学者雷诺

1883 年,英国学者雷诺(图 6.1)借助一个无量纲数即"雷诺数"(Reynolds number),提出了层流(laminar flow)和湍流(turbulent flow 或 turbulence)的概念,从此将流体的稳定性研究正式地带入了湍流的世界。雷诺通过管道和槽道流动的细致实验,结合他对平均速度场和脉动速度场所起作用的认识,对湍流给出了较为精确的描述[1]。作为两者的判别条件,雷诺数可以定义为

$$Re = \rho v L / \mu \tag{6.2}$$

式中,v、ρ、μ 分别为流体的流速、密度与黏性系数;L 为一特征长度。对流体流过圆形管道的情况,L 为管道的当量直径 d。在较低雷诺数时的流动属于层流,即规则流动;而在较高雷诺数时的液体流动则归属于湍流的范畴。雷诺数是流体流动中惯性力与黏性力比值的度量。

N－S方程是描述黏性流体动量守恒的运动方程。黏性流体的运动方程最先由纳维在 1823 年提出[3],只考虑了不可压缩流体的流动。泊松在 1831 年提出可压缩流体的运动方程。圣维南在 1843 年、斯托克斯在 1845 年独立地提出黏性系数为一常数的牛顿黏性流体形式[4]。后人将该流体力学场方程命名为纳维-斯托克斯方程。对牛顿黏性流体,设 τ 为流体各层间的内摩擦力,它与流体速度变化梯度 $\partial u / \partial y$ 成正比。若将该比例系数记为 μ,则各物理量近似满足下述关系:

$$\tau = \mu \frac{\partial u}{\partial y} \tag{6.3}$$

此关系称为牛顿内摩擦定律。对于三维情况,假设流体是各向同性的,若其应力张量和变形速率张量呈线性齐次关系,则它们之间最一般的线性关系式为

$$\sigma_{ij} = -p\delta_{ij} + 2\mu\left(d_{ij} - \frac{1}{3}d_{kk}\delta_{ij}\right) + \mu' d_{kk}\delta_{ij} \tag{6.4}$$

式中,应力张量 $\sigma_{ij} = -p\delta_{ij} + \tau_{ij}$, p 为各向同性压力, τ_{ij} 为偏斜应力张量; $d_{ij} = \frac{1}{2}(v_{i,j} + v_{j,i})$ 为变形速率张量, $d_{kk} = v_{k,k}$ 为各向同性体积变形速率张量; δ_{ij} 表示克罗内克 δ 函数; μ' 为膨胀黏性系数。式(6.4)就是广义牛顿黏性定律的数学表达式。公式(6.3)和公式(6.4)是牛顿流体的标志,也是确定牛顿流体的流动本构方程。

对于可压缩流体,其连续性方程为

$$\frac{\partial \rho}{\partial t} + (\rho v_i)_{,i} = 0 \tag{6.5}$$

而运动方程的普遍形式为

$$\Pi_{,i} + f_i = \frac{\mathrm{D}v_i}{\mathrm{D}t} = \frac{\partial v_i}{\partial t} + v_k v_{i,k} \tag{6.6}$$

式中, $\Pi = -\frac{p}{\rho} + \Xi$ 为广义势; Ξ 为保守体力的势函数; f_i 为无势的非理想力,其表达式为

$$f_i = \frac{1}{\rho}\tau_{ik,k} + p\left(\frac{1}{\rho}\right)_{,i} + \hat{f}_i \tag{6.7}$$

式中, τ_{ij} 仍为偏斜应力张量, $\hat{f}_i$ 为每单位质量上的不守恒外加体力,参见文献[5]。对非理想流动,式(6.7)右端中的三项分别代表:流动中的黏性项、(见诸可压缩和燃烧中的)斜压项、非保守体力项(如磁流体动力学中的洛伦兹力)。若流体是均质且不可压缩,此时 ρ 为常数,速度场的散度为零,而方程(6.5)~方程(6.7)可简化为

$$\hat{f}_i - \frac{1}{\rho}p_{,i} + \frac{\mu}{\rho}v_{i,kk} = \frac{\mathrm{D}v_i}{\mathrm{D}t} = \frac{\partial v_i}{\partial t} + v_k v_{i,k} \tag{6.8}$$

式中, $\hat{f}_i$ 为每单位质量上的不守恒外加体力。如果再忽略流体黏性,则式(6.8)就变成通常的欧拉方程形式(6.1),即无黏流体的运动方程。

N-S方程反映了黏性流体(或真实流体)流动的基本力学规律,在流体力学中具有里程碑式的意义。从理论上讲,有了包括 N-S 方程在内的基本方程组,再加上一定的初始条件和边界条件,就可以确定流体的流动。但是,由于 N-S 方程(6.8)比欧拉方程(6.1)多了一个二阶导数项 $\frac{\mu}{\rho}v_{i,kk}$,它成为一个高阶非线性偏微分方程,求解非常困难和复杂。在求解思路或技术没有进一步发展和突破前,只有在某些十分简单的特例流动问题上才能求得其精确解;但在部分情况下,可以简化方程而得到近似解。可得精确解的最简单情况是平行流动。这方面有代表性的流动是圆管内的哈根-泊肃叶(Gotthilf Hagen, 1797~

1884;Jean Poiseuille,1797~1869)流动[6]和两平行平板间的库埃特(Maurice Couette, 1858~1943)流动[7]。1908 年,阿诺德·索末菲(Arnold Sommerfeld,1868~1951)在罗马国际会议作了题为《对流动转变为湍流的解释》的报告[8],代表了对层流稳定性的较早研究。所得到的非自共轭偏微分方程,后人称为 Orr-Sommerfeld 方程。

在许多情况下,不用解出 N-S 方程,只要对 N-S 方程各项作量级分析,就可以确定解的特性,或者获得方程的近似解。如对于雷诺数 $Re \ll 1$ 的情况,方程(6.8)右端的加速度项与黏性项相比可以忽略,从而可求得斯托克斯流动的近似解。罗伯特·密立根(Robert Millikan,1868~1953)根据这个解给出了一个有名的应用——密立根油滴实验,即基于空气中细小球状油滴的缓慢流动求解出了单一电子的电荷值,他也由于该项工作获得 1923 年度诺贝尔物理学奖。对于雷诺数 $Re \gg 1$ 的情况,黏性项与加速度项相比可忽略,这时黏性效应仅局限于物体表面附近的边界层内,此时 N-S 方程可简化为边界层方程;而在边界层之外,流体行为同无黏性流体无异,所以其流场可用欧拉方程求解。

1934 年,法国数学家让·勒雷(Jean Leray,1906~1998)讨论了黏性可压缩流体的纳维-斯托克斯方程的柯西问题[9],提出规则解(对应于层流)和不规则解(对应于湍流)的概念。勒雷假定湍流是 N-S 方程在流场中某些位置,由于点涡或者线涡的存在,导致了局部流动的速度趋于无穷大(奇点)所引起。在这些点上,流动的解是不规则的,而在其余的点上(层流),流动的解是规则的。当流动中出现这些奇点时,N-S 方程的精确值是不可求解的,但是可以求得奇点附近邻域平均值上的解。勒雷采用分部积分的方法,提出了弱解的概念。他证明了纳维-斯托克斯问题弱解的存在,即此解在流场中平均值上满足纳维-斯托克斯问题,但无法在整个定义域的每一点上满足。N-S 方程的强解到现在还没有得到解决(即 N-S 方程是否处处有解),这正是千禧年大奖难题之一。由于勒雷在二维和三维 N-S 方程弱解方面的工作,他获得了 1979 年的沃尔夫数学奖。后来,德国数学家艾伯哈特·霍普夫(Eberhard Hopf,1902~1983)[10]也对其进行了弱解的研究,所以 N-S 方程的弱解通常也称为 Leray-Hopf 弱解。在计算机问世和迅速发展以来,N-S 方程的数值求解有了较大的发展。勒雷的弱解概念,为力学家们对 N-S 方程的计算流体力学(CFD)模拟打下了作为解的理论基础。否则,人们无法说明 CFD 的模拟结果就是 N-S 方程的解。现在,数学家想要解决的是纳维-斯托克斯的强解问题,即其解需要在流场中定义域上逐点满足。换另一种说法,即对一个给定的起始点流动条件,可以准确预测随时间变化到后面任意时刻的流动状况;或者对湍流流动中的任何一点任意时刻的流动,可以精确追溯到它的起始点的流动的起始条件。关于 N-S 方程强解的局部适定性,很多数学家对其进行了研究,如 Kato[11]、Giga 和 Miyakaya[12]等用半群理论进行研究。为大家所熟知的是,弱解在强解类是唯一的,即如果有一个弱解和一个强解对应于同一个 N-S 方程,则它们是同一个解。迄今为止,弱解的唯一性和正则性,即强解的整体存在性,仍然是一个极具挑战性的问题。其对应的基本力学问题是：

力学基本问题 23　N−S 问题会得到解决吗？（科学 125[13] 之一）

1994 年菲尔兹奖获得者皮埃尔-路易·利翁（Pierre-Louis Lions, 1956~）在其 1998 年的名著[14]中展述了他在 1993 年宣布的如下结果：当空间维数为 2、绝热指数 $\gamma > 3/2$ 和空间维度为 3、$\gamma > 9/5$ 时，等熵可压缩 N−S 方程存在整体弱解。由于大气分子的绝热指数 γ 为 1.4 左右，故利翁提出了如下公开问题："能否把该适用 γ 值在空间维度为 2 或 3 时推进至 $\gamma \geqslant 1$？"江松和张平[15]合作通过发展处理解的奇异性的新技术和描述密度振荡的亏损测度的新性质，首先对球面对称和轴对称初值，在二维和三维情形将利翁的工作改进到 $\gamma > 1$。张平等在三维不可压缩 N−S 方程组的适定性方面，引入了一类全新的负指标 Besov-Sobolev 型的函数空间，并证明了三维各向异性 N−S 方程初始速度的两个分量充分小时，该方程存在唯一的整体解。他们还证明了三维 N−S 方程一个速度分量的临界范数控制了该解的正则性。张平和江松的研究成果"流体力学与量子力学方程组的若干研究"获得了 2011 年国家自然科学二等奖。

中国学者黄飞敏、王振在若干重要的可压缩欧拉方程［即方程(6.1)］的整体解的研究中取得进展，并在此基础上，进一步研究了 N−S 方程解的长时间行为，成果获得 2013 年度国家自然科学二等奖。黄飞敏等还证明了可压缩 N−S 方程接触间断波的稳定性，完善了黏性双曲守恒律基本波的稳定性理论[16]。

N−S 方程和傅里叶方程是描述流体黏性流动和热传导的基本方程，但它们并非适用于描述所有流动。当平均自由程 λ 与流场特征尺度 L 相比较大时，流动表现出明显的稀薄特征，此时连续性假设失效。借助下述关于克努森数的定义：

$$Kn = \frac{\lambda}{L} \tag{6.9}$$

只有在 $Kn \ll 1$ 时，N−S 方程和傅里叶方程才能够严格成立。若上述条件不能满足，可以在气体粒子碰撞模型下进行模拟。为了描述粒子由于碰撞和自由运动而产生的时空演化，1872 年玻尔兹曼借助速度分布函数，首次推导并给出了玻尔兹曼方程[17]。如果将分子质量、动量与能量乘以玻尔兹曼方程各项，并对整个速度空间进行积分，由此所得到的方程称为矩方程或麦克斯韦输运方程。矩方程组本身并不封闭，需要补充对应力与热流张量本构关系进行封闭。若基于克努森数 Kn 进行级数展开，其中零阶近似取平衡阶麦克斯韦速度分布[18]，可求得欧拉方程(6.1)；对应的一阶近似得到 N−S 方程。与此同时，量子力学中的薛定谔方程可通过推广 Madelung 变换为流体薛定谔方程[19]，该流体薛定谔方程描述了含动能耗散和有限涡量的不可压/可压缩流动，且在双分量（或四元数）波函数表示下的演化算符为幺正变换，比 N−S 方程更适合量子计算。

于是得到下述力学基本问题：

力学基本问题 24 N–S方程、玻尔兹曼方程和薛定谔方程三者之间有何联系？

6.3 从机翼绕流看涡街和湍流的形成

湍流（turbulence）是一种由不同尺度、不同频率的涡体（vortex，流体做圆周运动的流动现象）构成的复杂流动现象，是一个典型的多尺度问题。达·芬奇的手稿里曾经用大涡和小涡重重叠叠的结构表现过湍流，并加以说明："水面的旋涡运动与卷发类似……水产生的旋涡，一方面受主要水流冲力的影响，另一方面受次要水流和回流的影响"[20]。当流体流过或绕过固体表面时，一般都会在流动中出现湍流，见图6.2(a)。对什么是湍流这一问题，学术界并没有严格的定义。一般认为，湍流是三维空间的不规则非定常运动，湍流会产生许多不同长度尺度的涡。湍流与层流最大的不同在于湍流的随机性，这种随机性的产生不仅来自外部的扰动和激励，更重要的是来自湍流自身内部的非线性机制。在自然界中湍流无处不在，涵盖由毫米到光年的特征尺度范围，见图6.2(b)、(c)。

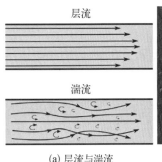
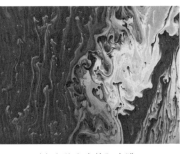

(a) 层流与湍流　　　　　(b) 实验室中的肥皂膜　　　　　(c) 宇宙中的M100星系
　　　　　　　　　　　（特征尺度约为10^{-1} m）　　　（特征尺度约为10^{23} m）

图6.2 湍流的生成

N–S方程和湍流问题的复杂性可以用一个简单的例子——机翼绕流——来加以说明。关于机翼绕流的详述可参见刘沛清所编著的教科书[21]。假设具有给定速度的来流冲过一给定剖面的机翼，参见图6.3(a)、(b)。该机翼所产生的升力可近似地用伯努利原理描述，即升力正比于其翼型上下方的流速差。由于翼型上下不对称或有攻角，当翼型上下方的流体汇于其尾端时，其速度会有很大的不同。为了弥合这一速度差，在机翼的尾端必然形成尾涡脱落。这些尾涡弥合了机翼上下方的流速差，并触发了翼型后部的湍流生成，参见图6.3(c)。该图为在N–S方程下的数值模拟结果。

关于机翼绕流的工作让科学界认识到湍流的重要性，之后有许多力学家也投身于该

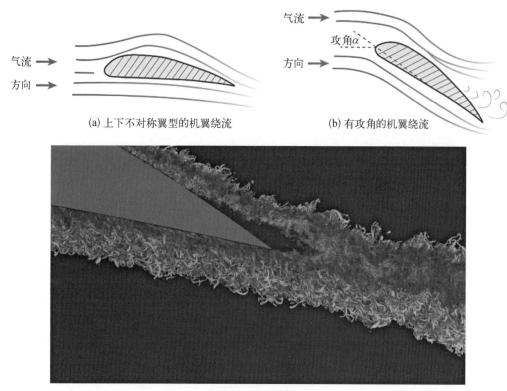

(a) 上下不对称翼型的机翼绕流

(b) 有攻角的机翼绕流

(c) 尾端湍流生成的模拟

图 6.3　在流场尾端汇聚点的上下流具有不同的流速

领域并做出了新的贡献。例如,冯·卡门在 1911 年发表了一篇论文[22,23],文中假设:水流经过一个圆柱体时一分为二,在圆柱体后方会形成完全对称的两股涡流。若两股涡流是按一定几何图案排列的,那么整个流动的外形就会稳定。开始时,这两列线涡分别保持自身的运动前进,接着它们互相干扰,互相吸引,而且干扰越来越大,形成非线性的涡街。实验结果与冯·卡门的理论计算非常吻合,后人将这种流动命名为"卡门涡街"(Kármán vortex street)。卡门涡街为在流体中运动的物体提供了一套尾流结构的几何解析方法,帮助人们明白如何利用流线型设计来减少阻力,从而成为现代飞机、汽车设计的基础。此外,卡门涡街还能用于振动分析等领域,冯·卡门用其解释了著名的塔科马大桥(Tacoma Narrows Bridge)的坍塌。

出现涡街时,流体对物体会产生一个周期性的交变横向作用力。如果力的频率与物体的固有频率相接近,就会引起共振,甚至使物体损坏。卡门涡街的形成同雷诺数 Re 有关。当 Re 为 50~300 时,从物体上脱落的涡旋是有周期性规律的;当 $Re>300$ 时涡旋开始出现随机性脱落;随着 Re 的继续增大,涡旋脱落的随机性也增大,最后形成了湍流。图 6.4 的卫星云图清晰地描绘出大气环流时由于小岛的阻隔而在云层中生成的卡门涡街。

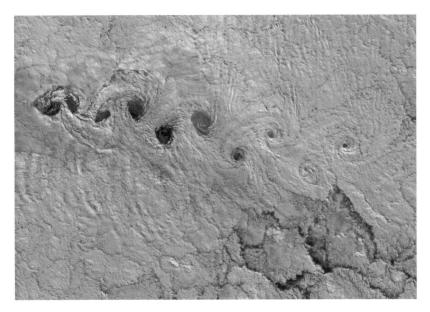

图6.4 卡门涡街(由小岛对大气流动的阻挡形成)

6.4 湍流的统计理论

20 世纪前期,概率统计与随机过程理论开始进入物理与工程研究,如物理学家爱因斯坦对布朗运动作出了数学描述,应用数学家诺伯特·维纳开创了对随机过程的研究。

图6.5 英国力学家杰弗里·英格拉姆·泰勒(Geoffrey Ingram Taylor,1886~1975)

英国力学家泰勒(图6.5)在 20 年代初研究湍流扩散时,将湍流中流体微团运动视为随机过程,引进了流场同一点在不同时刻的脉动速度的相关,从而开创了湍流统计理论的研究[24]。泰勒提出这一本质为自相关的函数可称为拉格朗日相关,它可描述流动的扩散能力,从而算出湍流扩散系数。原因在于,湍流是一个具有大量自由度的复杂系统。在湍流的运动中所有的这些自由度都将发挥作用,也许只研究其中某些具有平均意义的现象更有实际意义。

1925 年,普朗特提出混合长度理论(Mixing Length Theory)。假设由于垂向脉动流速的作用,相邻各层间的流团相互掺混,参与掺混的流团各自带有原前进方向的动量,随着相互质量交换产生动量交换,并由此产生湍动应力。在混合长度理论中,假定流团在掺混过程中有一平均自由行程,该过程中流团将保持原有特性直到抵达行程终点并与该处流体掺混后,才消失原有特性而取得该处流动平均性质。起点和终点的任何平均性质的差别就等于该性质在终点的脉动值,这个自由行程被称为混合长度,根据这一理论可将湍动应力与时间平均流场联系起来,从而使湍流运动问题得到了一种理论解。

1930年,在普朗特提供的实验数据的基础上,冯·卡门发表了《湍流的力学相似原理》的论文,公开了他新发现的"壁面定律"(Law of the Wall),在高雷诺数的湍流中某点平均速度与该点到壁面距离的对数成正比,手稿见图 6.6。这也是最早的湍流对数定律(logarithmic scaling of turbulence)[25]。冯·卡门的这一发现,证明了表面上杂乱

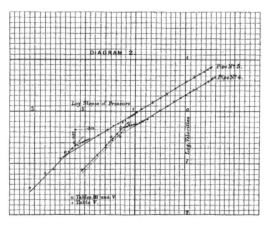

图 6.6 冯·卡门"壁面定律"手稿图

无章的湍流运动内部存在着可预测的某种有序结构。

1935年,泰勒引进同一时刻不同点上速度分量的相关,用以描述湍流脉动场,即欧拉相关。泰勒引入关联函数与傅里叶分析等研究方法,开创湍流统计理论,将湍流研究由定性研究提升为定量研究。泰勒做了一系列实验,通过在风洞实验的均匀气流中设置格栅的方式来产生不规则气流。他发现这种不规则气流在向下游的运动过程中,由于没有外界干扰,会逐渐转变为各向同性湍流(isotropic turbulence),由此建立了均匀各向同性湍流理论[26]。这种理想化湍流的定义是:平均速度和所有平均量都对空间坐标的平移保持不变,而且各相关函数沿着任何方向都是相同的。要在实验室中即使近似地模拟这种湍流也是很困难的。但在这种湍流中,不会有平均流动对脉动的交互作用,也不会有因不均匀性造成的湍能扩散效应和因各向异性造成的湍能重分配效应,因而可以利用这种湍流来研究湍能衰减规律和湍流场中各级旋涡间的能量分配和交换规律。由于没有湍能产生和扩散,这种湍流一旦产生就逐渐衰减。泰勒进一步采用拉格朗日相关和欧拉相关,来分别描述流动的扩散能力和湍流脉动场,正式开创了湍流统计理论(Statistical Theory of Turbulence)的研究。在这些概念的基础上,泰勒给出了均匀各向同性湍流的能量衰减规律。因此,湍流的统计理论旨在讨论湍流均值的变化(包括统计平均与时间序列平均)、湍流的自相关与互相关函数和湍流的脉动谱。

1938年,冯·卡门和莱斯利·霍沃思(Leslie Howarth,1911~2001)导出了各向同性湍流结构函数的动力学方程,即著名的卡门-霍沃思(Kármán-Howarth,K-H)方程[27]。由于未知数的个数多于方程个数,该方程并不封闭。当惯性项可以忽略时,由求解该方程可以得到 Batchelor-Townsend 解[28-30]。早期的均匀各向同性相关理论就是研究这一方程的各种封闭方法和解的形式[31]。在此基础上,林家翘(Chia-Chiao Lin,1916~2013)进一步推导出了 K-H 方程的简单形式[32,33],该方程也在文献中被称为 Lin 方程。林家翘还用渐近方法求解了 Orr-Sommerfeld 方程,发展了平行流动稳定性理论[32,33]。

6.5　湍流层次律

湍流统计理论的真正大师是苏联统计学家、力学家安德烈·柯尔莫哥洛夫(图6.7)。他在尺度假设和量纲分析下,借助概率公理化体系,建立了湍流的局部相似性理论(Self-similar Turbulence Theory,又称局部均匀各向同性理论或 K41 理

图6.7　统计学家、力学家安德烈·柯尔莫哥洛夫 (Andrey Kolmogorov, 1903~1987)

论),从而得到湍流能量谱与小尺度运动的普适规律。柯尔莫哥洛夫指出,在大雷诺数情况下,湍流中各种尺度不同或涨落周期不同的涡体处于平衡状态,其能量进行从大涡体到小涡体的传递。但是,由于湍流所处容器的体积是有限的,因此最大涡体的流动并不是各向同性的,但是最小涡体却能够显示出各向同性的特征。他进一步给出了这种局部各向同性和一般各向同性的速度关联函数,指出在大雷诺数情况下,该关联函数与到湍流中心(容器中心)距离的 2/3 次方成正比,从而比较完整地给出了速度相关函数和能量衰变之间的规律,实现了湍流两点之间在速率和方向上关系的预测[34]。对湍流动能 $E(\kappa)$,柯尔莫哥洛夫通过量纲分析,得到下述表达式:

$$E(\kappa) = C\epsilon^{2/3}\kappa^{-5/3} \tag{6.10}$$

式中,ϵ 为湍流耗散率(dissipation rate),其量纲为单位物质在单位时间中的能量,L^2/T^3;$\kappa = 2\pi/L$ 为波数,其量纲为 L^{-1}。波数代表着湍流空间的结构大小,波数越大,涡体结构的尺度 L 越小。几年之后,卡尔·冯·魏茨泽克(Carl von Weizsäcker, 1912~2007)和拉斯·昂萨格(Las Onsager, 1903~1976)利用局部相似性理论得到了各向同性湍流的速度谱,得到了等价的结论,即湍流结构函数能谱密度分布的−5/3 定律:湍流的能谱密度与波数的−5/3 次方成比例[35,36]。也就是说,在均相流动中也可能发生湍流,湍流具有内禀的层次律,不同尺度的涡流能量遵循−5/3 次方的级串尺度律。必须指出的是,该定律仅在整个能量谱的中间段有效,即中波数情形。对应于小波数即大尺度涡体,统计理论应该被单个流体动力学边界问题所替代;而对于大波数即小尺度涡体,纳维-斯托克斯方程表明,其摩擦力将使能谱强度快速降低到零。K41 理论是最重要的湍流理论成果之一,其主要结论后期为大量实验结果验证[37],见图6.8。K41 理论所对应的尺度为柯尔莫哥洛夫尺度(Kolmogorov scale)L_D,其估算公式为

$$L_D \propto \left(\frac{\nu^3}{\epsilon}\right)^{1/4} \tag{6.11}$$

式中,ν 为运动学黏度(kinematic viscosity)。该公式代表了在充分发育的湍流体中的最小涡尺寸。

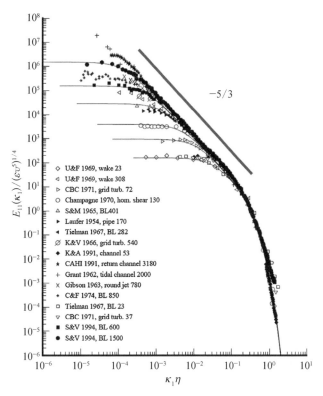

图 6.8　柯尔莫哥洛夫的 K41 理论中 -5/3 能谱的实验验证[37]

柯尔莫哥洛夫等的 -5/3 定律是目前为止湍流研究中所取得的最伟大成果,但是却并不是湍流问题的终极答案。例如,苏联著名物理学家、诺贝尔物理学奖得主列夫·朗道(图 6.9)就曾经对其提出过质疑。朗道认为,由于湍流的能量耗散是随时间变化的,如果假设该 -5/3 定律对于湍流每个瞬时的情形适用,而瞬时湍动能耗散在时空中分布极不均匀,那么由于能量耗散与时间的非线性关系,将所有瞬时平均后的结果必然不能用 -5/3 定律表达,因此该定律不能用于表述时间平均下的普适规律[38]。但是事实上, -5/3 定律依然与大量的实验结果相符合,见图 6.8,这也是湍流统计理论的优势所在。甚至在提出柯尔莫哥洛夫理论半个多世纪之前,著名印象派画家文森特·梵高(Vincent van Gogh,1853~1890)就在他精神崩溃之后的名作《星月夜》(The

图 6.9　列夫·朗道 (Lev Landau, 1908 ~ 1968)

Starry Night)中表现出湍流般的星系流动,见图 6.10。该画作于 1889 年,画中光与暗的变化,和 -5/3 定律有着惊人的一致性[39]。这也暗示了,湍流的对数定律也许是其最本质的规律之一。

1949 年 Batchelor 和 Townsend 的实验发现湍流速度信号中的强间歇性

图 6.10　梵高《星月夜》

(intermittence)，说明湍流小尺度涡在时间上的运动是不连续的，从而指出 K41 理论在高阶统计量预测的缺陷[28-30]，但其背后的机理至今无法探明。罗伯特·克拉奇南（Robert H. Kraichnan，1928～2008，物理学家，爱因斯坦晚年助手）于 1959 年和 1965 年提出基于理论物理场论的湍流理论[40]，指出由 N-S 方程出发可解析推导出 K41 理论中的 -5/3 能谱。但由于其理论中复杂的数学技巧与较晦涩的物理解释，在当时学术界存在一定争议。1962 年，柯尔莫哥洛夫在一个国际会议上介绍了他与合作者通过分维原理在其线性标度律后加上了一个非线性标度律（仍然回避了湍流间歇性问题），从此以后湍流科学家开始探究非线性标度律的具体表达式。

虽然湍流的统计理论取得了令人瞩目的成就，但是流体力学家们依然没有放弃对湍流本质的研究，正如现代物理学家们在执着于构建"大统一理论"这一"圣杯"一样。著名物理学家索末菲就曾经对冯·卡门说，他盼望在有生之年能弄明白两个自然现象：量子力学和湍流[39]。而在冯·卡门心中，他认为湍流是宇宙间伟大和谐的一个环节，这个伟大和谐在背后支配着宇宙间的一切运动[41]。

一般情况下湍流系统的统计性质是与雷诺数相关的。在极高雷诺数下的哪些统计特性保持不变尚没有明确的定论。这种不变性的存在和证明对于深入理解湍流及其他广泛存在的复杂系统演化规律具有重大的意义。由此产生的一个力学基本问题是：

力学基本问题 25　湍流的最终统计不变性是什么？（科学 125[13]之一）

与固体相比较，流体（尤其是气体）可具有连续变化的分子自由程。在这种情况下，不同尺度的涡运动和能量传递可以用一种兼顾随机和确定性的方式进行。固体由于对于剪切的本征抵抗能力而无法做到这一点，其破坏过程大多采取单裂纹延展的方式，偶有分叉情况发生。即使对于高能量密度输入的碎裂（fragmentation）过程，其碎片也大多围绕某一特征尺度，没有沿着连续变小的尺度而持续不断进行的能量传递过程。由此产生的一个力学基本问题是：

力学基本问题 26　湍流的能量级联与气体连续变化的分子自由程有关吗？

6.6 湍流的场平均与模式理论

湍流运动物理上近乎无穷多尺度漩涡流动和数学上的强烈非线性,使得理论实验和数值模拟都很难解决湍流问题。虽然 N-S 方程能够准确地描述湍流运动的细节,但求解这样一个复杂的方程会花费大量的精力和时间。实践中往往采用平均 N-S 方程来描述工程和物理学问题中遇到的湍流运动。研究湍流往往要用到统计平均概念。统计的结果是湍流细微结构的平均,平均场描述了流体运动的某些概貌,但这些概貌对湍流细节却也是相当敏感的。雷诺在 1895 年提出了著名的雷诺方程,采取的做法是把流体的运动场分解为平均场与脉动场。雷诺本人采用的是时间平均法,后面的研究者有的采用统计平均法。当对三维非定常随机不规则的有旋湍流流动的 N-S 方程平均后,得到相应的平均方程,此时平均方程中增加了六个未知的雷诺应力项,从而形成了湍流基本方程的不封闭问题。根据湍流运动规律以寻找附加条件和关系式从而使方程封闭就促进了近年来各种湍流模型的发展。由于在平均过程中失去了很多流动的细节信息,为了找回这些失去的流动信息,也必须引入湍流模型。虽然众多的湍流模型已经取得了某些预报能力,但至今还没有形成一个有效的统一湍流模型。

湍流模式理论假定湍流中的流场变量由一个时均量和一个脉动量组成,以此观点处理 N-S 方程可以得出雷诺平均 N-S 方程(Reynolds Averaged Navier Stokes,RANS)。但 RANS 方法有其局限性:即代表在平均运动中湍流脉动量之影响的雷诺应力是未知的,需要建立湍流模型来估算。湍流模型就是以雷诺平均 N-S 方程与脉动方程为基础,依靠理论与经验的结合,引进一系列模型假设,建立一组描写湍流平均量的封闭方程组的理论计算方法。

早在 1872 年,法国力学家约瑟夫·瓦伦丁·布辛涅司克(Joseph Valentin Boussinesq,1842~1929)提出了布辛涅司克假设(后人称为湍流黏性假设),认为湍流雷诺应力与应变成正比。于是,可以模仿黏性流体应力张量与变形率张量的关联表达式(6.4),直接将脉动特征速度与平均运动场中的速度联系起来,通过涡黏度将雷诺应力和平均流场联系起来,涡黏系数的数值用实验方法确定。由于将控制方程进行了统计平均,使得其无须计算各尺度的湍流脉动,只需要计算出平均运动,从而降低了空间与时间分辨率,减少计算工作量。但雷诺应力的主要贡献来自大尺度脉动,而大尺度脉动的性质及结果和流动的边界条件密切相关,因此雷诺应力的封闭模型不可能是普适的,即不存在对一切复杂流动都适用的统一封闭模型。

到二次世界大战前,发展了一系列的半经验理论,其中包括得到广泛应用的普朗特混合长度理论,以及泰勒涡量传递理论和冯·卡门的相似理论。这些理论的基本思想都是建立在对雷诺应力的模型假设上,使雷诺平均运动方程组得以封闭。这些理论由于没有引入高阶的统计量,被称为一方程或者零方程模型,它们曾为各种流体力学工程做出过贡献,但因其准确性较差,已经不再使用。

与湍流模式理论并行的还有统计上的种种准高斯假设。如苏联学者米利翁希科夫(M. D. Millionshchikov)就提出了"准正态假设"[42],即假设其湍动场的二阶和四阶模量呈正态分布。很多著名学者曾沿着这一方向进行探讨,如量子力学的奠基人之一的海森堡、剑桥流体力学学派的领导者乔治·巴切勒(George Keith Batchelor, 1920~2000)等。

1940 年,我国流体力学专家周培源(图 6.11)构造了刻画湍流脉动的二阶和三阶矩的方程,这些方程和同时期的米利翁希科夫方程略微不同,从而推出了一般湍流的雷诺应力输运微分方程[43,44]。1951 年,在西德的 Rotta 发展了周培源先生的工作,提出了完整的雷诺应力模型[45]。他们的工作现在被认为是以二阶封闭模型为主的现代湍流模式理论的奠基工作。两方程模型是指在质量守恒方程、N-S 方程和能量守恒方程之外另加了两个方程,分别是 k 方程和 ε 方程,其中 k 代表湍动能,ε 代表湍流耗散率,这两个方程均来自量纲分析和类比。即使如此,想要完整地计算一个带有温度场的流场,需要使用数值解法求解 16 个偏微分方程。后来科学家们放弃了给雷诺应力建立方

图 6.11 周培源(P. Y. Chou, 1902~1993)

程的企图,而是直接用推广的 Bossinesq 假设表示,得到了现在最常用的湍流模型 $k-\varepsilon$ 模型。对于 $k-\varepsilon$ 模型,它的使用前提是充分发展的湍流,并且在大部分湍流的模拟中取得了比较好的模拟效果。在 1995 年,J. L. Lumley 在流体力学最著名的《流体力学年度综述》上发表了下述评论:"在这一代人中,在流体力学中至少有来自四个不同国家的四位巨人,他们以自己的方法在国内和国外造成很大的影响,既是由于他们对流体力学的贡献,也由于他们提供的智力和领导,在每一个国家,那些非凡的后继者在流体力学中的出色的工作者都可以追踪为这些巨人的学术继承人。我所说的四位巨人是:美国的冯·卡门,苏联的柯尔莫哥洛夫,英国的泰勒和中国的周培源。"[46]

在流体力学软件 FLUENT 中所使用的三种 $k-\varepsilon$ 模型[标准 $k-\varepsilon$ 模型、RNG(renormalization group)$k-\varepsilon$ 模型、Realizable $k-\varepsilon$ 模型]、Spalart-Allmaras 模型及雷诺应力模型(Renold Stress Model, RSM)等都属于湍流模式理论。自普朗特提出混合长度模式理论的一百年来,湍流研究已经给出了线性和非线性涡黏性假设、二阶矩方程、大涡模拟、直接数值模拟,直至数据驱动的丰富多彩的模式理论,成为当代计算流体力学软件产业的理论支柱之一。符松等在湍流模式理论中提出了以三阶雷诺应力为基础的 Fu-Lahnder-Tselepidakis 模式,开创了满足可实现性原理的湍流模式研究[47]。

近年来,随着人工智能的兴起,科学家们开始考虑下述力学基本问题:

力学基本问题 27 如何利用 AI 来封闭 N-S 方程的平均场计算?

6.7　湍流的结构理论

力学家们曾对利用纳维-斯托克斯方程来彻底解决湍流问题充满信心,但是他们很快就遭受到了挫折。对纳维-斯托克斯方程求解过程中诸多不尽如人意的结果,让像泰勒与冯·卡门这样的顶尖力学家都开始怀疑湍流不能够仅利用统计理论来解释。由于流体宏观运动控制方程具有高度的非线性,因此湍流运动既表现为一定的随机性,如远离壁面区小尺度涨落速度的概率密度函数满足正态分布;也表现为一定的确定性,如剪切湍流中存在大尺度的拟序结构。湍流是有序和无序之间的相互作用,人们可以用确定性方法研究有序问题,用随机方法研究无序问题,但没有现存的方法来描述湍流。湍流问题主要有三个难点:一是时空多尺度耦合;二是三维非定常混沌;三是非线性过程。

周培源提出了对湍流理论研究工作的新看法:湍流运动的基本组成部分是流体黏性作用所引起的涡旋运动[43,44]。如图6.12所示,湍流问题中有序性和随机性共存,故具有极高的复杂度。现有的湍流研究方法可粗略地分为结构湍流与统计湍流两个学派:前者是从完全确定性的方程出发,如利用动力系统理论、涡模型与涡动力学(亦参见第7章)来研究湍流;后者是从完全随机性的概率统计观点与随机过程出发,如利用场论、非平衡态统计物理方法研究湍流。这两个湍流研究学派在百年的湍流研究长河中均取得了一定进展,但各自也存在明显缺陷,如湍流结构研究偏重于定性描述而缺乏定量化的研究体系,

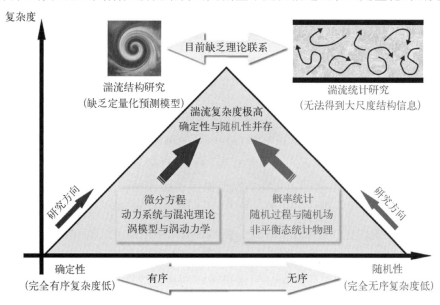

图6.12　湍流研究现状以及结构与统计研究学派思想示意图

横轴代表研究对象中的随机程度,纵轴代表研究对象的复杂度,湍流中确定性与随机性并存导致复杂度极高。目前湍流结构研究与统计研究均离完全解决湍流问题有相当距离

而湍流统计理论偏重于定量化小尺度湍流的统计特征而缺乏应用中所关注的大尺度运动信息。因此,现有理论只能处理相对理想化的湍流个例,缺乏得以融通湍流结构与统计的理论体系。

从 20 世纪 40 年代到 20 世纪 70 年代早期,关于湍流结构理论研究的一个助力在于非线性科学的发展,其中的一个热点在于湍流是如何由层流演变而来。朗道在 1944 年发表了关于可压缩流体切线间断的非线性失稳理论[48],开启了分叉理论对层流失稳的研究。霍普夫在其发表于 1948 年的专著[49]中认为:要从概念上理解湍流转捩,需要将问题的解在相空间中实现可视化。这可以将 N-S 方程重写为一个形式上为无限维的动力系统,而黏性耗散可以将系统的相关长期动力学降低到有限的自由度。借助分岔和奇怪吸引子理论,朗道-霍普夫理论给出层流-湍流转捩一种可能的动力学路径,见图 6.13。借助于混沌理论的重要进展[50],这一转变过程转化为混沌转变的 Ruelle-Takens-Newhouse 场景,参见 Ruelle-Takens[51] 与 Newhouse[52]。所对应的微分方程数值解的初值敏感性以及与混沌理论的伴生引发了思考:湍流是确定性的还是随机性的? 在 Ruelle-Takens-Newhouse 场景中,假定该动力系统的能量谱作为控制参数的函数而演化,始于一个频率,然后变为两个或三个,最后导致宽带的噪声特征。

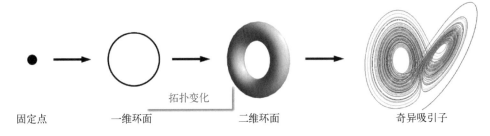

图 6.13 动力系统观点下的层流-湍流转捩过程

从固定点到一维环面,再经历拓扑变化变为二维环面,再分岔成为奇异吸引子

20 世纪 70 年代以来,由于湍流相干结构(又称拟序结构)概念的确立,专家们试图建立确定性湍流理论。伴随着非线性科学和复杂系统的研究兴起,湍流结构理论出现了三个重要进展。一是随着分形科学的出现,参见伯努瓦·曼德布洛特(Benoit B. Mandelbrot,1924~2010)的著作[53],科学家们揭示了湍流结构具有类似于分形的自相似性,见图 6.14。二是重整化群方法在湍流描述中的应用,重整化群是一个在不同长度标度下考察物理系统变化的数学工具。这一从量子力学中发展的模型可成为处理含多种尺度与标度行为的理论方法,其代表作为 Yakhot 和 Orszag 提出的重整化群(RNG)$k-\varepsilon$ 湍流模式理论[54],它不仅可以重现湍流领域最重要的理论成果,即柯尔莫哥洛夫等的-5/3定律,还可以计算出定律中的比例系数。该论文还在 $k-\varepsilon$ 湍流模式理论的基础上计算出来了若干湍流模型系数。三是湍流拟序结构的发现,该结构表明湍流运动并非杂乱无章,而是乱中有序; Brown 与 Roshko[55] 在实验中首次发现了喷流自由剪切层内存在大尺度湍

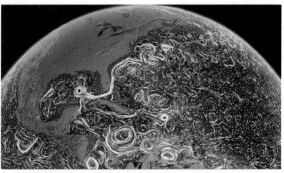

(a) 分形几何艺术作品（Tobias Wallin, 2010）　　　(b) 海洋洋流中的旋涡（美国国家航空航天局, 2012）

图 6.14　湍流与分形同样具有自相似性

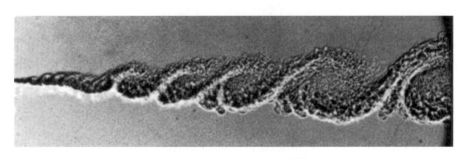

图 6.15　湍流的拟序结构[55]

流结构,见图 6.15;该发现在 20 世纪后期牵动了剪切湍流中各类拟序结构的发现与定性刻画。

经典的湍流理论一度认为湍流脉动是一种完全不规则的随机运动,而近年随着高精度实验测量和数值模拟技术的进步,研究发现湍流拥有极其复杂的多尺度拟序结构,是多尺度湍流结构与不规则随机运动的叠加。这些湍流结构对工程应用中的力、热、声输运过程可起到主导作用。

目前看来,湍流的结构理论具有下述研究要点:① 多种条件下湍流结构的生成动力学:从湍流结构生成的观点研究湍流转捩,突破现有稳定性理论的框架,发展高精度的数值计算方法和精细的实验测量技术,提出基于湍流结构生成动力学的转捩理论。② 湍流结构演化的时空多尺度动力学:百年湍流问题研究的重点一直在空间尺度,忽略了时间尺度;从1980 年开始用计算机模拟研究湍流,但还是没有得到时空能谱;从时空耦合的角度研究湍流结构的演化,发展基于时空多尺度动力学的湍流理论、计算方法及实验技术,发展时空精准的湍流模式理论和模型。③ 湍流结构对力热声输运的作用机制和控制原理:从精细描述湍流结构的角度,研究湍流结构对力、热、声产生和输运的作用机制,突破传统涡黏模式的框架,实现对阻力、热流和流动噪声的准确预测和控制;实现重大工程应用中湍流阻力、热流率和湍流噪声的准确预测和调控。

我国学者在湍流多尺度结构方向开展了系列工作[56]：针对湍流的多尺度非线性耦合问题，提出了处理湍流概率密度方程中高阶导数的映射封闭理论，提出了基于物理的约束大涡模拟方法；发展了基于拉格朗日力学的跟踪湍流结构生成方法。基于湍流的时间尺度特性，提出了湍流时空关联的椭圆近似（elliptic approximation，EA）模型，并发展了相应的大涡模拟方法；发展了可压缩湍流时空关联的随机下扫波模型，并对时空关联进行了系统和全面的数值研究[57]。提出了湍流起源于孤立波，孤立波控制湍流产生的动力学过程；表明了湍流产生有共性物理本质，即不同来流条件都存在相同的物理结构孤立波。在壁湍流转捩中发现了三维非线性波结构、二次涡环等关键结构，揭示了相关动力学过程，并发展了精细的近壁流动测量方法。对风沙两相流等自然过程，我国学者在更大的参数空间内测量了湍流的输运行为，证明了克拉奇南终极湍流状态的存在；揭示了高雷诺数条件下净风（及含沙）大气表面层流场中湍流统计量的雷诺数效应、导致超大尺度流动结构产生的机制、超大尺度流动结构的三维尺度及其变化规律。

6.8 湍流的能量级联

1922 年，英国气象学家刘易斯·理查德森（Lewis Richardson，1881~1953）提出了湍流的能量级串理论（Energy Cascade Theory），即大尺度涡体通过剪切作用从宏观流动中获取能量，再通过黏性耗散过程自我分裂成不同尺度的小涡体，并在该分裂过程中传递能量的过程[58]，见图 6.16。理查德森以一首小诗描述了在湍流中的这一过程："Big whorls have little whorls, which feed on their velocity. And little whorls have lesser whorls, and so on to viscosity."（大涡里面套小涡，大涡给小涡以速度，小涡里面更有小涡，直到被黏性耗散。）

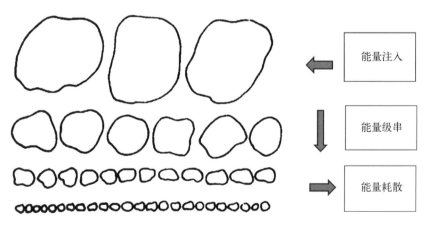

图 6.16 理查德森的能量级串模型

此后，力学家们形成了对各级湍涡的级串观点。湍流一旦形成，总的变化趋势是大涡逐渐向中涡演变，中涡又向小涡演变。反映在能谱曲线的演变上，小 k 处的 E 值因大涡减弱而逐渐减小；中 k 处的 E 值一方面接受从较小 k 值区传来的能量，一方面又向较大 k 值区输送能量;最后因流体黏性的作用,在一些微小尺度的涡上将能量耗散为热。均匀各向同性湍流的谱理论[26]就是从研究谱方程的封闭方法来导出能谱曲线的具体形式及其衰减规律的。周培源等从另一途径,先解 N-S 方程,然后对所得的基元涡进行统计平均来研究均匀各向同性湍流,得出了相关量的衰减规律[43,44]。此外,也有人开展了均匀剪切湍流的研究,克拉奇南提出了直接相互作用理论。

美国物理学家肯尼斯·威尔逊(Kenneth G. Wilson,1936~2013)因建立相变的临界现象理论,即重整化群变换理论,获得了 1982 年度诺贝尔物理学奖。在诺贝尔奖颁奖大会的讲演中,他解释了自然界中充分发展湍流、相变中的临界现象、基本粒子物理这三个问题中具有共性的多尺度问题。他说:"对大气中充分发育的湍流,宏观的空气流动变得不稳定,可形成尺度为数千公里的大涡。这些大涡破碎为尺度较小的小涡,并可以进一步地发生破解,一直到从数千公里到毫米尺度的大大小小的涡全被这种混沌的流动所激发。在毫米尺度,黏性阻滞了湍流的跃动,且在到达原子尺度以前的任何小尺度的涡将不再重要。"

杨越与熊诗颖提出了通用的涡面场构造算法,并用于识别湍流中的纠缠涡管结构及解释能量级串机理[59]。在理查德森与柯尔莫哥洛夫等学者提出的唯象模型基础上,人们往往猜测湍流中能量由大尺度向小尺度的传递过程是通过类似于细胞分裂式的"涡破碎"产生。然而,涡面场可视化地揭示了涡管拉伸扭曲等更符合涡量演化方程的物理过程,见图 6.17(a)。基于局部速度的传统涡识别方法因无法展示完整涡管,故呈现出视觉上的"破碎"结构。涡面场表征的涡管复杂几何特性可由 Lundgren 拉伸螺旋涡管模型与柯尔莫哥洛夫湍流能谱标度率建立统计上的联系,从而有望融合湍流结构与统计两类学

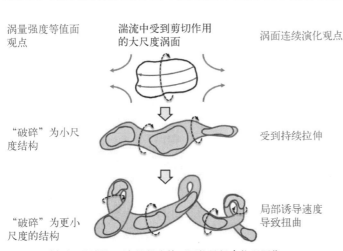

(a) 由不同涡识别方法得出的不同能量级串物理图像

(b) 涡面场等值面揭示各向同性湍流中的纠缠涡管结构

图 6.17 对湍流中纠缠涡管的识别

图(a)中左侧蓝色文字与结构展示欧拉观点下的结构"破碎"过程;右侧红色文字与结构展示拉格朗日观点下的涡面连续变形过程;红色实线箭头代表附着于涡面的涡线;黑色虚线箭头代表涡线的局部诱导速度

派理论观点。

于是,我们可以得到下述力学基本问题:

力学基本问题 28　如何融汇湍流的结构理论和统计理论?

6.9　N‒S 方程的计算

N‒S 方程是非线性的偏微分方程组,再加上在实际流动中,雷诺数的变化范围很大,物面附近流场的变化又很剧烈,因此长期以来,除个别问题外,不能直接求解。典型的模拟方法包括:① 雷诺平均的 N‒S 方程模拟(RANS),该方法仍然是计算流体动力学中的最主要的方法,还可以有对雷诺应力求解不同的闭合方法。② 空间平均的 N‒S 方程模拟[大涡模拟(large eddy simulation, LES)],气象学家约瑟夫·斯马戈林斯基(Joseph Smagorinsky,1924~2005)最早提出大涡模拟模型用于大气科学研究[60],它可以直接求解流体大尺度运动,使用模型模拟小尺度运动对大尺度运动的影响,大涡模拟的理论来源是柯尔莫哥洛夫标度律,大涡模拟是将流动的脉动进行空间平均(滤波),目前被认为是未来工程应用中颇具前途的湍流计算方法。③ 直接模拟(DNS),将 N‒S 方程不做任何平均,直接离散求解。应用数学家 Orszag 与 Patterson 在 1972 年首先给出了三维均匀各向同性湍流的直接模拟[61]。DNS 要求网格在柯尔莫哥洛夫尺度内,但一般业界认为最大网格尺度可以放宽到该尺度的 15 倍。

N‒S 方程的数值计算已经取得较大的进展。长期不能很好解决的二维、三维分离流动、激波与边界层相互干扰等问题,都得到了一些良好的计算结果,这些结果与实验结果相当一致。但是,N‒S 方程相当复杂,在进行有实际意义的工程问题计算时,要求有较大的机器存储量和算力。力学家们已经发展了针对 N‒S 方程的各种数值仿真平台。最先实现的是数值风洞平台,即用空气动力学数值模拟来部分代替风洞实验过程,通过数值再现各种空天飞行器、车辆和建筑物在模拟空气动力条件下的行为,旨在确定重要的设计参数和物理参数。美国已经在斯坦福大学穆因(Parviz Moin,1952~)教授领导下建立了具有较完备功能的数值风洞[62]。比数值风洞更具有挑战性的是数值潜航器平台[63]。它不仅要考虑以水动力学为表征的流体力学行为,还需要体现以艇身、桨鳍舵、动力轴系为代表的固体结构的变形与振动过程,以及对应的流固耦合作用和声学特征输出。最具有挑战的是数值航空发动机平台,除上述的所有数值模拟复杂性以外,它还具有非常复杂的几何构型(如诸多可变形叶片)、多相湍流、复杂的燃烧过程和多达数百种的化学反应等复杂因素。目前已经对涡轮发动机中的可压缩流动进行了全场大涡模拟(LES)计算。借助于高阶非结构化的求解器并将其植入大型非均匀平行系统,模拟结果将直面美国航空航天局(National Aeronautics and Space Administration, NASA)所提出的重大挑战,即对发动机全机进行与时间相关的模拟,涉及所有的空气动力学和传热内容[64]。

尽管取得上述进展,但在 N-S 方程直接描述下的流体动力学方程非常难于在经典计算机上进行高雷诺数的计算,因为高雷诺数的湍流涉及横跨极大长度和时间的湍涡耦合,参见第 6.8 节。对直接数值模拟(DNS)来说,其计算代价的操作数为 $O(Re^3)$ 量级[34]。对常见的工程应用来说,其算力的代价过于高昂[61,65]。物理学家温伯格在表达他对湍流的看法时即表现出对经典理论的灰心,认为湍流问题将会"在基本粒子的终极理论成功之后可能仍然毫无解决办法,因为我们已经理解了关于控制流体的基本原理所需要知道的一切"[66]。

因此,将计算流体力学与量子计算相结合或许才是新一代模拟方法的方向[19,67]。

参考文献

[1] Reynolds O. An experimental investigation of the circumstances which determine whether the motion of water shall be direct or sinuous, and of the law of resistance in parallel channels[J]. Philosophical Transactions of the Royal Society London, 1883, A 174: 935-982.

[2] Fefferman C L. Existence and smoothness of the Navier-Stokes equation[J]. The Millennium Prize Problems, 2000, 57: 67.

[3] Navier C. Mémoire sur les lois du mouvement des fluids[M]. Paris: Mémories de L'cadémie Royale des Sciences de L'Institut de France, 1823.

[4] Stokes G G. On the theories of the internal friction of fluid in motion, and of the equilibrium and motion of elastic solids[J]. Transactions of the Cambridge Philosophical Society, 1845(8): 287-305.

[5] Hao J, Xiong S, Yang Y. Tracking vortex surfaces frozen in the virtual velocity in non-ideal flows[J]. Journal of Fluid Mechanics, 2019(863): 513-544.

[6] Poiseuille J L. Recherches expérimentales sur le mouvement des liquides dans les tubes de très-petits diamètres[M]. Paris: Imprimerie Royale, 1844.

[7] Couette M M. Études sur le frottement des liquids[J]. Annales de Chimie et de Physique, 1890, 6: 433-510.

[8] Sommerfeld A. Ein beitrag zur hydrodynamischen erklärung der turbulent flüssigkeitsbe-wegungen[C]. Roma: Atti del Ivcongress Internationale dei Matematici, 1909.

[9] Leray J. Sur le mouvement d'un liquide visqueux emplissant l'espace[J]. Acta Mathematica, 1934, 63(1): 193-248.

[10] Hopf E. Über die anfangswertaufgabe für die hydrodynamischen grundgleichungen[J]. Mathematische Nachrichten, 1951(4): 213-231.

[11] Kato T. Strong L^p-solutions of the Navier-Stokes equation in R^m, with applications to weak solutions[J]. Mathematische Zeitschrift, 1984(187): 471-480.

[12] Giga Y, Miyakawa T. Solutions in Lr of the Navier-Stokes initial value problem[J]. Archive of Rational Mechanics and Analysis, 1985, 89(3): 267-281.

[13] Science. 125 questions: Exploration and discovery[OL]. [2023-12-19]. https://www.sciencemag.org/collections/125-questions-exploration-and-discovery.

[14] Lions P L. Mathematical topics in fluid mechanics[M]. Oxford: Oxford University Press, 1998.

[15] Jiang S, Zhang P. On spherically symmetric solutions of the compressible isentropic Navier-Stokes equations[J]. Communications in Mathematical Physics, 2001, 215: 559－581.

[16] Huang F M, Xin Z P, Yang T. Contact discontinuity with general perturbations for gas motions[J]. Advances in Mathematics, 2008, 219(4): 1246－1297.

[17] Boltzmann L. Weitere studien über das wärmegleichgewicht unter gasmolekülen[J]. Wiener Berichte, 1872(66): 275－370.

[18] Maxwell J C. On the dynamical theory of gases[J]. Philosophical Transactions of the Royal Society of London, 1867 (157): 49－88.

[19] Meng Z, Yang Y. Quantum computing of fluid dynamics using the hydrodynamic Schrödinger equation [J]. Physical Review Research, 2023(5): 033182.

[20] Richter J P. The notebooks of Leonardo da Vinci[M]. New York: Courier Corporation, 1970.

[21] 刘沛清. 空气动力学[M]. 北京: 科学出版社, 2022.

[22] Von Kármán Th. Ueber den Mechanismus des Widerstandes, den ein bewegter Körper in einer Flüssigkeit erfährt, Nachrichten von der Gesellschaft der Wissenschaften zu Göttingen [J]. Mathematisch-Physikalische Klasse, 1911: 509－517; 1912: 547－556.

[23] Kármán T, Rubach H. Über den mechanismus des flüssigkeits-und luftwiderstandes[J]. Physikalische Zeitschrift, 1912, 13: 49－59.

[24] Taylor G I. Stability of a viscous liquid contained between two rotating cylinders [J]. Philosophical Transaction of The Royal Society, 1923(A223): 289－343.

[25] von Kármán Th. Mechanische ähnlichkeit und turbulenz[J]. Nachrichten von der Gesellschaft der Wissenschaften zu Göttingen, Fachgruppe 1 (Mathematik), 1930(5): 58－76.

[26] Taylor G I. Statistical theory of turbulence[J]. Proceedings of the Royal Society of London. Series A, Mathematical and Physical Sciences, 1935(151): 421－444, 873.

[27] von Kármán Th. The fundamentals of the statistical theory of turbulence[J]. Journal of the Aeronautical Sciences, 1937, 4(4): 131－138.

[28] Batchelor G K, Townsend A A. Decay of turbulence in the initial period[J]. Proceedings of the Royal Society of London. Series A, 1948, 193: 539－558.

[29] Batchelor G K, Townsend A A. Decay of turbulence in the final period[J]. Proceedings of the Royal Society of London. Series A, 1948, 194: 527－543.

[30] Batchelor G K, Townsend A A. The nature of turbulent motion at large wave-numbers[J]. Proceedings of the Royal Society of London. Series A, 1949, 199: 238－255.

[31] Hinze J O. Turbulence[M]. New York: McGraw-Hill, 1975.

[32] Lin C C. On the law of decay and the spectrum of isotropic turbulence[J]. Proceedings of the 7th International Congress for Applied Mechanics, 1948, 2: 127.

[33] Lin C C. The theory of hydrodynamic stability[M]. Cambridge: Cambridge University Press, 1955.

[34] Kolmogorov A N. Local structure of turbulence in an incompressible viscous fluid at very large Reynolds numbers[J]. Doklady Akademil Nauk SSSR, 1941(30): 299－303.

［35］Onsager L. The distribution of energy in turbulence［J］. Physical Review, 1945, 68：286.

［36］Weizsäcker C F. Das spektrum der turbulenz bei grossen Reynoldsschen zahlen［J］. Zeitschrift für Physik, 1948, 124(7-12)：614-627.

［37］Pope S B. Turbulent flows［M］. Cambridge：Cambridge University Press, 2000.

［38］朗道,栗弗席兹. 流体动力学［M］. 北京：高等教育出版社,2013.

［39］Aragón J L, Naumis G G, Bai M, et al. Turbulent luminance in impassioned van Gogh paintings［J］. Journal of Mathematical Imaging and Vision, 2008(30)：275-283.

［40］Kraichnan R H. The structure of isotropic turbulence at very high Reynolds numbers［J］. Journal of Fluid Mechanics, 1959, 5：497-543.

［41］冯·卡门,李·埃德森. 冯·卡门：航空航天时代的科学奇才［M］. 曹开成,译. 上海：复旦大学出版社,2019.

［42］Millionshchikov M D. On the theory of homogeneous isotropic turbulence［J］. Doklady Akademil Nauk SSSR, 1941, 32(9)：611-614.

［43］Chou P Y. On velocity correlations and the solutions of equations of turbulent fluctuations［J］. Quarterly of Applied Mathematics, 1945, 5(1)：38-54.

［44］周培源. 湍流理论的近代发展［J］. 物理学报,1957,13(3)：220-244.

［45］Rotta J. Statistische theorie nichthomogener turbulenz［J］. Zeitschrift für Physik, 1951(129)：547-572.

［46］Chou P Y, Chou R L. 50 years of turbulence research in China［J］. Annual Review of Fluid Mechanics, 1995, 27(1)：1-16.

［47］符松,王亮. 湍流模式理论［M］. 北京：科学出版社,2023.

［48］Landau L D. Stability of tangential discontinuities in compressible fluid［J］. Doklady Akademil Nauk SSSR, 1944(44)：139-142.

［49］Hopf E. Statistical hydromechanics and functional calculus［J］. Journal of Rational Mechanics and Analysis, 1952(1)：87-123.

［50］Lorenz E N. Deterministic nonperiodic flow［J］. Journal of Atmospheric Sciences, 1963, 20(2)：130-141.

［51］Ruelle D, Takens F. On the nature of turbulence［J］. Les Rencontres Physiciens-Mathématiciens de Strasbourg-RCP25, 1971(12)：1-44.

［52］Newhouse S, Ruelle D, Takens F. Occurrence of strange axiom a attractors near quasi periodic flows on T^m, $m \geq 3$［J］. Communications in Mathematical Physics, 1978(64)：35-40.

［53］Mandelbrot B B. Fractals：Form, chance and dimension［M］. San Francisco：W. H. Freeman and Company, 1977.

［54］Yakhot V, Orszag S A. Renormalization group analysis of turbulence：I. Basic theory［J］. Journal of Scientific Computing, 1986, 1(1)：11-51.

［55］Brown G L, Roshko A. On density effect and large structure in turbulent mixing layers［J］. Journal of Fluid Mechanics, 1974(64)：775-816.

［56］杨卫. 中国力学 60 年［J］. 力学学报,2017(5)：973-977.

［57］ He G W, Jin G D, Yang Y. Space-time correlations and dynamic coupling in turbulent flows［J］. Annual Review of Fluid Mechanics, 2017(49): 51 – 71.

［58］ Richardson L F. Weather prediction by numerical process［M］. Cambridge: Cambridge University Press, 1922.

［59］ Xiong S, Yang Y. Identifying the tangle of vortex tubes in homogeneous isotropic turbulence［J］. Journal of Fluid Mechanics, 2019(874): 952 – 978.

［60］ Smagorinsky J S. General circulation experiments with the primitive equations［J］. Monthly Weather Review, 1963(91): 99 – 164.

［61］ Orszag S A, Patterson G S. Numerical simulation of three-dimensional homogeneous isotropic turbulence ［J］. Physical Review Letters, 1972(28): 76 – 79.

［62］ Moin P, Mahesh K. Direct numerical simulation: A tool in turbulence research［J］. Annual Review of Fluid Mechanics, 1998(30): 539.

［63］ Shi B, Yang X, Jin G, et al. Wall-modeling for large-eddy simulation of flows around an axisymmetric body using the diffuse-interface immersed boundary method［J］. Applied Mathematics and Mechanics, 2019(40): 305 – 320.

［64］ Fu Y, Shen W, Cui J, et al. Towards exascale computation for turbomachinery flows［C］. Denver: International Conference for High Performance Computing, Networking, Storage and Analysis, 2023.

［65］ Ishihara T, Gotoh T, Kaneda Y. Study of high-Reynolds number isotropic turbulence by direct numerical simulation［J］. Annual Review of Fluid Mechanics, 2009(41): 165 – 180.

［66］ 史蒂文·温伯格. 湖畔遐思: 宇宙和现实世界［M］. 丁亦兵,乔从丰,李学潜,等译. 北京: 科学出版社,2015.

［67］ Givi P, Daley A J, Mavriplis D, et al. Quantum speedup for aeroscience and engineering［J］. AIAA Journal, 2020, 58(8): 3715 – 3727.

第7章
涡的物质与时空描述

"黄河万里触山动,盘涡毂转秦地雷。"

——李白,《西岳云台歌送丹丘子》

由第6章可知,流体的宏观运动可由N-S方程所描述,而N-S方程高度的非线性使得湍流运动既表现为一定的确定性,如剪切湍流中存在大尺度的拟序结构,也表现为一定的随机性,如远离壁面区小尺度涨落速度的概率密度函数满足正态分布。有序与随机共存,使具有极高复杂度的湍流成为经典难题。现有的湍流研究方法可粗略地分为结构和统计两条路径。前者从确定性的方程出发,如利用动力系统理论[1]、涡模型与涡动力学[2]等,来研究湍流的结构特征;后者是从随机性的概率统计与随机过程出发,如利用场论、非平衡态统计物理方法[3,4],来研究湍流的脉动特征。

本章致力于前一条路径,拟从涡的角度上探讨湍流中浮现的结构涌动,其视角在于对涡的物质与时空描述。

7.1 涡 动 力 学

涡刻画了流体团的旋转运动。"流体不经搓,一搓就起涡"。这是流体力学家、普朗特的学生陆士嘉的一句话,经年流传,用来解释涡的生成。复杂流动的重要特征是其流场中存在具有强非线性相互作用的多尺度涡结构[2,5]。这些多尺度涡在达·芬奇手稿中(图7.1)有形神俱在的体现。

根据实验观察和数值模拟结果,直接搓出来的大多为层流的涡。湍流的涡多靠流体内部的奇点诱导出来。但是搓的程度剧烈了,也有可能间接诱导内部奇点的产生,从而

图7.1　达·芬奇手稿

导致湍流旋涡。湍流中的涡分布极不均匀,可能包含复杂的螺旋结构。

　　旋涡是流体运动的肌腱。这句话是普朗特的另一位学生迪特里希·屈西曼(Dietrich Küchemann,1911~1976)的一句名言[6]。这些占据少量空间的强涡结构在很大程度上决定了湍流动量输运与湍动能生成等关键过程。涡面能有效地识别流体中的涡结构,且它们会在转捩(transition)中大量涌现[7]。图7.2给出了三角翼上的涡面脱落的例子。

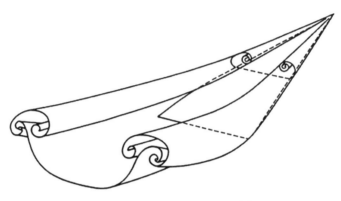

图7.2　三角翼上的涡面脱落[6]

　　尽管涡面是流体力学中的重要概念,但因其在复杂流动中难以构造,故学术界早期仅将其局限于概念讨论,或退而使用基于欧拉局部速度场的涡识别判据。由于涡判据选取的不唯一性,导致近年来如何有效识别复杂流动中的涡结构一直是颇具争议的问题,文字描述中常见的"涡"也缺乏公认的数学定义。

　　由于湍流流动在一定程度上由涡的分布而主导,所以湍流场的演化就与涡动力学有关。尤其对高雷诺数下的湍流过程中,涡动力学具有重要作用,是解锁湍流结构的核心研究方法[2]。它包含以下四方面的内容:一是对涡的运动学(Kinematics)描述,这包括涡面场[8]和涡的几何化描述理论[9,10];二是对涡的能量学(Energetics)描述,这涉及在不同尺度涡之间能量汇聚和传递的过程;三是对涡的动理学(Kinetics)描述,刻画涡之间相互作用的机理过程;四是对涡的现象学(Phenomenological)描述,刻画涡群的宏观效果,如发育速度、卷吸力、毁伤效果等。

　　为了降低N-S方程在数学上处理的复杂程度,可对流体速度$\boldsymbol{v}$取旋度得到涡量及相应的涡量方程:

$$\boldsymbol{\omega} = \nabla \times \boldsymbol{v} \tag{7.1}$$

式(7.1)采用了向量的实体记法,其中∇为梯度算子,$\times$为向量积(叉积)。涡量的整体结构可由涡量向量场积分得到:涡量的积分曲线为涡线。涡面场ϕ_v是一个整体光滑的三维标量场,可呈现出管状或片状等几何特征,其等值面为由涡线组成的涡面,这些等值面处处与涡量相切。故对于给定涡量场,需要满足以下约束条件:

$$\boldsymbol{\omega} \cdot \nabla \phi_v = 0 \tag{7.2}$$

涡量方程消除了速度方程中压力项带来的非局部性,因此湍流中的涡量场通常会在某些局部区域集中分布,易产生有组织的结构[11,12]。图 7.3(a)显示了典型的互相纠缠的涡面[12];图 7.3(b)显示了蜂鸟飞行时产生的涡线与涡面[13]。

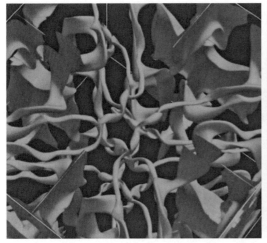
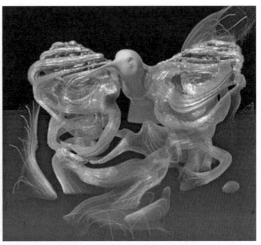

(a) 典型的互相纠缠的涡面[12](在图的中心处形成了纽结)　　　(b) 蜂鸟飞行时产生的涡线与涡面[13]

图 7.3　涡面结构

基于附着涡假设[14,15],通过大量的壁湍流研究发现,壁面附近存在统计上自相似的倾斜拟序结构,其壁面倾角近似为45°。这些拟序结构的统计特征是构造基于涡状结构模型的理论基础[16]。

基于涡的数值模拟在对复杂流动的计算上取得了重要进展[2],这些复杂流动的部分或全部均处于湍流状态。对湍流的涡动力学的通用格式可以表达为下述假定,即在湍流尺度的广阔谱系上,有一定的谱域可以被描述为层流涡结构,它们之间有或多或少的相干性;它们或者分别进行演化,或者发生动态交互作用。令人遗憾的是,湍流中的涡动力学往往产生一大批模型,而不是一个被力学家们普遍接受的、可以用来预测湍流的理性架构。目前,还无法预见能够建构一个包含全场动力学的若干度量同时又可以解析求解的涡动力学场景。这一情况与 1953 年 Batchelor 所追求的寻找一个 N‐S 方程适当初边值问题的期望类似[17]。Townsend-Lundgren 类型的拉伸涡模型[18,19]可包含局部动力学,可以对其进行运动学分析,并在数学上可解;但该模型建立在很强的假定之上,忽略了涡之间的相互作用,也忽略了结构中的轴流。Jiménez 等[12]所提的“蠕虫”结构形似于 Burgers 涡,但在所有惯性和耗散区域的动力学中只扮演一个被动的角色。Vincent 与 Meneguzzi[20]报道了片状涡结构,它们可以经卷曲收拢,形成涡管。Lundgren 与 Mansour[21]评论了在实验流动显示中经常出现的螺旋涡,该类涡在 DNS 计算中却很难被观察到。粒子影像速度仪可以对涡结构进行示踪,但仍需要发展算法来展示直接模拟中所模拟的细微涡结构[12]。涡结构模型的终极价值在于鉴别各种近似下得到的涡分布的可信赖性。与之相反,唯象学理论并不需要对场分布做出任何假定,但它很难承载动力学与运动学方面的内容,并与流体力学鲜有联系。作为涡动力学的一项可能的应用,可尝试将大结构的模型代入湍流预测软件,并通过大涡模拟来估算亚网格的雷诺应力。

7.2　无黏流体的涡面守恒律

研究中多将涡描述为一簇高强度涡线组成管状结构[22,23],或基于欧拉局部速度场的涡识别判据来绘出等值面[24-27]。涡判据方法可以有效地识别流动中局部旋转较强的涡核结构,且使用简便;但所识别结构的演化过程缺乏定解方程的支撑。所以人们对涡识别结果大多只能作定性描述,难于凝练出基于可识别结构的定量预测模型。人们大多采用基于欧拉局部速度场的涡识别判据,但此类判据选取标准与等值面阈值选取标准均不唯一,故识别结构时主观性强[28,29]。

理想流动,即在保守力下的无黏等压流动,具有理论研究的价值。尤其是对理想流动的研究已经建立了多个与涡(和其他流动相关量)相关的守恒定律。采用对理想流动的拉格朗日列式,柯西在1815年发现了一个重要的涡不变量。随后,柯西不变量被重新表达为广为人知的开尔文环量定理。亥姆霍兹在1858年独立地获得了涡动力学中具有中心地位的守恒定律:亥姆霍兹涡量定理。该定理喻示着涡线和涡曲面冻结于理想流动之中。所以,人们在拉格朗日视角下可以精确地追踪涡线随时间的演化。此外,汉斯·埃特尔(Hans Ertel,1904~1971)在1942年发现了一个在气象学中非常重要的量——势涡量,并证明该量在理想流动中守恒。亨利·莫法特(Henry Moffatt,1935~)在1969年定义了螺旋量为涡线的纽结状态的度量,并证明该量在理想流动中为不变量[30]。

取式(6.1)的旋度,可得

$$\nabla \times \boldsymbol{f} = \frac{\partial}{\partial t}\boldsymbol{\omega} - \nabla \times (\boldsymbol{v} \times \boldsymbol{\omega}) \tag{7.3}$$

注意式(7.3)的右端是涡量 $\boldsymbol{\omega}$ 的体导数。对理想流动,有 $\boldsymbol{f}=0$,于是可推断出涡量 $\boldsymbol{\omega}$ 的体导数为零。在拉格朗日框架下,涡量冻结于物质粒子之上,亥姆霍兹涡量定理成立。对环量并不守恒,但 $\nabla \times \boldsymbol{f} = 0$ 的情况,亥姆霍兹涡量定理依然成立。同时可以证明,若 $\nabla \times \boldsymbol{f} = 0$,在任何物质围线中所包含的环量的体导数为零,即开尔文环量定理成立。可以指出,仅仅在屈指可数的几种情况下,非理想流动的涡动力学具有环流守恒的性质。这些少数的例子包括稳态平面库埃特流动和泊肃叶流动。对于非理想流动来说,若 $\nabla \times \boldsymbol{f} \neq 0$,开尔文环量定理不再成立。对涡量有关的守恒定律的失效造成了理想与真实流体流动在涡动力学方面的鸿沟,并进而引起欧拉方程与 N-S 方程之间的鸿沟。对于理想流动,如果涡线的持续扯拽不在有限时间内形成奇异性,则涡线的拓扑特征将不随时间变化。然而,对于真实流动,在涡重联的作用下却可能发生涡线的拓扑变化[31];通过一个转捩过程,在初始层流

下,些小扰动便可以生成湍流。这时需要探究的一个力学基本问题是:

力学基本问题 29　涡面有物质(或类物质)的描述吗?

7.3　物质面的拉格朗日描述

绝大多数的真实流动是有黏的、斜压的,或者具有非保守体力的。此时,前面所述的与涡量有关的守恒定律便不再适用。基于欧拉方法的结构识别难以刻画流动的拉格朗日演化特性。基于速度/涡量的数值模拟也难以保持复杂流动的涡结构。因此,亟须一种可连续追踪整体流动结构并可进行定量化系统研究的理论框架与结构表征方法。

在包含流动演化历史的拉格朗日框架下,人们也可通过涡量矢量场构造整体涡面结构来分析涡动力学,但因该类结构构造难以实现,故早期仅局限于概念上的定性讨论。人们以往认为,拉格朗日框架下的算法需要进行巨量的计算才能获得有限的结果,这些计算确实能覆盖相当宽的尺度范围,但却不包含产生耗散的区域。Yang 与 Pullin[9] 提出的涡面场(vortex-surface field, VSF)理论重塑了以涡量为基元的流动结构识别方法。该方法为流体运动中的拉格朗日动力学与涡状结构生成演化机理建立了定量化的研究框架。由于涡动力学核心理论中的经典亥姆霍兹涡量定理在真实流动中失效,所以人们通常认为在真实流动中无法精确追踪涡线与涡面。这使得力学家们多年来难以深入理解转捩与湍流中的涡结构连续演化机理。如果要对非理想真实流动发展拉格朗日构架,或者要理解流动转捩中的突发且神秘的结构演化,这将成为一个主要的障碍。

近年来提出的虚拟速度法可以部分地化解这一障碍[32],并在一定条件下推广了经典的亥姆霍兹涡量定理。在该方法下,涡量在流动结构分析中的关键之处可由两个重要流体力学定理支撑。首先,推广后的虚拟亥姆霍兹定理[32] 给出了涡面运动简洁优美的描述。定理指出,涡面可跟随流体速度或相关虚拟速度运动,但涡面运动至涡量零点处可产生拓扑变化,故在高雷诺数流动中可能会产生复杂的多尺度结构。其次,涡量场可根据毕奥萨伐尔定理转化为速度场信息,故涡面演化中的整体几何和拓扑性质也反映了速度场本身的演化特征。在基于欧拉观点的传统涡识别中,仅考虑了瞬时的局部流场信息,缺乏描述流体演化过程中涡管结构几何和拓扑形变的数学方法。而涡面场描述与之不同:它在拉格朗日追踪观点下,包含了涡拉伸与扭转等流动演化的历史信息,克服了以往涡结构演化描述中不同时刻可识别结构之间缺乏因果关联性等缺陷。近年来发展的其他流动结构识别方法也多强调拉格朗日观点[33]、非局部性[34] 及客观性[35] 等特点。

7.4　涡面场演化的跟踪

综上所述,涡面场的优势在于表征涡面在黏性流动中的连续演化,在于研究流动中涡结构拓扑变化的动力学过程,在于对涡面场等值面的几何特性进行定量分析。涡面场方法可以揭示高雷诺数流动中初始大尺度涡面结构如何通过拉伸、扭曲、重联等动力学过程连续演化为较小尺度结构。这里的大尺度结构往往几何形态比较简单,表现为有序性;而小尺度结构的几何形态往往比较复杂,表现为一定的随机性。这样涡面场的演化可阐释湍流与转捩中表面上有序和随机两类流动结构状态之间的转变不是突发的,而是逐步演化、有迹可循、可定量化表征的客观规律。这将有助于探讨以下力学基本问题:

力学基本问题 30 对涡结构有几何(或流形)描述吗?

尽管涡面场方法已取得显著进展并应用于多类流动现象,但还存在如下待改进完善之处。首先,涡面场研究框架中所发展的双时间方法与虚拟环量保持速度可以在一般流动中得到涡面场连续演化的数值解,但该演化在涡量零点处存在奇异性,相应理论中的正则化方法仍然是未解决问题。其次,涡面场的计算量较大,亟须改善其计算效率,以方便在不同应用领域中进行流动机理分析。在完善涡面场理论与计算方法基础上,有望在湍流与转捩中的几个关键问题上取得进展。

首先,采用涡面场可以用定量的方式来研究湍流能量级串中的动力学机理。如图 6.17(a) 所示,在理查德森与柯尔莫哥洛夫等学者的经典物理图像中往往猜测湍流能量由大尺度传递到小尺度是通过类似于细胞分裂式的"涡破碎"产生[3]。然而,与涡量等值面所展示的破碎结构相比,涡面场等值面可揭示真实涡管拉伸扭曲和涡层卷并等涡动力学过程。特别是在尺度级串过程中,涡面场方法可定量化识别涡重联,并可与近期湍流结构的三维实验[22]相结合,探索涡重联这一结构拓扑变化的关键作用。在基于湍流结构的理论发展过程中,周培源先生在国际上率先提出湍流旋涡结构统计理论[23],试图利用湍流中基于涡量的结构基元来发展湍流预测模型。由于受当时结构识别方法所限,故讨论仅局限于球涡等几类非常简单的涡面结构。而涡面场方法可识别雷诺数湍流中高度扭曲的螺旋形涡管结构形成与演化过程,该复杂几何特性可由拉伸螺旋涡管模型[36]与湍流能谱标度律建立统计上的联系,从而创造融合湍流结构与统计的新理论。

其次,涡面场方法可系统阐释壁流动转捩中的湍流结构生成机理。壁流动转捩中的结构生成通常被描述为一种突发且神秘的过程[37]。现有唯象模型[38]多将这一过程简单处理为动力系统中的分叉行为,而拉格朗日观点下的涡面连续演化可展示流动转捩中初始简单几何结构如何逐步转变为复杂结构的精细过程[39]。Yang 等[40]发展了基于曲波变换的多尺度几何分析方法,可对涡面场等三维标量场作带通滤波,而后对提取出的拉格朗日类结构进行多尺度定量化表征。该多尺度几何分析方法定量化分析了槽道湍流中拟序结构在不同尺度下的壁面倾角与横掠倾角与不同尺度结构之间的空间关联,从统计结果中验证了壁湍流中存在发卡涡与近壁区大尺度涡串,为基于拟序结构的湍流壁模型提供了定量参考[9,10]。借助近期边界层旁路转捩与管流转捩的大规模 DNS 数据[25],涡面场方法可用于研究不同规范壁流动转捩。如图 7.4 所示,在平板边界层、槽道流与管流中,具有不同对称性的边界条件可对结构生成演化产生重要影响,包括前期发卡涡生成及后期发卡涡相互作用后形成湍流的过程。特别是管流转捩中由于轴对称性可能产生正向与反向发卡涡结构。这些涡结构向圆管中轴线汇聚时,可能产生比其他两类壁流动转捩更强的相互作用。在涡面场演化的统一框架下,可客观地揭示不同类型壁流动转捩中是否存在普适且有序的结构或动力学过程,无须像以往研究中那样,在转捩的不同阶段,由人为主观切换结构识别方法并调整等值面阈值。

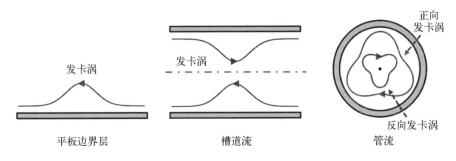

图 7.4　规范壁流动转捩中的涡面演化示意图(正视图)
箭头方向代表涡面上的涡量方向

在应用推广方面,对涡面结构演化特征与工程应用中关键力学量之间的统计与因果关联,将有助于构造可预测模型。力学工作者已经在准拉格朗日非局部结构识别、表征、演化理论与算法研究方面取得了显著进展,可以在大规模 DNS 数据分析中定量表征湍流演化过程的多尺度几何特征,用于描述其完整的动力学过程。此外,涡面场算法的进展使得人们可在任意复杂流动中构造涡面场(图 7.5),这为随后的涡面演化研究提供了初始

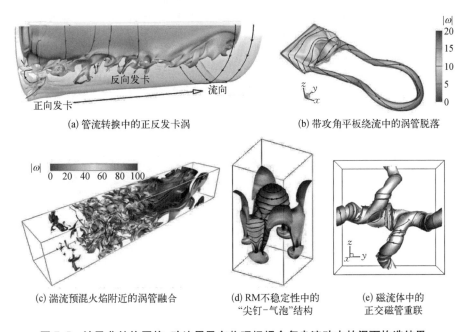

图 7.5　涉及非结构网格、动边界及多物理场耦合复杂流动中的涡面构造结果

条件。可通过涡面几何结构演化与湍流统计两者特征间的关联度分析,为发展湍流 LES 中的亚格子模型[26,27]提供基础机理,从而将原先对湍流结构演化的定性描述提升为定量刻画。同时,可发展人工智能与数据科学算法,从大规模流场与涡面场数据中挖掘不同时间空间数据中的统计与因果关联,进而提炼重要力学统计量的可预测模型。涡面场研究有助于将湍流结构研究成果推广至工程应用问题,包括:由不可压缩壁流动转捩中的涡面生成演化拓展至高超声速飞行器表面的外流转捩[28,29];由多物理场耦合流动中的涡面与火焰等过程相互作用拓展至先进航空发动机燃烧室中的湍流燃烧;由动边界问题中的涡面动力学[38]拓展至智能制造中的仿生机器人飞行与游动推进问题;等等。

7.5　涡面场的三参数表征理论

综上所述,涡面场的基本构成部分为缠结在一起的闭合通量管(如流体力学的涡管与磁流动力学中的磁管),管面需要满足的方程为式(7.2)。对于给定的涡量场,可由式(7.2)求管面场的解。由 Frobenius 定理,螺旋度密度为

$$h \stackrel{\Delta}{=} \boldsymbol{v} \cdot \boldsymbol{\omega} \tag{7.4}$$

螺旋度密度为零的简单流场必存在涡面场解,且解不唯一。通过求解涡量场特征方程,在多类含高度对称性流场中利用多个首次积分乘积消除积分函数中的奇点[40],可得到一系列整体光滑的涡面场解析解,见图7.6。

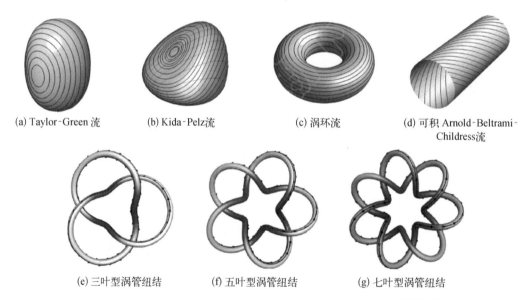

(a) Taylor-Green 流　　　(b) Kida-Pelz流　　　(c) 涡环流　　　(d) 可积 Arnold-Beltrami-Childress流

(e) 三叶型涡管纽结　　　(f) 五叶型涡管纽结　　　(g) 七叶型涡管纽结

图 7.6　涡面场解析解等值面(即涡面)与附着于涡面上的涡线[9,10,40]

需要说明的是,经典 Clebsch 势函数[41]也满足涡面场约束式(7.2),但其解析求解条件比一般涡面场更加苛刻,且大多数非平凡的 Clebsch 势解析解中含有奇点。对于 $h \neq 0$

的一般流场,Clebsch 势不存在,而在一些特殊情况下,涡面场的解析解仍可能存在,如可积 Arnold-Beltrami-Childress 流[9,10,40]。此外,对于涡管纽结[42]这一类具有非平凡拓扑性质的典型流场,也可以通过构造沿涡轴的曲线柱坐标系来得到涡面场的解析解[43]。

基于环面结的涡面场的结构几何特征可由三个主要参数来表征:一是其主要结构尺寸与最小管径的比值。由于在充分发育的湍流中,后者(最小管径)主要由式(6.11)的柯尔莫哥洛夫尺度所确定,该比值亦定义了由大涡生成小涡的级串层级。二是其涡管的纽结形式或螺旋度,如图 7.6(e)~(g)的初始管型中就有三叶、五叶、七叶型涡管环面纽结。三是其涡线沿着涡面管的拧转螺度,它体现了沿涡管中轴的扭转力度。

纽结结构存在于日常生活与物理、化学、生物等系统中,其数学定义为三维空间中的简单闭曲线。在流体力学中,旋涡纽结所具有的复杂拓扑和几何形态赋予其演化中丰富的涡动力学现象,因此纽结涡管可作为湍流拟序结构的简化模型。在各类流动中,构造纽结并探索其演化规律,可为转捩与湍流中的能量级串等机理研究提供启示,并为流体力学的几何化研究提供应用基础。熊诗颖与杨越提出了纽结场普适构造方法[44,45],解决了复杂纽结通量管的精确数值构造问题。该构造方法可在涡线与边界相交的任意瞬时速度场中构造涡面场,并应用于泰勒格林流、槽道流转捩、边界层转捩等广泛的流动场景,见图7.6。该方法构造的通量管具有可调形状、管径及局部拧转度,相应纽结场具有卷曲与拧转螺度的解析表达式,并严格满足散度为零条件,适用于各类物理系统中的复杂纽结场研究。近期的研究进展致力于探究一种可连续追踪涡结构并可进行定量化系统研究的理论框架与结构表征方法,如可以识别出各类涡的纽结[44,45]。相关研究构造了具有不同几何

与拓扑结构的纽结涡管或磁管初始场,并利用直接数值模拟分别揭示了它们在黏性流或磁流体中的流动结构与螺度演化机理[44,45]。在黏性流中,纽结涡管的动力学演化主要取决于初始卷曲螺度,而拧转螺度随时间迅速衰减。当磁管的拧转螺度较大时,磁纽结逐渐收缩至紧缩稳定状态;而当拧转螺度较小时,磁管在演化初期会发生分裂与重联,使磁力线产生混沌形态,见图 7.7。此外发现在一对交叉的螺旋磁管演化中,初始平行的磁力线会由多次重联自发形成纽结,此类纽结级串现象会伴随有显著的磁能释放和螺度变化过程[44]。

图 7.7　混沌磁力线组成的复杂纽结[44,45]

该研究还发现了纽结与链环涡管在不同环面半径比和卷绕数下的三条独立演化路径[46]:融合、重联及转捩,见图7.8。其中小环面半径比的涡纽结或链环会融合为含局部拧转的平凡涡环,完成卷曲向拧转螺度的快速转化;在大环面半径比下则通过逐次重联退化为卷绕涡圈;而中等环面半径比涡纽结演化中会产生不完全重联,并在强烈涡相互作用下触发转

掇。该研究中发展的纽结场构造方法得到了计算流体力学同行的关注,已经将该方法应用于目前计算规模最大的流体纽结演化直接数值模拟[47,48],揭示了涡纽结重联与螺度动力学中的雷诺数效应。

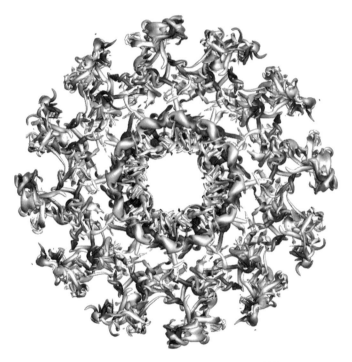

图 7.8 卷绕涡圈演化中发生流动转掇[46]

参考文献

[1] Holme P, Lumley J L, Berkooz G, et al. Turbulence, coherent structures, dynamical systems and symmetry[M]. 2nd edition. Cambridge：Cambridge University Press, 2012.

[2] Pullin D I, Saffman P G. Vortex dynamics in turbulence[J]. Annual Review of Fluid Mechanics, 1998, 30：31 - 51.

[3] Frisch U. Turbulence：The legacy of A. N. Kolmogorov[M]. Cambridge：Cambridge University Press, 1995.

[4] Sreenivasan K R. Fluid turbulence[J]. Review of Modern Physics, 1999, 71：S383 - S395.

[5] Davidson P A. Turbulence：An introduction for scientists and engineers[M]. Oxford：Oxford Univerysity Press, 2004.

[6] Küchemann D. The aerodynamic design of aircraft[M]. Oxford：Pergamon Press, 1978.

[7] Moffatt H K, Kida S, Ohkitani K. Stretched vortices — The sinews of turbulence：large-Reynolds-number asymptotics[J]. Journal of Fluid Mechanics, 1994, 259：241 - 264.

[8] 杨越. 涡面场理论与应用[J]. 科学通报,2020,65(6)：483 - 495.

[9] Yang Y, Pullin D I. On Lagrangian and vortex-surface fields for flows with Taylor-Green and Kida-Pelz

initial conditions[J]. Journal of Fluid Mechanics, 2010, 661: 446 - 481.

[10] Yang Y, Pullin D I. Geometric study of Lagrangian and Eulerian structures in turbulent channel flow[J]. Journal of Fluid Mechanics, 2011, 674: 67 - 92.

[11] She Z S, Jackson E, Orszag S A. Intermittent vortex structures inhomogeneous isotropic turbulence[J]. Nature, 1990, 344: 226 - 228.

[12] Jiménez J, Wray A A, Saffman P G, et al. The structure of intense vorticity in isotropic turbulence[J]. Journal of Fluid Mechanics, 1993, 255: 65 - 90.

[13] Chern A, Knöppel F, Pinkall U, et al. Schrödinger's smoke [J]. ACM Transactions on Graphics (TOG), 2016, 35(4): 77.

[14] Townsend A A. The structure of turbulent shear flow [M]. 2nd edition. Cambridge: Cambridge University Press, 1976.

[15] Marusic I, Monty J P. Attached eddy model of wall turbulence[J]. Annual Review of Fluid Mechanics, 2019, 51: 49 - 74.

[16] Wu J Z, Ma H Y, Zhou M D. Vorticity and vortex dynamics[M]. Berlin: Springer, 2006.

[17] Batchelor G K. The theory of homogeneous turbulence [M]. Cambridge: Cambridge University Press, 1982.

[18] Townsend A A. On the fine-scale structure of turbulence[J]. Proceedings of the Royal Society of London, 1951, 208(1095): 534 - 542.

[19] Lundgren T S. Strained spiral vortex model for turbulent fine structure[J]. The Physics of Fluids, 1982, 25(12): 2193 - 2203.

[20] Vincent A, Meneguzzi M. The spatial structure and statistical properties of homogeneous turbulence[J]. Journal of Fluid Mechanics, 1991, 225: 1 - 20.

[21] Lundgren T S, Mansour N N. Vortex ring bubbles[J]. Journal of Fluid Mechanics, 1991, 224: 177 - 196.

[22] Scheeler M W, van Rees W M, Kedia H, et al. Complete measurement of helicity and its dynamics in vortex tubes[J]. Science, 2017, 357: 487 - 491.

[23] 周培源, 黄永念. 均匀各向同性湍流的涡旋结构的统计理论[J]. 中国科学, 1975, 2: 180 - 198.

[24] Wang Y, Huang W, Xu C. On hairpin vortex generation from near-wall streamwise vortices[J]. Acta Mechanica Sinica, 2015, 31: 139 - 152.

[25] Wu X, Moin P, Wallace J M, et al. Transitional-turbulent spots and turbulent-turbulent spots in boundary layers[J]. Proceeding of National Academy of Science, 2017, 114: E5292 - E5299.

[26] He G, Jin G, Yang Y. Space-time correlations and dynamic coupling in turbulent flows[J]. Annual Review of Fluid Mechanics, 2017, 49: 51 - 71.

[27] Chen S, Xia Z, Pei S, et al. Reynolds-stress-constrained large-eddy simulation of wall-bounded turbulent flows[J]. Journal of Fluid Mechanics, 2012, 703: 1 - 28.

[28] 周恒, 苏彩虹, 张永明. 超声速/高超声速边界层的转捩机理及预测[M]. 北京: 科学出版社, 2015.

[29] Fu S, Wang L. RANS modeling of high-speed aerodynamic flow transition with consideration of stability theory[J]. Progress in Aerospace Science, 2013, 58: 36 - 59.

[30] Moffatt H K. The degree of knottedness of tangled vortex lines[J]. Journal of Fluid Mechanics, 1969,

35(1): 117 - 129.

[31] Zhao Y, Yang Y, Chen S. Vortex reconnection in the late transition in channel flow[J]. Journal of Fluid Mechanics, 2016, 802: R4.

[32] Hao J, Xiong S, Yang Y. Tracking vortex surfaces frozen in the virtual velocity in non-ideal flows[J]. Journal of Fluid Mechanics, 2019, 863: 513 - 544.

[33] Zhu Y, Yuan H, Zhang C, et al. Image-preprocessing method for near-wall particle image velocimetry (PIV) image interrogation with very large in-plane displacement [J]. Measurement Science and Technology, 2013, 24(12): 125302.

[34] Zhu H Y, Wang C Y, Wang H P, et al. Tomographic PIV investigation on 3D wake structures for flow over a wall-mounted short cylinder[J]. Journal of Fluid Mechanics, 2017, 831: 743 - 778.

[35] Duraisamy K, Iaccarino G, Xiao H. Turbulence modeling in the age of data[J]. Annual Review of Fluid Mechanics, 2019, 51: 357 - 377.

[36] Lundgren T S. Strained spiral vortex model for turbulent fine structure[J]. Physics of Fluids, 1982, 25: 2193 - 2203.

[37] Mullin T. Experimental studies of transition to turbulence in a pipe [J]. Annual Review of Fluid Mechanics, 2011, 43: 1 - 24.

[38] Barkley D. Theoretical perspective on the route to turbulence in a pipe[J]. Journal of Fluid Mechanics, 2016, 803: P1.

[39] Li G J, Lu X Y. Force and power of flapping plates in a fluid[J]. Journal of Fluid Mechanics, 2012, 712: 598 - 613.

[40] Yang Y, Pullin D I, Bermejo-Moreno I. Multi-scale geometric analysis of Lagrangian structures in isotropic turbulence[J]. Journal of Fluid Mechanics, 2010, 654: 233 - 270.

[41] Clebsch A. Ueber die Integration der hydrodynamischen [J]. Journal für die Reine und Angewandte Mathematik, 1859, 56: 1 - 10.

[42] Kleckner D, Irvine W T M. Creation and dynamics of knotted vortices[J]. Nature Physics, 2013, 9(4): 253 - 258.

[43] He P, Yang Y. Construction of initial vortex-surface fields and Clebsch potentials for flows with high-symmetry using first integrals[J]. Physics of Fluids, 2016, 28: 037101.

[44] Xiong S, Yang Y. Construction of knotted vortex tubes with the writhe-dependent helicity[J]. Physics of Fluids, 2019, 31: 047101.

[45] Xiong S, Yang Y. Effects of twist on the evolution of knotted magnetic flux tubes[J]. Journal of Fluid Mechanics, 2020, 895: A28.

[46] Hao J, Yang Y. Magnetic knot cascade via the stepwise reconnection of helical flux tubes[J]. Journal of Fluid Mechanics, 2021, 912: A48.

[47] Shen W, Yao J, Hussain F, et al. Topological transition and helicity conversion of vortex knots and links [J]. Journal of Fluid Mechanics, 2022, 943: A41.

[48] Yao J, Shen W, Yang Y, et al. Helicity dynamics in viscous vortex links [J]. Journal of Fluid Mechanics, 2022, 944: A41.

第8章
分子自由程：从稀薄气体到非牛顿流体

"君不见，黄河之水天上来，奔流到海不复回。"

——李白，《将进酒·君不见》

19世纪末，麦克斯韦[1]和玻耳兹曼[2]等开始研究稀薄气体的流动特性。当时，受限于气流速度很低的情况，研究对象主要是真空技术中的孔流和管道流动。至20世纪中叶，由于航空和航天事业的发展，稀薄气体领域的研究进展显著[3]。1946年，钱学森从空气动力学观点总结了有关稀薄气体的研究成果[4]，指出在几十公里高空飞行时将会遇到稀薄气体动力学景况。他关于稀薄气体动力学中三个流动领域的划分具有开创性意义。随着分子自由程的不断减少，流体力学的具象呈现了三种过渡。一是从离散到连续的过渡：随着气体密度的逐渐加大，可从稀薄气体无缝地过渡到稠密气体，且气体的黏性逐渐产生。二是排列序态的过渡：随着分子自由程的进一步减少，流体中的粒子排列从无序态转变为短程有序态。对应地，流体的物态从气体转变为液体。三是物态的过渡：随着分子自由程进一步地缓慢减少，液体的黏度逐渐增加，从牛顿流体转变为非牛顿流体，并最终从流体转变为固体。

近年来，稀薄气体动力学研究在气溶胶性状、近壁面流动、气-面间相互作用、冷凝过程以及高真空下分子碰撞引起的物理化学反应等方面有较大的发展，并为临近空间的航行提供了学理基础。

8.1　分子自由程与结构特征尺度

分子自由程与结构特征尺度具有一一对应的映照关系。如果连续介质中"质点"的尺寸与真实物体中的分子自由程具有相同量级，则连续介质假设可能失效。在稀薄气体中，分子间距离很大，有可能接近物体的特征尺度；此时，虽然获得确定平均值的分子团还存在，但无法再将其视为一个质点。对于流体，分子聚集体的致密度越大，就能够在越小的尺度应用连续介质假设。

在流体力学中的一个重要参量是克努森(Martin Knudsen，1871~1949)数，常用Kn表示。克努森数表示气体分子的平均自由程 λ 与流场中物体的特征长度 L 的比值,见式(6.9)。

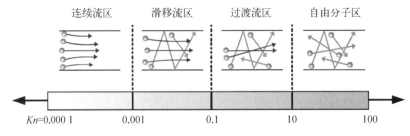

图 8.1　不同的克努森数所对应的流动

从定性的角度来说,克努森数衡量了分子聚集体偏离连续介质假设的程度。当气体分子的平均自由程 λ 比较大(如稀薄气体)或流场中物体的特征长度 L 比较小时(如微纳流动),克努森数比较大,也比较重要。克努森数较大就意味着分子的自由程相对所在的空间尺寸来说较大,即空间内的分子数有限,这是稀薄气体或微纳流动的一个重要标志;而克努森数较小则代表空间尺寸较大,分子的自由程效应可以忽略。因此,基于克努森数,可将流动现象划分为连续流区($Kn<0.001$)、滑移流区($0.001<Kn<0.1$)、过渡流区($0.1<Kn<10$)和自由分子流区($Kn>10$),如图 8.1 所示。在连续流区,流体介质可以如宏观流动一样视为连续无间隙地分布于整个空间,其速度、密度、压力和温度等均是空间和时间的连续函数。对连续流可以用 N-S 方程和傅里叶方程来求解。而在具有较高克努森数的其他流区,则需要把流体视为分子的集合,因此其研究手段是基于分子的模型计算和仿真方法,如分子动力学方法、蒙特卡罗方法、玻尔兹曼方程、约瑟夫·刘维(Joseph Liouville,1809~1882)方程、伯内特(D. Burnett)方程组等。

稀薄气体动力学研究这四种不同流动的规律以及气体与物体的相互作用,包括气流对物体的传热、物体所受的阻力、升力等。所需要探求的一个力学基本问题是:

力学基本问题 31　如何量化流体性质与分子自由程的关系?

8.2　玻尔兹曼统计理论

对在稀薄气体中的颗粒流尘埃、气溶胶等的模拟中,因为分子自由程较长,适宜采用气体动力学的模拟方法,在气体粒子碰撞模型下进行模拟。稀薄气体动力学利用分子运动论的方法,根据流动问题中气体稀薄程度的不同,分析气体分子离散结构的效应。玻尔兹曼跳出了经典连续介质力学的框架,另辟蹊径,从对粒子进行概率统计的角度建立起宏观与微观、连续与离散之间的联系,从而开创了统计力学。他认为,虽然单个粒子的运动没有规律可循,但若干个粒子的无规则运动却会影响流体运动的宏观参数,因此可通过对大量离散粒子的统计分析来得出流体运动的宏观特征。1872 年玻尔兹曼借助速度分布函数,首次推导并给出了分子运动论的基本方程——玻尔兹曼方程[2],它也是稀薄气体动力学的基本方程。

　　玻尔兹曼方程是描述分子运动速度分布函数 f 的变化规律的方程。设在时间 t,在靠近点 $\boldsymbol{x}$ 的物理空间元 $\mathrm{d}\boldsymbol{x}$ 内,在靠近速度 $\boldsymbol{v}$ 的速度空间元 $\mathrm{d}\boldsymbol{v}$ 内的质点分子数目为 $f\mathrm{d}\boldsymbol{x}\mathrm{d}\boldsymbol{v}$。$f$ 满足下述玻耳兹曼方程:

$$\frac{\partial f}{\partial t} + \boldsymbol{v} \cdot \frac{\partial f}{\partial \boldsymbol{x}} + \frac{\boldsymbol{F}}{m} \cdot \frac{\partial f}{\partial \boldsymbol{v}} = \left(\frac{\partial f}{\partial t}\right)_{\text{coll}} \tag{8.1}$$

式中,$\boldsymbol{F}$ 为作用在分子上的外力场;m 为分子质量;等式的右端项 $\left(\dfrac{\partial f}{\partial t}\right)_{\text{coll}}$ 用于描述粒子间相互碰撞产生的影响,如果此项为零,则说明粒子之间没有碰撞。无碰撞情况下,个体碰撞被长程聚合相互作用(如库仑相互作用)所取代,此时的玻尔兹曼方程常被称为弗拉索夫(Anatoly Vlasov,1908~1975)方程[5]。玻尔兹曼方程是一个非线性积分微分方程。方程中的未知函数是一个包含了粒子空间位置和动量的六维概率密度函数。此方程的解的存在性和唯一性问题仍然没有完全解决。直到 2010 年,数学家们才证明玻尔兹曼方程具有良好的准确解[6]。这意味着,如果对服从玻尔兹曼方程的系统施加一个微小扰动,此系统最终将回到平衡状态,而不是发散到无穷,或表现出其他的行为。

　　因为玻尔兹曼方程右端碰撞项的复杂性,所以有的研究者建议用简化的碰撞项来代替它,最著名的模型方程由 Bhatnagar、Gross 和 Krok[7] 提出:

$$\frac{\partial f}{\partial t} + \boldsymbol{v} \cdot \frac{\partial f}{\partial \boldsymbol{x}} + \frac{\boldsymbol{F}}{m} \cdot \frac{\partial f}{\partial \boldsymbol{v}} = \nu(f_e - f) \tag{8.2}$$

式中,f_e 为局部平衡分布;ν 为碰撞频率。式(8.2)称为 BGK 方程,该方程因其简单在过渡领域被广泛应用。有一类有实际意义的小扰动问题,是用 BGK 方程而不是用玻尔兹曼方程求解的。但 BGK 方程终究是用一个近似项代替了有坚实物理基础的准确项。

　　为了求解玻尔兹曼方程,需要引进边界条件,即描述气体分子与固体表面相互作用的条件。气体分子与固体表面相互作用的理论迄今仍不完善,实验数据尚不充分。分子在固体表面的反射依赖于固体表面与气体分子的物理、化学本质和它们的温度,以及黏着于表面的气体吸附层。现在一般利用麦克斯韦提出的反射模型。假设分子有 α 部分从表面完全漫反射,其余 $(1-\alpha)$ 部分则为完全的镜面反射,于是借助混合律,自固体表面反射的分子具有下述分布函数 f_r:

$$f_r(\boldsymbol{x}, \boldsymbol{v}_r, t) = (1-\alpha)f_i[\boldsymbol{x}, \boldsymbol{v}_r + 2(\boldsymbol{v}_r \cdot \boldsymbol{n})\boldsymbol{n}, t] + \alpha N_r \left(\frac{h_r}{\pi}\right)^{3/2} \exp(-h_r v_r^2) \tag{8.3}$$

式中,v_r为反射分子的速度,其模为 v_r;$h_r = m/2kT$;k 为玻尔兹曼常数;T_i 为物面温度;f_i 为入射分子的分布函数;n 为物体表面单位法向量;N_r 反射分子的数密度;右端第二项为温度适应于表面温度的麦克斯韦分布。实验表明,麦克斯韦条件在 α 近于 1 时能给出满意的结果。

8.3　格子玻尔兹曼方法

利用玻尔兹曼统计理论来进行模拟的一种典型方法是格子玻尔兹曼方法(Lattice Boltzmann Method,LBM)[8]。与传统计算流体力学方法相比,LBM 是 20 世纪 80 年代中期建立和发展起来的一种流场模拟方法,它继承了格子气自动机(Lattice Gas Automaton, LGA)的主要原理[9],并对 LGA 作了改进。格子玻尔兹曼方法是一种基于介观模拟尺度的计算流体力学方法,其建模介于微观分子动力学模型和宏观连续模型之间,具备流体相互作用描述简单、复杂边界易于设置、易于实现并行计算、程序易于实施等优势,被广泛地认为是描述流体运动与处理工程问题的有效手段。

格子玻尔兹曼方法的建立具有许多开创性的思想,尤其是表征为从模拟流体运动的连续介质模型向离散模型的一种转变。LBM 直接从离散模型出发,应用物质世界最根本的质量守恒、动量守恒和能量守恒规律,在分子运动论和统计力学的基础上构架起宏观与微观、连续与离散之间的桥梁,从一种全新的角度来诠释流体运动的本质问题。LBM 突破了传统计算方法的理论框架,它的完善和应用反映了科学研究的一个基本道理,即守恒是物质世界最根本的规律,指导着物质世界的运动和发展。

LBM 作为一项具有显著优势的流体计算方法,已被广泛用于理论研究和处理工程问题。由于其边界易于设置的特点,使得 LBM 善于处理较为复杂与不规则的结构,因而适用于解决多孔介质内的流动与传质问题。由于模型具备描述粒子运动的特性,使得其在处理流体与固体作用相对直观,在解决气-固和流-固耦合方面具备优势。由于 LBM 不受连续介质假设的约束,它对连续方法不适用的问题(如纳/微尺度的流动和传质或稀薄气体输运等)而言,是一种有效的解决方法。更为难得的是,LBM 在处理多相多组分流体问题时相比于传统计算流体方法在抓取移动和变形的界面、描述组分间相互作用方面具备明显优势。通过基于对不同组分作用的描述,形成了各类多相多组分 LBM 模型,如颜色模型(color-gradient model)、赝势能模型(pseudo-potential model)、自由能模型(free-energy model)、相场模型(phase-field model)等。这些模型被广泛地运用在多组分、多相流、界面动力学、化学反应与传递等领域。除此之外,LBM 在磁流体、晶体生成、相变过程等方面也具备潜在的应用前景。当前,已开发出若干 LBM 开源软件如 OpenLB、MESO 等,它们能够并行处理不同尺度下的计算流体力学问题。

8.4　玻尔兹曼方程的矩统计

将玻尔兹曼方程(8.1)两端乘以分子的质量、动量分量和动能,并对整个速度空间进行积分,由此得到的方程称为矩统计方程或麦克斯韦输运方程[10]。得到的矩统计方程包括质量、动量与能量守恒方程式,但方程组本身并不封闭,需要对应力与热流张量本构关系进行封闭。英国数学家 Chapman[11,12] 和 Enskog[13] 分别于 1916 年和 1917 年独立提出了多尺度展开法,因此被称为 Chapman-Enskog(C-E)展开分析。在 C-E 展开分析中,引入克努森数 Kn 作为展开因子,将 BGK 方程在不同的尺度上展开,并将分布函数、导数、物理量等都按照克努森数的不同阶次展开。而在此过程中,动量流率张量 P_{ij}、分子运动产生的热流 Q_{ijk} 等高阶矩可由基本状态变量(低阶矩)和它们的时空导数近似。此时再对方程进行简单的数学变换,借用碰撞的质量、动量、能量守恒的条件,并代入上述的宏观物理量,则可得出类似于流体力学基本方程组形式的方程。根据不同阶次的 C-E 展开,其中零阶矩近似取平衡阶麦克斯韦速度分布[1],可分别导出相应的输运方程的零阶、一阶、二阶和三阶矩方程即为流体力学中的欧拉方程、N-S 方程、Burnett 方程[14]与超 Burnett 方程。

8.5　稀薄气体力学的四种表征形态

1946 年 5 月,钱学森将稀薄气体的物理、化学和力学特性结合起来研究,以《超空气动力学及稀薄气体力学》一文[4],开创性地建立了稀薄气体动力学理论框架,使超高空飞行器有了可靠的理论基础。钱学森利用黏性系数的表达式把 λ 与流速 v 以及声速联系起来,从而建立了克努森数(Kn)与马赫数(Ma)和雷诺数(Re)的下述关系[15]：

$$Kn = \frac{\lambda}{L} = 1.255\sqrt{\gamma}\,\frac{Ma}{Re} \tag{8.4}$$

于是,在由马赫数(Ma)和雷诺数(Re)构成的平面上,可以 λ/δ(δ 为边界层厚度)为指标,把该平面划分为四个区域：即气体动力学区、滑流区、过渡区和自由分子流区。对于不同的流动问题,可以由马赫数和雷诺数两个数值来判断属于哪类流动。钱学森还分别讨论了滑流的应力和边界条件、小马赫数滑流的边界条件、大马赫数自由分子流以及流过倾斜平板的自由分子流及其作用下的升力和阻力系数。空气动力学家庄逢甘(1925~2010)指出：钱学森将稀薄气体流动划分为四个区域这种划分原则是研究稀薄气体力学的开创性工作。直到今天,所有关于稀薄气体力学的研究工作都是按照这四个区域开展的。1953年,钱学森正式提出物理力学概念,主张从物质的微观规律确定其宏观力学特性,改变过去只靠实验测定力学性质的方法,并开拓了高温高压的新领域,1962 年他编著的《物理力学讲义》正式出版[16]。

在地面大气中,气体分子的平均自由程 λ 为 0.065 μm,远小于一般物体特征长度 L (即克努森数 Kn 远小于 1),这时连续介质模型能与实验基本相符。当 Kn 不再远小于 1 时,气体分子的离散结构便会影响流动规律,连续介质模型就不能反映实际,须用分子运动论的观点来讨论流动特性。对于一般尺寸的物体,只有在气体密度很低时(如在高空大气层和真空系统中),克努森数才不再为小量。对于特征长度十分小的物体,在正常密度下,克努森数也比较大。如在气溶胶(具有超微小的液体或固体粒子的气态悬浮体)中,粒子的尺寸可能从 0.001 μm(分子团聚物的直径)变化到 100 μm(雾滴或灰尘颗粒的大小)。研究 5 μm 以下的气溶胶粒子的行为,通常须考虑稀薄气体效应。

在稀薄气体动力学中,可视克努森数 Kn 的不同,将流动分为三种表征形态:0.01≤ Kn≤0.1 时,称为滑流形态;0.1≤Kn≤10 时,称为过渡流形态;Kn≥10 时,称为自由分子流形态。滑流、过渡流和自由分子流分别对应于稍稀薄、中等稀薄和高度稀薄的流动条件。例如考虑地球大气,对于特征长度 L 为 1 m 的物体,滑流区在 80~100 km 高空处,过渡流区在 100~130 km 高空处,自由分子流区则在 130 km 以上高空。钱学森强调了划分区域时在不同场合下要考虑不同的特征长度,例如在大雷诺数下,他选取了边界层厚度 δ ≈ $\sqrt{Re L}$ 而不是 L 作为特征长度。这种思想被后人加以发展。稀薄气体动力学区域划分的界限在不同的场合下不断精确化,但三大区域划分及有关其划分的依据仍然是钱学森提出的,没有原则性的改变。

在滑流区,可以将非连续效应想象为对于一般连续介质理论的微小修正。在离开边界的主流中,N-S 方程成立;但在边界上要考虑滑移和温度跳跃条件。对于小的克努森数,在靠近固体边界的区域内会存在一层厚度为分子平均自由程 λ 的气体,在其中要利用类似式(8.3)的边界条件来求解玻尔兹曼方程,该层可称为克努森层。由于克努森层的存在,求解 N-S 方程时要考虑如下的滑移速度和温度跳跃条件:

$$v_0 = \eta_1 \lambda \left(\frac{\partial v}{\partial y} \right)_0 + \eta_2 \nu_0 \left(\frac{\partial \ln T}{\partial x} \right)_0 \tag{8.5}$$

$$T_0 - T_r = \xi \lambda \left(\frac{\partial T}{\partial y} \right)_0 \tag{8.6}$$

式中,下标"0"表示固体表面上的条件;η_1、η_2 和 ξ 分别称为滑移系数、热蠕动系数和温度跳跃系数,其值依赖于分子反射模型。对于完全漫反射,η_1 = 1.15,η_2 = 2.20;ν_0 为运动黏性系数。式(8.5)说明:气体速度在固体表面不为零,其中第一项来自剪应力,第二项来自流动方向的温度梯度,称为热蠕动项。式(8.6)说明:在固体表面的流体温度 T_0 不同于固体表面温度 T_r。在克努森层之外,可用 N-S 方程求解。关于滑流区域中的控制方程,钱学森进行了深入讨论。他指出在常压下,N-S 方程为非均匀气体动理学中 Chapman-Enskog 展开的一阶近似所证实,而二阶近似给出应力和热流的附加项,它们在稀薄气体情况下是重要的和不可忽略的。这就是 Burnett 应力项和热流项。

在过渡流区，分子平均自由程 λ 与流动特征长度 L 相比为同一量级，要用分子运动论的方法求解。钱学森指出过渡领域分子间的碰撞与分子与壁面的碰撞同样重要，问题极为复杂。求解过渡领域的流动问题，是稀薄气体动力学的核心内容。求解玻尔兹曼方程比较困难，目前仅得到一些低速（玻尔兹曼方程或其模型方程可以线性化）一维问题的解。计算机的发展促成过渡流领域研究中各种数值方法的出现，其中最有现实可能性的方法是 Bird 提出的直接模拟蒙特卡罗方法（direct simulation Monte Carlo，DSMC）[17]，可解决速度较高而维数不受限制的多种流动问题。

在自由分子流区，分子在物体附近范围相当大的一个区域内极少互相碰撞，从而可以忽略物体的存在所引起的对来流分布函数的影响。入射流在与来流相联系的坐标中的速度分布是麦克斯韦分布。当分子在物体表面的反射模型清楚时，可以通过简单求积得到气体分子对于任意方位的表面元所施加的应力和热流值，再经简单求积即可得到总体的气动力和热传导特性。

8.6　高阶矩统计

在滑流层，钱学森分析了高阶矩中的 Burnett 应力项和热流项相对于普通应力和热流项的比值，指出其为 $Ma\lambda/L$ 的量级。对于高马赫数下的滑流，例如在马赫数为 5 到 25 的高超声速飞行，常规的 N－S 方程不再是真实物理关系的正确描述，而应采用 Burnett 应力项和热流项。同时需要有比通常气体动力学更多的边界条件。虽然有一段时间将 Burnett 方程应用于高超声速流动遇到困难，但从 20 世纪 80 年代末起，对一维激波结构和高超声速绕流的研究均表明，Burnett 方程比 N－S 方程能更好地符合 DSMC 的结果，使得 Burnett 方程在 20 世纪 80 年代末再度引起重视。可以说，钱学森关于在高马赫数滑流区要利用 Burnett 应力与热流作为气体动力学本构关系的设想得到了完全的证实。比用滑移速度和温度跳跃条件更为细致的方法是在克努森层中直接求解玻尔兹曼方程或其模型方程，而在克努森层之外则将该解与连续介质解匹配衔接，以求解滑流领域内的问题。

为了处理方程组中包含的高阶矩，美国应用数学家 H. Grad[18] 在 1949 年提出：在平衡态附近对速度分布函数进行 Hermite 正交多项式展开，并被称为 Grad－13 矩方法。Grad 把密度、动量、应力张量和热流向量看作 13 个平等的未知函数得到 13 矩方程[10]。Grad 选择 Hermite 多项式的原因是，其展开系数正好是速度分布函数的各阶矩，便可直接嵌入到展开的方程中。相比于 C－E 展开对高阶矩的近似而舍弃，Grad 认为应力张量和热通量与传统的热流体力学变量应平等对待，并通过用 Hermite 多项式展开分布函数，获得了 13 个最重要矩的一组封闭的偏微分方程，即 Grad－13 矩方程。由于加入了更高阶的矩，因此这种描述包含的物理内涵比 N－S 方程要更多，而基本的流体变量则可通过前四阶展开系数导出,为人们打开了另一种推导宏观物理的思路。

Grad 方程引起了流体力学界的重视,但一直未给出受到实验和直接统计模拟支持的结果。在 Grad 的方法中,宏观的状态变量由 Hermite 系数确定,进而由速度矩的积分代表。受 Grad 工作的启发,单肖文等学者[19]提出了一种在速度空间中离散化 Boltzmann-BGK 方程的新思路,将离散化的玻尔兹曼方程与 Grad – 13 矩系统联系起来。而在这种新方法中,通过引入高斯积分,使得状态变量由分布函数的离散值确定,而如何离散则由高斯积分点确定,从而产生一组更简单的离散方程。这些方程看似形式上和先前的 LBM 类似,却有了普适的属性。在推导过程中,使用了前 N 阶的 Hermite 展开来近似原始的分布函数,并使用高斯积分求取状态变量。而 BGK 形式的玻尔兹曼方程的各项也可由 Hermite 展开与高斯积分获取,进而构造不同流体物理范畴的 LBM 格式。由于 LBM 中不涉及连续介质假设,使得它在模拟微流动、稀薄气体等非平衡流方面的优势明显,从而大大超出了 N – S 方程覆盖的范围。

矩方法多应用于定常一维问题,如激波结构平板间的热传导问题、Couette 流和 Rayleigh 问题等。对于二维或轴对称流动和三维流动则很难构造出与流场适应的分布函数[15]。

随着分子自由程的减少,其本构描述从稀薄气体到稠密气体的变化过程堪称聚集态连续过渡(从粒子的离散描述到连续体描述)的范例。其基本的力学特征是:① 有一个连续渐变的主导参数,即克努森数;② 有若干个与流动情景相关的辅助性参数,如马赫数(可改变飞行物体与气体粒子的碰撞密度)和雷诺数(与碰撞的黏附性质有关);③ 有一个逐步变化的统计规律(从麦克斯韦统计律支撑下的自由碰撞到稠密体的受限碰撞);④ 有一个可制约全部过渡过程的统一数学框架,即玻尔兹曼方程,对该方程不同阶次的矩统计可依次导出欧拉方程、N – S 方程、Burnett 方程、超级 Burnett 方程等;⑤ 所有的力学与热学宏观场变量(如应力、速度、密度、温度、热量、能量、熵等)均可以从粒子离散运动的各种统计中得到,于是便形成了统计力学的基础。

与之迥然不同的是固体从粒子描述到连续介质描述的变化,其不再具有这种连续过渡的特征。

8.7　非牛顿流体

在对流体的物性描述中,与稀薄气体描述相对的另一极端是对黏性极大的流体(黏稠体)的研究。该研究的一个重要内容是物体流动过程中剪切应力与剪切速率的变化关系。若流体在外力的作用下呈层流时,流速不同的层间会产生内摩擦力,阻碍液层的相对运动。层流间剪切应力(记为 τ)与速度梯度(记为 dv/dy)之间可呈现一类复杂的泛函关系,并随着时间、温度、流体性质和流速不同而产生很大的差别。若考虑与历史记忆无关的简单情况,层流间剪切应力与速度梯度之间关系可用函数来表示。一般来讲,可绘出流变体的剪切应力与剪切速率之间的关系曲线，称为流动曲线。在图 8.2 上示意性地绘出各种不同的流动曲线。牛顿流体剪切应力与剪切速率间关系为一条通过原点的直线，其斜率为常数 η。在这一类关系中，最简单的一种数学描述就是牛顿流体。黏度不为常数的流体可称为非牛顿流体，其剪应力和剪切变形速率之间不再呈线性关系[20]。一旦扬弃了线性黏性关系，对黏性流体的研究就转变为对流变体的研究。流变是指物质在外力作用下的流动与变形行为，尤其是

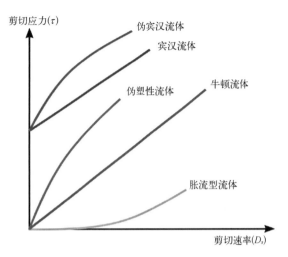

图 8.2　流动曲线

应力、形变、形变速率和黏度之间的联系。"流变学"（Rheology）一词由宾汉（Eugene C. Bingham, 1878~1948）根据其同事马库斯·雷纳（Markus Reiner, 1886~1976）的建议，于 1920 年首创。这个词受到赫拉克利特（Heraclitus of Ephesus, 公元前 540~公元前 480）的名言[实际上来自辛普里丘斯（Simplicius of Cilicia, 490~560）的著作]《一切可流》（*panta rhei*）的启发。流变学是一门研究材料形变与流动规律的一门学科，其研究方法有连续介质流变学和结构流变学。

流变力学是力学的一个分支，它主要研究在外力作用下物体的变形和流动[21]，研究对象是流体和软物质。

联系应力张量与应变张量（或应变速率张量）的关系式称为本构方程，也称为流变状态方程。非牛顿流体类本构包括宾汉流动型、剪切变稠型、剪切变稀型、伪塑型、触变型、震凝型流体等，现分述如下。宾汉流动型：宾汉流体是非牛顿流体中的一种，其流动特点是：当剪切应力小于某一数值 τ_0（也称为屈服应力）时，就不能流动，只产生有限的弹性变形；大于 τ_0 后，才开始流动。该类流体由于絮凝性很强而形成网络结构，当 $\tau < \tau_0$ 时流体仅发生弹性形变；当 $\tau > \tau_0$ 时，网络破坏并开始流动，剪切应力随流速梯度而变化。剪切变稠型：黏度随流速梯度增大而增大。其流动特点是：一旦施加外力就能流动，黏度随着剪切速率增加而增大，流动曲线为通过坐标原点且凹向剪切应力轴的曲线。这是因为当颗粒浓度很高并接近最紧密排列时，两层间的相对运动使颗粒偏离最紧密排列，体积有所增加，需消耗额外能量；或者因为当流速增加而使颗粒动能增高，从而越过能垒到达第一极小能值点并发生絮凝，使黏度增大。剪切变稀型：黏度随流速梯度增大而减小。这是因为在颗粒层间距较大时，位能曲线上有一个第二极小能值点，它将导致颗粒间形成较弱的絮凝，而流速增大时将破坏这种絮凝使黏度减小。也可能因为颗粒为棒状或片状，静止时颗粒运动受阻，当受到剪切时，颗粒因形成队列而黏度减小。塑性流体的黏度随应变速率的增大而减小。伪塑性流体也是非牛顿流体的一种，它的剪切变稀的性质更为突出。

其流动特点是：一旦施加外力就能流动,其黏度随着剪切速率的增加而减小,而流动曲线为通过坐标原点且凸向剪切应力轴的曲线。触变型：在剪切作用下可由黏稠状态变为流动性较大的状态,而剪切作用取消后,要滞后一段时间才恢复到原来状态。这是由于絮凝网络经剪切破坏后,重新形成网络需要一定时间。触变型的一个重要标志是物体保持静止后有重新稠化的可逆过程。这类流体的黏度不仅随剪切速率变化,而且在恒定的剪切速率下,它的黏度也随着时间的推移而下降,并达到一个常数值。当剪切作用停止后,黏度又随时间的推移而增高,大多数触变型流体经过几小时或更长的时间可以恢复到初始的黏度值。它的曲线形态表现为,在流动曲线图中"上行曲线"不再与"下行曲线"重叠,而是两条曲线之间形成了一个封闭的"梭形"触变区。震凝型：该流体能在剪切作用下变稠。剪切取消后,也要滞后一段时间才恢复变稀。

　　非牛顿流体在自然界和工程技术界都非常普遍,对其研究具有重要价值,已成为近代流体力学中最具挑战性的研究领域之一[20]。对黏稠体的模型化力学研究始于 1867 年麦克斯韦提出线性黏弹性模型,以及后来更偏向于固体表征的开尔文-沃伊特（Woldemar Voigt,1850~1919）模型[22]。非牛顿流体的大变形曾给予其本构建模设立了很大的障碍。1950 年,奥尔德罗伊德（James G. Oldroyd,1921~1982）提出物质本构关系应与坐标无关的原理,把线性黏弹性理论推广到非线性范围,并形成了随体导数（Oldroyd 导数）的概念,这些都成为建立非牛顿流体本构方程的基石[23]。此后,一批著名的理性力学与连续介质力学学者,如罗纳德·塞缪尔·里夫林（Ronald Samuel Rivlin,1915~2005）、克利福德·安布罗斯·特鲁斯德尔（Clifford Ambrose Truesdell Ⅲ,1919~2000）、埃里克森（Jerald LaVerne Ericksen,1924~2021）、诺尔（Walter Noll,1925~2017）[24]等对非牛顿流体本构理论的发展及有限变形解也作出了重要贡献。非牛顿流体力学发展成为一个独立的学科。

　　近年来,我国力学家在率相关流变过程方面取得了如下进展：建立分数阶本构模型,可刻画更复杂的黏弹性流体的流动特性。提出了贝叶斯（Thomas Bayes,1701~1761）数值算法以优化黏弹性本构模型的参数估计,提高了模型的计算精度。发展了用于研究几类非牛顿流体的积分相似变换和李（Marius Sophus Lie,1842~1899）群相似变换法。提出了渐进展开与长波估计相结合的方法,揭示了剪切稀化薄膜流动的非线性波演化机理,揭示了黏弹性湍流流动的机理。需要深入研究的问题包括：① 非牛顿流体的新型本构关系、流动稳定性与湍流机理；② 非牛顿效应对生物流体的复杂流动和传热传质的影响；③ 分数阶微积分在黏弹性流体力学中的应用；④ 非牛顿流体的浸润、流动减阻和热对流；⑤ 磁流体的稳定性与湍流行为。

参考文献

[1] Maxwell J C. On the dynamical theory of gases[J]. Philosophical Transaction of the Royal Society, 1867, 157: 49 – 88.

[2] Boltzmann L. Weitere Studien über das Wärmegleichgewicht unter Gasmolekülen[J]. Wiener Berichte,

1872, 66：275 - 370.

［ 3 ］ 沈青. 稀薄气体动力学［M］. 北京：国防工业出版社,2003.

［ 4 ］ Chien H S. Superaerodynamics, mechanics of rarfied gases［J］. Journal of Aerosol Science, 1946, 13：
　　　653 - 664.

［ 5 ］ 徐龙道. 物理学词典［M］. 北京：科学出版社,2007.

［ 6 ］ Gressman P T, Strain R M. Global classical solutions of the Boltzmann equation with long-range
　　　interactions［J］. Proceedings of the National Academy of Sciences, 2010, 107（13）：5744 - 5749.

［ 7 ］ Bhatnagar P L, Grass E P, Krook M. A model for collision processes in gases［J］. Physical Review,
　　　1954, 94：511 - 525.

［ 8 ］ Mohamad A A. Lattice Boltzmann method — Fundamentals and engineering applications with computer
　　　codes［M］. Berlin：Springer, 2011.

［ 9 ］ Wolf-Gladrow D A. Lattice-gas cellular automata and lattice Boltzmann models［M］. Berlin：Springer, 2000.

［10］ 陈伟芳,赵文文. 稀薄气体动力学矩方法及数值模拟［M］. 北京：科学出版社,2017.

［11］ Chapman S. On the law of distribution of molecular velocities, and on the theory of viscosity and thermal
　　　conduction, in a non-uniform simple monatomic gas［J］. Philosophical Transactions of the Royal Society
　　　A, 1916, 216：279 - 348.

［12］ Chapman S, Cowling T G. The mathematical theory of nonuniform gases［M］. New York：Cambridge
　　　University Press, 1939.

［13］ Enskog D. Kinetische theorie der vorgänge in mässig verdünnten gasen［M］. Stockholm：Almquist and
　　　Wiksell, 1917.

［14］ Burnett D. The distribution of molecular velocities and the mean motion in a non-uniform gas［J］.
　　　Proceedings of the London Mathematical Society, 1936, s2 - 40(1)：382 - 435.

［15］ 沈青,樊菁. 稀薄气体动力学的发展［C］. 北京：新世纪力学研讨会——钱学森技术科学思想的回
　　　顾与展望,2001.

［16］ 钱学森. 物理力学讲义［M］. 北京：科学出版社,1962.

［17］ Bird G A. Molecular gas dynamics and the direct simulation of gas flows［M］. Oxford：Oxford University
　　　Press, 1994.

［18］ Grad H. On the kinetic theory of rarefied gases［J］. Commun on Pure and Applied Math, 1949, 2：
　　　331 - 407.

［19］ Shan X, Yuan X F, Chen H. Kinetic theory representation of hydrodynamics：A way beyond the Navier-
　　　Stokes equation［J］. Journal of Fluid Mechanics, 2006, 550：413 - 441.

［20］ 陈文芳. 非牛顿流体力学［M］. 北京：科学出版社,1984.

［21］ 袁龙蔚. 流变力学［M］. 北京：科学出版社,1986.

［22］ Christensen R M. Theory of viscoelasticity［M］. London：Academic Press, 1971.

［23］ Oldroyd J G. On the formulation of rheological equations of state［J］. Proceedings of the Royal Society of
　　　London. Series A, Mathematical and Physical Sciences, 1950, 200(1063)：523 - 541.

［24］ Coleman B D, Markovitz H, Noll W. Viscometric flows of non-Newtonian fluids：Theory and experiment
　　　［M］. New York：Springer-Verlag, 1966.

第9章
阻力与升力的极致构象

"大鹏一日同风起,扶摇直上九万里。"

——李白,《上李邕》

丹尼尔·伯努利(图9.1)是瑞士著名科学世家伯努利家族的重要成员之一。他的研究领域包括数学、力学、磁学、潮汐、洋流、行星轨道等。1738年伯努利在斯特拉斯堡出版了《水动力学》一书(图9.1),奠定了该学科的基础[1]。在此基础上,他又阐述了水的压力和速度之间的关系,提出了流体速度增加则压力减小这一重要结论,称为伯努利定律(Bernoulli's Principle)。

图9.1 丹尼尔·伯努利与《水动力学》 　　图9.2 达·芬奇在其工学手稿中绘制的精美飞翼模型,包括扑翼与滑翼的形式

借助"翼"来辅助人进行有效的飞行,是人类征服自然的最大努力之一。达·芬奇在其工学手稿中就绘制了精美的飞翼模型,有扑翼与滑翼的形式,见图9.2。科学界很早就认识到滑翼飞行的升力来源在于伯努利定律,即机翼的上下型面之间由于空气流动的速率不同而产生不同的压强,进而引起机翼背风面的上吸力和迎风面的托举力。机翼横剖面的"流线型",即上沿为弯曲线而下沿为平直的流线设计,就是利用伯努利原理而产生升力的典型案例。

然而,飞行过程中的阻力问题却困扰了科学界一百余年。1752年,达朗贝尔提出,当一个运动的物体通过没有黏性的流体时,如果不计流体摩擦力,那么物体就不会遇到阻力,因为此时物体前后的流线分布是对称的。这一论断明显是违背常理的,这也就是著名的"达朗贝尔佯谬"(d'Alembert's Paradox)。现在看来,这一佯谬仅仅是整体流动和附翼局部流动的关系及其中黏性区域大小的问题;但是在当时的力学界是一个大难题。围绕着达朗贝尔佯谬,许多力学家们进行了深入研究,一定程度上催生了流体力学中最重要与最基本的方程:N-S方程。

本章讨论有关飞行器升力与阻力的力学理论,并考察出现其极致构象的可能性。

9.1　普朗特机翼理论

1755 年,由欧拉建立的理想流体的运动方程奠定了流体力学的基础。后经拉格朗日、拉普拉斯等在数学解析方法上的发展,形成了流体力学的一个重要分支——理想流体力学。它运用严密的数学工具,也就是拉普拉斯方程或势论,来研究无黏性的理想流体流动。由于忽略了流体的黏性作用,根据理想流体力学得到的理论预测与实际结果不尽相符。达朗贝尔佯谬的一个重要突破来自空气动力学家亥姆霍兹,他发现当一个倾斜的平板在空气中运动时,在平板的后面会形成一个向后无限伸展的由"零空气"组成的尾流区域,从而使平板前后的压力发生变化,这个压力差就表现为阻力。但是,由于此时的力学理论研究还未与实际的工程应用产生联系,所以亥姆霍兹的理论并未给当时的飞行实践提供出有效的支撑。

普朗特是近代力学奠基人之一,他给出了飞行器在空气中飞行时最基础的升力和阻力的理论描述。普朗特最重要的贡献在于边界层理论、机翼理论和升力线理论。1904 年,普朗特在德国海德堡举行的第三届国际数学家学会上,宣读了题为《关于摩擦极小的流体运动》的论文,建立了边界层理论[2]。他提出边界层的概念:黏性极小的流体绕物体流动时,在紧靠物体附近存在着一层极薄的边界层,其中黏性起着很大的影响。而在边界层外,流体中的黏性可以忽略不计,可将其认为是理想流体。基于这个假设,普朗特对黏性流动的重要意义给出了物理上的解释,同时对相应的数学上的困难做了最大程度简化。经简化,可由 N-S 方程得到普朗特边界层方程,该方程可以精确地分析若干重要实际问题中的黏性流动。例如,他对流体阻力问题(即"达朗贝尔佯谬")就给予了明确的解答。普朗特指出,达朗贝尔的错误就在于他假设"流体没有黏性"。以空气为例,当物体在空气中运动时,空气对物体的摩擦主要源自贴近物体表面的薄薄一层,即所谓的"边界层",边界层之外的空气对物体运动的摩擦影响可以忽略不计。因为空气附着于运动物体表面,在黏性的影响下,空气必然会发生一个从静止到运动的速度过渡,这时它的速度梯度会使其在边界层中产生显著的湍流运动及与物体表面的摩擦,并伴随着巨大的能量损失。这也就是飞行中阻力的来源,见图 9.3。在这篇论文中,普朗特首次描述了边界层及其在减阻和流线型设计中的应用,描述了边界层分离,并提出失速概念。这些理论推导在当时就得到了简单实验的支持,这些实验是在普朗特亲手建造的水洞中进行的。

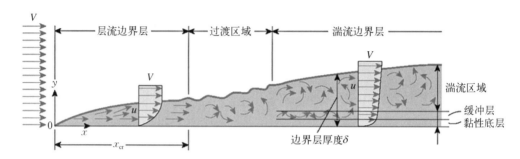

图 9.3   机翼上的边界层理论

下面扼要阐述边界层理论。首先引入边界层厚度的概念。边界层内从物面(由于黏附条件,可记当地速度为零)开始,沿法线方向至速度与当地自由流速度 U 相当(约为 $0.995U$)的位置之间的距离记为 δ。边界层厚度与流动的雷诺数、自由流的状态、物面粗糙度、物面形状和延展范围相关。从绕流物体头部(前缘)起,边界层厚度从零开始沿流动方向逐渐增厚,见图 9.4。

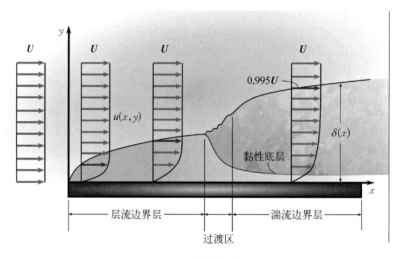

图 9.4   边界层示意图

工程上,常采用以下三种与边界层内速度分布有关并具有一定物理意义的边界层厚度,它们分别为位移厚度、动量损失厚度和能量损失厚度:

$$\delta_1 = \int_0^\infty \left(1 - \frac{u}{U}\right) \mathrm{d}y, \quad \delta_2 = \int_0^\infty \frac{u}{U}\left(1 - \frac{u}{U}\right) \mathrm{d}y, \quad \delta_3 = \int_0^\infty \left(1 - \frac{u^2}{U^2}\right) \mathrm{d}y \quad (9.1)$$

式中,x 方向平行于壁面;y 方向垂直于壁面;u 表示流体质点在 x 方向的速度分量;U 表示来流速度。

　　边界层的主要特征是：① 与物体的特征长度相比,边界层的厚度很小,以机翼为例,通常边界层厚度仅为弦长的数百分之一;② 边界层内沿厚度方向,存在很大的速度梯度;③ 由于边界层内流体质点受到黏性力的作用,流动速度降低,所以要达到外部势流速度,边界层厚度必然逐渐增加;④ 可以近似地认为边界层中各截面上的压强等于同一截面上边界层外边界上的压强值;⑤ 在边界层内,黏性力与惯性力为同一数量级;⑥ 边界层内有层流和湍流两种流态。

　　边界层方程是边界层中流体运动所遵循的物理规律的数学表达式,包括边界层微分方程和边界条件。普朗特 1904 年从 N‑S 方程出发,把方程中各项的数量级写出并互相比较,由于 y 与边界层厚度 $\delta \ll x$ 为同一量级,同时又判断有 $\delta \propto \sqrt{\mu}$,这里 μ 表示动力黏度(动力黏性系数),所以他将量级为 δ^2 以上的项略去,得到边界层方程。若从不可压缩流体的完整 N‑S 方程出发,经过下述三个假设：① 在 $x\text{-}y$ 平面呈二维流动,且沿 z 方向的流动可忽略;② 沿 y 方向的导数远大于沿 x 方向的导数;③ u 远大于 v;则二维不可压缩流的层流边界层方程组可写为

运动方程
$$\frac{\partial u}{\partial t} + u\frac{\partial u}{\partial x} + v\frac{\partial u}{\partial y} = -\frac{1}{\rho}\frac{\partial p}{\partial x} + v\frac{\partial^2 u}{\partial y^2} \approx U\frac{\mathrm{d}U}{\mathrm{d}x} + \frac{\mu}{\rho}\frac{\partial^2 u}{\partial y^2} \tag{9.2}$$

连续性方程
$$\frac{\partial u}{\partial x} + \frac{\partial v}{\partial y} = 0 \tag{9.3}$$

而边界条件为

$$\begin{cases} u = v = 0, & y = 0 \\ u = U(x,\,t), & y = \infty \end{cases} \tag{9.4}$$

式中,u、v 为 x、y 方向的速度分量;p 为压力;ρ 为流体密度。原来 y 方向的动量方程简化成 $\partial p/\partial y = 0$,它表示在边界层内沿垂直于壁面方向的压力保持常值,即壁面上某点的压力 p 等于无黏性外流在此点计算出的 p 值。因此,在边界层流动计算中,p 被认为是已知的物理量。

　　普朗特的边界层理论开辟了与工程应用相结合的力学研究道路,他将复杂的气体流动机制问题转化为数学问题去处理,符合了当时正在兴起的航空工业的迫切需求,空气动力学这一科学领域也因此迅速成长起来。

　　普朗特对应用力学所做出的另一个重大贡献是在机翼理论领域。在飞行时,飞行器在与飞行方向垂直的方向上因为伯努利原理而受到升力,同时受到由于边界层而产生的与运动方向相反的阻力。阻力必须由飞机发动机提供动力来克服,但是却无法由水平推进的发动机来实现升力的增加。为了能够实现尽可能大的升力和尽可能小的阻力,就必须要对机翼的剖面形状(即翼型)进行设计,使空气在流过时不但能够产生大的气压差,

同时摩擦也尽可能小。研究翼型在空气中运动时的空气动力学特性的理论被称为机翼理论。

普朗特深入地研究了机翼的升力问题,并试图为其寻找合适的数学工具。在实验基础上,他与兰开斯特(Friedricks Lanchester, 1868~1946)、芒克(Max Munk, 1890~1986)等合作,在1918~1919年提出了"升力线理论"(Lifting-line Theory),又称"兰开斯特-普朗特机翼理论"(Lanchester-Prandtl Wing Theory)[3,4]。普朗特还专门研究了带弯度翼型的气动问题,并提出简化的薄翼理论。普朗特指出,有限翼展的机翼可以用一根"升力线"来模拟,它与机翼长度相等并附着于机翼的位置上。在升力线上,各处的涡强及其引起的环流量是不同的,而且在机翼的最后方会留下一片自由尾涡(trailing vortex)。普朗特的工作指出了机翼的翼尖涡和诱导阻力(induced drag)之间的本质联系,使人们认识到具有有限翼展机翼上翼尖效应的重要性。

自普朗特时代以来,飞行器的发展一代推动一代,但机翼理论的基本框架没有改变。尽管现在有了大型风洞和计算流体力学(及相关的数值风洞技术),飞行器的初步设计仍需要根据简明的空气动力学分析来提出。飞行器已经陆续地突破"音障"和"热障",目前正在研制突破"黑障"的技术,这些突破的关键思想都是在边界层理论的基础上形成的。由于普朗特在边界层理论、机翼理论、风洞实验技术、湍流理论等方面所做出的巨大贡献,他被后人称为"空气动力学之父"和"现代流体力学之父"[5]。

9.2　布拉修斯层流边界层解

边界层理论的基础是边界层假设,该假设得以被科学界承认的原因是它与实验结果相符,但并不存在确切的理论基础。边界层理论的真正基础的建立还要依靠对纳维-斯托克斯方程进行求解[6]。边界层包括了层流边界层和湍流边界层。1908年,普朗特的学生布拉修斯(图9.5)做出了对边界层解析理论的第一个突破,求出了二维定常层流边界层方程的解析解,从而精确地描绘了层流边界层的结构。这也标志着人类对层流领域的基本征服[7]。1914年,普朗特做了著名的圆球实验,正确地指出:边界层中的流动可以是层流的,也可以是湍流的,而布拉修斯解仅针对着层流情况。他还指出了边界层分离的问题,说明计算阻力的问题是受两者之间的转捩所支配的。从层流向湍流的转捩过程的理论研究,是以雷诺的假设为基础的,即承认湍流是在层流边界层产生不稳定性的结果。1921年冯·卡门推导出了适用于层流和湍流边界层的动量积分方程(momentum-integral equation)[8],同年波尔豪森(Karl Pohlhausen)也建立了基于动量积分方程的边界层近似求解方法[9]。另外,边界层动能积分方程和热能积分方程也分别

图 9.5　布拉修斯 (Paul Blasius, 1883~1970)

由后人提出。这三个边界层的近似计算方法使边界层理论在工程界中很快地推广开来。边界层理论与其他重要的进展(机翼理论和气体动力学)一起,已成为现代流体力学的基石之一,形成了工程科学的方法论[10]。这些方法使得机翼在飞行中所受到的摩擦阻力可以得到较为准确的估计。但是,距离普朗特提出边界层理论已经过去一个多世纪,一般壁面上湍流边界层的解析理论还依然困扰着流体力学家,见第 9.3 节。

9.3 转捩与二次扰动

边界层可能发生脱离物面并在物面附近出现回流的现象。当边界层外流压力沿流动方向增加得足够快时,与流动方向相反的压差作用力和壁面黏性阻力使边界层内流体的动量减少,从而在物面某处开始产生分离,形成回流区或漩涡,导致很大的能量耗散。绕流过圆柱、圆球等钝头物体后的流动,角度大的锥形扩散管内的流动是这种分离的典型例子,见图 9.6。分离区沿物面的压力分布与按无黏性流体计算的结果有很大出入,常由实验决定。边界层分离区域大的绕流物体,由于物面压力发生大的变化,物体前后压力明显不平衡,一般存在着比黏性摩擦阻力大得多的压差阻力(简称压阻,也称形状阻力)。当层流边界层在到达分离点前已转变为湍流时,

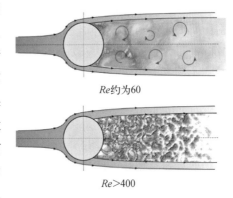

Re约为60

$Re>400$

图 9.6 不同雷诺数的圆柱绕流

由于湍流的强烈混合效应,分离点会后移。这样一来,虽然增大了摩擦阻力,但压差阻力大为降低,从而减少能量损失。在定常流动中,边界层分离是逆压梯度和壁面黏性力阻滞综合作用的结果。黏性流体在顺压梯度区域内流动时,不会发生边界层分离。只有在逆压梯度区域内,当逆压梯度足够大时,才能发生边界层分离,见图 9.7。

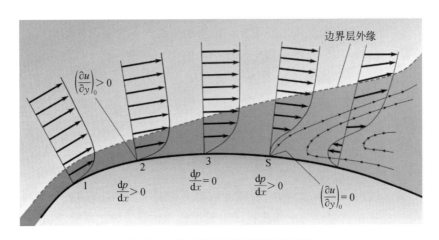

图 9.7 沿边界层的物理量变化特征

边界层分离后,边界层的厚度大大增加,推导边界层方程的基本条件已不成立,量级关系也发生了根本变化,边界层理论不再适用。由于湍流内脉动运动引起的动量交换,使边界层内的速度剖面均匀化,增大壁面附近流体的动能,所以湍流边界层可以比层流边界层承受更大的逆压梯度,且不易分离。当黏性流体绕流物体时,随着离前缘的距离的不断增加,雷诺数也逐渐加大,一般上游为层流边界层,下游从某处后转变为湍流,且边界层急剧增厚。当所绕流的物体被加热(或冷却)或高速气流掠过物体时,在邻近物面的薄层区域有很大的温度梯度,这一薄层称为热边界层。

层流向湍流的过渡称为转捩。转捩可分为三种:自然转捩(或横流转捩,natural transition)、旁路转捩(bypass transition)、分离流转捩(separation-induced transition)。自然转捩发生在低湍流度下,被认为是最普遍的一种转捩形式。而旁路转捩是由外部气流(自由流湍流)的强干扰引起的,其边界层内扰动呈代数增长,不再服从指数规律,旁路转捩是由外部气流(自由流湍流)的强干扰引起的,并且完全绕过了 Tollmien-Schlichting(Walter Tollmien,1900~1968;Hermann Schlichting,1907~1982)描述的不稳定状态,而直接由层流突变为湍流。

转捩是航空航天等重大工程应用中的瓶颈问题。在高速飞行中,飞行器表面的流动会从简单层流向复杂湍流快速转变,其中拟序结构的生成会伴随表面摩擦阻力和气动热显著增长,并可使飞行器产生剧烈颤簸乃至热烧蚀。在这类复杂的流动变化中,如何有效地识别流动结构并描述其连续运动,如何准确表征流动结构对动量能量输运过程的影响等,一直是亟待解决的问题。而且在飞行器航行速度提高以后,在超声速及高超声速壁流动转捩中的气动热与气动力实验测量也变得异常困难,更需要具有坚实理论支撑的建模方法。

在转捩研究中最典型的例子是对壁流动转捩的研究。该问题由雷诺于1883年的著名管流实验中提出[11],但其转捩机理迄今尚未解决。周恒等[12]总结了直至21世纪初关于超声速/高超声速转捩机理研究的现状。对于壁流动转捩,也可以借助第7章中介绍的涡面场方法来建立其研究框架[13]。该研究很好地刻画了在转捩时的涡重联现象,并为发展基于结构理论的转捩模型提供了新途径。拉格朗日观点下的涡面连续演化可展示流动转捩中初始简单几何结构如何逐步转变为复杂结构这一精细过程[13,14],为理解转捩中的湍流结构生成演化机理提供了新视角,并为近壁流动结构的多尺度几何分析打下基础。在这种方法下,仅使用单一的涡面场结构识别方法与单一等值面阈值即可显示转捩中所有的代表性结构。不同特征结构可由它们的几何统计特性定量化区分,而不需要人为主观地选取结构识别方法,见图6.17。

壁流动转捩的实验研究可参见李存标等的综述[15]。为更好地图像解析边界层转捩的完整过程,需要借助超声速/高超声速的静风洞实验技术,见图9.8。对于高超声速风洞而言,实验段皮托压力脉动与平均皮托压力的比值需达到千分之一量级,这是国际上静风洞基本评价标准。实验噪声主要来源于风洞壁面湍流边界层产生的声波扰动,该扰动

图 9.8　超声速/高超声速的静风洞实验

在高超声速边界层转捩中占主导作用。因此,高超声速静风洞与普通高超声速风洞的主要区别在于将风洞喷管控制为层流边界层,这样就大大降低了由喷管壁面湍流边界层引起的声扰动,从而减少声波扰动对实验模型的干扰。世界上主要有三座高超声速静风洞,分别位于美国普度大学、美国得克萨斯农工大学、中国北京大学。其对应的高声速边界层转捩的工作可参见文献[16]。易仕和等发展的纳米颗粒流场摄像法[17]可以清晰地展示边界层转捩过程,并精确地分辨转捩的时机。

　　与壁流动转捩相伴而行的还有二次扰动波(second-mode waves)[18]。见图 9.9,在上游区域边界层为层流,但自 A 点后开始出现不稳定波。在层流变为不稳定的早期阶段,不稳定波较为柔弱,但随后其波幅快速上升。这些波形成并得以保持相当长的距离,如图中所示从 A 到 B 的区段。图中规则的绞绳状结构对应于典型的二次扰动波,其波长约为 2.8 mm,约为边界层厚度的两倍。随着后续的非线性发展,二次扰动在从点 B 至点 C 的区段渐趋消退。C 点右方的巨大波形动荡表示在转捩后即刻出现的湍流边界层。由于二次扰动波在相当长的距离中存在,才得以显示如此清晰且完整的转捩影像。

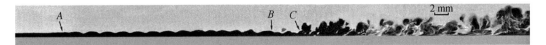

图 9.9　高超声速静风洞中边界层转捩完整过程的实验影像(流动从左到右)
A. 二次扰动的出现;*B*. 二次扰动近乎消退为零;*C*. 湍流发生;$Re_{unit} = 9.7 \times 10^6/\text{m}$

　　图 9.10 显示了在若干压力-时间序列下壁流动的频率谱。这里滤掉了在 11 kHz 下的谱分量。在湍流发生前,低于 100 kHz 的谱分量呈持续增长态,而 350 kHz 的高频分量初始呈增长状,但随后快速消退,最终走向一个相对平静的区域。对于二次干扰来说,其频率 f_{2nd} 可由 Λ/U_∞ 来刻画,此处波长可由流场显示或粒子图像测速(particle image velocimetry, PIV)确定为 $\Lambda = 2.5$ mm,而远方来流速度 $U_\infty = 840$ m/s。于是,$f_{2nd} = 340$ kHz,而这一高频分量恰好为引起二次扰动失稳的频率[18]。

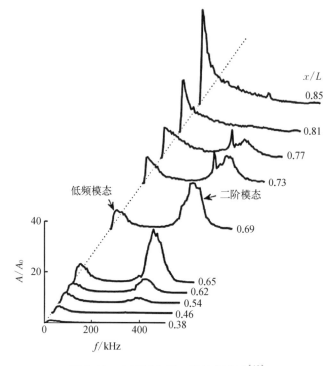

图 9.10 在不同位置 x 处的频率谱[18]

9.4 湍流边界层

当雷诺数足够大时,在层流边界层附近可出现湍流层。由于湍流既有涡流动,也有随机的脉动,其流动随空间和时间而发生变化,所以湍流边界层的内部结构比层流边界层复杂得多,有垂直流向的动量交换。可把湍流边界层近似地看作由内区和外区组成。根据实验数据,内区包括贴近壁面的黏性底层,约占边界层全层的20%;该层中的剪应力最大,由许多小旋涡组成;向上是缓冲层,再向上直到边界层外区是由大尺寸旋涡组成的动量交换较大的湍流层。外区是从该湍流层一直延伸到速度与外流相近处。

在湍流边界层中,由于流动随时间、空间而变更,其控制方程非常复杂。目前仍在通过实验和理论研究,弄清湍流的物理机理,得出公认的模型。对湍流边界层的描述有两种理论:一种是统计理论;另一种是半经验理论。在统计理论中,把流体看作连续介质,把流速、压力等的脉动值视为连续的随机函数,通过各脉动值的相关函数和谱函数来描述湍流流动,再按照统计平均法,从中找出脉动结构,把各种平均值代入 N - S 方程,得出雷诺方程。但统计理论主要用于研究均匀各向同性湍流,对湍流边界层流动并不适合。在半经验理论中,因为湍流边界层方程的数目少于未知量的数,方程组是不封闭的,因此需要补充一些半经验的关系式来封闭求解。因为其中有些系数是从实验中求出的,所以这些半经验理论算出的结果常与实验结果较吻合,但它们的适用范围有局部性。湍流模式理论就是一类常用的半经验理论。佘振苏等学者近期在湍流边界层理论方面做出了有建设性的工作[19]。

对湍流边界层的研究,实验是很重要的手段。一般实验是在风洞内进行的。所用的流场显示法有烟迹法、热线法、热膜和激光测速、激光全息摄影等。

9.5　阻力与升力的计算

减阻的基础是空气动力学的前沿研究。飞行器气动外形的"流线型"设计要用到空气动力学流动机理、空气动力学计算及风洞中的阻力实测。对于微型飞机,黏滞型阻力是主要因素;对于大飞机,由于雷诺数高,其空气动力学行为由湍流多尺度结构所决定。对于后者,控制沿机翼发生的转捩和湍流至关重要。我国学者发展了基于物理约束的约束大涡模拟模型,并应用于大飞机气动设计。该方法对 C919 大型客机巡航状态的约束大涡模拟,帮助飞机设计师修改了该飞机的气动外形,使气动阻力明显下降。该项工作曾由 2012 年国际力学家大会开幕式报告加以披露[20]。

除宏观外形控制外,还可以对飞行器的表面进行功能性地修饰来改变局部形状或边界层厚度,如通过鲨鱼皮式的表面结构或智能蒙皮来进行减阻或控制转捩,通过关键部位的导板来进行尾涡疏导等。以仿鲨鱼皮的艇体表面为例,这类表面可以在游弋体表面造成较宽的湍流边界层,增加驱动体表面的摩擦力,并得以控制转捩点的位置。类似的情况也出现在"鲨鱼皮"泳衣中。另一个例子是毛糙型船舶吃水面。在毛细力和重力的共同作用下,毛糙型船舶吃水面可以实现优化的承载能力和机械稳定性的组合。利用超疏水表面,以及封存在这类船舶/水界面中的气体,可以进一步改进该类界面的水动力和水浮力性能[21]。

要想寻求阻力为最小的极致构象,需要考虑在不同的空气密度和不同的攻角范围内的全适应或自适应的要求,以及层流边界层和充分发展的湍流边界层共同作用于机翼构形的情况。在气液界面产生的阻力取决于两个因素:一是所引发的层流/湍流边界层结构;二是界面摩擦系数 c_f。对前者来说,可利用涡面场与多尺度几何分析方法对壁流动转捩中的拟序结构生成演化过程作定量化分析,进而基于结构特征统计规律来构造壁面阻力等关键力学量的可预测模型,有望克服以往湍流拟序结构研究中偏于定性描述的缺陷。对后者来说,可以基于流线方向与壁垂直截面的标量影像场,通过小尺度结构的攻角统计分布来建立界面摩擦系数 c_f 的模型,该模型考虑了远方马赫数为 2.25 与 6 的两种情况[22],并利用逆向粒子跟踪方法来从 DNS 计算得到的欧拉速度场来演化所需要的拉格朗日标量场。若采用更精致的机器学习算法,可将该思路推广至更大的标量影像库来训练得到更好的模型[23]。

对进行摩擦接触的两种介质的界面来说,如果它们之间只有范德华作用,则称为超滑行为,具有极致的界面摩擦系数。最初的研究表明,超滑仅能在纳米级的尺度发生,对更大的尺度必然会在某些点或区域形成超过范德华作用力的化学价键。随后的研究表明,在更大的区域(微米或毫米级)也可能出现超滑,称为结构超滑[24,25]。结构超滑最先在石墨的摩擦副间实现[24],随后扩大到其他材料领域。综上所述,可提出下述力学基本问题:

力学基本问题 32 阻力存在极小值吗?存在全域超滑行为吗?

与阻力相似,人们也希望寻找升力为最大的极致构象。对于理想不可压缩流体(位势流),根据亥姆霍兹旋涡守恒定律(开尔文定律),在有势力的作用下,翼型周围也会存在一个与起动涡强度相等方向相反的涡,称为环流,或绕翼环量 Γ。机翼的升力(lift)L 可以表达为

$$L = \rho v \Gamma, \quad \Gamma = \oint v ds \qquad (9.5)$$

式中,v 为飞行速度;ρ 为大气密度。对更为一般的情况,可以将式(9.5)改写为

$$L = \frac{1}{2}\rho C S v^2 \qquad (9.6)$$

式中,C 为升力系数;S 为机翼的面积。在其他条件确定之后,升力为最大可归结于升力系数为最大。这也一定要考虑在不同的空气密度和不同的攻角范围内的全适应或自适应的要求,以及层流边界层和充分发展的湍流边界层共同作用于机翼构形的情况。综合各种情况,需要环绕机翼的向上气动作用力为最大。有趣的是,对于不同的飞行速度 v 和大气密度 ρ,可对应于稍有不同的最大升力构形。由此可提出下述力学基本问题:

力学基本问题 33 如何找到自适应的最大升力构形?

9.6 高速列车与极低轨空天飞行器理论

设计飞机时,机翼要产生升力,飞机运行要降低阻力,升阻比非常重要。我国高速铁路取得了举世瞩目的成就,成为国家的一张靓丽名片,见图 9.11。速度可达 600 km/h 的超高速列车已经下线,其中饱含着力学的研究成果与贡献[26]。高速列车所能达到的速度基于其自身牵引力与运行阻力间的竞争。阻力是随着速度变化的,在空气中运行,速度越高阻力越大;升力也随着速度增高而增大,速度高到一定程度,就无法传送动力,轮轨出现打滑,所以达到某一速度会出现极限情况。列车在高速行驶下的总压力乘以轮轨之间的摩擦系数,是高速列车的牵引力。随着车速的增高,牵引力不断减小,阻力不断增加。若两者相等,按照牛顿第二定律,对高速列车的进一步加速将不再可能,车厢轮轨处出现滑行。要想超越这一极限,就要引入真空或近真空管道,真空既消除了阻力,也消除了升力,

(a) 和谐号列车

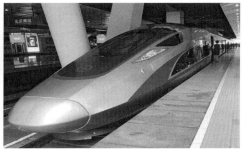
(b) 复兴号列车

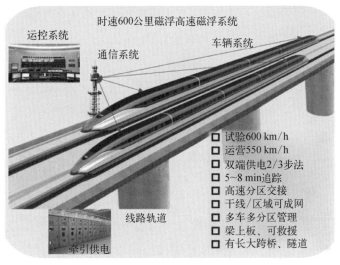
(c) 高速磁浮列车

图 9.11　高速列车

可以大大提高极限速度,但是造价会非常高。

　　高速列车的气动阻力是提升其运行速度的主要障碍,高速列车车头都采用流线型的车头形状,外表面光滑并使玻璃窗与外部齐平,以达到最优的空气动力外型。气动阻力与下列四个因素有关:① 列车的速度,在其他因素保持恒定的前提下,气动阻力与行车速度的平方成正比,速度越快,阻力越大。② 车厢的横截面积,一般来讲,横截面越大,阻力越大,但出于车体的附面作用,可以在降低车厢高度的同时,保持或甚至少量放大车厢的宽度,可以达到意想不到的好结果,类似于赛车的抓地感。③ 车厢间与车底的紊流,高速列车需要尽可能地封上车厢间的缝隙,降低车底的回流。据估算,如果将复兴号的底部完全封平,在 350~400 km/h 的运行速度下,气动阻力可降低 20%。④ 受电弓的设计,高速列车的气动力阻力有相当大的部分来自受电弓的阻力,需要通过气动模拟和风洞实验的方式来优选其设计。

　　由于高速列车的纵截面大体呈上凸下平的轮廓,按照伯努利原理,产生升力是难免的,但应该要求其升力远远低于列车的自重。高铁车头的设计与飞机机翼的设计思路相反：飞机机翼要求尽可能地提高升力，而高速列车的设计要求尽可能地降低升力，提高下压力；应该尽可能地将列车通过掠过的气动力压贴在铁轨之上。可采取类似于鹰嘴的气动外形，让掠过头喙向两侧绕行的气流将其压在轨道上，产生额外的压力。

高超声速飞行是人类长期追求的目标。近空间飞行器的发展涉及国家安全与和平利用空间，已成为 21 世纪国际空天技术竞争的战略制高点。高超声速的概念与钱学森先生有关。70 余年前，作为麻省理工学院的一名年轻教师，钱学森先生提了一个设想：可否把大气层视为水池，将大气层之上的真空视为天域，飞行器可以按照打水漂的方式前行，有时在水面之上，有时在水面之下，这就是浪迹于空天的火箭。该火箭在大气层之外遵循航天力学的规律，进入大气以后遵循空气动力学规律。

图 9.12 1949 年 12 月 12 日美国《时代》周刊"科学"栏目报道"上下翻飞的火箭"

图 9.12 显示了 1949 年 12 月 12 日美国《时代》周刊"科学"栏目的一篇报道[27]，题目为"上下翻飞的火箭"，副标题是"通过太空从洛杉矶到曼哈顿"。《时代》周刊的记者评论钱学森的报告说："尽管报告中大多为艰涩的技术内容，但最后结论却引人入胜：当今的科技已经能够实现洲际飞舟的建造……通过它航行的话，一小时就可以从洛杉矶飞到曼哈顿。"在次年刊发的钱学森本人的论文中[28]，他给出了这一设想的主要特点，包括材料、传热、燃烧、技术参数与飞行器外形设计。也就是说，钱学森先生很早就提出了高超声速飞行的力学原理和机身构型[29]。

现在的高超声速飞行器，就是 70 年前钱学森眼中的空天间飞舟。它交替利用流体力学和航天力学这两个学科的力学规律来予以实现[30]。在大气中运动需借助乘波体构型；在大气层之上的运动需借助火箭构型。随着高超飞行器的出现，很多力学问题（如乘波体的内外流一体化设计，空气动力和燃烧问题的一体化设计，气动、传热和结构的一体化设计，跨流域飞行等问题）都成为高超飞行的关键问题。

力学家们正在研究极低轨空天飞行器理论。在这样一个具有极稀薄气体的环境中，空气既可能起到降低飞行器速度的阻力作用，也可能起到上浮（同机翼设计）或压低（采取与机翼相反的流线型设计）飞行器轨道的控制作用，实现阻力与升力新的极致构象。

参考文献

[1] Bernoulli D. Hydrodynamica, sive de viribus et motibus fluidorum commentarii[OL]. [2023 - 12 - 19]. https://doi. org/10. 3931/e-rara-3911.

[2] Prandtl L. Über flüssigkeitsbewegung bei sehr kleiner reibung[C]. Heidelberg：Ⅲ Internationalen

Mathematiker-Kongresses，1904.

[3] Prandtl L. Tragflügeltheorie. I. Mitteilung. Nachrichten von der Gesellschaft der Wissenschaften zu Göttingen[J]. Mathematisch-Physikalische Klasse, 1918：451 – 477.

[4] Houghton E L, Carpenter P W. Aerodynamics for engineering students [M]. Amsterdam： Elsevier, 2003.

[5] 王振东. 介绍《普朗特流体力学基础》[J]. 力学与实践,2010(6)：126.

[6] van Dyke M. Perturbation methods in fluid mechanics [M]. 2nd edition. Stanford：Parabolic Press, 1975.

[7] Blasius H. Grenzschichten in flüssigkeiten mit kleiner reibung [J]. Zeitschrift für Angewandte Mathematik und Physik, 1908, 56：1 – 37.

[8] von Kármán Th. Über laminare und turbulente reibung[J]. ZAMM-Journal of Applied Mathematics and Mechanics/Zeitschrift für Angewandte Mathematik und Mechanik, 1921, 1(4)：233 – 252.

[9] Pohlhausen K. The approximate integration of the differential equation for the laminar boundary layer [M]. Gainesville：Department of Aerospace Engineering, University of Florida, 1965.

[10] 郭永怀. 边界层理论讲义[M]. 合肥：中国科学技术大学出版社,2008.

[11] Reynolds O. An experimental investigation of the circumstances which determine whether the motion of water shall be direct or sinuous, and of the law of resistance in parallel channels[J]. Philosophical Transactions of the Royal society of London, 1883 (174)：935 – 982.

[12] 周恒,苏彩虹,张永明. 超声速/高超声速边界层的转捩机理及预测[M]. 北京：科学出版社,2015.

[13] Zhao Y, Yang Y, Chen S. Vortex reconnection in the late transition in channel flow[J]. Journal of Fluid Mechanics, 2016, 802：R4.

[14] Wang Y, Huang W, Xu C. On hairpin vortex generation from near-wall streamwise vortices[J]. Acta Mechanica Sinica, 2015, 31：139 – 152.

[15] Lee C B, Wu J Z. Transition in wall-bounded flows[J]. Applied Mechanics Reviews, 2008, 61(3)：030802.

[16] Zhang C H, Tang Q, Lee C B. Hypersonic boundary-layer transition on a flared cone [J]. Acta Mechanica Sinica, 2013, 29：48 – 54.

[17] 易仕和,赵玉新,何霖,等. 超声速流场 NPLS 精细测试技术及典型应用[J]. 北京：国防工业出版社,2013.

[18] Zhang C, Zhu Y, Chen X, et al. Transition in hypersonic boundary layers[J]. AIP Advances, 2015, 5(10)：107137.

[19] 佘振苏. 湍流边界层的李群分析解与工程湍流新模型的展望[C]//第十五届现代数学和力学学术会议摘要集(MMM－ⅩⅤ 2016),2016.

[20] 北京大学. 陈十一教授在第 23 届世界力学家大会上做开幕式报告[OL]. [2023 – 12 – 19]. http://pkunews.pku.edu.cn/xwzh/129-249849.htm.

[21] Xiang Y, Huang S, Lv P, et al. Ultimate stable underwater superhydrophobic state[J]. Physical Review Letters, 2017, 119(13)：134501.

[22] Zheng W, Ruan S, Yang Y, et al. Image-based modelling of the skin-friction coefficient in compressible

boundary-layer transition[J]. Journal of Fluid Mechanics, 2019, 875: 1175－1203.

[23] Duraisamy K, Iaccarino G, Xiao H. Turbulence modeling in the age of data[J]. Annual Review of Fluid Mechanics, 2019, 51: 357－377.

[24] Dienwiebel M, Verhoeven G S, Pradeep N, et al. Superlubricity of graphite[J]. Physical Review Letters, 2004, 92(12): 126101.

[25] Hod O, Meyer E, Zheng Q, et al. Structural superlubricity and ultralow friction across the length scales [J]. Nature, 2018, 563(7732): 485－492.

[26] 杨国伟,魏宇杰,赵桂林,等. 高速列车的关键力学问题[J]. 力学进展,2015,45(1): 201507.

[27] Time. Rockets up & down[N]. Time, Science Section, 1949－12－12.

[28] Tsien H S. Instruction and research at the Daniel and Florence Guggenheim Jet Propulsion Center[J]. Journal of the American Rocket Society, 1950 (81): 51－64.

[29] Hallion R, Schweikart L. The hypersonic revolution: From Max Valier to Project PRIME, 1924－1967 [M]. Washington: Air Force History and Museums Program, 1998.

[30] 杨卫. 力之大道两周天[J]. 力学与实践,2018,40(4): 458－465.

第 10 章
燃烧与爆轰

"风吹巨焰作,河棹腾烟柱。势俗焚昆仑,光弥焌洲渚。"

——杜甫,《火》

燃烧(combustion)是一类放热发光的化学反应,游离基的链锁反应是燃烧反应的实质,光和热是燃烧过程中发生的物理现象。在燃烧过程中,可燃物与氧气或空气进行着快速放热与发光的氧化反应,燃料、氧气和燃烧产物三者之间进行着动量、热量和质量传递,形成火焰这种有多组分浓度梯度和不等温两相流动的复杂结构。借助层流分子转移或湍流微团转移,可实现火焰内部的上述传递过程。从流体力学角度探索燃烧区域内介质的流场、温度场、化学浓度场的分布规律,以及它们之间的相互作用,是研究燃烧过程的核心内容。

爆轰(detonation)是一个伴有大量能量释放的快速化学反应传输过程。反应区前沿为以超声速运动的激波,称为爆轰波。爆轰波掠过后,介质成为高温高压的爆轰产物。爆轰过程不仅是一个流体动力学过程,还包括多元的化学反应动力学过程。

爆轰同燃烧最明显的区别在于传播速度不同。燃烧时火焰传播速度小于燃烧物料中的声速;而爆轰波传播速度高于物料中的声速。爆轰现象的研究包括爆轰的起爆、爆轰波的结构和爆轰同周围介质的相互作用等问题[1]。

10.1 热传导与辐射

研究燃烧与爆轰要从研究热量传递开始。

热传导、热辐射与热对流是热量传递的三种机制,本小节讨论前两种。热传导(thermal conduction)是介质内无宏观运动时的传热现象。从分子动力学的视角上看,热传导的实质在于通过物质中大量的分子热运动的互相撞击,使能量通过声子的传递,从物体的高温部分传至低温部分的过程。热传导的主要载流子为电子、声子和分子等。

热传导问题的理论方法主要有玻尔兹曼方程法、分子动力学方法、蒙特卡罗模拟、傅里叶热传导方程法等。前三者多用于微纳尺度的传热:玻尔兹曼输运方程是分析微纳尺度能量输运最基本的工具,由它可以推导出微纳尺度的传热和流动守恒及本构方程;当量子力学效应不明显时,分子动力学可以用于再现原子和分子层面上的物理现象,它的优点是当确定了相互作用势函数之后,体系的热力学性质都将直接作为最后的计算结果出现,而不需要在计算前进行复杂的条件预设;蒙特卡罗模拟通常用于计算微纳尺度上的气体传热问题。

在微纳尺度上,往往易于实现物质传热的极限性能。科学家们孜孜以求的一个基本问题是:

力学基本问题 34　物质传热的极限是什么?（科学 125[2]之一）

由于二维纳米材料中热传导的特殊拓扑学优势,物质传热的极限或许可以首先在该类材料中实现。其中一个可能的候选物是石墨烯。石墨烯的热传导基本上由在其面内运动的声子来完成,故其物理机制研究对于理解宏观热传导行为有着重要的意义。2010年,亚历山大·巴兰丁(Alexander Balandin)等利用激光拉曼光谱作为非接触光反射测量系统,测得了单层石墨烯的室温热导率为 2 000 ~ 5 000 W/(m·K),远高于高定向热解石墨(HOPG)的室温热导率。此外,由于低能态声子可以发生层间耦合,造成石墨烯的热传导行为具有维度效应,即它的热导率会随着层数的增加而降低,当石墨烯层数增加至 8 层左右,它的热导率即降至约 1 000 W/(m·K)。这也解释了石墨烯与石墨之间热传导性能的巨大差别[3,4]。由于石墨烯优异的导热性能及其二维结构特性,目前它也越来越多地被作为热界面材料用于各种类型电子器件的热防护领域中。此外,石墨烯的热传导还能够表现出二维材料特有的行为。例如,与块体材料的恒定热导率不同,单层石墨烯的热导率直接体现出较强的尺寸效应,其大小与热传导尺度的对数成正比[5],亦参见图 10.1。

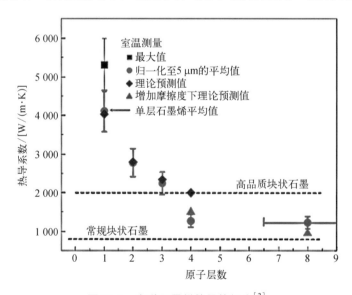

图 10.1　多种石墨烯的导热行为[3]

辐射(radiation)是热量交换的另一种方式。辐射本质上是连续的,仅当在被吸收或发射时才是量子化的。非接触式测温的方法一般基于普朗克黑体辐射定律,它给出了黑体发射出的电磁波强度(辐射率)I 与温度 T 和波长 λ 之间的关系:

$$I(\lambda,\ T) = \frac{2hc^2}{\lambda^5} \frac{1}{e^{\frac{hc}{\lambda kT}} - 1} \tag{10.1}$$

式中,h 为普朗克常数;k 为玻尔兹曼常数;c 为光速。辐射强度达最大值的波长与温度之间关系为

$$\lambda_{max} = 2.898 \times 10^{-3}(m \cdot K)/T \tag{10.2}$$

式(10.2)也称为维恩(Wilhelm Wien,1864~1928)位移定律。黑体能够吸收向它辐射的全部能量,是研究辐射换热的理想化物体。真实物体会对辐射有一定的吸收,一般通过修正材料表面发射率得到真实辐射[6]。

辐射研究的一项重要应用在于通过对辐射场的探测来非接触式地获取温度场分布。大部分温度测量需求落于 $-200 \sim 3\,000\,℃$。根据维恩位移定律,对应辐射强度最大值的波长范围为 $0.8 \sim 40\ \mu m$,在红外线的波长范围 $0.76 \sim 100\ \mu m$ 内,这也说明了红外线辐射是自然界中最为广泛的电磁波辐射。通过红外探测器检测物体辐射的功率信号,根据修正了材料表面发射率的普朗克黑体辐射定律,可以方便地转化为温度。探测红外线辐射的要点在于选择合适的感知材料实现光电信号转换。与常见的光学照相机类似,通过红外辐射可实现夜视功能,见图 10.2。

图 10.2　通过红外辐射实现夜视功能

与热量传递相关的另一个科学问题是高温与气动力下的烧蚀问题。高超声速飞行器由于在大气层内高速(马赫数>6)飞行,表面温度可高达 $3\,000\ K$。在高温下,由于热、力以及氧化等化学反应共同作用下,构件将发生烧蚀损失,评估抗热烧蚀性能对于发展高超声速飞行器具有重要意义。若飞行器外形受到严重烧蚀,可导致气动力变化进而引起转捩、翻转甚至解体。因此高超声速飞行器的防热设计必须经过严格的热烧蚀考核,以检验飞行器防热材料和结构的可靠性、有效性和适用性。1962 年,美国阿诺德工程发展中心(Arnold Engineering Development Center)开始利用电弧加热器进行实验,并于 1976 年建成了高温电弧风洞(H1)。1995 年,阿诺德工程发展中心开始研制 60 MW 级别的新一代电弧加热器(H3)。中国航天科技集团公司第十一研究院和中国空气动力研究与发展中心近年来也分别研制建设了 50 MW 级电弧风洞。

10.2　强　对　流

燃烧与爆轰时的流体运动主要表现为对流运动。对流指液体或气体通过自身各部分物质的相对流动来传递能量的一种过程,是传热的基本形式之一,也是燃烧和爆轰中发生的主要传热过程。对流可分为自然对流和强制对流两种。强对流是强制对流的简称,通常指由于外界加热或抬升作用造成流体温度的不均匀性所导致的流体对流运动,且在对流过程中交换的能量很大。

强对流过程往往与燃烧与爆轰中发生的化学反应相辅相成。一方面,化学反应中释放的热量通过对湍流微团的加热而加剧了强对流过程;另一方面,强对流过程为化学反应带来了新鲜的工质,从而加快了化学反应的动力学过程。在强对流过程中,流体的运动常具有多相流的特点。对多相流而言,在连续介质尺度进行研究的途径有二。一是分相模型,即分别建立多相流动模型和基本方程组;二是混相模型,将两相掺混均匀的流动概化为均质模型和扩散模型。20世纪70~80年代,德鲁(Donald A. Drew)等学者从基本守恒原理出发,经严格的数学演绎导出了两相流基本方程[7],但并未被广泛接受。

10.3　多　相　流

燃烧与爆轰的科学内涵之一在于多相流理论,主要集中于多相介质的传热与传质过程[8]。多相流泛指对气态、液态、固态物质的混合流动过程的研究,此处的"相"指不同物态或同一物态的不同物理性质或力学状态。多相流研究不同相态的物质共存且有明确分界面的多相流体,研究其中所具有的流体力学、热力学、传热传质学、燃烧学、化学和生物反应的共性科学问题。

对多相流的建模与数值仿真结果可以在物理模型下进行实验量测验证,其中量测技术至关重要。例如:观测流型、流态用高速摄影、全息照相、流动显示技术等;量测速度用激光流速仪(laser doppler velocimeter, LDV)、粒子图像测速技术(PIV)等;检测液流中气泡浓度用光纤传感器;检测断面平均浓度用放射性同位素法;等等,参见文献[9]的综述。

对多相流的研究需要借助多尺度模拟。其原因有二:一是对于气-液两相流和液-液两相流,常伴随有湍流的产生,而湍流本身就具有内禀意义的多尺度性。二是对于液-气、液-固这两类颗粒流(液体为体积相,固体或气泡为颗粒相),颗粒分布常表现为具有外源意义的多尺度性。下面分别从连续介质尺度、细观尺度和气体动力学尺度加以讨论,并进而阐述宏微观关联。

在连续介质尺度,即使在均相流动中也可能发生湍流。湍流具有内禀的层次律,不同尺度的涡流能量遵循-5/3次方的级串尺度律。近年随着高精度实验测量和数值模拟技术的进步,发现湍流拥有极其复杂的多尺度拟序结构,是多尺度湍流结构与不规则随机运动的叠加。这些湍流结构对工程应用中的力、热、声输运过程可起到主导作用。

在细观尺度,目前通用的方法是统计群模型。对于颗粒群(气泡、液滴和固体颗粒统称为颗粒)悬浮体两相流,可引用随机分析来建立统计群(颗粒群)模型。李静海(1956~)所著的《颗粒流体复杂系统的多尺度模拟》[10]概述了颗粒流体系统的基本概念以及颗粒流体系统模拟的基础知识,阐述了颗粒流体系统的复杂性以及多尺度结构。林建忠(1958~)等所著的《纳米颗粒两相流体动力学》[11],对于颗粒流体系统多尺度模拟的能量最小多尺度模型、双流体模型、确定性颗粒轨道模型以及拟颗粒模拟,详细介绍了其基本原理、基本方法以及相应的数值计算技术。采用细观层次的模型,可以细致地考察三方面的问题。一是可以从细观层次上区别颗粒相的形状,如等轴状、椭球状、纤维状,从而有颗粒悬浮流、纤维悬浮流等流动方式[11]。二是可以更直观地显示出颗粒相浓度的影响:当浓度较低时,细观层次的求解将趋于稀溶液的简单混合律;当颗粒相的浓度较高时,相含量与相形状的耦合效应便会发生。三是可以有参照性地研究尺度效应:采用多尺度多相流体渗流模型时,如果孔隙尺度与颗粒相尺度相当,或者在微流体力学中微槽道的尺度与颗粒相尺度相当,则必须采用细观模型才能够研究多相流的梗堵问题。

在对稀薄气体中的颗粒流尘埃、气溶胶等的模拟中,因为分子自由程较长,适宜采用气体动力学的模拟方法。这类模拟方法包括格子玻尔兹曼方法[12]和分子动力学法。与传统计算流体力学方法相比,格子玻尔兹曼方法是一种基于介观模拟尺度的计算流体力学方法,其建模介于微观分子动力学模型和宏观连续模型之间,具备流体相互作用描述简单、复杂边界易于设置、易于实现并行计算、程序易于实施等优势,被广泛地认为是描述流体运动与处理工程问题的有效手段,可参见第 8.3 节。分子动力学方法的主要短板是:① 原子间相互作用势大多为未知,且实验确定不易;② 时间尺度为飞秒量级,无法做扩散、阻尼等滞后态的速率问题计算;③ 空间尺度受到限制,原子自由度目前限制在 10 亿~100 亿。该方法当前的发展方向是:① 由第一性原理的计算来获得可供分子动力学使用的原子间相互作用势;② 由机器学习的方法来提供大规模计算所用的原子间相互作用势;③ 对于不同的能垒类型,发展可把握能垒跃迁几率的时间加速算法;④ 发展大型、可并行计算、计算量仅随自由度数等比上升(scalable)的分子动力学算法。

多尺度计算的中枢环节是宏观、细观、微观的贯通。该贯通要保证力的贯穿和流的协调。这也是多尺度力学的发展前沿。目前有三种技术方案:① 自下而上法(bottom-up),又称逐级平均法,即通过对底一层的“代表单元”的力学结构性计算来平均得到上一层的本构律,在层次平均时要保证不同层次上合力的相等和每层构元的变形协调;② 自上而下法(top-down),又称逐级细化法,即通过对上一层的力学总体计算来给出每一局部点的力学环境,得到指定局部位置处应施加于底一层单元上的外载条件,在层次细化时要保证不同层次上传递的合力相等和几何连续;③ 交互法(interactive),又称交互增强法,即首先建立一个跨层次的、适合机器学习的相互增强算法,通过层次间的卷积神经网络(convolutional neural network)设置来保证层次之间的力之贯穿与流之协调,同时增强每一个层次的受力与流动信息。

燃烧与爆轰过程的多相流具有过程复杂、交叉性强等特点,必须针对复杂流场、复杂离散相、复杂连续相、复杂相间作用的多相流开展研究。需要深入研究的问题包括:① 多相湍流的流动控制,多相流的相分布与相运动规律;② 多相流的稳定性,多相流的湍流封闭模式;③ 超声速气流与固相颗粒的相互作用;④ 未燃尽颗粒的动力学,离散相对连续相特性的影响以及离散相之间的相互作用;⑤ 极端条件与复杂几何流场中流动传热的规律和极限、瞬态过程流动传热与临界及超临界效应;⑥ 多相连续反应体系复杂过程热力学与微多相流动力学、非均质多相流光化学与热化学;等等。

近年来,我国力学家在多相流领域取得进展[13]:提出了求解纳米颗粒数密度方程的泰勒级数矩方法,提高了计算精度和效率;建立了精度和稳定性更高的气泡动力学数值模拟方法,可更细致地捕捉环形气泡的演化特性;提出了精度、效率和稳定性俱佳的直接力-虚拟区域方法,并用于揭示颗粒和流体相互作用的机理;建立了多相界面复杂流动的移动接触线模型,并揭示了接触线的运动机理。

10.4　PDF 方法

燃烧过程的流体力学模拟是一个具有挑战性的科学问题。该模拟本身具有多尺度性,这是 N-S 方程带来的湍流燃烧所具有的内禀多尺度性造成的,加之湍流流动与化学反应之间的强烈耦合作用,致使整个过程极为复杂。燃烧过程涉及众多的化学组分和一系列的基元反应机理,燃烧时可并发进行多重化学反应,有各种反应热行为与物质的转化。它涉及多相流,很多情况下属于气-液-固三相并存的情况,气相为燃气、液相为油滴、固相为烟灰。燃烧时往往伴随着爆轰等动力学燃烧行为,有各种激波的出现与转掠的发生。近年来,数值模拟作为研究湍流燃烧的重要手段,发展很快,但还没有一个模型和计算方法能够完美地解决所有的湍流燃烧问题。传统的统计矩方法(第 8.4 节)由于组分方程中出现的平均化学反应速率项需要封闭,遇到了很大困难,至今仍未得到很好的解决。直接数值模拟方法(DNS)虽可以得到流场的准确解,但受限于算力的约束,目前还只能模拟雷诺数较低且几何结构简单的流动问题。大涡模拟方法(LES)在湍流流动问题上获得了巨大成功,但湍流燃烧的亚格子模式一直是限制其在湍流燃烧中应用的主要困难。

概率密度函数(PDF)方法利用湍流统计理论结果确定模型系数,可以精确处理化学反应源项,得以广泛地应用于化学反应流及湍流燃烧中。PDF 方法是一种通用的湍流燃烧模型,能够精确模拟详细的化学动力学过程,适用于预混、非预混和部分预混的任何燃烧问题。斯蒂文·波普(图 10.3)是 PDF 方法的主要开

图 10.3　斯蒂文·波普(Stephen B. Pope, 1949~)

创者。

波普于 1985 年提出基于 PDF 的湍流模型方程[14]。PDF 方法以完全随机的观点对待湍流场,通过求解速度和标量联合 PDF 输运方程来获知湍流场中的单点统计信息。精确的 PDF 输运方程是由 N－S 方程组推导出来的,在该方程中化学反应源项是封闭的,无须模拟;但压力脉动梯度项以及分子黏性和分子扩散引起的 PDF 的分子输运项是不封闭的,需要引入模型加以封闭。用于模拟分子扩散过程的模型称为小尺度混合模型,相应的模拟脉动压力梯度和分子黏性引起的 PDF 在速度空间上输运的模型称为随机速度模型。从这个意义上讲,PDF 方法是一种需要模型的方法。比较可行的一种方法是蒙特卡罗方法,在该方法中输运方程被转化为拉格朗日方程,流体由大量遵循拉格朗日方程的随机粒子的系综来描述,最后对粒子作统计平均得到流场物理量和各阶统计矩。

对燃烧过程的力学模拟常采取将 DNS 与 PDF 方法相结合的手段,并在传质、传能和传热计算中嵌含有多种化学反应,参阅波普的著作[15]。为将 PDF 方法用于可压流,Delarue 与波普[16]提出速度-湍流频率-压力-内能的联合 PDF 方法,该方法不需要耦合泊松方程或有限体积法即可求出整个流场参数,是一种纯粹的粒子方法。波普用该方法对均匀湍流和衰变湍流进行了模拟,结果与实验结果吻合。随后 Delarue 与波普[17]又提出了用于超声速湍流反应流的速度-标量-内能-压力-湍流频率的联合 PDF 方法,并对超声速混合层进行计算,结果显示随着压缩性提高,混合层增长率变小,混合长度增加。

随着 LES 的深入研究,一些学者将 PDF 和 LES 相结合,以期获得对湍流脉动和火焰相互作用的更深理解,这一研究有望成为 PDF 研究的一个重要方向。Givi[18]首先提出将 PDF 方法的思想用于大涡过滤后化学反应速率的封闭,并将其应用于化学平衡条件下均匀流动的研究。随后,Frankel 等[19]又将其适用范围拓宽到非平衡化学反应剪切流,并得到较好模拟结果。考虑并行策略,可大大提高计算效率[20]。PDF 输运方程方法在广泛应用于低马赫数气相湍流燃烧研究的同时,还不断向工程应用推广,并尝试用于多相流等问题的研究。Zhang 等研究超声速湍流燃烧中的流动与化学反应相互作用机理,发展了考虑可压缩性的 PDF 模型与计算方法[21]。

10.5　湍流燃烧

湍流燃烧是个多学科多尺度问题,包括湍流耦合化学反应。湍流燃烧中的多尺度、多组分特性,让研究者对其进行建模研究的难度陡然而升。其中小尺度湍流与化学反应这两个强非线性过程的时空多尺度耦合,使得湍流燃烧成为应用基础研究中极具挑战性的问题。

从原子-分子尺度上,目前具有代表性的学科是化学反应动力学,其主要研究内容为基元反应和反应动力学模型,其代表性研究方法为量子化学、激光诊断与激波管实验;从分子尺度上,目前具有代表性的学科是扩散学与传质学,其主要研究内容为混合模型,其代表性研究方法为分子动力学与蒙特卡罗直接模拟(DSMC);从介观-宏观尺度上,目前具有代表性的学科是燃烧学,其主要研究内容为火焰动力学,其代表性研究方法为对冲/射流火焰实验与渐进方法;从宏观尺度上,目前具有代表性的学科是流体力学,其主要研究内容为湍流,其代表性研究方法为统计理论、DNS、LES、热线与 PIV 测量。

为建模湍流与化学反应的时空耦合,当前的主流方法是利用 PDF 方法。利用这一方法,可发展湍流燃烧的 LES 亚格子模型与相应计算程序。在合成气湍流平板非预混射流的数值模拟中,LES/PDF 混合算法的计算结果(基于约 1 百万网格点、500 CPU 小时的计算规模)与相应的 DNS 结果(基于约 5 亿网格点、50 万 CPU 小时的计算规模)符合良好。特别是该模型可以准确计算湍流燃烧中局部熄火与再燃等重要统计特性,同时其计算量低于相应 DNS 计算量的千分之一[22]。在湍流二甲醚/空气部分预混值班射流火焰的数值模拟中,可在经典 IEM (interaction by exchange with the mean) 混合模型基础上增加了平均漂移项来模化分子输运以及差异扩散对混合过程的影响,显著改善了模型预测结果并与实验数据符合良好[23],见图 10.4。还可以发展基于组分空间中经验低维流形的数据降维方法,用于减少燃烧模拟中求解的组分方程数目。该方法与 DNS 或 LES 结合后可大幅降低湍流燃烧数值模拟的计算量[24]。

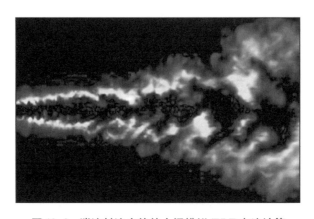

图 10.4　湍流射流火焰的大涡模拟/PDF 方法计算

湍流燃烧是航空发动机与燃气轮机中的典型燃烧过程。随着超大规模异构并行计算的发展和数值技术的进步,研究者可利用大涡模拟来解决航空发动机复杂流动的可行性,为实现 NASA 提出的航空发动机整机数值模拟迈出了坚实的一步[25],见图 10.5(a)。浙江大学、清华大学和国家超级计算无锡中心的联合团队实现了采用通量重构(flux reconstruction, FR)方法的航空发动机复杂流动大涡模拟程序的开发、并行化及计算测试,开展了相应的超大规模计算。由于 FR 方法的数据局部性较好,高阶 FR 格式的矩阵计算强度高,矩阵运算最高可占计算时间的 60%。对于 16.9 亿网格单元和 8 650 亿自由度(degrees of freedom, DoF)的高压涡轮算例,求解器实现了 115.8 DP - PFLOPs 的持续计算性能。随着超大规模异构计算的发展和数值技术的进步,他们证明了利用大涡模拟来解决航空发动机复杂流动的可行性。该工作为实现 NASA 提出的航空发动机整机数值模拟迈出了坚实的一步。该项计算的主要困难在于：① 由于航空发动机复杂的叶栅几何和内流道冷却系统[图 10.5(b)]所造成的几何复杂性；② 对发动机燃烧与工作全过程模拟所造成的极高算力要求；③ 湍流燃烧过程的高度复杂性。

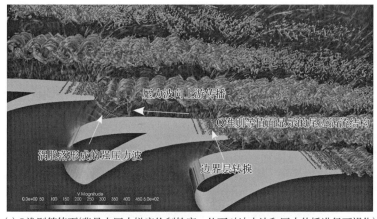

(a) Q准则等值面(背景由压力梯度绘制轮廓，从而对冲击波和压力传播进行可视化)

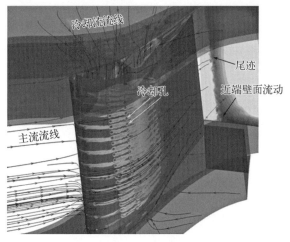

(b) 冷却孔喷出冷却液的高压涡轮静叶吸入面温度

图 10.5 对航空发动机工作全过程的计算模拟[25]

为了提高燃烧效率并降低污染排放,先进发动机燃烧室中的湍流燃烧往往处于高转速与宽压力工况。在此工况下湍流中剧烈的小尺度剪切运动会导致火焰面上出现大量的局部熄火从而导致火焰面破碎,使得基于局部火焰面模式的经典燃烧模型难以准确预测发动机燃烧室中的平均温度与污染物排放分布。因此,高雷诺数湍流与化学反应的耦合机理研究是发展先进发动机工况下燃烧可预测模型中的关键所在,其理论研究也可为多物理场耦合湍流统计理论提供新的研究范式。

湍流燃烧速度的预测十分重要。湍流预混燃烧(premixed turbulent flames)是一类广泛存在于航空发动机、内燃机、贫燃燃气轮机等能源动力系统以及超新星爆发等天体物理活动中的燃烧过程。湍流燃烧速度 S_T 是其中最重要的特征参数,提供了燃烧效率和火焰动力学特性等信息,也是燃烧建模中的关键量。S_T 预测是湍流燃烧中最重要的待解决问题之一[26]。需要探讨的力学基本问题是:

力学基本问题 35 什么样的湍流燃烧可以达到最充分的或最快的燃烧?

如果将拉格朗日框架下的粒子方法与涡面场方法应用于湍流燃烧研究,可为湍流与化学反应之间的双向耦合机理、湍流火焰几何的定量表征,以及燃烧可预测模型提供新的理论与建模工具。可以从拉格朗日粒子和局部片元的运动学出发,建模湍流对火焰面积增长的促进作用,进而提出具有显式表达式、可定量预测的湍流火焰速度模型。该模型通过对局部火焰拉伸与湍流火焰面积两部分建模表征湍流火焰传播机制。其中拉伸因子描述了湍流拉伸导致的局部火焰速度变化,基于层流火焰的建模方法使拉伸因子模型能够考虑实际化学和输运特性的影响;火焰面积模型根据自传播面的拉格朗日统计信息刻画了湍流火焰的面积增长规律。该湍流燃烧速度模型进行了大量数值实验验证,相较其他模型,该模型能正确描述不同燃料在宽工况范围下湍流燃烧速度变化趋势的差异,并且具有更高的预测准确度[27]。

10.6 火焰稳定性

超声速燃烧是指在高超声速流动条件下,燃料与空气混合后,在燃烧室实现的由双曲型方程主导的燃烧现象。在高超声速飞行中,燃烧室前方进气道的气流速度会大大超过声速,产生一个高温、高压的环境,这对于燃料的燃烧是有利的。但是由于气流速度过快,流动方程为双曲型,容易造成速度场的间断与激波。并且燃料与空气混合的时间非常短暂,这就需要燃料在极短的时间内迅速雾化且充分燃烧,才能够实现高效的推力输出。超声速燃烧的关键在于如何克服混合时间短暂的困难,这就需要采用一些特殊的燃烧介质与燃烧技术。其中最常见的是超声速燃烧室技术,它利用燃烧室内的强烈湍流和撞击波等特性,将燃料和空气混合均匀,从而实现快速燃烧。超声速燃烧室的构造与传统燃烧室有所不同,它通常采用锥形的结构,以便在气流通过时产生撞击波和激波等效应。除了超声速燃烧室技术外,还有一些其他的燃烧技术也可以应用于超声速发动机中,如旋涡燃烧、超声速火箭燃烧等。

超声速燃烧冲压发动机是一种新型的吸气式发动机,其燃烧过程利用了高速飞行所产生的压缩气流,能直接从空气中获取氧气。它是一种冲压发动机,并需要通过超声速燃烧来保证较高的燃料利用率。装备了这种发动机的飞行器将大大突破现有的速度和高度极限,使飞行马赫数达到 6~25,并使得飞行器具有全程补能的能力。其相应也分为两大类:一类为爆震波型,另一类为在续燃烧型。

高超声速条件下(飞行马赫数 5 以上),气流以超声速进入发动机与燃料进行混合和燃烧。由于超声速流体驻留在发动机通道内的时间极短,一般仅为几毫秒,这给超燃冲压发动机的正常运行带来了极大的技术困难。因为发动机需要在有限时间和空间内完成对高超声速来流的减速增压,并使得空气和燃料在超声速流动状态下高效率地掺混、点火并且燃烧。在高超声速飞行和超声速燃烧情景下,一个关键的科学问题是火焰稳定性问题。它是指在规定的燃烧条件下火焰能保持一定的位置和体积,既不回火,也不断火。尤其在点火阶段,由于存在从未燃状态到燃烧状态的转化壁垒,以及从流动混合态到爆燃混合态的状态壁垒,而显得尤为困难。一个常用的比喻是,超燃冲压发动机内部实现稳定超声速燃烧就像在十级飓风中点燃一根火柴。

此处必须解决的三个问题是:① 降低点火所需要的能量阈值;② 避免燃烧室在超声速流场中产生激波;③ 避免在高超声速气流下的回火。

为了降低点火所需要的能量阈值,目前的方法是改进燃料的品质(比热能)、雾化能力(增加点火时的反应面积)和相变阈值。当前采用的一个做法是在点火前对燃料通过毛细管道进行预加热,经常在 800℃ 以上。该过程一方面增加了燃料的比热能,另一方面降低了燃烧室外部的温度。

为了避免在超燃过程中产生激波,需要对燃烧室的腔体形状和壁面条件进行精细的空气动力学设计,这也构成了内流设计(或内外流组合设计)的核心内容。

在超声速流场中产生激波导致回火的根本原因是火焰传播速度大于气流喷出速度,导致火焰传播速度与气流喷出速度之间的动平衡遭到破坏。因此,为了防止回火,可燃混合气体从烧嘴流出的速度必须大于某一临界速度,并应该设计预燃腔室,有利于构成稳定的点火热源。

王振国团队精心研究了超燃中所涉及的力学问题[28],其具体内容包括:超声速气流中的燃烧问题、部分预混气流中的火焰传播及稳定问题、超声速气流中的火焰稳定、超声速气流中的燃烧振荡等。此处演绎出来的一个力学基本问题是:

力学基本问题 36　可实现火焰稳定性的最高超燃马赫数是多少?

10.7　爆　轰　波

爆轰波(也称爆震波,detonation wave)是指以超声速运动的激波。爆轰波往往是带有化学反应的冲击波。反应所释放出来的部分热量足以补偿冲击波传播时的能量损耗,因此,冲击波得以维持固有波速和波阵面压力继续向前传播。爆轰波是一种通过前导激波压缩实现预混可燃气体自点火,进而利用燃烧放热实现前导激波高速、无衰减、自持传播的燃烧波。爆震波存在于预混气体或者部分预混气体中,也可以存在于凝聚态炸药以及可燃粉尘、液滴与空气混合物中。爆轰波的传播速度通常在千米每秒的量级,比常见的爆燃燃烧高 3 个量级,而且能够持续、无衰减地传播。

爆轰波的结构是爆轰研究的主要问题。大卫·查普曼(David Leonard Chapman,1869~1958)于 1899 年[29]、埃米尔·儒盖(Jacques Charles Émile Jouguet, 1871~1943)于 1905 年[30]各自独立地创立了平稳自持爆轰理论,后人将其统一称为 C-J(Chapman-Jouguet)理论[31]。它描述了平衡态条件下宏观稳定的爆震波传播特征,可以精准地预测爆震波传播速度,至今仍是爆震理论研究领域的里程碑。C-J 理论把爆轰波简化为一个冲击压缩间断面,其上的化学反应瞬时完成。在这一化学反应的强间断面上,C-J 理论并未考虑此面区的结构,而是用质量、动量和能量三个守恒定律,将间断面两侧的初态、终态各参量联系起来。这一基于波前和波后状态的理论,忽略了燃烧放热过程。因化学反应并非瞬间完成,在一定反应速率下,必然有一个由原始炸药变成爆轰反应的化学反应区,对一些炸药而言,此区的宽度在毫米量级。据此实际存在,有必要对 C-J 简化理论进行修正,即把爆轰波视为一个前沿冲击波和一个化学反应区所构成的流体激波结构。在 1940 年左右,Zeldovich、von Neumann 和 Döring 分别独立地提出了相似的、描述爆轰波结构的理论模型,后来统称为 ZND(Zeldovich-von Neumann-Döring)模型[31],这是现今较完整的爆轰波理论概念。

在第二次世界大战期间,泰勒研究了炸药作用下弹壳的变形和飞散,并首先用不可压缩流体模型,研究锥形罩空心药柱形成的金属射流及其对装甲的侵彻作用。该研究的理论部分于 1941 年完成,再现了强爆炸波的形成,并对 1945 年原子弹爆炸的爆轰波的演化进行了估算[32],见图 10.6。

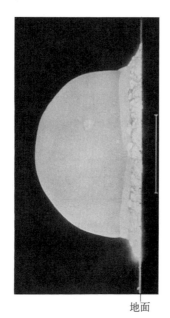 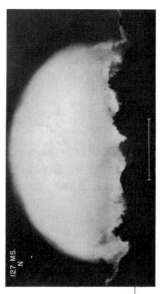

(a) 起爆后15 ms的火球　　　　　(b) 起爆后127 ms的扩张体积
(显示边缘的清晰性)　　　　　(显示边缘的不确定与球盖形貌)

图 10.6　1945 年原子弹爆炸的爆轰波模拟[32]

高焓激波风洞以其较高的焓值,可产生模拟高超声速飞行所需的速度及总温条件,具有研究高温真实气体效应的能力。相比于其他高焓设备如激波管(试验时间短)、弹道靶(模型尺度小)和电弧风洞(总温不足)等,它具有不可替代的优势及广泛的发展前景,是当前开展再入问题研究的有效地面试验设备。我国已相继建成高超声速风洞、脉冲燃烧风洞等一批具有世界先进水平的空气动力试验设施,并应用于临近空间飞行器的气动力、热、辐射问题研究。中国科学院力学研究所俞鸿儒(1928~)、姜宗林(1955~)的团队通过独创的反向爆轰驱动方法,建成了 JF12 激波风洞,在国际上首次实现了马赫数 5~9 的高超声速高焓的平稳飞行条件,且气流持续时间和平稳度都处于国际领先地位,见图 10.7。2016 年,美国航空航天学会将该学会的地面试验奖颁发给姜宗林研究员。

图 10.7 JF12 高超声速风洞

2023 年 6 月,中国科学院力学研究所承担的国家重大科研仪器研制项目"爆轰驱动超高速高焓激波风洞"通过国家自然科学基金委员会验收。项目负责人姜宗林提出激波反射型正向爆轰驱动方法,构建了超高速激波风洞技术体系,成功研制出 JF‑22 超高速风洞。该风洞是高超声速和超高速领域的一座超大型实验仪器,总长为 167 m,喷管出口为 2.5 m,实验舱直径为 4 m,实验气流速度范围为 3~10 km/s,能够揭示由分子解离主导的复杂介质超高速流动规律,可有力支撑我国天地往返运输系统和超高速飞行器研发。由正向爆轰驱动的 JF22 激波风洞,可模拟马赫数 10~25、总温为 10 000 K 的高超高焓飞行条件。JF‑22 超高速风洞与 JF‑12 复现风洞共同构成唯一覆盖临近空间飞行器全部飞行走廊的地面实验平台。

参考文献

[1]中国大百科全书出版社编辑部. 中国大百科全书:力学[M]. 北京:中国大百科全书出版

社,1985.

[2] Science. 125 questions：Exploration and discovery［OL］.［2023－12－19］. https：//www. sciencemag. org/collections/125-questions-exploration-and-discovery.

[3] Ghosh S, Bao W, Nika D L, et al. Dimensional crossover of thermal transport in few-layer graphene［J］. Nature Materials, 2010, 9(7)：555－558.

[4] Balandin A A. Thermal properties of graphene and nanostructured carbon materials［J］. Nature Materials, 2011, 10(8)：569－581.

[5] Xu X, Pereira L F C, Wang Y, et al. Length-dependent thermal conductivity in suspended single-layer graphene［J］. Nature Communications, 2014, 5(1)：3689.

[6] Kogure T, Leung K C. 2. 3：Thermodynamic equilibrium and black-body radiation［M］. Berlin：Springer, 2007.

[7] Drew D A. Mathematical modeling of two-phase flow［J］. Annual Review of Fluid Mechanics, 1983, 15(1)：261－291.

[8] 郭烈锦. 两相与多相流动力学多相流［M］. 西安：西安交通大学出版社,2002.

[9] Lohse D, Xia K Q. Small-scale properties of turbulent Rayleigh-Bénard convection［J］. Annual Review of Fluid Mechanics, 2010, 42：335－364.

[10] 李静海. 颗粒流体复杂系统的多尺度模拟［M］. 北京：科学出版社,2005.

[11] 林建忠,于明州,林培锋. 纳米颗粒两相流体动力学［M］. 北京：科学出版社,2013.

[12] Mohamad A A. Lattice Boltzmann method［M］. Berlin：Springer, 2011.

[13] 杨卫. 中国力学60年［J］. 力学学报,2017,49(5)：973－977.

[14] Pope S B. PDF methods for turbulent reactive flows［J］. Progress Energy Combustion Science, 1985, 11：119－192.

[15] Pope S B. Turbulent flows［M］. Cambridge：Cambridge University Press, 2000.

[16] Delarue B J, Pope S B. Application of PDF methods to compressible turbulent flows［J］. Physics of Fluids, 1997：9：2704－2715.

[17] Delarue B J, Pope S B. Calculations of subsonic and supersonic turbulent reacting mixing layers using probability density function methods［J］. Physics of Fluids, 1998, 10：487－498.

[18] Givi P. Modeling free simulation of turbulent reactive flows［J］. Progress in Energy and Combustion Science, 1989, 15：1－107.

[19] Frankel S H, Adumitroaie V, Madnia C K, et al. Large eddy simulations of turbulent reacting flows by assumed PDF methods［J］. ASME, 1993(162)：81－101.

[20] Jaberi F A. Filtered mass density function for large-eddy simulation of turbulent reacting flows［J］. Journal of Fluid Mechanics, 1999, 401：85－121.

[21] Zhang L, Liang J, Sun M, et al. A large eddy simulation-scalar filtered mass density function (LES-SFMDF) method preserving energy consistency for high speed flows［J］. Combustion Theory and Modelling, 2018, 22：1－37.

[22] Yang Y, Wang H, Pope S B, et al. Large-eddy simulation/PDF modeling of a non-premixed CO/H_2 temporally evolving jet flame［J］. Proceedings of the Combustion Institute, 2013, 34：1241－1249.

［23］ You J, Yang Y, Pope S B. Effect of molecular transport in LES/PDF of piloted dimethyl turbulent ether/ air jet flames［J］. Combustion and Flame, 2017, 176: 451－461.

［24］ Yang Y, Pope S B, Chen J H. Empirical low-dimensional manifolds in composition space［J］. Combustion and Flame, 2013, 160: 1967－1980.

［25］ Fu Y, Shen W, Cui J, et al. Towards exascale computation for turbomachinery flows［C］. New York: The International Conference for High Performance Computing, Networking, Storage and Analysis, 2023.

［26］ Peters N. Turbulent combustion［M］. Cambridge: Cambridge University Press, 2000.

［27］ Zhang S, Lu Z, Yang Y. Modeling the displacement speed in the flame surface density method for turbulent premixed flames at high pressures［J］. Physics of Fluids, 2021, 33(4): 045118.

［28］ 王振国. 超声速气流中的火焰稳定与传播［M］. 北京: 科学出版社,2015.

［29］ Chapman D L. On the rate of explosion in gases［J］. The London, Edinburgh, and Dublin Philosophical Magazine and Journal of Science, 1899, 47(284): 90－104.

［30］ Jouguet J C E. Sur la propagation des réactions chimiques dans les gaz (On the propagation of chemical reactions in gases)［J］. Journal de Mathématiques Pures et Appliquées. Series 6, 1905, 1: 347－425.

［31］ Fickett W, Davis W C. Detonation: Theory and experiment［M］. New York: Dover Publications, 2000.

［32］ Taylor G I. The formation of a blast wave by a very intense explosion I. Theoretical discussion Ⅱ. The atomic explosion of 1945［J］. Proceedings of the Royal Society of London. Series A, 1950, 201: 159－174, 175－186.

第三篇
固 体 力 学

　　固体力学是在工程科学中应用面最广的力学学科,其主要研究分支包括:固体的变形与破坏理论、计算固体力学、实验固体力学、新型材料力学,以及与其他学科的交叉及其应用。在当今的发展阶段,特别关注微纳米力学、跨尺度关联与多尺度分析、多场耦合力学等方向。固体的变形与破坏理论主要研究在静、动态载荷作用下弹塑性力学,疲劳断裂及损伤力学,固体本构关系,波动理论等。计算固体力学主要研究科学计算方面的基本理论和方法,以及结构与多学科优化、数据驱动与机器学习等问题。实验固体力学主要研究测量与表征的实验理论、技术及方法。新型材料力学主要研究先进复合材料、功能/智能材料、轻质材料、纳米材料等在环境载荷(力、热、电、磁等)作用下的力学及物理特性[1]。

第 11 章
理想强度与理想硬度

"天行健,君子以自强不息。"

——《周易·乾》

在本书的引言中提到：哈佛大学莱斯教授在大英百科全书中对固体的定义为："一种材料之所以被称为固体而非流体,是因为在自然过程或者工程应用所关心的时间尺度范围内能有效地抵抗剪切变形。"[2] 从物质结构的角度来讲,固体为长程有序排列的粒子聚集体。此处"长程有序"是指绝大多数粒子的排列秩序。对真实的固体来讲,它是理想的长程有序排列(也称为理想点阵或完美晶格)和分布的缺陷掺混而成的固态介质。这里泛指的缺陷可包括零维缺陷(空穴或夹杂粒子)、一维缺陷(各类线缺陷、如位错、阶错、扭错等)、二维缺陷(表面、界面、裂纹等)、三维缺陷(夹杂、孔洞、疏松等)等形式,其分布由热力学、化学、晶体学等方面的规律所支配。固体之所以称为"固体",是在于它得以承受的刚度、强度与硬度。本章集中讨论固体可能实现的强度与硬度,探讨理想强度与理想硬度的可实现性。

11.1 Frenkel 理想强度

固体的理论强度可根据晶格动力学[3]或第一性原理的计算得到。作为早期的探索,弗伦克尔(图 11.1)按照其在图 11.2 中所展现的模型[4]推得：理论预测的材料强度一般约为其弹性模量的 1/10。该模型假设固体在其分离面(亦称为解理面)两侧的原子价键同时断开,并只考虑了线弹性的原子价键连接。

基于第一性原理的分子动力学计算可以再现 Frenkel 的预言。从金刚石完美晶格出发,人们可以算出"理想应力应变曲线"。由于考虑到非线性、大变形的行为,该曲线对应的峰值应力(今后称为"理想强度峰值")甚至可以较大幅度地高于 Frenkel 的预测值。图 11.3 展示了利用第一性原理计算得出的分别沿着<111>、<110>和<100>晶向对金刚石完美晶格拉伸的理想应力应变曲线[5]。沿着<111>、<110>和<100>晶向拉伸时,金刚石的理想强度峰值可分别达到 90 GPa、130 GPa 和 225 GPa。

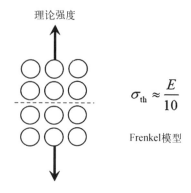

$$\sigma_{th} \approx \frac{E}{10}$$

Frenkel模型

图 11.1　雅科夫·弗伦克尔(Jakov　　图 11.2　理想强度的 Frenkel 模型
Frenkel，1894~1952)

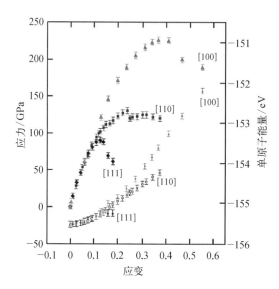

图 11.3　沿<111>、<110>和<100>晶向对金刚石完美晶格拉伸的应力应变曲线[5]

　　固体物理学家们很早就认识到,固体的真实强度很难达到理论强度。例如,钢的杨氏模量约为 210 GPa,其 1/10 为 21 GPa,但人们远不能对钢实现这一强度,强度能够达到 1 GPa 的钢材就已经可以冠以"超级钢"的美名。产生这种现象的原因是固体中很难避免各类缺陷的存在。例如,裂纹的存在,可能由于裂纹扩展而导致固体的低应力脆断(fracture);位错的存在,可能由于位错开动而导致固体的塑性(plasticity)。因此,固体的真实强度与其缺陷的类型、密度、形态和分布密切相关。

11.2　Griffith 缺陷理论

　　裂纹周边区域的应力应变不能用研究理想构件材料力学的理论进行描述。因此,研究带裂纹缺陷构件的断裂力学便应运而生。断裂力学的先驱是英国科学家格里菲斯(图11.4),他建立了线弹性断裂力学的基本框架。在线弹性断裂力学中,裂纹体的力学性能一般用两种方法来分析,一种方法是考察裂纹扩展过程中裂纹体能量变化建立起的能量释放率判据,这是一种全局性法则;另一种方法是基于裂纹尖端的应力应变场建立起的应力强度因子判据,这是一种局部性法则。20 世纪 20 年代,格里菲斯对脆性材料的断裂问题进行了深入研究[6,7]。他用能量的观点分析了裂纹的扩展过程,见图 11.5,认为裂纹的扩展过程中同时存在着推动裂纹扩展的动力和阻止裂纹扩展的阻力,只有前者大于后者时裂纹才发生扩展。裂纹扩展的动力来自裂纹扩展过程中裂纹体所释放的应变能,而阻力则来自裂纹扩展后形成新的裂纹面所吸收的能量。弹性变形下裂纹扩展单位长度时裂纹体所释放的应变能被称为裂纹扩展的能量释放率,为了纪念格里菲斯,通常用字母 G 来表示能量释放率。

图 11.4　英国科学家艾伦·阿诺德·格里菲斯(Alan Arnold Griffith,1893~1963)

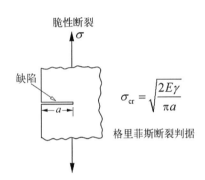

图 11.5　格里菲斯断裂判据

在此基础上,格里菲斯利用因格力斯(Charles Inglis,1734~1816)之前关于含椭圆孔的无线大平板的弹性解[8],提出了一个联系构件强度、材料性能和裂纹长度关系的表达式,即格里菲斯公式:

$$\sigma_{\mathrm{f}} = \sqrt{\frac{2E\gamma}{\pi a}} \tag{11.1}$$

式中,σ_{f} 为断裂应力;E 为材料的弹性模量;γ 为材料的表面能;a 为裂纹的半长度。

为了纪念格里菲斯的贡献,除了能量释放率以外,无限大平板中穿透板厚的 Ⅰ 型裂纹也称为格里菲斯裂纹。为了纪念格里菲斯的划时代著作完成 100 周年,2019 年 4 月在新加坡召开了"断裂力学百年高峰论坛"(Century Facture Mechanics Summit),全世界从事断裂力学研究的顶级学者们齐聚一堂,共同研讨断裂力学的发展、机遇与挑战,见图 11.6。

图 11.6　断裂力学百年高峰论坛

下面以 Frenkel 的理想强度和 Griffith 的最小可能缺陷所对应断裂强度来展开讨论所企求得到的强度最高值。以人们认为最坚硬的材料金刚石为例,有

$$E = 1\ 050\ \text{GPa}, \gamma = 5.3\ \text{J/m}^2 \tag{11.2}$$

如果选择裂纹最小长度为金刚石的 C—C 键长 0.154 nm,则有

$$\sigma_{\text{th}} = 105\ \text{GPa}, \ \sigma_{\text{f}} \leqslant 150\ \text{GPa} \tag{11.3}$$

由此可见,金刚石的理想强度为 105~150 GPa。参照这一惊人的强度范围区间,可以提出下述问题:

力学基本问题 37　理想强度可以实现吗?

甚至可以进一步提出:金刚石的理想强度峰值(225 GPa)可以实现吗? 可以对完美的金刚石晶格施加以 35%(图 11.3)的弹性应变吗?

固体的硬度是衡量其抵抗坚硬物体侵入的能力。硬度是评估固体力学性能最简单便捷、应用最广泛的力学性能指标之一。现多用维氏硬度(Vickers Hardness)来度量,其公司商标见图 11.7。维氏硬度值主要取决于其压头下方处抵抗位错形核和位错环延展的能力。此处还必须指出,在位错开动处往往具有较高的静水压应力。对位错形核和位错环下行的阻力,取决于压头下固体的价键类型、滑移系分布和滑移阻力。一般来讲,金属键比离子键和共价键更有利于位错的开动。滑移系越多,其丰富的取向选择就越能在压头下的位错形核处激发更高的分解剪应力,则更有利于位错的开动。位错滑移面

图 11.7　维氏硬度商标

的起伏越小,其对位错环运行的阻力就越小。同时,压头下方的静水压应力越高,其价键状态就更金属化。

有研究表明:硬度与强度的比值为(3~3.5):1。对天然金刚石来讲,其硬度的量测值(取决于其单晶取向)为 60~120 GPa。如果金刚石的理想强度在 105~150 GPa,则其理想硬度应在 315~525 GPa。由此,可以提出下述问题:

力学基本问题 38　理想硬度可以实现吗?

11.3　Lindemann 理论

弗雷德里克·亚历山大·林德曼(图 11.8)于 1910 年在德国柏林理化研究院获博士学位,专攻低温物理和固体理论。1919 年起执教牛津大学,在二战期间曾担任丘吉尔的科学顾问。无论是在科学领域还是在经济学领域,他都取得了一系列重要成就。他曾在 1910 年提出了关于判断固体熔化的 Lindemann 准则[9]:当在晶格中原子振动的幅值超过最近邻原子间距 a 的某一特定百分比 f 时,熔化即可发生。若写成公式,则有

$$\langle \boldsymbol{u}^2 \rangle^{1/2} / a = f \tag{11.4}$$

式中,$\boldsymbol{u}$ 为诸原子偏离晶格平衡位置的位移。作为简化计算,可将晶格中的原子假想成一系列简谐振子,随着温度上升,简谐振子振幅增加;如果晶体中的原子振动超过最近邻原子间距的特定百分比 f 时,即认为熔化发生,其对应的温度称为熔点。在林德曼最早的论述中,他认为 f 值应该接近于 1/2。人们后来发现 f 值

图 11.8　弗雷德里克·亚历山大·林德曼(Frederick Alexander Lindemann,1886~1957)

应该比 1/2 小很多,其具体值取决于其对应的三维点阵结构,在 0.1 附近变化。使用调谐点阵动力学,Shapiro[10]发现对于五种体心立方(body center cubic,BCC)碱金属,f 值约为0.113;而对于面心立方(face center cubic,FCC)金属铝、铜、银、金,其 f 值约为 0.071。这一预测与实验值颇为吻合。

11.4　Born 的晶格稳定性理论

马克斯·玻恩(图 11.9)是德国犹太裔理论物理学家,是量子力学奠基人之一。他因对量子力学的基础性研究尤其是对波函数的统计学诠释而获得 1954 年的诺贝尔物理学奖。

在玻恩的早期研究生涯中,他的兴趣集中在点阵力学上,这是关于固体中原子怎样结合在点阵上的平衡位置并进行振动的理论。玻恩和冯·卡门(von Kármán)在 1912 年发

图 11.9 马克斯·玻恩（Max Born, 1882 ~ 1970）

表了题为《关于空间点阵的振动》的论文[11]。之后，玻恩曾多次回归到晶体理论的研究上。他在 1925 年写了一本关于晶体理论的书，开创了晶格动力学这门新学科。1954 年，玻恩与我国著名物理学家黄昆合著的《晶格动力学》一书[12]，被国际学术界誉为该领域的经典著作。

Born 的晶格稳定性判据[13]为：① 熔化的本质是一种晶格失稳，即晶体材料达到熔点时，便无法抵抗剪切。② 当达到弹性极限时，化学键破断，晶格无法抵抗外加应力（模量为零），发生塑性变形或断裂。此时由于原子间距的拉长，导致点阵软化至剪切刚度为零，晶格失稳，进而体系熔化变为不抗剪切的液相。

如果考虑静水压力的影响，对立方点阵的 Born 稳定性准则可写为下述三个各自独立的条件[14]：

$$
\begin{aligned}
C_{11} + 2C_{12} + P &> 0, \\
C_{11} - C_{12} - 2P &> 0, \\
C_{44} - P &> 0
\end{aligned}
\tag{11.5}
$$

式中，C_{ij} 代表在静水压 P 下的固体刚度矩阵系数，而 $P>0(<0)$ 对应于压缩（拉伸）的情况。应该指出：在有限应变的情景下，此处的刚度矩阵系数 C_{ij} 与点阵的变形有关。

对固体来说，其熔化过程（即从长程有序态向短程有序的无定形态的过渡）有两种方式：① 常规的接近平衡的相变，对应固态与液态的自由能大致相等的情况。在熔点处，晶体仍保持一定的刚度，尚未出现为零的模量。熔化沿着固液界面的迁移或位错管道的蔓延而进行。形核的能垒可以忽略不计。② Lindemann 和 Born 意义上的熔化。该类熔化针对在整个点阵上发生的力学失稳过程，不对应固态和液态具有相同的自由能，也不仅在界面上发生，它对应于某个模量趋近于零。这种失稳过程所对应的温度往往明显地低于平衡态下的熔化温度；也就是说，高度变形伸长的晶体对应着一个过热的晶体。这一机械熔化过程也可以由实验来接近。

借助分子动力学模拟，Jin 等[15]发现当过热的晶体出现熔化时，会同时激发产生大量的不稳定粒子。局部不稳定粒子的聚集与汇合可成为在晶体内部熔化形核的主要机制。如果将局部点阵经过变形伸长到这样一种程度，即其晶体部分和无定形部分的自由能趋于相等时，即使这时承受弹性大应变的点阵在整体上依然坚挺，熔化也可以在局部发生。这是载荷不均匀和热激活过程所对应的原子跃动的不均匀所致。

11.5 强硬固体的探求

早期的晶体研究者们发现，理想晶体的理论强度要远远高于实验中测量的数值。

1934 年,埃贡·奥罗万(Egon Orowan,1902~1989)、迈克尔·波拉尼(Michael Polanyi,1891~1976)和泰勒等几乎同时各自提出了位错学说,认为晶体较低的实际强度来自其内部位错的滑移运动。晶体的位错理论使得晶体的理论数值与实验数值得到了较大程度的吻合,发展至今已经成为研究金属晶体塑性变形、断裂、疲劳、蠕变等力学性质的微观理论基础[16]。

在诸如裂纹与位错这类缺陷形态的指引下,力学家们发展了断裂力学与位错力学,(参见著者在文献[16]、[17]中的整理),试图解释缺陷对固体强硬性的影响。其一般性的结论是:① 裂纹的尺度越大、裂尖越尖锐,对固体强度的削弱就越大;② 可动位错的密度越高、运行阻力越小,固体的塑性就越好、屈服强度就越低;③ 缺陷之间的相互作用既可能产生互相制约的作用,又可能产生互相增强的作用;④ 对于互相制约的缺陷,增加其分布密度可以提高固体的强硬度;对于互相增强的缺陷,增加其分布密度往往会削弱固体的强硬度。

在过去的一个世纪中,力学家与材料学家联手探求越来越强硬的固体。其主要的技术路线有两条:① 采用缺陷互相制约的方案,建立缺陷移动的密集防御;② 采用限制缺陷的方案,消除临界尺寸以上的缺陷。这是两条并行不悖的技术路线,第 11.6 节、11.7 节将对此予以简述。

11.6 理想硬度:缺陷移动的密集防御

固体能有多硬? 一般认为天然金刚石是最硬的,其硬度为 60~120 GPa。在对超硬、超强和超耐磨工具的需求下,以及对于物质硬度上限的探索欲的驱使下,人们效仿金属材料增强的办法,试图对超硬材料的微结构进行调控去实现其性能质的飞跃。早在 20 世纪 50 年代,埃里克·霍尔(Eric O. Hall)和诺曼·佩奇(Norman J. Petch,1917~1992)便提出了著名的 Hall-Petch 关系,他们发现纯铁和钢的强度与其内部晶粒尺寸满足

$$\sigma = \sigma_0 + k / \sqrt{d} \qquad (11.6)$$

其中,σ 为强度;σ_0 为晶格摩擦力;k 为材料常数;d 为晶粒尺寸[18,19]。Hall-Petch 关系在金属材料中得到了广泛的实践,冶金学家使用不同的制备参数和工艺以追求金属中晶粒尺寸的极致下降,获得了微米晶、纳米晶金属,进而实现了金属强度和硬度的极大提升[20-23]。Hall-Petch 关系成功地将材料结构和性能定量的联系了起来,点明了通过微结构调控力学性能的方向。在 Hall-Petch 关系的指导下,人们实现了超硬材料硬度的一次飞跃。人们最近还发现:利用金刚石对顶砧所造成的高压条件,可将 Hall-Petch 关系推向纳米晶体的极致情况[23]。在 Hall-Petch 关系的基础上,人们又发现纳米孪晶可以实现晶粒的进一步细化,且纳米孪晶界还可提供丰富的位错存储空间。中国科学院金属研究所的卢柯团队利用电沉积方法在纯铜中引入高密度的纳米孪晶,在保证电导率不降的条件

下,将纯铜强度提高到了 1 GPa 以上,这是普通纯铜的十倍以上[24]。受此启发,超硬材料中如果引入高密度的孪晶是否也会获得硬度的极大提高?但如何引入高密度的纳米孪晶到超硬材料中成了首要难题。

总的来说,超硬材料的设计可以分为两类:一类是围绕 B、N 和 C 等轻元素,进行价键和组成元素的调控,以实现超高的硬度;另一类是在具有强共价键的金刚石和 cBN 中进行微结构的设计,如纳米晶化、纳米孪晶化等,实现材料硬度的提高。

2013 年,燕山大学的田永君团队创造性地利用洋葱氮化硼作为前驱体,利用高温高压的手段制备出了纳米孪晶 cBN[25],层与层间都是孪晶关系。图 11.10 所示为纳米孪晶 cBN 的微观组织,其内部孪晶片层的平均厚度仅约为 3.8 nm。纳米孪晶 cBN 的硬度可高达 108 GPa,远高于单晶 cBN(约为 45 GPa),已经与单晶金刚石的硬度水平相当。

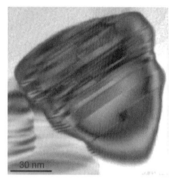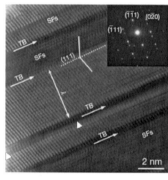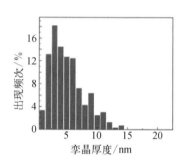

(a) 低倍透射电子显微(TEM)照片　(b) 高倍透射电子显微(TEM)照片　(c) 纳米孪晶cBN中孪晶片层厚度统计

图 11.10　纳米孪晶 cBN 的微观组织[25]

该团队论文在《自然》发表后有争论,德国人质疑其测量方法。对此争论田永君团队予以回复。为了彻底消释疑议,该团队又做了一个由孪晶金刚石做成的套娃结构(图 11.11),每层厚度只有 3~4 nm。他们在《自然》上再次报道金刚石做成套娃状的

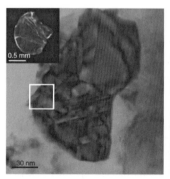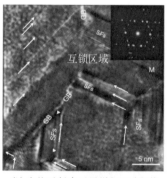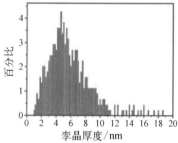

(a) 低倍透射电子显微(TEM)照片　(b) 高倍透射电子显微(TEM)照片　(c) 纳米孪晶金刚石中孪晶片层厚度统计

图 11.11　纳米孪晶金刚石的微观组织[26]

结构可以达到的 200 GPa 的硬度,远远超过天然金刚石[26]。于是,质疑声慢慢平息。纳米孪晶金刚石还具有远高于天然金刚石的热稳定性(纳米孪晶金刚石氧化温度为 960℃,天然金刚石为 720℃),这有效地解决了超硬刀具高速切削时带来的高温问题。此外,不论是纳米孪晶金刚石还是 cBN 均不会出现纳米孪晶金属中的反 Hall-Petch 效应,其硬度随着孪晶片层厚度的下降而单调上升(图 11.12)。纳米孪晶 cBN 和金刚石的成功合成使得人类对材料硬度的设计得到重大飞跃,刷新了此前天然金刚石的硬度纪录。

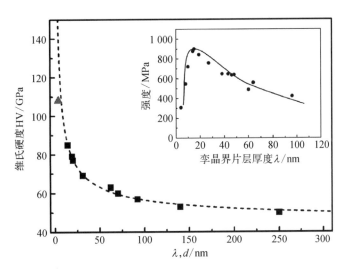

图 11.12　纳米孪晶 cBN 的硬度随其内部孪晶片层厚度的下降而单调上升[25]

当纳米孪晶铜纳米孪晶片层厚度小于 20 nm 时,会出现反 Hall-Petch 关系的软化效应

田永君团队提出了一个称为量子限制效应的机理。若按照该机理进行推算,对原子单层 ABC 循环排列碳的理想孪晶,其硬度可以达到 680 GPa。田永君披露目前他们所做的最薄套娃孪晶结构,其硬度已经达到 450 GPa。他们现在可以做成 5 mm 直径超硬物质,若配以更大吨位的压机,就可以做到 10 mm 的直径,那工业应用就不可限量了。可以将这种由层状孪晶法制备的洋葱状金刚石称为“纳米世界之盾”,由于在总体呈静水压的应力状态下,层状孪晶可实现对位错运行的密集防守,而使其具有超高硬度。但在静水压力缺失的应力状态下,洋葱状金刚石可能并不是最优的构型。

11.7　理想强度:消除临界尺寸以上的缺陷

逼近理想强度的另一类方法是尽可能地去除固体中临界尺寸以上的缺陷。如果能够制备出完美的晶格,就有可能逼近 Frenkel 的理论强度,甚至达到图 11.3 所示的(由第一性原理的模拟计算所揭示的)理想强度峰值。缺陷的存在有其必然的基础:① 对于一般尺寸的固体试件,由于构型熵或混合熵的作用,在其体内必然会存在缺陷;② 试件的表面,如果不能做到原子级平整,就必然会有表面缺陷,或形成可向试件内部传播的原子台阶;③ 对于多晶体、不均匀材料或复合材料,界面也是产生缺陷的源泉。为规避上述产生缺陷的源泉,可以从如下的考虑来制备具有完美晶格的试件:① 选取单晶体来避免界面缺陷;② 试件的尺寸要小,这样既可以避免较大的内部缺陷,又可以通过表面能来吸出试件内部的较小缺陷;③ 试件的表面要进行足够的清洗,尽可能地裸露出由完美晶格组成的原子级平整的表面;④ 试件材料的价键结构要能对位错运行提供足够的阻力,以使其屈服强度逼近其强度极限。从上述考虑来讲,具有纳米尺度的金刚石针尖(needle)或矛柱(pillar)是首选的材料构形。

块体金刚石未能实现极高强度的核心原因在于其表面和内部存在较大尺寸和较高密度的缺陷。Griffith 的早年实验[6,7]就表明:降低试件的尺寸可以实现试件内部和表面缺陷尺寸和密度的降低。当试件尺寸下降到纳米甚至原子尺度时,材料内部和表面可以实现无缺陷状态,进而接近其理想断裂强度[式(11.3)]。这方面的研究取得成功的例子包括硅纳米线(断裂强度约为 20 GPa)[27]、碳纳米管(断裂强度>100 GPa)[28]和石墨烯(断裂强度为 100~130 GPa)[29,30]。对整体呈体态强共价键的金刚石,可能会产生更高强度。

香港城市大学的陆洋和美国麻省理工学院的苏雷什(Subra Suresh,1956~)等利用离子刻蚀的方法制备了一些<111>取向的金刚石纳米针尖,在扫描电子显微镜(SEM)中对这些纳米针尖进行原位弯曲试验,实现了高达 9% 的超高拉伸弹性变形,进而测定金刚石的拉伸强度可达到 89~98 GPa 的强度区间(线弹性预测值),如图 11.13 所示[31]。这远超块体金刚石的弹性变形能力和强度。这一工作一方面突破了金刚石的拉伸强度极限,另一方面实现的超大弹性应变可用于金刚石带隙的调控,进而实现金刚石作为理想半导体的应用[32,33]。但是受到 SEM 较低分辨率的限制,他们对于尺寸、取向和表面缺陷状态对金刚石纳米针断裂强度的影响还缺乏研究。

在前人的研究基础上,聂安民等[34]通过聚焦离子束(focused ion beam, FIB)制备了一批不同尺寸、不同取向的金刚石纳米针尖,并且结合低能 Ar 等离子体清洗去除了纳米针尖表面的损伤层,实现了超高的表面质量(表面仅有 3~4 个原子台阶的起伏),见图 11.14。利用自主研发的 X-Nano 原位 TEM 系统,在高分辨 TEM 下对金刚石纳米针尖进行原位弯曲试验。通过弯曲实验可以观察到金刚石在弹性变形过程中晶格的拉长,并测定其拉伸强度极限。研究发现:金刚石的弹性变形和断裂强度具有显著的尺寸效应和各向异性,并且在直径约为 60 nm 的<100>取向的纳米针尖中实现了 13.4% 的超高弹性变形和 125 GPa 的超高强度。这一强度值是目前人类在三维材料中所实现的最高强度,已超过 Frenkel 估算的理论强度值,并达到金刚石的 Griffith 理论强度极限(取边裂纹长度为两倍的原子最近间距)。结合第一性原理计算,他们发现金刚石纳米针尖理论强度极限的实现与超高的表面质量密切相关,并且有助于在原子尺度上理解金刚石的断裂行为。

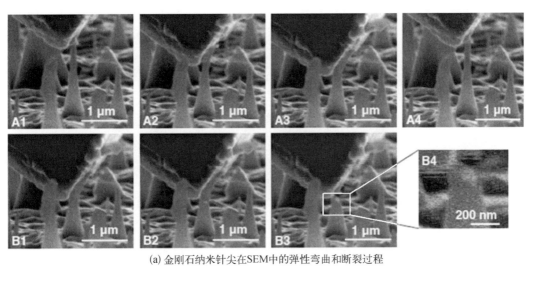

(a) 金刚石纳米针尖在SEM中的弹性弯曲和断裂过程

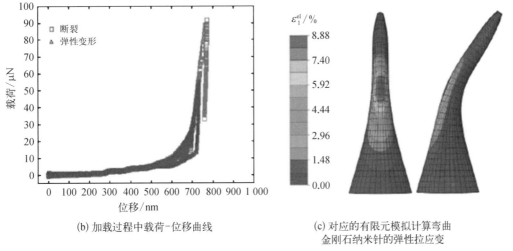

(b) 加载过程中载荷-位移曲线

(c) 对应的有限元模拟计算弯曲
金刚石纳米针的弹性拉应变

图 11.13　金刚石纳米针尖的弯曲[31]

该研究得到的值为 125 GPa 的拉伸强度,尽管是迄今为止最高的,但只是弯曲状态下在拉伸侧所实现的局部应力。更有说服力的强度应该在均匀拉伸的状态下实现。党超群等[35]基于微纳米力学技术,在室温下对长度约 1 μm、宽度约 100~300 纳米的高质量单晶金刚石桥结构进行精细微加工,并在单轴拉伸载荷下实现了样品整体范围内均匀超大弹性应变,对微桥阵列结构的块体单晶金刚石通过原位拉伸加载首次实现了整体均匀的超大弹性应变,见图 11.15。该团队参考美国材料测试学会(American Society for Testing Materials, ASTM)标准和几何结构优化设计制备出带有多个桥的微型金刚石阵列样品。之后在扫描电子显微镜下演示了长度约 2 μm 的金刚石桥阵列的原位拉伸应变,并显示了随应变幅度增加的多桥阵列的加载卸载过程:金刚石阵列在同步均匀地应变至 5.8% 左右时完全恢复原始形状,并最终在约 6% 的水平发生断裂。该团队汇

(a) 纳米针试件及其表面的高清原子像

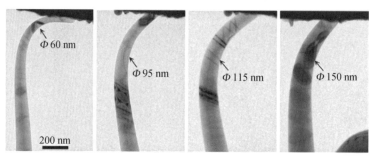

(b) 直径分别为60 nm、95 nm、115 nm和150 nm金刚石纳米针在断裂前所能
实现的最大弯曲变形

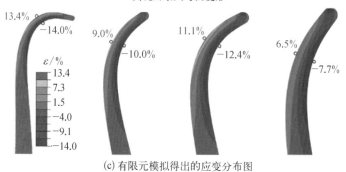

(c) 有限元模拟得出的应变分布图

图 11.14　不同尺寸<100>金刚石纳米针的弹性变形行为[34]

总了[100]、[101]和[111]取向上金刚石样品的所有抗拉强度的实验数据,并针对其拉伸应变及其相应的断裂形态进行了分析和总结。这一加载卸载实验最终证实,样品可以始终达到 6.5%~8.2%的样品全宽度上的弹性应变,并可在三个不同方向上完全恢复。通过优化样品几何形状和微细加工工艺,可实现高达 9.7%的全局最大拉伸应变,该值接近金刚石理想的弹性和强度的极限。

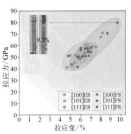

(a) 试件设计图　　　　(b) 拉伸装置示意图　　　(c) 测试数据，在不同取向下
　　　　　　　　　　　　　　　　　　　　　　　　　实现的拉伸应变与拉伸强度

图 11.15　金刚石试件的单向均匀拉伸[35]

11.8　调控塑性：重塑能带的输运行为

固体的塑性与其价键特征相关。金属键对应于较为流畅的塑性行为，因为其对应的电子云（或电子气）为所有的点阵原子所共享，以至于原子间的位置错动较为容易。此时，固体的能带结构是畅通的，也有利于各种输运行为。对于定向取向的价键结构，原子间的位置错动会引起较激烈的断键行为，其所对应的塑性行为就受到抑制，其能带结构也会出现禁带。例如，金刚石为高禁带绝缘体，其禁带高度达到 5.47 eV，见表 11.1。因此，以往只能在高温下才能够观察到位错的运行，在室温下其表现往往为脆性。

表 11.1　金刚石与若干半导体的输运性能

输 运 性 能	硅(Si)	碳化硅(SiC)	氮化镓(GaN)	金刚石
能带/eV	1.11	3.26	3.39	5.47
击穿场强 E_c/(MV/cm)	0.3	3.5	3.4	10.0
电子迁移率 μe/[cm²/(V·s)]	1 500	800	900	2 200
热导率/[W/(cm·K)]	1.5	4.9	2.0	21.3

近年来，科学家们发现高额的静水压力可以改变固体的输运行为，甚至其塑性行为。对固体材料的韧脆性质以往都由 Rice-Thomson 韧脆判据[36,37]来判定，即若一条尖裂纹得以解理延伸，即为脆性；若由裂尖发射位错而钝化，即为韧性。李巨等[38]在 Rice-Thomson韧脆判据的基础上发展了一个无量纲的参数（β）来反映化学键的脆性，如式（11.7）所示，该参数通过自发断键所需的剪切弹性应变能和拉伸弹性应变能的比值来反映化学键的断裂是倾向形成位错滑移还是形成裂纹扩展。

$$\beta = \omega_{\text{shear}} / \omega_{\text{decohesion}} \tag{11.7}$$

式中，ω_{shear} 和 $\omega_{\text{decohesion}}$ 分别为在 0 K 温度下，单位体积诱导自发断键所需的最小剪切弹性能和拉伸弹性能。β 值越高表明剪切诱导断键所需能量越高，相应的断键倾向于形成裂纹扩展,材料脆性则越高。李巨等通过第一性原理计算算得金刚石的 β 值显著高于 Si、SiC 和 NaCl 等脆性材料,表明 C—C 共价键具有极高的脆性[39]。利用第一性原理计算,对比在不同静水压条件下金刚石化学键脆性参数 β 的变化,他们发现随着静水压力的增加,金刚石内部裂纹的形核和扩展受到抑制,相应地,其脆性受到抑制,因此其 β 值会下降,韧性得以提高。在前述工作的基础上,李巨等又发展了"B"判据,用以判断在任意均匀载荷下晶格的稳定性[40]。对于沿着<111>方向压缩金刚石的情况,"B"判据可以表达为

$$B_{66} = C_{66} + 1/2\,(\sigma_{11} + \sigma_{22}) \tag{11.8}$$

式中,B_{66} 为弹性刚度系数张量的分量;C_{66} 为弹性常数张量的分量(等于切变模量 G);σ_{11} 和 σ_{22} 为应力张量的两个分量。

著者所在团队对金刚石的室温塑性行为进行了研究[41,42]。一个有趣的结果是:在 <111>和<110>取向金刚石中的位错均在非密排的面上滑移,而只有在面滑移被完全抑制的<100>取向纳米柱中才能有密排面上的位错滑移激活。在随后进行的第一性原理的计算中发现:这种非密排面的滑移是一种伴随有原子滚翻状态的滑移。关于金刚石中室温位错行为的研究打破了教科书中认为金刚石点阵中位错倾向在密排的面上滑移的固有认知,引发了人们对于超硬材料塑性变形机制的重新思考。

要想理解固体的能带结构和输运行为,必须进行第一性原理计算。在经典分子动力学中,每一个原子被视为在势场力作用下按牛顿定律运动,它一般不考虑电子运动的影响,因此无法揭示固体的能带结构和输运行为。实现量子力学与分子动力学耦合的哈特里(Douglas Hartree,1897~1958)-福克(Vladimir A. Fock,1898~1974)方法和电子密度泛函方法属于第一性原理方法,也称为 ab initio 方法,意为"从源头开始"。哈特里-福克方法是一种近似计算电子-电子相互作用能的方法,其核心思路是平均场近似,即认为一个电子受其他电子的总体作用可以用一个等效的场来表示[43-45]。电子密度泛函方法的基础是电子密度泛函理论(density functional theory,DFT)[46]。该理论认为,一个相互作用系统其内部电子的能带可完全由电荷密度分布决定,并可以通过求解薛定谔方程的波函数得到。

掌握了基于第一性原理的模拟计算方法,则需要探索的下一个问题是:

力学基本问题 39　施加应变可以改变固体的输运性质吗?

从半导体工业近 20 年的发展可知,对硅基半导体集成电路的进展,约有三分之一来自应变工程的贡献。纳米技术的进展,使得深度应变工程成为可能,并且金刚石有可能替代硅成为第四代深禁带半导体材料,其优越的性能见表 11.1,尤其是其对应的高额载流子密度和优异的热管理行为。

尽管金刚石在无应力状态下为高禁带绝缘体,但其在复杂的应变下可以转变为半导体,甚至变为导体[33]。"应变金刚石"在光子学、电子学和量子信息技术中具有巨大的应

用潜力。为展示应变金刚石器件概念,党超群等[35]还加工并实现了微桥金刚石阵列的弹性应变,并通过理论计算和原位电镜电子能量损失谱实验印证了金刚石"深度弹性应变工程"可行性。他们使用电子能量损失谱(electron energy loss spectroscopy,EELS)分析应变单晶金刚石样品。在超大、均匀的弹性应变基础上,进一步实现了微米级金刚石阵列的拉伸应变,预示了"应变金刚石"器件概念的可行性。随着实验接近 10% 的均匀弹性应变,研究人员进行了从 0 到 12% 应变水平的密度泛函理论(density functional theory,DFT)计算,以评估这可能为电子性能带来的影响。模拟结果显示,随着拉伸应变的增加,每个方向的金刚石带隙都会减小,其中沿[101]方向具有最大的带隙减小率,在 9% 的应变下可有效下降至约 3 eV。另外,计算发现沿[111]方向的应变约为 9% 时,金刚石可能转化成为带隙约 4.4 eV 的直接带隙半导体,有利于其光电应用。这些发现为实现金刚石在微电子、光电子和量子信息技术中的器件应用展现了潜力。

高温超导(High-temperature superconductivity,High T_c)研究的两大方向包括发现新的超导材料,以及在原理上阐明超导现象。在原理探索上,John Bardeen、Leon Neil Cooper 和 John Robert Schrieffer 三位美国科学家于 1957 年提出的 BCS(以三位科学家的姓氏首字母命名)超导理论填补了很大一块空白,三人也于 1972 年共同获得诺贝尔物理学奖。基于这一理论,科学家威廉·麦克米兰(William L. McMillan,1936~1984)提出,超导转变温度可能存在上限,一般认为不会超过 40 K。这就是著名的麦克米兰极限。此后,很多科学家开始尝试打破麦克米兰极限,寻求超导温度超过 40 K 的"高温超导体"。

铜氧化物超导体在实验上是由卡尔·米勒及约翰内斯·贝德诺尔茨首度发现,不久两人的研究成果即受到 1987 年诺贝尔物理学奖的肯定。由于它的 T_c 很高,可以超过麦克米兰极限数倍,因此被称为高温超导体。1987 年,物理学家吴茂昆和朱经武在钇钡铜氧系材料上第一次超越液态氮沸点"温度壁垒"而将超导温度提升到 90 K(约 -183℃)。1987 年底,铊钡钙铜氧系材料又将临界超导温度的纪录提高到 125 K。中国科学院物理研究所也在对铜氧化物超导体的研究中作出了重大贡献,科学家们独立发现了液氮温区铜氧化物超导体,并且首次在国际上公布其元素组成为 Ba－Y－Cu－O。在上述研究中均发现:高压可以提高超导温度。由此,产生了下述力学基本问题:

力学基本问题 40　压力诱导的高温超导的微观机理是什么?(科学 125[47] 之一)

当前,压力对高温超导作用已经占据了超导研究的中心。2015 年,德国马普化学研究所的 Mikhail Eremets 与其同事发现,硫化氢在极度高压的环境下(至少 150 GPa,即约 150 万标准大气压),约于温度 203 K(约 -70℃)时会显示出超导电性的经典标志:零电阻和迈斯纳效应。需要注意的是,研究样本必须在约为地心压力一半的巨压下才会出现超导作用。他们于 2015 年 8 月把这一成果发表在《自然》期刊上。2018 年 12 月 20 日,Eremets 团队又在 250 K(约 -23℃)温度下实现了 LaH_{10}(氢化镧)的超导性。这项成果使人们接近了室温超导。

2023年3月初,美国罗切斯特大学迪亚斯在美国物理年会的一场报告中宣布,他们在1GPa(约1万个标准大气压)下,实现了294K(约21℃)的室温超导。这一宣布没有得到学术界认可。南京大学超导物理和材料研究中心闻海虎团队在几乎复刻了迪亚斯研究的室温超导材料后,对该材料电阻进行了测量,发现温度低至10K时都没有超导现象发生。2023年5月11日,闻海虎团队在《自然》期刊上发表研究论文,题目是"氮掺杂氢化镥(LuH$_2$±xN$_y$)近环境条件下不存在超导性"[48]。2023年11月7日,迪亚斯在3月份发表于《自然》期刊上的论文被撤稿。

参考文献

[1] 国务院学位委员会力学评议组. 力学一级学科简介及其博士、硕士学位基本要求[Z], 2023.

[2] Rice J R. Mechanics of solids, The new encyclopedia of britainnica[M]. 15th edition. Chicago: Encyclopedia Britainnica, Inc. , 2002.

[3] Born M, Huang K. Dynamical theory of crystal lattices[M]. Oxford: Clarendon Press, 1956.

[4] Frenkel J A. Zur theorie der elastizitätsgrenze und der festigkeit kristallinischer körper[J]. Zeitschrift für Physik, 1926, 37(7-8): 572-609.

[5] Telling R H, Pickard C J, Payne M C, et al. Theoretical strength and cleavage of diamond[J]. Physical Review Letters, 2000, 84(22): 5160.

[6] Griffith A A. The phenomena of rupture and flow in solids[J]. Philosophical Transactions of the Royal Society of London A, 1921(221): 163-198.

[7] Griffith A A. The theory of rupture[J]. Proceedings of the First Congress of Applied Mechanics, 1924: 55-63.

[8] Inglis C E. Stresses in a plate due to the presence of cracks and sharp corners[J]. Transactions of the Institution of Naval Architects, 1913(55): 219-241.

[9] Lindemann F A. Über die berechnung molekularer eigenfrequenzen[J]. Physikalishe Zeitschrift, 1910, 11: 609-612.

[10] Shapiro J N. Lindemann law and lattice dynamics[J]. Physical Review B, 1970, 1(10): 3982.

[11] Born M, von Kármán Th. Über schwingungen in raumgittern[J]. Physikalishe Zeitschrift, 1912(13): 297-309.

[12] Born M, Huang K. Dynamical theory of crystal lattices[M]. London: Oxford University Press, 1998.

[13] Born M. Thermodynamics of crystals and melting[J]. The Journal of Chemical Physics, 1939, 7(8): 591-603.

[14] Wang J, Yip S, Phillpot S R, et al. Crystal instabilities at finite strain[J]. Physical Review Letters, 1993, 71(25): 4182.

[15] Jin Z H, Gumbsch P, Lu K, et al. Melting mechanisms at the limit of superheating[J]. Physical Review Letters, 2001, 87(5): 055703.

[16] Yang W, Lee W B. Mesoplasticity and its applications[M]. Berlin: Springer Science & Business

Media, 2013.

[17] Yang W. Macroscopic and microscopic fracture mechanics[M]. Beijing: Press of National Defence, 1995.

[18] Hall E O. The deformation and ageing of mild steel: Ⅲ discussion of results[J]. Proceedings of the Physical Society. Section B, 1951, 64(9): 747.

[19] Petch N J. The cleavage strength of polycrystals[J]. Journal of Iron Steel Institute, 1953 (174): 25 - 28.

[20] Gleiter H. Nanocrystalline materials[J]. Progress in Materials Science, 1989, 33: 223 - 315.

[21] Birringer R. Nanocrystalline materials[J]. Materials Science and Engineering: A, 1989(117): 33 - 43.

[22] Lu L, Chen X, Huang X, et al. Revealing the maximum strength in nanotwinned copper[J]. Science, 2009, 323(5914): 607 - 610.

[23] Zhou X, Feng Z, Zhu L, et al. High-pressure strengthening in ultrafine-grained metals[J]. Nature, 2020, 579(7797): 67 - 72.

[24] Lu L, Shen Y, Chen X, et al. Ultrahigh strength and high electrical conductivity in copper[J]. Science, 2004, 304(5669): 422 - 426.

[25] Tian Y, Xu B, Yu D, et al. Ultrahard nanotwinned cubic boron nitride[J]. Nature, 2013, 493(7432): 385 - 388.

[26] Huang Q, Yu D, Xu B, et al. Nanotwinned diamond with unprecedented hardness and stability[J]. Nature, 2014, 510(7504): 250 - 253.

[27] Zhang H, Tersoff J, Xu S, et al. Approaching the ideal elastic strain limit in silicon nanowires[J]. Science Advances, 2016, 2(8): e1501382.

[28] Peng B, Locascio M, Zapol P, et al. Measurements of near-ultimate strength for multiwalled carbon nanotubes and irradiation-induced crosslinking improvements [J]. Nature Nanotechnology, 2008, 3(10): 626 - 631.

[29] Lee C, Wei X, Kysar J W, et al. Measurement of the elastic properties and intrinsic strength of monolayer graphene[J]. Science, 2008, 321(5887): 385 - 388.

[30] Lee G H, Cooper R C, An S J, et al. High-strength chemical-vapor-deposited graphene and grain boundaries[J]. Science, 2013, 340(6136): 1073 - 1076.

[31] Banerjee A, Bernoulli D, Zhang H, et al. Ultralarge elastic deformation of nanoscale diamond[J]. Science, 2018, 360(6386): 300 - 302.

[32] Shi Z, Tsymbalov E, Dao M, et al. Deep elastic strain engineering of bandgap through machine learning [J]. Proceedings of the National Academy of Sciences, 2019, 116(10): 4117 - 4122.

[33] Shi Z, Dao M, Tsymbalov E, et al. Metallization of diamond[J]. Proceedings of the National Academy of Sciences, 2020, 117(40): 24634 - 24639.

[34] Nie A, Bu Y, Li P, et al. Approaching diamond's theoretical elasticity and strength limits[J]. Nature Communications, 2019, 10(1): 5533.

[35] Dang C, Chou J P, Dai B, et al. Achieving large uniform tensile elasticity in microfabricated diamond [J]. Science, 2021, 371(6524): 76 - 78.

[36] Rice J R, Thomson R. Ductile versus brittle behaviour of crystals[J]. The Philosophical Magazine: A Journal of Theoretical Experimental and Applied Physics, 1974, 29(1): 73 - 97.

[37] Rice J R. Dislocation nucleation from a crack tip: An analysis based on the Peierls concept[J]. Journal of the Mechanics and Physics of Solids, 1992, 40(2): 239 - 271.

[38] Li J, van Vliet K J, Zhu T, et al. Atomistic mechanisms governing elastic limit and incipient plasticity in crystals[J]. Nature, 2002, 418(6895): 307 - 310.

[39] Li J, Zhu T, Yip S, et al. Elastic criterion for dislocation nucleation [J]. Materials Science and Engineering: A, 2004, 365(1 - 2): 25 - 30.

[40] Ogata S, Li J. Toughness scale from first principles[J]. Journal of Applied Physics, 2009, 106(11): 113534.

[41] Nie A, Bu Y, Huang J, et al. Direct observation of room-temperature dislocation plasticity in diamond [J]. Matter, 2020, 2(5): 1222 - 1232.

[42] Bu Y Q, Wang P, Nie A M, et al. Room-temperature plasticity in diamond [J]. Science China Technological Sciences, 2021(64): 32 - 36.

[43] Hartree D R. The wave mechanics of an atom with a non-Coulomb central field [J]. Mathematical Proceedings of the Cambridge Philosophical Society, 1928, 24(1): 89 - 111.

[44] Fock V. Näherungsmethode zur Lösung des quantenmechanischen Mehrkörperproblems [J]. Zeitschrift für Physik, 1930, 61: 126 - 148.

[45] Fock V. "Selfconsistent field" mit Austausch für Natrium [J]. Zeitschrift für Physik, 1930, 62: 795 - 805.

[46] Hohenberg P, Kohn W. Inhomogeneous electron gas[J]. Physical Review, 1964, 136(3B): B864.

[47] Science. 125 questions: Exploration and discovery[OL]. [2023 - 12 - 19]. https: //www. sciencemag. org/collections/125-questions-exploration-and-discovery.

[48] Ming X, Zhang Y J, Zhu X, et al. Absence of near-ambient superconductivity in $LuH_2 \pm xN_y$ [J]. Nature, 2023, 620: 72 - 77.

第 12 章
纳米尺度下的极端力学

"底部无垠——步入物理新域之邀。"（There's plenty of room at the bottom — An invitation to enter a new field of physics）

——理查德·费曼，1959 年在加州理工学院美国物理学会年会的演讲

处于纳米尺度的固体，由于缺陷的驱除或规则排布，可以呈现出极致的力学行为。作为例子，在第 11 章中已经介绍了孪晶金刚石的极致硬度与单晶金刚石的极致强度，它们可分别视为纳米世界的盾与矛。本章将更进一步地阐述由于纳米尺度而引起的极端力学行为。这一情景既包括本身就处于低维状态下的固体，也包括虽然本身仍为块状，但至少在某一尺度上贴近纳米范围（数纳米至数百纳米）的小尺度固体样本。本章将列举数个具有启发性的例子：第 12.1 节探讨低维固体；第 12.2 节探讨在纳米尺度下的瑞利不稳定性；第 12.3 节探讨由于纳米层状结构而造成的强韧行为；第 12.4 节描述在纳米尺度下可以促成的应变熔化过程；第 12.5 节探讨在纳米尺度下原本十分脆弱的冰单晶却可能具有的极致弹性行为；第 12.6 节探讨原子精度制造。旨在展示：在纳米尺度下，固体材料的力学性能仍有很大的改善空间。

12.1 低 维 固 体

低维固体系指维数小于 3 的固体存在形式，即以二维、一维、零维形式存在的固体。二维固体，包括两种材料的界面，或者附着在基片上的薄膜，其界面层或膜层的过渡厚度在纳米量级。一维固体，或者称为量子线，其线的粗细为纳米量级。零维材料，或者称为量子点，它由少数原子或分子堆积而成，微粒的大小为纳米量级。半导体和金属的原子簇（cluster）是典型的零维材料，单原子催化目前已经成为化学学科的前沿。

由于低维固体在晶体结构的特异性，故而展现出奇特的物理现象。例如，低维固体中的电子往往被限制在一维的线性链或二维的平面上进行传输，因而它们的导电

性会在某一(或二)个晶格方向特别好,而在其他方向导电性较差。科学家们一度期待着在一种材料中能实现多种甚至所有可能的电子态。以二维体系为代表的低维体系研究展示了实现这一愿景的可能性。在低维体系中,维度的降低导致体系对载流子浓度、介电环境、压强、应力、电场、磁场等非常敏感。因此,材料学家们可以在一个极其宽广的多参数空间对其结构和物性进行精细调控,进而实现一系列新奇量子物态。低维固体涵盖了超导、拓扑、磁学、铁电等几乎所有凝聚态物理中重要的研究课题,对其新奇物性的深入理解和精准调控可以为电子器件的构筑打下坚实的基础。例如在魔角双层石墨烯中就可实现金属/关联绝缘态、非超导/超导、非磁性/磁性,甚至量子反常霍尔效应等多种新奇物态。一方面,这些基于低维体系的研究极大地推进了人们对凝聚态物理中各种新奇量子物态、相变以及准粒子关联等问题的深入理解;另一方面,低维体系的可调控性也为其在未来的应用提供更为广阔的空间。低维材料的一个显著优势是其新奇物态都直接暴露在材料表面,这为直接观测这些量子物态提供了一个前所未有的机会。近年来,科学家们利用扫描隧道显微镜成功地实现了对石墨烯中的量子霍尔铁磁态、双层石墨烯畴界的谷极化导电通道、拓扑绝缘体中的拓扑边界态的直接观测。相关研究可以使人们更深入地理解这些新奇量子物态并澄清其微观物理机制。

1934 年,Peierls[1]和 Landau[2]分别指出,准二维晶体材料由于其自身的热力学不稳定性,在常温常压下会迅速溃塌。因此,对于准二维晶体材料,经典理论的预言是其不存在稳定的二维凝固态,无长程序。1966 年提出的梅尔铭(Nathaniel D. Mermin, 1935 ~)-瓦格纳(Herbert Wagner, 1935 ~)理论进一步指出表面起伏会破坏二维晶体的长程有序[3]。但对在面内和面外具有不同成键方式和键合强度的固体(如面内的强共价键和面外的 π 键),却有可能颠覆这一规则,形成介稳定的二维固体。科学家们孜孜以求的一个问题是:

力学基本问题 41　低维固体可以在何种价键结构下形成?

石墨烯是由单层碳原子构成的以蜂窝状六元环为单元的二维薄膜(图 12.1),其中的碳原子之间以 sp^2 杂化键的形式结合,形成较强的面内作用,而未成键的 p_z 电子轨道则垂直于石墨烯平面,构成环域大 π 键。这也是多层石墨烯之间互相堆叠时的范德华力来源。2004 年英国两位科学家盖姆和诺沃肖洛夫(图 12.2)通过透明胶带微机械剥离高定向热解石墨,成功地获得了稳定的单层石墨烯,并在之后证明石墨烯上有大量波幅约为 1 nm 的波纹,且能通过调整自身的碳碳键长来适应热运动[4]。此外,石墨烯还可以通过在表面形成褶皱或吸附其他分子来维持自身的稳定性,这些表面粗糙结构是石墨烯具有较好稳定性的根本原因。2010 年,盖姆与诺沃肖洛夫因为发现了石墨烯而荣获诺贝尔物理学奖。

石墨烯具有着优异的力学性能。石墨烯或是已知材料中强度和硬度最高的晶体结

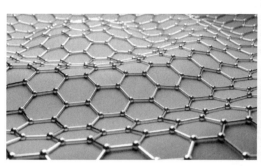

图 12.1　石墨烯

图 12.2　安德烈·盖姆（Andre Geim，1958~）与康斯坦丁·诺沃肖洛夫（Konstantin Novoselov，1974~）

构，其抗拉强度和弹性模量分别为 130 GPa 和 1 TPa[5]。当多层石墨烯构成堆垛时，其层间剪切模量为 4 GPa[6]，剪切强度为 0.04 MPa[7]。但是另一方面，石墨烯的断裂性能相对较差。无论单晶还是多晶石墨烯，其断裂韧性都小于 10 MPa$\sqrt{m}$[8,9]，并且在断裂过程中表现出脆性材料的特征，往往沿着锯齿状边缘这一优先方向发生快速的裂纹扩展。

　　与石墨烯类似的二维固体包括：层状二硫化钼与磷烯，以及由各种二维固体堆垛而成的异质层结构。二硫化钼可成为制作晶体管的新型材料。相较于同属二维材料的石墨烯，二硫化钼拥有 1.8 eV 的能隙，而石墨烯则不存在能隙，因此，二硫化钼可能在纳米晶体管领域拥有广阔的应用空间。而且单层二硫化钼晶体管的电子迁移率最高可达约 500 cm^2/(V·s)，电流开关率达到 1×10^8。磷烯（phosphorene）又称黑磷烯或二维黑磷，是一种从黑磷中剥离出来的有序磷原子构成的、单原子层的、有直接带隙的二维半导体材料，这使得它具有可调控的功能与输运性能。磷烯在场效应晶体管、光电子器件、自旋电子学、气体传感器及太阳能电池等方面有着的广阔的应用前景。

　　另一种有趣的二维固体结构是具有金属键的铁烯。由于并不具有像石墨烯与磷烯中那样的定向价键，常态下的铁晶体很难具有二维形态。但是，可以借助（石墨烯孔洞处的）边缘支撑来形成二维状态的铁烯。王宏涛等[10]发展了一种原子换位法来加工并修饰石墨烯，由该方法也可以制备出铁烯。具体可分为两步：第一步利用重粒子（如金）对石墨烯的轰击来在石墨烯上生成孔洞，见图 12.3（a）；第二步是用不同类型的原子来修饰孔洞的边缘，见图 12.3（b）；如果采用铁原子来进行修饰，则有可能在石墨烯边缘的支撑下，形成一张二维的铁薄膜[11]，即铁烯，见图 12.3（c），铁烯的结构示意图见图 12.3（d）；图 12.3（e）选自文献[12]。

　　常见的低维固体构型还有纳米管和富勒烯球。它们也具有一些极致的力学行为。

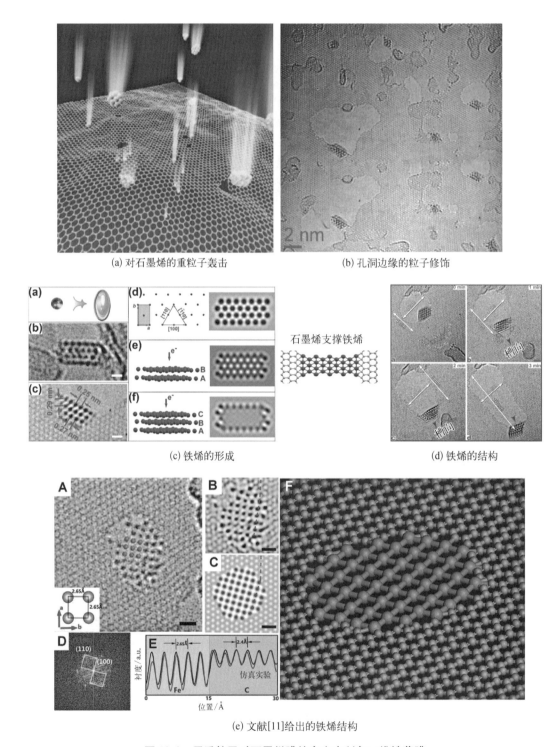

(a) 对石墨烯的重粒子轰击　　　　(b) 孔洞边缘的粒子修饰

(c) 铁烯的形成　　　　(d) 铁烯的结构

石墨烯支撑铁烯

(e) 文献[11]给出的铁烯结构

图 12.3　用重粒子对石墨烯膜的轰击来制备二维铁薄膜

12.2　Rayleigh 不稳定性——EUV 原理

固体与流体的各种不稳定性往往取决于尺度。流体中的不稳定性颇为常见,天花板上水滴的持续滴落现象就是个代表性例子,水滴滴落的场景也可见图 12.4(a)。瑞利勋爵(图 12.5)发现,如果将重的流体放置于轻的流体之上,它们之间界面的微小扰动会被重力的差别以指数增长的形式扩大,从而使得两种流体不断发生混合,这是小扰动导致大响应的一个典型的例子。这种现象也被称为瑞利-泰勒不稳定性(Rayleigh-Taylor Instability)[13]。所以,当有液体膜附着在天花板上时,就相当于较重的水置于较轻的空气上,满足了瑞利-泰勒不稳定性发生的条件,水膜就会逐渐形成液滴。瑞利的科学生涯涉及流体力学、声学、光学等多个方面,特别是在弹性振动理论和光的散射理论(瑞利散射定律)方面取得了巨大成就。许多研究者将瑞利视为唯一获得过诺贝尔物理学奖的力学家,但他被授予 1904 年的诺贝尔物理学奖是因为他发现了惰性气体氩气。在金属材料界面

(a) 流动的瑞利不稳定性　　　(b) 气泡的形成与猝灭　　　(c) 干冰的气化

图 12.4　固体与流体的各种不稳定性

也会发生瑞利-泰勒不稳定性,产生与流体界面不稳定性类似的尖钉和气泡结构,但是其与流体界面不稳定性的最大不同之处在于金属材料具有强度效应。研究表明金属材料强度能够抑制扰动增长,金属的强度效应也会使金属界面不稳定性问题比流体界面不稳定性更复杂,需要考虑的因素更多,如金属材料的本构方程、损伤断裂、相变、熔化、微结构特征等。金属界面不稳定性的发生常常预示着材料经历高温、高压、高应变率等极端环境,因而常存在于惯性约束聚变、超新星爆炸、小行星撞击、地球内核运动和板块构造以及爆炸焊接等领域。

另有一种瑞利-普拉图(Rayleigh-Plateau)不稳定性,是指在一些波长短到一定程度的状态下,如果忽略表面张力,以不同速

图 12.5　瑞利勋爵 (Lord Rayleigh, 1842~1919)

度平行运动的两种不同密度流体的界面下,在所有速度时都会不稳定。它可以描述液柱在界面张力作用下破碎成小液滴的自然现象。随着流体特征尺寸的减小,界面张力的作用渐趋主导,瑞利-普拉图不稳定性的作用就越来越突显。因此,瑞利-普拉图不稳定性在微纳颗粒制造、微流道制备微纳液滴和 3D 打印技术等方面都有广泛的应用。

最近,科学家们发现在极小尺度下由脉冲激光触发的核聚变点火过程和极紫外(extreme ultra-violet,EUV)光刻机的新光源触发过程中都用到瑞利-泰勒不稳定性。

对于前者,为了研究极端加载压力和应变率条件下的金属界面不稳定性及材料混合行为,人们发展了电磁加载和激光加载技术,并利用 Omega 激光器,结合数值模拟,研究了钒和钽分别在 100 GPa 和 350 GPa 的准等熵加载压力下的扰动增长行为。目前,美国国家点火装置(National Ignition Facility,NIF)已经能够实现超过 1 TPa 的准等熵加载。

对于后者,光刻机是生产大规模集成电路的核心设备,制造和维护需要高度的光学和电子工业基础。光刻机的作用是扫描曝光芯片晶圆、刻蚀集成电路。精度越高的光刻机,能生产出尺寸更小、功能更强大的芯片。光源的波长,相当于刻刀刃口的转角半径,是光刻机最重要的技术指标。线宽小于 5 nm 的芯片晶圆,只能用 EUV 光刻机生产。EUV 光刻机的原理是利用极紫外光,其波长为 13.5 nm,小于传统光刻机波长的 1/10,可以实现更高的分辨率和更小的线宽。EUV 光刻机的核心部件是光源和反射镜。光源是一种高功率的激光器,它产生的激光束经过多次倍频和调制。反射镜是一种特殊的光学元件,它由多层反射膜组成,可以反射极紫外光。波长为 13.5 nm 的极紫外光的生成利用了两种瑞利不稳定性。首先,要形成具有微纳尺度的金属锡液滴,再利用瑞利-普拉图不稳定性,使得液滴在界面张力作用下破碎成更微小液滴;然后,在强脉冲激光的作用下,利用瑞利-泰勒不稳定性,使得微小的金属锡液滴进一步破碎为金属锡的等离子体,通过该等离子体的漫射、衍射与折射,入射的强脉冲激光中的大部分物理光波(90%以上)可以转化为波长为 13.5 nm 的极紫外光。

12.3　从粉笔到珍珠贝

断裂力学能够设计高强韧材料的一个典型例子是粉笔与贝壳之鲜明对照(图 12.6)。粉笔与贝壳的主要成分都是碳酸钙,但是两者的力学性质截然不同。粉笔是非常典型的脆性材料,但是活体贝壳却具有非常高的强度和韧性。这种差异的主要原因在于,贝壳中的碳酸钙以微米级厚度的文石晶片形式存在,通过有机胶进行粘接。这些晶片中有着多级自相似嵌套的微结构,类似于俄罗斯套娃,见图 12.7。这种结构一体化的力学设计将裂纹扩展的可能路径长度进行了几何级数的扩展[14],从而使裂纹扩展需要消耗能量增加,即裂纹尖端受到的扩展阻力增大,因此断裂韧性也增大。而未经过结构设计的粉笔,因为在受力时在局部通常会产生很大的应力,很容易超过碳酸钙的强度极限,从而引起脆断[15]。

图 12.6　设计高强韧材料的典型例子：粉笔与贝壳

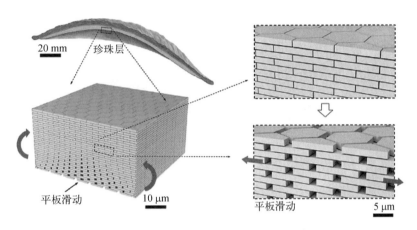

图 12.7　贝壳中的碳酸钙以微米级厚度的文石晶片形式存在

此处存在两个与力学相关的问题：① 片层的厚度需要小到何等程度，才能使得片层免于断裂？② 相对于以文石晶片形式存在的碳酸钙来讲，将其互相连接的有机胶要柔韧到何种程度？

高华健研究组探讨了上述问题[16]。他们提出了如图 12.8 所示的珍珠贝细观力学模型。其中图 12.8(a) 为蛋白质有机胶体包裹的矿物质片层，图 12.8(b) 描绘了力的传递路线。记矿物质片层的厚度为 h，细长比为 ρ；片层的杨氏模量为 E_m，片层材料的理论强度为 σ_{th}。

对于第一个问题，高华健研究组[16]根据理论强度与 Griffith 断裂准则的平衡，得到片层厚度的上界为

$$h^* \approx \alpha^2 \frac{\gamma E_m}{\sigma_{th}^2} \qquad (12.1)$$

式中，γ 为对应晶片的表面能；参数 α 取决于裂纹几何，对裂纹深度达到片层厚度一半的情况，$\alpha = \sqrt{\pi}$。若取 $\gamma = 1\,\mathrm{J/m^2}$、$E_m = 100\,\mathrm{GPa}$，$\sigma_{th} = E_m/30$，则 h^* 可近似估算为 30 nm。该结果表明：矿物质片层的纳米级厚度是该生物复合体达到最优断裂强度的原因。

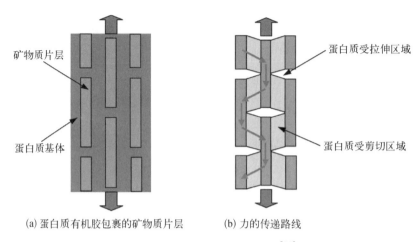

矿物质片层

蛋白质基体

蛋白质受拉伸区域

蛋白质受剪切区域

(a) 蛋白质有机胶包裹的矿物质片层　　(b) 力的传递路线

图 12.8　珍珠贝细观力学模型[16]

为了回答第二个问题,可以记有机胶层的抗剪切强度为 τ_p,由有机胶层的剪切和整体拉伸的力学平衡可得临界细长比为

$$\rho^* = \frac{1}{\tau_p}\sqrt{\frac{\pi E_m \gamma}{h}} \tag{12.2}$$

对于有生命的珍珠贝,它可以自主调节(无论是主动的方式还是达尔文进化论的方式)其涉及的各个参数,如 τ_p、ρ 与 h,使得 $\rho \leq \rho^*$,$h \leq h^*$。对于人造的固体材料,可以尝试提出下述力学问题:

力学基本问题 42　能够产生仿生命过程的神奇固体行为吗?

对应于纳米尺度层状固体可望实现的极致行为,还可以再举一个有关疲劳性能的例子。晶体材料在循环塑性变形下的疲劳问题一直是妨碍材料可靠性的重大问题。有没有可能制备出不会疲劳的金属材料?力学家与材料学家协同合作,在这一问题上进行了宝贵的探索,并在两个方向上取得了突破。一个方向是采用纳米尺度的层状孪晶,在剪切循环加载下将可能产生的缺陷扫到孪晶界面上予以吸收[17];另一个方向是孪晶界面在剪切循环加载下的上下舞动,得以将缺陷清扫到边界或应力不敏感的区域[18]。

12.4　高熵合金的应变熔化

如第 11.3 节所述,按照众所周知的 Lindemann 准则,当原子的热振动位移的均方根超过原子近邻距离的约 10% 时(f 值),将引起晶格失稳,并且其剪切模量之一消逝为零[19-22]。

Lindemann 理论也可以扩展至力学领域,即随着弹性应变的增加,晶体点阵的剪切模量不断下降,当其降为零值时便使晶格点阵失去稳定性[23,24]。这一著名的准则曾由观察到点阵振荡的原子模拟所验证[25],但迄今为止没有得到实验证实[26]。由于真实点阵的不完美性,实际上很难实现 Lindemann 理论中所寄托的理想场景。例如,当温度升高时,晶序的丧失将优先发生于晶体缺陷处,如孔隙、位错、晶界和表面处[27-30]。此外,由于事先存在的缺陷的活动,远在原子间的价键拉伸至其理论极限之前,非弹性弛豫(以种种塑性变形的形式)就可以在力学载荷下发生[31]。于是,晶格点阵的本征响应被预先存在且无所不在的晶格缺陷所遮障,使得人们无法实验验证 Lindemann 准则。

将样品尺寸降低至纳米尺度是减少预先存在缺陷的有效方法,有助于在外界激励下揭示本征点阵响应。然而,即使在纳米尺度样品的内部仅存在少得多的缺陷,样品的表面仍然提供了位错形核的潜在来源[32,33]。由位错运行控制的早期塑性变形可以理想化为沿某一特定平面和方向的有序原子位移,而均匀的原子点阵应变则成为这种非弹性弛豫的先决条件[34]。

具有复杂分布的固溶合金,例如高熵合金(high entropy alloy, HEA),具有本征的局部化学不均匀性,并且由于不同主元原子的粒径不同,而使晶格点阵受到极大的扭曲[35-39]。与常规金属相比,在高熵合金中开动位错所需的均匀点阵应变要大得多。因此,有可能利用小尺度的 HEA 试件来实验验证 Lindemann 准则。

可利用对纳米尺度 HEA 试件的现场加载透射电镜(TEM)观察,来探讨这一问题。采用现场焊接法来制备腰径小于 100 nm 的 HEA 腰鼓形试件[40-42],所制备的样品几乎不含缺陷。使用这些 HEA 试件,研究者们能够观察到一种新的点阵不稳定性的形成,可以将其称为应变熔化。当弹性应变达到约 10% 时,随着点阵不稳定性的发生与发展,点阵的周期性消失。该现象并不能被简单地理解为由 Lindemann 准则或 Born 的点阵失稳模型所描述的熔化物理过程,但却与文献中报道的有关 TiNi 合金、共价材料和块状 HEA 由缺陷的聚集所控制的无定形化过程[43-46]具有本质上的不同。它可能应该更适合采用"形核与扩展模型"解释为由(局部不均匀的)应变场诱发的熔化形成、再不断扩展的过程[47]。有鉴于此,可以提出下述基本问题:

力学基本问题 43　室温下单纯施加应变可以使固体直接熔化吗?

图 12.9 描述了这一应变熔化过程。试件所取材料为 TiHfZrNb 高熵合金,其初始原子点阵结构为 BCC。该合金由在真空电弧炉中熔炼对应高纯度的组成元素制得,并将其合金锭切割为 0.25 mm × 0.25 mm × 10 mm 的杆件,以安装在 TEM 的样品架上。可借助现场焊接方法[40,41]来制备现场高分辨 TEM 实验中所需的纳米尺度样品。试件特征尺寸约为 10 nm,观察方向为[010]。基于 HRTEM 图像,在[001]载荷作用下,BCC 点阵沿着[001]被弹性地拉长;当达到约 10% 应变时,发生晶格失稳,晶格失去有序性,产生非晶结构。

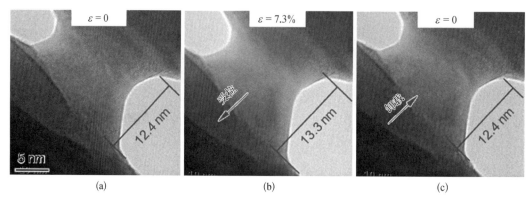

图 12.9　纳米 HEA 可实现超大的弹性应变

TiHfZrNb 高熵合金纳米拉伸试件的变形阶段(图 12.10)可详述如下。图 12.10(a)显示一个由现场焊接方法制备的四元 TiHfZrNb HEA 样品。根据高分辨透射电镜(TEM)成像和对应的快速傅里叶变换成像(fast Fourier transform，FFT)的图像(见内插图)，该样品试件的初始点阵为典型的 BCC 结构，其点阵常数为 $a = b = c = 3.53$ Å。对 HEA 样品施加沿[001]晶向的拉伸载荷。恰好位于弹性失稳前夕的临界点阵结构由图 12.10(b1)的现场高分辨 TEM 影像所捕获；在触发无定形态转化前的关键区域。由矩形框勾勒出的局部点阵在局部应变的作用下偏离了原先的 BCC 结构。由局部放大图和对应的 FFT 阵列[图 12.10(b2)]，该点阵已经变形为具有较低对称性的体心正方点阵(body centered tetragonal，BCT)，其点阵常数为：$a' = b' = 3.42$ Å，$c' = 3.87$ Å。图 12.10(b3)显示了对该 BCT 点阵模拟的高分辨透射电镜(TEM)成像和傅里叶变换成像阵列，该模拟与实验数据吻合甚佳。根据这一点阵变化，可以确定初始的 BCC 点阵已经沿着 c 轴(即[001]晶向)拉长了约10%，并伴随而来地引起了沿着[100]和[010]方向约3%的等值收缩，如图 12.10(b4)所示。值得注意的是：在这一过程中，并没有观察到点阵转换或价键破断。图像表示未曾出现非线性能量弛豫，即10%的变形都是弹性的(也不是由相变产生的伪弹性引起)。图 12.9 表明，对 TiHfZrNb 试件的拉伸加载与卸载证实了该数值巨大的弹性应变可以完全被卸载过程所恢复。因此，对这种 HEA 试件在10%应变前并没有激发非弹性弛豫。

如果进一步拉伸，周期性的晶格点阵将发生溃乱，并出现从 BCT 到无定形结构的变化，如图 12.10(c1)所示。该图中矩形框区域的放大图见图 12.10(c2)，由红色虚线所勾勒的区域是无定形晶核，而由黄色虚线和红色虚线所围合的区域是在晶体-无定形界面前沿的高度变形晶格。如果进一步增加拉伸载荷，无定形区域将迅速扩展，并在 HEA 样品试件中形成了一个无定形区段，如图 12.10(d1)所示。该图中插图所显示 FFT 阵列出现一条扩散化的圆环，确证其为无定形结构。图 12.10(d2)对应于图 12.10(d1)中矩形框区域的放大图，显示了在晶体与无定形材料界面区的扩散特征，该区域具有一条 1.5 nm 厚的过渡层，由该图中两条红色虚线勾勒，其中为低对称性且高度歪曲的点阵。如此宽阔且呈扩散状的过渡层吸收了由界面契合所产生的大量弹性应变能,并且成为无定形结构扩展的动力。沿着其他晶向(如 TiHfZrNb 试件的<110>晶向)施加拉伸载荷也可以验证这一机械力驱动的无定形化过程。同样,该机械力驱动的无定形化过程也发生在弹性应变约为 10%处。此外,如果将试件倾斜不同角度,则可以证实所观察到的无定形结构的无序 TEM 衬度是真实的,并不是由于观测方向而引起的假象。

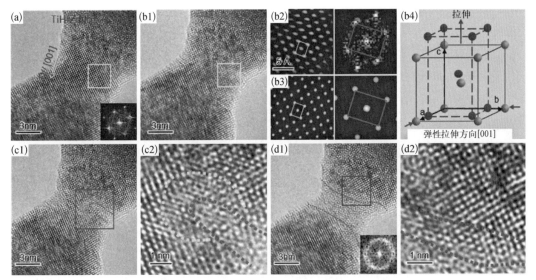

图 12.10　纳米高熵合金试件样品的应变熔化

(a) 具有体心立方(BCC)的 HEA 样品沿着[001]晶向进行拉伸,其内插图对应于矩形框内区域的快速 Fourier 变换成像;(b1) 在触发无定形态转化前的关键区域;(b2)图(b1)中矩形区域的放大影像和傅里叶变换成像,表明原先的 BCC 点阵被弹性拉伸为体心正方(BCT)点阵;(b3) 对应于图(b2)的模拟高分辨透射电镜(TEM)成像和傅里叶变换成像阵列;(b4) 描述点阵变形的示意图;(c1) 在 HEA 样品中形成无定形晶核;(c2) 对应于图(c1)中红框区的放大图,由红色虚线所勾勒的区域是无定形晶核,而由黄色虚线和红色虚线所围合的区域是在晶体-无定形界面前沿的高度变形晶格;(d1) 在 HEA 样品试件中形成了一个无定形区段;(d2) 对应于图(d1)矩形框区域的放大图,显示了(由两条虚线勾勒的)一条扩散状的界面

对其他高熵合金(TaHfZrNb、HfZrNb、TiHfNb、TiNb、TiZr)的样品试件也可以进行类似的高分辨 TEM 的现场拉伸试验。其综合性的结论是:对于三组元、四组元与五组元合金,均可在点阵应变约为 10%时,触发应变熔化现象。然而,对于二组元合金,未能观察到应变熔化,反而是先出现位错滑移或晶体相变。对于单组元金属,例如 Nb,文献中报道了其在晶体形态下多种塑性变形模式,包括位错滑移、孪晶、晶体相变等,但即使是在纳米尺度试件上也不能激发应变。因此,应变熔化的激发一般会取决于主要元素的数目。即合金中的主元数越多,就越容易触发无定形转变,如表 12.1 所示。此外,在 BCC 晶体中,由于其非密排的点阵结构,进行位错激活所需要的应力势垒较高。尤其对于 BCC 高熵合金,它比 FCC 高熵合金和稀溶液合金具有大得多的点阵畸变。因此,应变熔化通常发生于具有多组元的纳米尺度 BCC 结构合金。实验结果表明:应变熔化的激发一般依赖于构型熵,因此也与组成主元数相关。

表 12.1 纳米合金主元数对应变熔化的影响

合 金	点阵失稳机制	合 金	点阵失稳机制
TiHfZrNbTa	应变熔化	TiHfNb	应变熔化
TiHfZrNb	应变熔化	TiNb	晶体相变
TaHfZrNb	应变熔化	ZrNb	晶体相变
TiZrNb	应变熔化	TiZr	偏位错
HfZrNb	应变熔化	Nb	晶体相变、孪晶与位错

还可以从能量的观点来理解应变熔化过程。应变熔化的能量地貌图可借助第一性原理(密度泛函理论)的模拟来绘制。对于 TiHfZrNb 合金,图 12.11 计算了其无定形状态和晶态下的能量存储,以及其系统能量随着弹性应变施加的变化。无定形态由将液态 TiHfZrNb 从 3 000 K 到 0 K 的无限大冷却率下的淬火过程得到,见图 12.11(a)。计算所得的无定形态 TiHfZrNb 的能量为 −8.981 eV/原子。晶体 TiHfZrNb 的弛豫原子构型见图 12.11(b),其能量低于无定形态,值为 −9.037 eV/原子。当弹性应变增加时,TiHfZrNb 点

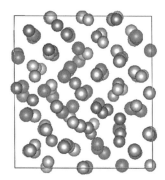

(a) TiHfZrNb合金的原子构型:
无定形态(−8.981 eV/原子)

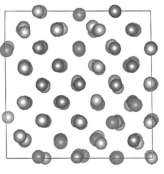

(b) TiHfZrNb合金的原子构型:
未变形的晶体态(−9.037 eV/原子)

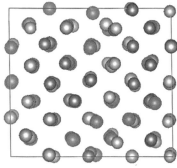

(c) TiHfZrNb合金的原子构型:
10%拉伸应变的晶体态
(−8.975 eV/原子)

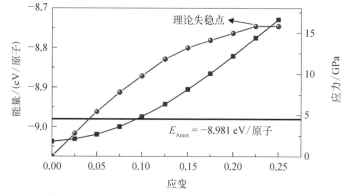

(d) 当弹性应变上升时,TiHfZrNb点阵的能量与应力上升

图 12.11 弹性变形中的能量存储

阵的能量持续上升,见图 12.11(d),加载至 10%拉伸应变时,该能量达到 -8.975 eV/原子,见图 12.11(c)。该数值超过了无定形态下的对应能量值,表明相对于无定形态,高度拉伸加载的试件变得不稳定。上述结果表明:晶态和无定形态之间的能垒可以通过在一个大弹性应变(约 10%)下的弹性能存储来克服。这里还需指出:基于密度泛函理论,对 TiHfZrNb 计算所得的理论应力-应变曲线所对应的弹性失稳应变的理论值约为 22.5%,见图 12.11(d),该值显著超过约 10%的实验观察值。这一差别不能完全归结于室温下的热激活过程。根据应力-应变曲线,在约 10%的弹性应变下,在纳米尺度的高熵合金试件中产生的单拉应力约为 9.8 GPa,于是可以产生值为 3.3 GPa 的静水拉伸应力。基于 Born 稳定性准则,在静水压力下立方点阵的稳定性准则为式(11.5)[22,48]。在高额静水拉伸应力下,该稳定性准则的第一式会受到显著的影响:一是因为 P 为负值;二是由于静水拉伸导致的点阵三向拉长会削减 C_{ij}。也就是说,在纳米试件中观测到的应变熔化会随着静水拉伸的作用而加剧。

　　综上所述,传统的非晶化转变是通过积累缺陷、提高系统能量,来实现低能量的晶体向高能量的非晶体转变;而应变熔化是通过超大弹性应变积累足够高的弹性应变能,来实现低能量的晶体向高能量的无定形态的直接转变。要实现后者,需要抑制缺陷的早期发生:一是通过纳米尺度的试件几何;二是通过(如多组元的方式或非密排的 BCC 点阵等方式)对固体构成的第一性原理设计来增加缺陷(如位错)运动的势垒。

12.5　纳米冰单晶纤维的极致弹性

　　纳米尺度下固体的极限力学行为不仅表现在像金刚石、石墨烯、高熵合金、纳米孪晶金属这些人们刻意制备的固体物质之中,也表现在自然界经常遇到的天然物质之中。作为地球上存量最高、最常见的物质之一,人们对冰并不陌生[49];但对冰的世界仍然充满未知。通常认为,体状的冰是一种脆性的易碎物质,所以容易产生雪崩、冰川滑移和海冰碎裂等自然现象。实验发现[50]:冰晶体所能承受的最大弹性应变远低于其大于 10%的理论极限。这一巨大差异大多来源于真实冰晶体中所存在的结构缺陷。在自然界存在着冰的各种微纳米结构,如雪花、冰须等,它们可望具有超越体状冰的力学性能。图 12.12 为冰单晶的各种结构[49]。

　　表面水-冰层的形成和生长也是常见的现象,在金属、绝缘体甚至是石墨烯表面均能发现二维冰层的存在。北京大学江颖等利用非接触原子力显微学对在金(111)表面进行生长的二维双层冰的边缘结构实现了成像观察,见图 12.13。研究发现[51]:二维六方晶系的冰在生长过程中,不仅存在 Z 型边缘结构(常见于二维六方晶体),还有扶手椅型边缘结构与其共存。

　　浙江大学童利民研究团队与该校交叉力学中心的卜叶强、王宏涛合作,对高质量的微

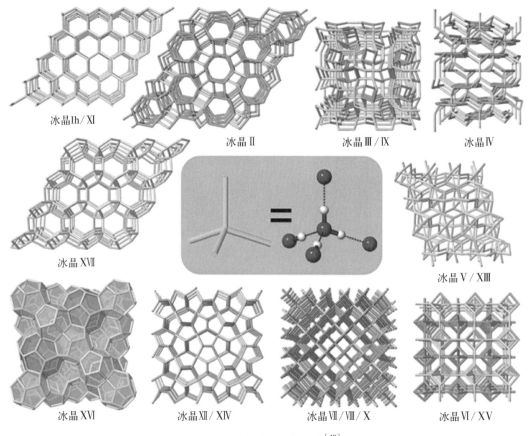

冰晶Ih/XI

冰晶Ⅱ

冰晶Ⅲ/Ⅸ

冰晶Ⅳ

冰晶XⅦ

冰晶Ⅴ/XⅢ

冰晶XⅥ

冰晶XⅡ/XⅣ

冰晶Ⅶ/Ⅷ/Ⅹ

冰晶Ⅵ/XⅤ

图 12.12　各种冰晶体结构[49]

纳米冰纤维(ice micro-fiber, IMF)进行了制备和表征[52],其结果证明该种纤维可呈现出极致的弹性应变和可见光传输性能。通过图 12.14 中所示的电场诱导冰晶制备方法,可

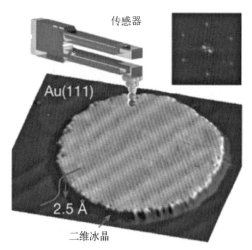

传感器

Au(111)

2.5 Å

二维冰晶

**图 12.13　二维双层冰结构的实验
制备与观察[51]**

生长出直径 800 nm ~ 10 μm 的高质量冰单晶纤维。冷冻电镜验证了沿 c 轴生长的六方晶型的冰单晶纤维内部几乎没有孔隙、裂纹等缺陷,且表面平整[52]。

对经上述制备过程得到的 IMF 进行弹性弯曲实验,其结果如图 12.15 所示[52]。可使用微操作来在冷腔中弯曲 IMF。与体状冰不同,纤细的 IMF 易于弯曲,并可以对其进行弹性弯曲与弯曲释放。图 12.15(a)显示直径为 4.7 μm 的 IMF 的一组光学显微图片,在 -70℃ 时可一直弯曲到 63 μm 的最小曲率半径。当释放弯曲压力后,IMF 随之恢复到初始形状。

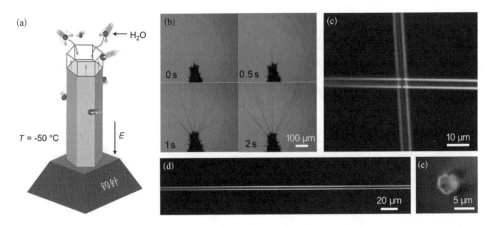

图 12.14 IMF 的生长与显微光学形貌[52]

（a）IMF 的电场增强生长示意图，在-50℃冷腔中的钨针尖上施加 2 kV 直流电压，部分显示的钨针尖可作为单根 IMF 向上沿电场方向生长的基座；（b）显微光学照片，显示从钨针尖上以约 200 μm/s 速度生长出的多根 IMF 的过程；（c）两根相交的 3 μm 直径 IMF 的显微光学照片；（d）一根长长的直径为 3.3 μm 均匀 IMF 的显微光学照片；（e）一根直径为 4.3 μm 的 IMF 的端面显微光学照片，显示其横截面为六方形

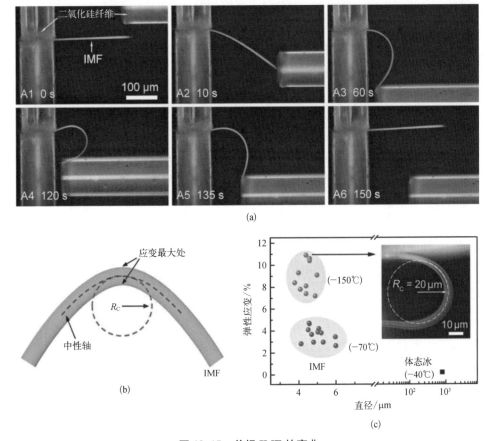

图 12.15 单根 IMF 的弯曲

（a）一根直径为 4.7 μm 的 IMF 受到弹性弯曲与弯曲释放的光学显微图片；（b）IMF 的弯曲分析模型；（c）在-70℃与-150℃下对各种直径的 IMF 所得到的最大拉伸应变，以及与以往报道的体状 Ih 冰（黑方块）的比较；插图表示在-150℃下受弯 IMF（其直径为 4.4 μm，而弯曲的最小曲率半径为 20 μm）的光学显微图片，对应于 10.9% 的最大应变[52]

图中的序列显示了弯曲过程是一个可逆的弹性变形。通过寻找与弯曲时的 IMF 中性轴相吻合的圆弧,可以获得 IMF 上下面的应变极值,见图 12.15(b)。由于 IMF 的横截面尺寸相对较小,可假定其中性轴应变为零,并且在两表面处的弹性(拉压)应变的峰值绝对值相等。对-70℃与-150℃两种温度下不同直径的 IMF 的测量结果表明,其最大弹性应变分别为 4.6% 和 10.9%。图 12.15(c) 报道了对各种直径 IMF 所测得的最大拉伸应变,这些值远高于以往对体状冰的报道(一般<0.3%)[52]。而且,在-150℃时测量得到的最大弹性应变值(>10%)已经逼近冰的理论弹性极限。即使经历了超大应变,所有受弯的 IMF 在弯曲加载释放后,仍得以恢复到其初始形状,表明 IMF 并不存在体状 Ih 冰在经历高应变后所表现的蠕变行为。

图 12.16 给出了不同波长的光在冰、氮化硅和二氧化硅中折射率的比较。吸收率与折射率成正比,因此,从紫外到可见光谱范围,冰的光吸收远低于氮化硅和二氧化硅。由于冰纤维内部和表面缺陷极少,因此光在其中传输的散射也极少。有鉴于此,在可见光波段可实现冰单晶纤维的宽带光传输,传输损耗低达 0.2 dB/cm。

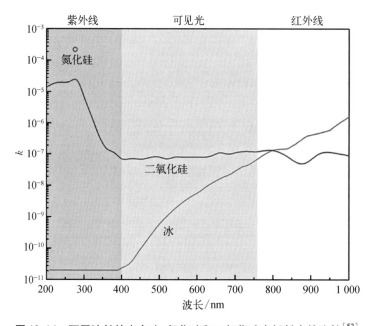

图 12.16 不同波长的光在冰、氮化硅和二氧化硅中折射率的比较[52]

IMF 具有的优异的直径均匀性和表面光滑性使其成为低温光导纤维的候选者。将消逝耦合的可见光输入 IMF 的一端[图 12.17(a)],可以方便地观察到其对不同波长的光的沿纤维长度的波导行为[图 12.17(b)]。沿 IMF 进行位置相关的散射光强分析[图 12.17(c)],可以得到其在 525 nm 波长下的波导损耗仅为 0.2 dB/cm,与当今最好的片上波导处于同一水平。由此可见,无缺陷冰单晶光纤在低温下用作低损耗柔性光导纤维具有巨大潜力。

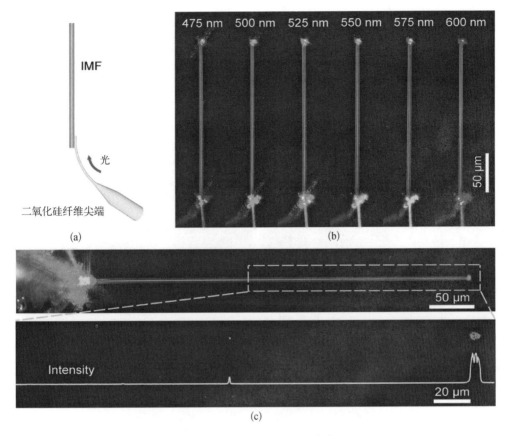

图 12.17　IMF 的光学表征[52]

(a)由消逝波偶合法来对 IMF 注入光的示意图;(b)一根(直径为 4.4 μm,长度为 200 μm) IMF 作为不同波长的光导的显微图像;(c)上图为一根 5.4 μm 直径 IMF 导引 525 nm 波长光的亮场显微图像,虚线框内的部分用来收集散射光;下图为上图中 IMF 在框区内的暗场显微图像,表明除了临近中点处外,其散射光强均很弱

12.6　原子精度制造

机械制造的极端情况是原子精度制造,即具有原子分辨率的制造过程。原子精度制造仰赖于具有原子级尖锐的刀具。"原子刀"的概念曾在制造业中提出,是指刃口半径可以小到若干纳米,甚至若干个原子尺度的切削刀具。图 12.13(a)显示了当今商业出售的最高精度的金刚石车刀,其刃口半径约为 50 nm。图 12.18(b)显示了由浙江大学交叉力学中心制备的单晶金刚石刀尖,其刃口半径可以小到 1 nm。他们先由聚焦等离子束切制纳米针,再经由低压氩离子清洗来大幅度减薄其无定形碳层,再由解理断裂法制备其刃口。

利用纳米加载台 X-Nano,可以操作纳米单点金刚石车刀来加工样件,对面心立方金属金的加工过程如图 12.19 所示,亦附有视频。可以观察到:该原子尺度的加工过程非常类似于宏观世界中铲车削推道渣的过程,在坚实的(强共价键)金刚石车刀的推动下,柔弱的(面心立方)金属沿滑移面被推平并填向下方。

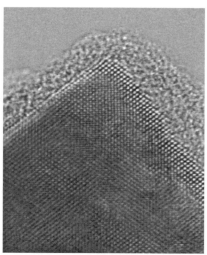

(a) 有商业产品的单点金刚石车刀   (b) 经实验室纳米制备工艺所得的单晶
金刚石车刀(刃口半径约为1 nm)

图 12.18　原子车刀

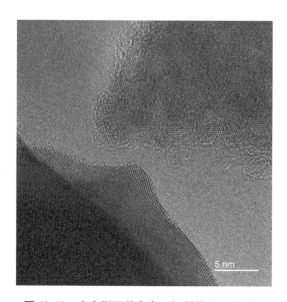

图 12.19　由金刚石单点车刀切削若干层金原子

参考文献

[1] Peierls R. Quelques propriétés typiques des corps solides[J]. Annales de L'institut Henri Poincaré. 1935, 5(3): 177 – 222.

[2] Landau L D. Zur theorie der phasenumwandlungen Ⅱ[J]. Physikalische Zeitschrift der Sowjetunion, 1937, 11(545): 26 – 35.

[3] Mermin N D, Wagner H. Absence of ferromagnetism or antiferromagnetism in one-or two-dimensional

isotropic Heisenberg models[J]. Physical Review Letters, 1966, 17(22): 1133.

[4] Meyer J C, Geim A K, Katsnelson M I, et al. The structure of suspended graphene sheets[J]. Nature, 2007, 446(7131): 60 - 63.

[5] Lee C, Wei X, Kysar J W, et al. Measurement of the elastic properties and intrinsic strength of monolayer graphene[J]. Science, 2008, 321(5887): 385 - 388.

[6] Kelly B T. Physics of graphite[M]. London: Applied Sicence Publishers, 1981.

[7] Wang G, Dai Z, Wang Y, et al. Measuring interlayer shear stress in bilayer graphene[J]. Physical Review Letters, 2017, 119(3): 036101.

[8] Zhang T, Li X, Gao H. Fracture of graphene: A review[J]. International Journal of Fracture, 2015, 196: 1 - 31.

[9] Zhang Z, Zhang X, Wang Y, et al. Crack propagation and fracture toughness of graphene probed by Raman spectroscopy[J]. ACS Nano, 2019, 13(9): 10327 - 10332.

[10] Wang H, Wang Q, Cheng Y, et al. Doping monolayer graphene with single atom substitutions[J]. Nano Letters, 2012, 12(1): 141 - 144.

[11] Wang H, Li K, Yao Y, et al. Unraveling the atomic structure of ultrafine iron clusters[J]. Scientific Reports, 2012, 2(1): 995.

[12] Zhao J, Deng Q, Bachmatiuk A, et al. Free-standing single-atom-thick iron membranes suspended in graphene pores[J]. Science, 2014, 343(6176): 1228 - 1232.

[13] Taylor G I. The formation of a blast wave by a very intense explosion Ⅰ. Theoretical discussion Ⅱ. The atomic explosion of 1945[J]. Proceedings of the Royal Society of London. Series A. Mathematical and Physical Sciences, 1950, 201(1065): 159 - 174, 175 - 186.

[14] Yin Z, Hannard F, Barthelat F. Impact-resistant nacre-like transparent materials[J]. Science, 2019, 364(6447): 1260 - 1263.

[15] 蒋持平. 材料力学趣话: 从身边的事物到科学研究[M]. 北京: 高等教育出版社, 2019.

[16] Gao H, Ji B, Jäger I L, et al. Materials become insensitive to flaws at nanoscale: lessons from nature [J]. Proceedings of the National Academy of Sciences, 2003, 100(10): 5597 - 5600.

[17] Pan Q, Zhou H, Lu Q, et al. History-independent cyclic response of nanotwinned metals[J]. Nature, 2017, 551(7679): 214 - 217.

[18] Zhu Q, Huang Q, Guang C, et al. Metallic nanocrystals with low angle grain boundary for controllable plastic reversibility[J]. Nature Communications, 2020, 11(1): 3100.

[19] Lindemann F A. Über die berechnung molekularer eigenfrequenzen[J]. Physikalische Zeitschrift der Sowjetunion, 1910(11): 609 - 612.

[20] Gilvarry J J. The lindemann and grüneisen laws[J]. Physical Review, 1956, 102(2): 308.

[21] Brillouin L. On thermal dependence of elasticity in solids[J]. Physical Review, 1938, 54(11): 916.

[22] Born M. Thermodynamics of crystals and melting[J]. The Journal of Chemical Physics, 1939, 7(8): 591 - 603.

[23] Li J, Zhu T, Yip S, et al. Elastic criterion for dislocation nucleation[J]. Materials Science and Engineering: A, 2004, 365(1 - 2): 25 - 30.

[24] Born M, Huang K. Dynamical theory of crystal lattices[M]. Oxford: Oxford University Press, 1996.

[25] Luo S N, Strachan A, Swift D C. Vibrational density of states and Lindemann melting law[J]. The Journal of Chemical Physics, 2005, 122(19): 194709.

[26] Mei Q S, Lu K. Melting and superheating of crystalline solids: From bulk to nanocrystals[J]. Progress in Materials Science, 2007, 52(8): 1175-1262.

[27] Alsayed A M, Islam M F, Zhang J, et al. Premelting at defects within bulk colloidal crystals[J]. Science, 2005, 309(5738): 1207-1210.

[28] Wang L, Zhang L, Lu K. Vacancy-decomposition-induced lattice instability and its correlation with the kinetic stability limit of crystals[J]. Philosophical Magazine Letters, 2005, 85(5): 213-219.

[29] Kuhlmann-Wilsdorf D. Theory of melting[J]. Physical Review, 1965, 140(5A): A1599.

[30] van der Gon A W D, Smith R J, Gay J M, et al. Melting of Al surfaces[J]. Surface Science, 1990, 227(1-2): 143-149.

[31] Lorca J. On the quest for the strongest materials[J]. Science, 2018, 360(6386): 264-265.

[32] Diao J, Gall K, Dunn M L. Surface-stress-induced phase transformation in metal nanowires[J]. Nature Materials, 2003, 2(10): 656-660.

[33] Wang Q, Wang J, Li J, et al. Consecutive crystallographic reorientations and superplasticity in body-centered cubic niobium nanowires[J]. Science Advances, 2018, 4(7): eaas8850.

[34] Zhu T, Li J. Ultra-strength materials[J]. Progress in Materials Science, 2010, 55(7): 710-757.

[35] Ma E. Unusual dislocation behavior in high-entropy alloys[J]. Scripta Materialia, 2020(181): 127-133.

[36] Chen B, Li S, Zong H, et al. Unusual activated processes controlling dislocation motion in body-centered-cubic high-entropy alloys[J]. Proceedings of the National Academy of Sciences, 2020, 117(28): 16199-16206.

[37] Ding Q, Zhang Y, Chen X, et al. Tuning element distribution, structure and properties by composition in high-entropy alloys[J]. Nature, 2019, 574(7777): 223-227.

[38] Zhang R, Zhao S, Ding J, et al. Short-range order and its impact on the CrCoNi medium-entropy alloy[J]. Nature, 2020, 581(7808): 283-287.

[39] Bu Y, Wu Y, Lei Z, et al. Local chemical fluctuation mediated ductility in body-centered-cubic high-entropy alloys[J]. Materials Today, 2021, 46: 28-34.

[40] Wang J, Zeng Z, Weinberger C R, et al. In situ atomic-scale observation of twinning-dominated deformation in nanoscale body-centred cubic tungsten[J]. Nature Materials, 2015, 14(6): 594-600.

[41] Zhu Q, Cao G, Wang J, et al. In situ atomistic observation of disconnection-mediated grain boundary migration[J]. Nature Communications, 2019, 10(1): 156.

[42] Zhong L, Wang J, Sheng H, et al. Formation of monatomic metallic glasses through ultrafast liquid quenching[J]. Nature, 2014, 512(7513): 177-180.

[43] He Y, Zhong L, Fan F, et al. In situ observation of shear-driven amorphization in silicon crystals[J]. Nature Nanotechnology, 2016, 11(10): 866-871.

[44] Huang J Y, Zhu Y T, Liao X Z, et al. Amorphization of TiNi induced by high-pressure torsion[J].

Philosophical Magazine Letters, 2004, 84(3): 183-190.

[45] Sharma S M, Sikka S K. Pressure induced amorphization of materials[J]. Progress in Materials Science, 1996, 40(1): 1-77.

[46] Wang H, Chen D, An X, et al. Deformation-induced crystalline-to-amorphous phase transformation in a CrMnFeCoNi high-entropy alloy[J]. Science Advances, 2021, 7(14): eabe3105.

[47] Wolf D, Okamoto P R, Yip S, et al. Thermodynamic parallels between solid-state amorphization and melting[J]. Journal of Materials Research, 1990, 5(2): 286-301.

[48] Wang J, Yip S, Phillpot S R, et al. Crystal instabilities at finite strain[J]. Physical Review Letters, 1993, 71(25): 4182.

[49] Petrenko V F, Whitworth R W. Physics of ice[M]. London: Oxford University Press, 2002.

[50] Petrovic J J. Review mechanical properties of ice and snow[J]. Journal of Materials Science, 2003(38): 1-6.

[51] Ma R, Cao D, Zhu C, et al. Atomic imaging of the edge structure and growth of a two-dimensional hexagonal ice[J]. Nature, 2020, 577(7788): 60-63.

[52] Xu P, Cui B, Bu Y, et al. Elastic ice microfibers[J]. Science, 2021, 373(6551): 187-192.

第 13 章
模量的可控性与输运性能

"未来,随着'隐身'技术和'超材料'的逐渐成熟,科幻作品里的'隐身'畅想将逐渐走向现实。"

——褚君浩,首届 bilibili 超级科学晚

从静态到动态,本构关系体现了固体的基本力学行为。与固体动态行为有关的力学特征不仅包括其结构响应,还包括其输运性能。固体的输运性能体现为诸类物理场在固体中的传播特征。这里的物理场包括力学场(应力波)、声学场(声波)、光学场(光波)、电磁场(电磁波)等。固体中诸类波动场常由不同速度、不同偏振方向的波的梯次组合而成。对其传播速度最快的线性波来讲,物理场的传播速度取决于固体本构响应的线性化项,而该项可以由其切线模量来表征。本章探讨这些模量的可控性,进而在此基础上阐述其与固体输运性能的关系。

13.1 光、电、磁、声、力的基本方程与斗篷理论

对自然物体和人工制品来讲,其上可承载多类物理场(如力、热、声、光、电、磁等)的场分布。这些场由对应的场方程所制约。对呈连续介质态分布的物质,其对应的场方程有连续化的牛顿动力学方程(如流体的 N-S 方程、弹性体的 Navier 方程)、光波和电磁波所遵循的麦克斯韦方程、热场方程(如热力学理论方程、傅里叶传热方程)等。对呈点阵分布的颗粒状物质组合体,其对应的方程为晶格动力学方程[1]。

作为能量传播的一种方式,波动在自然界中普遍存在。如视觉感知的可见光是波长在数百纳米尺度(390~780 nm)的电磁波,语言交流的音响是借助空气振动进行能量传递的声波,机械系统的振动是在结构中传播的弹性应力波[2]。如果通过某一种波无法感知到某类特定的物体或其细观结构,则称该物体对该种场波动具有"隐形斗篷"的遮盖效应,并针对不同的物理场分别称为"光学斗篷""声学斗篷""弹性动力学斗篷"等。数个世纪以来,隐形是人类一种执着的追求。在电影《哈利·波特》中,观众曾看到哈利披上隐身斗篷,使得身体部位骤然消失。那么在现实中,人们能否做到隐形(invisibility)或隐身

（cloaking）呢？以制约光学和电磁学的电磁波传播为例。人的眼睛能看到一个物体，是因为该物体反射或散射了一部分周围的光线，而视网膜可以一定程度地检测到这种散射波。若要使一个物体完全不可见，就必须消除它的任何散射；即尽管斗篷内存在着某种物质或形状，但电磁波对其绕射必须等同于斗篷包裹处没有物质。当光线入射到观察者的视网膜时，映入眼帘的将是斗篷后方的景象，而斗篷中的物体宛若不存在一样。对斗篷的诠释可以从源与汇两个视角来加以引入：从源头的方向，如果由于斗篷的作用而使得在源头无法接收到斗篷中所覆盖的细观结构所产生的回波，则斗篷有效，它有效地规避了主动探测；从汇尾的方向，如果由于斗篷的作用而使得在下游无法接收到斗篷中所覆盖的细观结构所产生的波型扭曲，就如同该细观结构不存在一样，则斗篷有效，它有效地规避了被动探测。对连续介质来讲，它或指在波动场的上游区无法感知到斗篷中结构所产生的回波，即无回波隐身斗篷；或指在波动场的下游区无法感知到斗篷中结构的存在，即无扰射隐身斗篷。

在电磁波照射下进行隐形主要有三种策略：① 电磁波吸收器，它可以吸收波能，并规避产生可察觉的反射与散射行为；② 光学斗篷变换器，它可以导引围绕需隐藏物体的碰撞波，并减弱其散射痕迹；③ 惠更斯原理指导下的超材料表面，它可以将靶体形象融入背景环境之中，并在迷彩效果下消除物体与背景的反差。在这三种策略中，仅有在惠更斯原理指导下的超材料表面需要一个轻质薄层来使其发挥功用，并且不涉及能量吸收[3]。

介质中的场传播对应多种波动方程。若将介质处理为连续介质，则有制约电磁波的麦克斯韦方程、制约纳维弹性体的应力波方程、制约声波传播的克里斯托弗尔（Elwin Bruno Christoffel，1829~1900）方程等。这些波动方程必然与其对应的模量有关。若将介质处理为由离散的物质点组成的晶体点阵，则还有光子晶体和声子晶体等不同的种类。光子晶体是由两种或两种以上介电材料组元所构成的周期性阵列结构，它在特定的频率范围内具有光学禁带，能够阻止对应频率的光学模态通过。这一概念是在 1987 年由 Yablonovithch[4]和 John[5]研究抑制自发辐射和实现光子局域问题时分别提出，可用它来制造光学波导、滤光装置、超透镜等。如今光子晶体激光器和光纤已经得到实现和应用[6,7]。在声学领域也有声子晶体的概念。Sigalas 等[8]从理论上证明：在基体中周期性地嵌入不同质地的球形散射体，会让结构具有弹性波的禁带。Kushwaha 等[9]总结了电子晶体与光子晶体的特性，类比地提出了声子晶体的概念。1995 年，Martinez-Sala 等对西班牙马德里的一座雕塑"流动的旋律"进行了声学测试，第一次在实验上证实了声波禁带的存在[10]。对于周期排列的点阵，斗篷的实质在于使得波动场无法感知到斗篷区中的区域，其表现形式就是具有阻隔功能的禁带。图 13.1 为在大变形拉伸控制下声学斗篷的例子[11]。图 13.1（a）为未施加预拉伸的自然态，平板超透镜干扰了点源激发的声波场；图 13.1（b）为经历了 $\lambda_3 = 1.8$ 的拉伸态，斗篷效应使得平板超透镜的存在并不影响点源激发的声波场。

通过材料设计对波传播进行调控有着重要的现实意义。例如，引导地震过程中危害

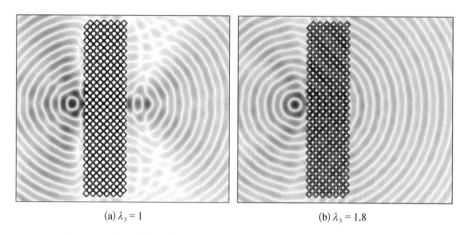

(a) $\lambda_3 = 1$ (b) $\lambda_3 = 1.8$

图 13.1　点源激发的频率为 $\Omega = 0.3$ 的声波场的模拟(平板超透镜由 12×25 个超弹性圆柱体组成)[11]

最大的剪切波偏离建筑物传播,能够避免建筑物损坏和人员伤亡;精确控制电磁波绕过目标物体不产生散射,可实现目标对电磁波的隐身;通过材料和结构设计引导声波/弹性波按照预设方式传播,是工程结构减震降噪、能量收集、声波/弹性波隐身等诸多领域设计的基础[2]。上述对波传播的调控,其目的在于在波动场中引入斗篷效应。不同于已知材料性质分布后求波传播轨迹,波传播调控设计是一个逆向设计问题。它首先知晓波传播的轨迹,再反求所需要的材料和结构分布。

13.2　变换效应

2006 年,受到 Maxwell 方程在空间映射下的形式不变性的启发,英国帝国理工学院 Pendry 等[12]和圣安德鲁斯大学 Leonhardt[13]几乎同时提出变换电磁学和变换光学理论,通过物质分布来精确地控制波的传播,形成了一种简洁的波调控逆向设计方法。该方法的基本原理是:如果波控制方程在曲线坐标变换下具有和笛卡儿坐标系下相同形式,则可建立空间变换与材料分布的等价关系,用材料空间分布来演绎空间弯曲效应。该方法也被称为波调控设计的变换理论,它直接给出了功能与材料分布的对应关系,为波调控的逆向设计提供了分析手段。从此,电磁波调控可转换为材料的空间分布设计。变换电磁波学理论提出后,美国杜克大学 Schurig 等[14]据此理论设计并制备了圆环形电磁隐身斗篷,在微波频段内证实了其有效性。由于波动方程之间的相似性,该方法很快被推广到声波[15-17]、液体表面波[18]、物质波[19,20]、传热[21,22]、扩散等领域,并得到了相应实验验证。在超材料理论下[23],可实现对电磁波[14]、平板弯曲波[24]、热扰动[25]、液体表面波[26]的调制,乃至最终实现"隐形斗篷"的目标。是否能够将同样的隐形斗篷效应应用于诱导流体甚至固体中的应力波? 答案却不容乐观。无论斗篷的形状如何,都不能对弹性波起到完全的屏蔽效果。这为力学工作者提供了新的科学问题。一般情况下,弹性波控制方程不具有变换形式的不变性[27,28]。应力波与电磁波的不同之处在于它还要额外满足对动量矩的平衡。尽管以波的方式出现,光波是没有质量的光子。而应力波则与之不同,当应力波传播通过物质时,尤其是具有抗剪切能力的固体而不是液体或气体时,将为其控制方程增加现实世界所具有的动力学复杂性。这些动力学特征也将受隐藏于物体的孔穴影响。当剪切刚度不存在时,应力波可以均匀地通过介质;而当剪切刚度不可忽略时,应力在孔边造成集中,并由此扰乱波形的几何。

有鉴于此,对弹性波调控的研究多集中在薄板弯曲波、高频近似、出平面剪切波等特殊情况[17,29-31],或者在非对称应力弹性介质框架下研究[32,33]。变换理论给出波传播路径与材料属性分布的关系,但所要求的材料属性往往比较苛刻,如急剧梯度化、强各向异性以及负等效参数等,须借助超材料技术来实现。

对于声学斗篷,需要一种具有各向异性密度的超流体(该种流体在自然界并不存在)来完成变换法所需要的性质[34]。对于大气声学,可通过一定的制孔板技术[35]来实现这一点。然而,对于水声学,其对应的水下声学斗篷却面临着严重的挑战,因为尚没有材料设计能够完成这一任务。对于空气中的声学传播,可以将模量相差甚大的固体孔板处理为刚性;但对于水中的声波,却不能将固体材料处理为刚性,因此在固体中的剪切波所可能具有的各向异性会受到限制。即使对于空气中的声波,在两个主方向的有效密度也只能相差到五倍以下[35],该比例并不足以建设一个柱状的斗篷。对不同类型场方程来构造对应斗篷的困难程度引发了下述力学基本问题:

力学基本问题 44　何种物理场(或耦合场)下的斗篷最难实现?

13.3　五 模 材 料

通常情况下,可依据模量大小与材料对称性来对弹性材料进行分类。例如,模量较大的材料被称为硬材料,较小者被称为软材料;材料性质与方向无关称为各向同性材料,材料性质与方向有关称为各向异性材料;等等。对于一般性弹性介质,其弹性性质由一个四阶弹性张量 $\boldsymbol{C}$ 描述,又可以表示为 6 乘 6 的弹性矩阵。对于线弹性体,其应力应变关系可由下述广义胡克定律写出:

$$\sigma_{ij} = C_{ijkl}\varepsilon_{kl} \tag{13.1}$$

弹性张量 $\boldsymbol{C}$ 满足福伊特(Woldemar Voigt,1850~1919)对称性:

$$C_{ijkl} = C_{jikl} = C_{ijlk} = C_{klij} \tag{13.2}$$

由于福伊特对称性,四阶弹性张量可以用 6×6 的对称矩阵表示,称为弹性矩阵。相应地,可用 6×1 的列向量来表示应力和应变张量。二阶张量下标和列向量下标的转换关系由下面的逆时针顺序给出：

$$
\begin{bmatrix}
11 & 12 & \leftarrow & 13 \\
 & & \searrow & \uparrow \\
21 & 22 & & 23 \\
(12) & & & \uparrow \\
 & & \searrow & \\
31 & 32 & & 33 \\
(13) & (23) & &
\end{bmatrix},
\begin{bmatrix}
1 \rightarrow (11) \\
2 \rightarrow (22) \\
3 \rightarrow (33) \\
4 \rightarrow (13) \\
5 \rightarrow (23) \\
6 \rightarrow (12)
\end{bmatrix}
$$

按以上约定,四阶弹性张量的矩阵表示形式为

$$
C_{ijkl} \Rightarrow [C_{\alpha\beta}] =
\begin{bmatrix}
C_{11} & C_{12} & C_{13} & C_{14} & C_{15} & C_{16} \\
 & C_{22} & C_{23} & C_{24} & C_{25} & C_{26} \\
 & & C_{33} & C_{34} & C_{35} & C_{36} \\
 & & & C_{44} & C_{45} & C_{46} \\
 & & & & C_{55} & C_{56} \\
 & & & & & C_{66}
\end{bmatrix}
\tag{13.3}
$$

下标转换关系可以简记为：当 $i=j$ 时, $\alpha=i$ 或 j;当 $i \neq j$ 时, $\alpha=9-i-j$。类似地有 β 与 k、l 的关系。Milton 和 Cherkaev[36] 指出：一般情况下,弹性材料的 6×6 弹性矩阵有 6 个不为零的特征值,以及相对应的特征向量,每个特征向量对应一种变形模式。因此,对于正定的弹性矩阵 $[C_{\alpha\beta}]$,可以找到其 6 个变形模式 S_α 和 6 个特征值 λ_α,使得

$$
\sum_{\beta=1}^{6} C_{\alpha\beta} S_\beta^{(p)} = \lambda^{(p)} S_\alpha^{(p)}
\tag{13.4}
$$

式中, α, β 和 (p) 的值域均为 1~6。如果特征向量 $S_\beta^{(p)}$ 被归一化为单位向量,上述表达式可进一步简化为

$$
\boldsymbol{C} = \sum_{p=1}^{6} \lambda^{(p)} \boldsymbol{S}^{(p)} \otimes \boldsymbol{S}^{(p)}
\tag{13.5}
$$

式中,符号 $\otimes$ 代表张量并乘。上述弹性张量的分解形式称为开尔文分解(Kelvin Decomposition)。据弹性矩阵的特征向量分解可看出,如果某一个特征值等于零,则任何与该特征值组成功共轭的特征向量所对应的应变状态不会在弹性体中产生应力。如果某一个特征值退化为零,则称其对应的变形模式为易变形模式(easy deformation mode)。每种易变形模式,都对应于一个特殊的应变状态,该应变状态不会引起应力。因此,即使在没有外载荷作用的情况下,弹性体也能按照这一应变持续地变形,如同流体流动一样,"易变形模式"即由这一变形特征而命名。根据弹性矩阵零特征值的个数,可以对材料进行分类。常见的弹性材料由于弹性矩阵正定,没有零特征值和易变形模式,被划归为"零模材

料";弹性矩阵仅有一个特征值为零的材料称为"单模材料"(uni-mode material),相应的有"双模材料"(bi-mode material)等,以此类推。"五模材料"[penta-mode material(PM 材料)]指弹性矩阵有 5 个特征值为零的材料[2,37]。天然流体可以看作是剪切模量为零的弹性介质,也是理想的各向同性五模材料。根据开尔文分解,可得五模材料的弹性矩阵为

$$C = \lambda S \otimes S \tag{13.6}$$

五模材料为弹性矩阵中仅具有一个非零特征值的材料,因其固体特征和流体属性,它是一种退化的弹性介质,只能承受与特征应力 S 成比例的应力状态,在其余应力状态下会像流体一样在剪应力下发生流动。需要指出的是,由于结构稳定性的需要,固体五模材料的剪切模量不能严格为零,因而只是一种近似的五模材料。在固体材料中,橡胶的剪切模量远低于体积模量,可将其近似视为五模材料。在应用中,橡胶层可作为水中结构(如潜航器)的声隐身材料。

由于剪切模量近似为零,固体五模材料不依赖于谐振机制,具有本质的宽频适用性。2008 年,Norris 提出了基于五模材料的变换声学理论[38],为通过五模材料控制声波奠定了理论基础,也激起了人们对五模材料本身及其在声波控制领域中的研究热情[2]。特别是五模材料的固体形态、宽频等特点,被认为在水声环境中具有重要的潜在应用价值[39]。

在静力学与动力学行为上,各向异性五模材料有着与传统各向同性流体不同的响应。Norris[40]曾指出:当置于容器中的各向异性五模材料主轴方向与铅垂方向不一致时,其自由表面在重力作用下将不再保持水平,而呈现出看似不可能的倾斜自由表面。他给出了可能的五模材料微结构形式,该构型由六角形排布的光滑钢珠构成,来自相邻钢珠的无摩擦相互作用力,使得钢珠在重力作用下保持平衡。

对于平面问题,五模材料包含 2 个独立的弹性常数 K_x 和 K_y,分别被称为五模材料在 x 和 y 方向的体积模量。在这两个主方向上传播声波的相位速度分别为 $c_x = \sqrt{K_x/\rho}$、$c_y = \sqrt{K_y/\rho}$;恰与流体中传声速度表达式 $c = \sqrt{K/\rho}$ 一致。在主轴坐标系下,由于联系剪应力和剪应变的剪切刚度为零,五模材料在主方向上不能承受任何剪应力。然而,旋转到其他坐标系下时,只要存在相应的正应力约束,五模材料允许剪应力存在。由于特殊的弹性矩阵形式,五模材料的应力主方向始终与材料主方向一致,而在一般弹性介质中,应力主方向可以随意选取。考虑在五模材料内传播有波矢量为 k 和角频率为 ω 的平面波,其频散关系为[2]

$$\omega^2 = k_x^2 c_x^2 + k_y^2 c_y^2 \tag{13.7}$$

与波在不同流体层界面处传输现象类似,波入射到不同属性五模材料层界面时,会因阻抗不匹配产生反射和折射现象。五模材料界面阻抗匹配条件为:两侧介质切向速度匹配且法向阻抗匹配。根据速度关系还可以导出:当全透射现象发生时,界面两侧介质粒子振动速度完全连续,而不仅仅满足法向速度连续。以上公式同样适用于两侧五模介质

均退化为传统各向同性声学介质情况,此时仅有当两侧介质为同一种声学介质时才始终满足全透射条件[37]。

13.4　超材料与输运性能的调制

　　超材料是通过人工周期结构组成的复合材料,通过对亚波长结构进行精心设计,其宏观等效性质具有天然材料所不具备的物理性质[41]。以声学介质为例,传统介质密度和体积模量都大于零,取值位于图 13.2 中第一象限,此时声波能在该介质传播且相速度与群速度方向一致。位于其他 3 个象限的材料要求密度或模量有一个或两个为负值,一般自然界材料很难具备上述负值属性,此处统称为声波超材料。通过适当设计复合材料微结构胞元,可实现位于这 3 个象限中任何一类材料。对于具有单负(密度或模量)材料,声波会快速衰减而无法传播;对于双负(密度或模量)介质,声波能正常传播,而其相速度与群速度方向相反。超材料的发展,极大地扩展了材料性质的可选择空间,为实现基于变换理论的波动控制提供了材料基础。

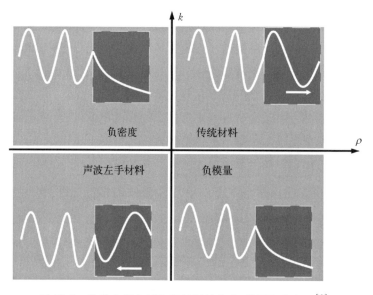

图 13.2　传统声学介质和超材料的密度、模量取值空间[2]

　　图 13.3 给出了谐振机理导致负参数的原理示意图和几种负参数超材料单胞。实现负参数的核心思想是:当胞元发生谐振时,响应与激励反相。例如,单极共振时施加于边界上的拉力使得介质缩小(如虚线所示),等效于介质此时具有负的体积模量。图 13.3(a)即为利用亥姆霍兹共振腔设计的负体积模量超材料[42]。偶极共振时,施加于代表单元上的载荷使其反向移动,等价于此时具有负的密度。图 13.3(b)为基于局域共振设计的低频负密度超材料胞元[23],由橡胶包覆的铅颗粒和环氧树脂基体组成,高密度铅颗粒和低模量橡胶使其在低频出现负密度。四级共振发生时,施加于胞元边界上的剪切应力与介

质产生的剪应变反向,进而等效剪切模量为负值。图 13.3(c)所示的单胞由 1 代表的硬橡胶、3 代表的软橡胶、2 代表的钢块和 4 代表的泡沫基体构成,四块钢块与软橡胶配合在低频发生四极共振而产生负的剪切模量。图 13.3(d)给出了利用手性介质偶极、旋转共振耦合、单偶极共振复合、空间折叠机理设计的双负介质[43]。超材料的奇特性质与变换方法相辅相成,为基于变换方法的波动控制提供了解决方案并拓展了超材料的应用领域。需要指出的是:这些超材料技术实现的各向异性密度声学材料,由于需要以流体介质为基体,而不易于在实际工程上应用。另外,谐振机理使得有效性质为负值的频段较窄,不适应于工程上的宽频需求。

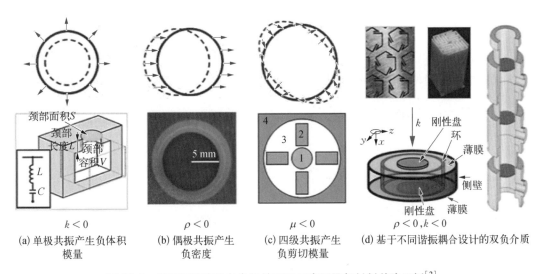

| (a) 单极共振产生负体积模量 | (b) 偶极共振产生负密度 | (c) 四级共振产生负剪切模量 | (d) 基于不同谐振耦合设计的双负介质 |

图 13.3 谐振机理产生负参数的原理示意图及超材料单胞示例[2]

超材料(metamaterial)的发展,促成了隐形科学上的重大突破,使物体不受电磁辐射影响的可能性成为技术上的现实[13]。超材料因具有操纵电磁波的可能性而出名,包括负折射率、空间定位和亚波长聚焦、自发辐射的控制和反常隧穿效应。超材料引人入胜的应用在于它可以使物体在碰撞辐射(impinging radiation)中变得不可见。在实际应用中,隐形的目的在于消除被物体散射的电磁场,使电磁传感器检测不到。理想情况下,隐藏一个物体意味着从各个角度完全抑制散射;并且在较宽的频率范围内,实现目标在整个可见范围内的全角度隐形。研究者们创造了可以让物体隐形的超材料斗篷,包裹着三维空间的物体,斗篷本身只有 80 nm 厚,它表面覆盖着多层介电材料的块状分布的天线,其目的在于改变其介电性能,从而改变对光或电磁波的散射,使得波长为 730 nm 的光照射时,光线从覆盖此斗篷的物体上反射时就像一幅平镜一样[44]。该项设计基于第 13.2 节叙述的变换光学。尚为遗憾的是,这项科技目前只能隐藏非常小的物体,不能隐藏人体。此外,还要将该方法推广到对所有光波长下都适用,并适合于对移动物体的隐身。

从探测的角度来说,当电磁波辐照在包含特定信息的某一物体时,会形成反射波。基于对反射波的分析可以用来探测该物体。在众多场合,某一特定的环境也会产生相当强的反射。在这一场景下可以发展得以保全惠更斯相位的超平面,它可以恢复背景面的反射信息,包括其幅度、相位与偏振[45]。这一背景匹配结构可以隐藏在反射波场中,并且已经被证明是适合于光波、电磁波和声波的一种可靠机制[46]。表面隐形斗篷可以通过安装面板倾斜角度来实现对所覆盖物体的散射场的削弱[47]。

一张具有相位保存功能的超表面非常类似于生物体的迷彩伪装。如鲨鱼可以融入海洋的背景光环境,以求得更好的隐形和狩猎效果。这涉及在宽频段光波的照射下的隐形,也是目前超材料研究中令学者们感兴趣的问题。力学家们也正在探索如何在某个频率范围内构筑具有宽频 3D 相位保持超平面的斗篷[3]。同样有趣的另一个问题是:如何利用人工智能和深度学习的办法来发展一个可以随着环境不断变化的宽频隐形斗篷,即自适应隐形斗篷[48]。

根据上述对超材料隐形原理的探讨,可以提出下述力学基本问题:

力学基本问题 45　可以制作出真人大小的隐形斗篷吗?(科学 125[49] 之一)

13.5　能带设计与能带工程

固体的输运性能取决于其价电子能带的设计。一个有意思的例子是拓扑绝缘体及其可能具有的超导行为。根据能带理论,固体被分成了绝缘体、半导体、金属、半金属等。这些物态在拓扑领域也十分的重要,引出了拓扑绝缘体、拓扑半金属、拓扑超导体等一系列非常活跃的研究领域。拓扑绝缘体是一种具有新奇量子特性的物质状态,是一类非常特殊的绝缘体。这类材料体内的能带结构是典型的绝缘体类型,在费米能级处存在着能隙,然而在该类材料的表面却总是存在着穿越能隙的狄拉克型的电子态,导致其表面呈金属性。拓扑绝缘体这一特殊的电子结构,是由其能带结构的特殊拓扑性质所决定的。拓扑绝缘体有其他绝缘体所不具备的特殊性质。例如,根据理论预测,三维拓扑绝缘体与超导体的界面上的涡核中将会形成零能马约拉纳(Ettore Majorana,1906~卒年不详)费米子,这一特点有助于实现拓扑量子计算。

通过拓扑绝缘体的制备,可设计不同的拓扑连接,从而实现不同的奇异功能。薛其坤团队用这样的思想,测出了量子反常霍尔效应[50]。拓扑超导态是物质的一种新状态,有别于传统的超导体,拓扑超导体的表面存在厚度约 1 nm 的受拓扑保护的无能隙的金属态,内部则是超导体。如果把拓扑超导体一分为二,新的表面又自然出现一层厚度约 1 nm 的受拓扑保护的金属态。这种奇特的拓扑性质使得拓扑超导体被认为是永远不会出错的量子计算机的理想材料。拓扑超导体是一种新型的超导体。有理论预言,如果把拓扑绝缘体和超导体放在一起,两者就可以组合成拓扑超导体。沿用同样的学术思想,还可以把拓扑绝缘体用于实现超导,形成一条无阻力的贯通输运之路。与此相关的界面输运与界面超导已经在界面高温超导中予以初步实现,如封东来团队、贾金锋团队和薛其坤团队的工作。将来能否实现室温超导还有待观察。同样的拓扑复合思想还可以应用于其他类型的拓扑复合固体,例如,在界面处采用拓扑连接的拓扑软物质;由固态/电流变态的物质相经过组合效应的拓扑变形体;等等。

与能带设计和能带工程相关的另一类问题涉及禁带的设计与制备。现以声子晶体禁带的案例来加以说明。声子晶体禁带的形成主要有两种原因:一种是由周期性结构对声波的布拉格(Sir William Henry Bragg, 1862 ~ 1942; Sir William Lawrence Bragg, 1890 ~ 1971)散射作用导致,这种禁带称为布拉格禁带;另一种是由声波的能量转化为散射体局域共振(local resonance)的能量,从而阻止声波继续传播,这种禁带称为局域共振禁带。

布拉格散射型声子晶体[9,51-53]可对与结构周期性尺寸相比拟的声波波长在周期界面上发生散射。在某些频段内,散射后的声波无法形成可以继续传播的振动模式,从而被晶体完全反射。在布里渊区内表现为在边界上打开一条带隙,其中没有对应的声学通带经过。因为这种布拉格散射形成的禁带与周期结构有着紧密的关系,所以改变与周期性相关的材料和结构参数对禁带特性具有显著的调节作用。这为声子晶体器件的优化设计提供了有效的途径。但由于布拉格禁带的波长和结构周期性尺寸量级相当,而结构周期长度往往比较小,所以相应的声子禁带往往对应较高的工作频率。这对声子晶体在低频段(如 1 kHz 以下)的应用造成了瓶颈。

与布拉格散射型声子晶体不同,局域共振型声子晶体是在声子晶体中引入局域共振单元,这种局域共振单元可以是软材料包覆硬材料构成的散射体。将这种局域共振单元嵌入基体中,在遇到特定频率范围内的声波或弹性波时,共振单元会吸收能量,形成强烈的局域共振,从而将阻止声波或弹性波继续传播。Liu 等在 2000 年设计的三相简单立方晶格声子晶体,是由软硅橡胶包覆铅球后嵌入环氧树脂基体中形成的[23]。实验证明:这种局域共振型声子晶体带隙所对应的波长比布拉格型禁带大了约两个数量级,突破了布拉格禁带低频限制的瓶颈,为声子晶体在低频波段的应用和发展奠定了基础。局域共振带隙的产生只与共振单元在基体内的分布密度和单元个体的共振频率相关,而与散射体的周期性结构无关。所以,即使是近乎随机分布的共振单元,其效果也与严格周期分布的共振单元类似。

力学性能与输运性能常常体现为具有互斥行为的两类性能,如何实现它们的同步提高是一个值得研究问题。输运性能(如导电性能)往往寄托于可以自由传输的电子云,在固体点阵中应避免具有凌乱分布的弥散相;而力学性能(如强度)却体现为对线缺陷运动的阻碍能力。晶界和弥散相的存在是提高强度的有效手段,但却往往产生压抑导电性能的后果。然而,在精心的材料设计下,可以通过对固体材料微结构的设计来同时提高强度与导电性能。著名的案例是卢柯团队在铜金属方面的工作[54]。他们利用一种新型纳米结构——纳米孪晶,利用高密度孪晶界对运行位错的阻滞效应,来获得超高强度;同时利用孪晶界与普通晶界相比较小的乱序度和较低的界面能量,同时得到很高的导电率,这是在普通材料中难以获得的性能组合。

从应用的角度来说,高速铁路接触网导线是我国高铁发展的一种制约性材料。一方面,它需要很高的导电性,以实现有竞争优势的能量传输效率。另一方面,导线的行波移动速度按照弦振动中的费米定律可表述为 $\sqrt{T/\rho}$,其中 T 为弦的张力,ρ 为每单位弦长上的质量;因此需要较高的张紧程度,以使得其上传播的行波速度快于列车行驶速度;而后一点需要高强度的保证。这一研制铜合金的关键难点在于高强度与高导电性是天生的矛盾体。为了克服这一困难,浙江大学交叉力学团队[55]在国家重点研发计划的支持下,发展了三元铜铬锆合金。该合金已实现企业批量化生产,单根长度达到 2 公里。该高强度高导电导线在京沪高铁先导段挂网铜铬锆接触导线 220 公里,首次实现了铜铬锆接触导线的规模化工程应用,支撑了京沪高铁先导段实现 486 km/h 的高铁世界最高运营试验速度,"高速铁路用高强高导接触网导线关键技术及应用"项目获得 2020 年国家科技进步二等奖。关于通过沉淀强化而获得高强度与高导电性的铜合金的系列工作可参见文献[56]。

参考文献

[1] Born M, Huang K. Dynamical theory of crystal lattices[M]. London: Oxford University Press, 1996.

[2] 陈毅,刘晓宁,向平,等. 五模材料及其水声调控研究[J]. 力学进展,2016,46(1): 382 – 434.

[3] Yuan X, He Z, Ye X, et al. Invisible electromagnetic Huygens' metasurface operational in wide frequency band and its experimental validation[J]. IEEE Transactions on Antennas and Propagation, 2020, 69(6): 3341 – 3348.

[4] Yablonovitch E. Inhibited spontaneous emission in solid-state physics and electronics[J]. Physical Review Letters, 1987, 58(20): 2059.

[5] John S. Strong localization of photons in certain disordered dielectric superlattices[J]. Physical Review Letters, 1987, 58(23): 2486.

[6] News T. Breakthrough of the year: The runners-up[J]. Science, 1999, 286(5448): 2239 – 2243.

[7] Russell P. Photonic crystal fibers[J]. Science, 2003, 299(5605): 358 – 362.

[8] Sigalas M M. Elastic and acoustic wave band structure[J]. Journal of Sound and Vibration, 1992, 158 (2): 377 – 382.

[9] Kushwaha M S, Halevi P, Dobrzynski L, et al. Acoustic band structure of periodic elastic composites [J]. Physical Review Letters, 1993, 71(13): 2022.

[10] Martínez-Sala R, Sancho J, Sánchez J V, et al. Sound attenuation by sculpture[J]. Nature, 1995, 378 (6554): 241.

[11] Huang Y, Chen W Q, Wang Y S, et al. Multiple refraction switches realized by stretching elastomeric scatterers in sonic crystals[J]. AIP Advances, 2015, 5(2): 027138.

[12] Pendry J B, Schurig D, Smith D R. Controlling electromagnetic fields[J]. Science, 2006, 312(5781): 1780 – 1782.

[13] Leonhardt U. Optical conformal mapping[J]. Science, 2006, 312(5781): 1777-1780.

[14] Schurig D, Mock J J, Justice B J, et al. Metamaterial electromagnetic cloak at microwave frequencies [J]. Science, 2006, 314(5801): 977-980.

[15] Cummer S A, Schurig D. One path to acoustic cloaking[J]. New Journal of Physics, 2007, 9(3): 45.

[16] Chen H, Chan C T. Acoustic cloaking in three dimensions using acoustic metamaterials[J]. Applied Physics Letters, 2007, 91(18): 183518.

[17] Cummer S A, Popa B I, Schurig D, et al. Scattering theory derivation of a 3D acoustic cloaking shell [J]. Physical Review Letters, 2008, 100(2): 024301.

[18] Farhat M, Enoch S, Guenneau S, et al. Broadband cylindrical acoustic cloak for linear surface waves in a fluid[J]. Physical Review Letters, 2008, 101(13): 134501.

[19] Zhang S, Genov D A, Sun C, et al. Cloaking of matter waves[J]. Physical Review Letters, 2008, 100 (12): 123002.

[20] Zhang S, Xia C, Fang N. Broadband acoustic cloak for ultrasound waves[J]. Physical Review Letters, 2011, 106(2): 024301.

[21] Schittny R, Kadic M, Guenneau S, et al. Experiments on transformation thermodynamics: Molding the flow of heat[J]. Physical Review Letters, 2013, 110(19): 195901.

[22] Han T, Yuan T, Li B, et al. Homogeneous thermal cloak with constant conductivity and tunable heat localization[J]. Scientific Reports, 2013, 3(1): 1593.

[23] Liu Z, Zhang X, Mao Y, et al. Locally resonant sonic materials[J]. Science, 2000, 289(5485): 1734-1736.

[24] Stenger N, Wilhelm M, Wegener M. Experiments on elastic cloaking in thin plates[J]. Physical Review Letters, 2012, 108(1): 014301.

[25] Xu H, Shi X, Gao F, et al. Ultrathin three-dimensional thermal cloak[J]. Physical Review Letters, 2014, 112(5): 054301.

[26] Smith D R, Padilla W J, Vier D C, et al. Composite medium with simultaneously negative permeability and permittivity[J]. Physical Review Letters, 2000, 84(18): 4184.

[27] Milton G W, Briane M, Willis J R. On cloaking for elasticity and physical equations with a transformation invariant form[J]. New Journal of Physics, 2006, 8(10): 248.

[28] Norris A N, Shuvalov A L. Elastic cloaking theory[J]. Wave Motion, 2011, 48(6): 525-538.

[29] Colquitt D J, Brun M, Gei M, et al. Transformation elastodynamics and cloaking for flexural waves[J]. Journal of the Mechanics and Physics of Solids, 2014, 72: 131-143.

[30] Hu J, Chang Z, Hu G. Approximate method for controlling solid elastic waves by transformation media [J]. Physical Review B, 2011, 84(20): 201101.

[31] Wu L, Gao P. Manipulation of the propagation of out-of-plane shear waves[J]. International Journal of Solids and Structures, 2015, 69: 383-391.

[32] Brun M, Guenneau S, Movchan A B. Achieving control of in-plane elastic waves[J]. Applied Physics Letters, 2009, 94(6): 061903.

[33] Norris A N, Parnell W J. Hyperelastic cloaking theory: Transformation elasticity with pre-stressed solids

[J]. Proceedings of the Royal Society A: Mathematical, Physical and Engineering Sciences, 2012, 468 (2146): 2881 – 2903.

[34] Zigoneanu L, Popa B I, Cummer S A. Three-dimensional broadband omnidirectional acoustic ground cloak[J]. Nature Materials, 2014, 13(4): 352 – 355.

[35] Torrent D, Sánchez-Dehesa J. Anisotropic mass density by radially periodic fluid structures[J]. Physical Review Letters, 2010, 105(17): 174301.

[36] Milton G W, Cherkaev A V. Which elasticity tensors are realizable? [J]. Journal of Engineering Materials and Technology, 1995, 117: 483 – 493.

[37] Groß M F, Schneider J L G, Wei Y, et al. Tetramode metamaterials as phonon polarizers[J]. Advanced Materials, 2023, 35(18): 2211801.

[38] Norris A N. Acoustic cloaking theory[J]. Proceedings of the Royal Society A: Mathematical, Physical and Engineering Sciences, 2008, 464(2097): 2411 – 2434.

[39] Chen Y, Zheng M, Liu X, et al. Broadband solid cloak for underwater acoustics[J]. Physical Review B, 2017, 95(18): 180104.

[40] Norris A N. Acoustic metafluids[J]. The Journal of the Acoustical Society of America, 2009, 125(2): 839 – 849.

[41] Pendry J B, Holden A J, Stewart W J, et al. Extremely low frequency plasmons in metallic mesostructures[J]. Physical Review Letters, 1996, 76(25): 4773.

[42] Ding Y, Liu Z, Qiu C, et al. Metamaterial with simultaneously negative bulk modulus and mass density [J]. Physical Review Letters, 2007, 99(9): 093904.

[43] Xie Y, Popa B I, Zigoneanu L, et al. Measurement of a broadband negative index with space-coiling acoustic metamaterials[J]. Physical Review Letters, 2013, 110(17): 175501.

[44] Dovey D. Anybody seen my invisible cloak? [J]. Newsweek Global, 2014, 163(12): 42 – 43.

[45] Estakhri N M, Alù A. Ultra-thin unidirectional carpet cloak and wavefront reconstruction with graded metasurfaces[J]. IEEE Antennas and Wireless Propagation Letters, 2014, 13: 1775 – 1778.

[46] Ni X, Wong Z J, Mrejen M, et al. An ultrathin invisibility skin cloak for visible light[J]. Science, 2015, 349(6254): 1310 – 1314.

[47] Yang Y, Jing L, Zheng B, et al. Full-polarization 3D metasurface cloak with preserved amplitude and phase[J]. Advanced Materials, 2016, 28(32): 6866 – 6871.

[48] Qian C, Zheng B, Shen Y, et al. Deep-learning-enabled self-adaptive microwave cloak without human intervention[J]. Nature Photonics, 2020, 14(6): 383 – 390.

[49] Science. 125 questions: Exploration and discovery[OL]. [2023 – 12 – 19]. https://www.sciencemag.org/collections/125-questions-exploration-and-discovery.

[50] Chang C Z, Zhang J, Feng X, et al. Experimental observation of the quantum anomalous Hall effect in a magnetic topological insulator[J]. Science, 2013, 340(6129): 167 – 170.

[51] Sánchez-Pérez J V, Caballero D, Martínez-Sala R, et al. Sound attenuation by a two-dimensional array of rigid cylinders[J]. Physical Review Letters, 1998, 80(24): 5325.

[52] Kafesaki M, Economou E N. Multiple-scattering theory for three-dimensional periodic acoustic composites

[J]. Physical Review B, 1999, 60(17): 11993.

[53] Kafesaki M, Sigalas M M, Garcia N. Frequency modulation in the transmittivity of wave guides in elastic-wave band-gap materials[J]. Physical Review Letters, 2000, 85(19): 4044.

[54] Lu L, Shen Y, Chen X, et al. Ultrahigh strength and high electrical conductivity in copper[J]. Science, 2004, 304(5669): 422−426.

[55] Yang H, Bu Y, Wu J, et al. CoTi precipitates: The key to high strength, high conductivity and good softening resistance in Cu-Co-Ti alloy[J]. Materials Characterization, 2021, 176: 111099.

[56] Yang K, Wang Y, Guo M, et al. Recent development of advanced precipitation-strengthened Cu alloys with high strength and conductivity: A review[J]. Progress in Materials Science, 2023, 138: 101141.

第 14 章
缺陷运行的极限速度

"赵客缦胡缨，吴钩霜雪明。银鞍照白马，飒沓如流星。"

——李白，《侠客行》

在固体中不可避免地存在缺陷，如位错、裂纹等。在外场作用下，这些缺陷一旦开动，会以一定的速度在固体中运行。本章探讨与缺陷运行速度有关的力学基本问题，它们与固体中的各种波速和能量输入方式有关。

14.1 Eshelby 的位错运行极限速度

我们从线缺陷的代表——位错——来开始讨论。当施加于位错线上的驱动力平行于其滑移面并沿着其 Burgers 向量方向的分解量（如以 Peach-Koehler 力或位错滑移力的表现形式），超过该位错的临界分解剪应力（resolved shear stress，RSS）时，位错即可以开始运行。这些位错线的集体运动决定了晶体材料的塑性，并由此制约着晶体材料的强度与延性。在位错力作用下的位错运动行为可由位错动力学曲线来表征，它本质上代表在位错力引起的能垒偏置作用下，位错线的跃迁所出现的统计定向行为。

图 14.1 英国力学家 J. D. Eshelby（1916~1981）

位错运行具有一个特点，即位错（及其所附带的弹性应力场）运动可视为在弹性介质中的声波传播。英国力学家 J. D. Eshelby（图 14.1）在研究位错动力学时发现：基于位错的弹性力学理论[1]，当螺位错的运行速度超过剪切波速，或者纯刃位错的运行速度超过纵波波速时，该位错将辐射声波，并汇入奇异的能量耗散[2,3]。考虑到螺位错或混合位错的一般性，Eshelby 指出：当位错速度趋近于剪切波速时，流入位错线的能量趋于无穷大，所以可以将剪切波速视为位错的极限运行速度。

Eshelby 同时指出[2,3]：对于各向同性固体中滑行的刃位错，还存在着一个以超声速运行的非辐射奇异状态。进一步的分析隐喻了存在着超声速位错的可能性[4-9]。研究表明：如果对位错奇异区进行抹平处理[4,6-9]就可以消除其应力奇异性,但却会带来描述无穷小位错分布的额外参数,于是就导致了关于位错速度极限的长期争论。

14.2　裂纹运行速度的禁区

与位错运行的极限速度相呼应,固体力学界也一直争论着裂纹运行的可能速度。裂纹能够达到的极限速度与断裂类型密切相关。在断裂类型中,Ⅰ型为裂纹张开型;Ⅱ型为裂纹滑开型;Ⅲ型为裂纹撕开型。Ⅰ型与Ⅱ型对应于平面问题,Ⅲ型对应于反平面剪切问题。与 Eshelby 的位错运行极限速度相同,当一条平面问题裂纹运行至 Rayleigh 波速,或者一条反平面问题裂纹运行至剪切波速时,流入裂尖的能量流(energy flux)趋于无穷,可参见 Freund 的论述[10]与专著[11]。对于Ⅲ型断裂,不存在跨声速区间。反平面问题只有一个剪切波速,在反平面剪切下的裂纹扩展,不是亚声速,就是超声速。对于平面问题,人们将从 Rayleigh 波速至剪切波速的区域称为裂纹运行速度的禁区。此时,断裂所对应的弹性动力学方程仍为椭圆性,但在裂纹尖端出现过强(或流入能量为奇异值)的局域场。对于Ⅰ型裂纹,当超过 Rayleigh 波速时,对应于所有裂纹速度的物理许可的应力奇异场和能量释放率均为零;于是,对于线弹性固体的Ⅰ型断裂问题,裂纹运行速度的禁区可延展至包括所有跨声速和超声速扩展的区段。于是,Ⅱ型断裂成为跨声速与超声速裂纹扩展的唯一候选者。

Burridge 发表于 1973 年的论著[12]开创了跨声速(intersonic 或 transonic)裂纹扩展的探索,主要针对的是Ⅱ型断裂问题,对应于地学中的断裂带(fault)延伸。Ⅱ型跨声速断裂系指裂纹尖端的扩展速度 V 介于剪切波速 c_s 与纵波波速 c_l 之间的景况。Andrews[13]采用了内聚带模型,预测了一条跨声速扩展的裂纹将会最终稳定在一个特殊的运行速度 $\sqrt{2}c_s$ 上。对于弹性介质中呈定常扩展的跨声速裂纹,一系列先驱工作表明[14,15]:跨声速裂纹的应力奇异性一般小于1/2,并且仅在 $\sqrt{2}c_s$ 这个(零辐射的)特殊速度时等于1/2,该速度下的能量释放率为非零的有限值。在对浅层地震的观察中观测到了剪切裂纹扩展速度超过剪切波速的情况,并将其称为超剪切(super shear)。关于以剪切为主的跨声速断裂问题也得到了若干解析解,例如,Brock 关于由表面均匀剪应力驱动的定常跨声速裂纹扩展解[16];Simonov[17]和 Broberg[18]对跨声速裂纹的应力奇异性的探讨;Broberg 对跨声速自相似扩展裂纹的分析[19];等等。

14.3　跨声速分层理论

与均匀介质的裂纹扩展相对应,层状介质的断裂也是固体断裂理论的重要问题。它的应用背景包括复合材料的界面断裂与地质层状介质的断层错动。上述分层理论均涉及层裂（或地震）的传播速度。假设沿着两个不同的弹性层状介质出现分层（debonding）过程，界面上下的层状介质各具有自身的 Rayleigh 波速、剪切波速和纵波波速，该分层过程有没有极限速度？不失一般性，可将其中较软的层状介质所对应的波速称为下 Rayleigh 波速、下剪切波速和下纵波波速。

图 14.2　加州理工学院 Rosakis（1956~）

对裂纹扩展速度极限的突破首先在动态分层问题上出现了征兆，因为对界面粘接的强度可以人为地进行调控。加州理工学院 Rosakis（图 14.2）研究组在研究有机玻璃/钢双材料界面时，观测到其界面分层速度可以迅速接近有机玻璃的瑞利波速。著者及其合作者[20]受到这一信息的启发，从双材料的动态裂纹尖端奇异场出发，求得了动态分层问题的解析解，证明当分层裂纹在下 Rayleigh 波速运行时，仅需向裂尖流入有限的能量。双材料中较刚硬的材料可以起到对能流的快速疏通作用，由此缓解了裂尖奇异性的集中。上述工作挑战了以往对分层断裂不能超过下瑞利波的设定。此后，对界面断裂的速度极限的研究进入快车道。通过调节双材料的界面强度和驱动分层的能量，Rosakis 研究组在有机玻璃/钢双材料的动态分层实验上不断取得突破，他们观察到界面分层速度可以迅速地接近并最终超过有机玻璃的剪切波速。这些实验结果进一步激发了对跨声速分层的解析求解。虞洪辉和著者分别在 1994 年得到了跨声速分层的反平面问题[21]和平面问题[22]的解析解。

在各种材料学和地质学系统中均确证了跨声速的存在。例如，Coker 与 Rosakis 通过实验证明[23]：在单向纤维增强的复合材料中可以实现跨声速分层，诸纤维与复合材料基体之间的弱界面成为层间断裂的优选路径。在第 14.4 节中将给出在地质学系统中实现跨声速分层的种种例证。

14.4　地震中的超剪切与激波

在近 50 年的历史上，地质学家记录了若干次重要地震的断层滑错速度，如 1979 年的美国加州帝王谷地震[24]、1984 年的美国加州摩尔根山地震[25]、1992 年的加州大地震[26]、1999 年的土耳其大地震[27]、2001 年中国昆仑山的 8.1 级地震[28]等。这些地震的大部分都出现了超剪切景况。其中 2001 年中国昆仑山的 8.1 级地震的最快断层传播速度已经达到 5 km/s，接近于纵波速度[28]。2008 年自映秀镇破口的我国四川汶川大地震，其沿东北方向传播的一侧，也达到了超剪切的波速，最高断层传播速度超过 4 km/s[29]。地震中"超剪切"情景的出现，必然伴随有激波的出现，并沿激波带来能量辐射，它必然造成地面建筑物的强烈损坏。

地震学是一个引无数力学英雄竞折腰的领域。哈佛大学的莱斯教授就是其中的一位代表。在 20 世纪末,莱斯就证明在地震时起决定作用的断层滑错过程中,滑错的宏观启动是一个"小扰动、大不同"的过程,因此地震不一定会具有"先兆"。Rosakis 研究组提出了"实验室地震"的技术,见图 14.3。在拉压试验机上实验模拟断层在压应力下的突然启动过程,断层与压应力之间的夹角可控制驱动断层运动的剪切应力分量,如图 14.3 的左上方所示。断层的结合面可以制成不同的粗糙度,以表征不同的摩擦系数。在断层中部埋有电容脉冲放电驱动的起爆线,以动态的形式触发错层。一经触发,可采用激光干涉测量法来得到干涉云纹的动态变化,并通过高速摄影来保障足够的时间分辨率。该项研究由加州理工学院 Rosakis 研究组、加州理工学院地震实验室,以及哈佛大学莱斯教授合作完成。夏开文等[30,31]的两篇 Science 论文表明:起爆后,断层顶端的运动有一个逐渐加速的过程,其能量主要来自对预设压应力的释放,这一点与地震释放地应力的现象不谋而合;随着断层顶端运动的加速,两端的马赫锥逐渐形成,确证两端的断层延伸进入"超剪切"阶段(图 14.4)。将"实验室地震"技术的定量数据与历史上的一些地震数据相对比,Rosakis 著文专述该技术可以再现典型的地震行为[32],并从力学上确证了"超剪切"可能会对地上建筑物造成更加灾难性的后果。最近,该研究组还用这一方法研究了 2023 年 2 月 6 日发生于土耳其南部/叙利亚北部的卡赫拉曼马拉什/图尔基耶的 7.8 级大地震[33]。此外,中国地质大学的研究组最近用实验室地震的方法,证明在地震断层不断释放压合应力的自驱作用下,断层延展速度可以保持在亚 Eshelby 超剪切速度 $\sqrt{2}\,c_s$ 之下的任一速度实现稳定运行,其具体速度取决于断层破断速度与驱动载荷的关联[34]。

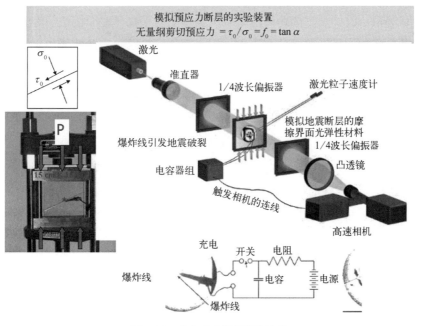

图 14.3　"实验室地震"的技术

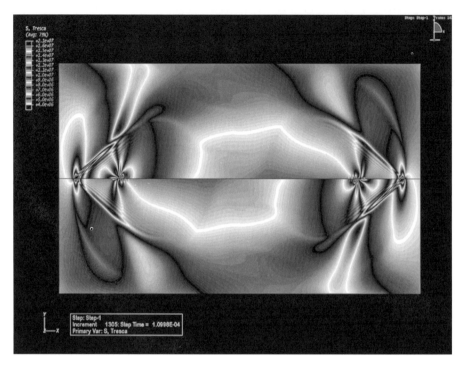

图 14.4 断层两端的马赫锥的生成,确认超剪切与激波辐射[30,31]

14.5 超声速扩展裂纹

Rosakis 等精心设计了一个跨声速断裂实验。他们采取了一个脆性聚酯试件,在其中有意地引入了一个弱面,来作为裂纹扩展的优先路径,并以此来防范裂纹的拐折与分叉。进而采取由弱面连接的均匀弹性材料试件,由直接的实验室试验证实了均匀材料的跨声速断裂[35]。该实验采取单边上侧冲击下的剪切主导加载。实验记录了裂纹尖端速度可以大大超过剪切波速 c_s,并一度超过纵波波速 c_l。 这一实验激发了力学家们对可能出现的超声速断裂的期盼,以及随之而来的研究热潮。Broberg[36]与黄永刚等[37]求得了在正交各向异性固体中进行跨声速扩展裂纹的裂尖渐近场,而高华健等[38]研究了在一般各向异性固体中对应于零辐射的跨声速裂纹尖端扩展速度。为了验证实验所预示的超声速断裂情景,Abraham 与高华健[39]使用大规模分子动力学计算模拟了由弱面连接的两块相同的调和晶体点阵中从亚声速到跨声速断裂的过渡过程。高华健等[40]采用线弹性理论研究了同一问题,发现不需要任何拟合参数,仅从连续介质力学的分析就可以实现与 Abraham 与高华健[39]的原子模拟同样的结果。Needleman 与 Rosakis[41]利用内聚区模型来研究剪切主导的跨声速裂纹传播,以缓解流入裂尖的能量释放率消逝为零的问题。在考虑内聚区的模拟中,发现了急剧加速的过程,并使得裂纹尖端速度从亚声速区间提升到跨声速区间。郭高峰等[42]对裂纹突然加速或减速的四种情况给出了分析结果,包括从亚声速到跨声速、从跨声速到亚声速,以及从一个跨声速加速或减速到另一个跨声速的情况。

从跨声速到超声速需要更加复杂的分析。超声速裂纹扩展被认为是几乎不可能的,因为所有的弹性变形信息都是以固体中的弹性波的形式传播,裂纹扩展的速度不应该超过这一信息传播的速度。当裂纹的扩展速度超过声速时,它从裂纹尖端辐射出激波,并形成马赫锥。这要求从裂纹尖端处辐射出能流,而这些能流是由裂纹扩展时流入裂纹尖端的能量所提供的。Abraham 等[43,44]的大规模分子动力学模拟表明:在足够的能量输入和弱面控制下,超声速断裂可能在剪切主导的加载下发生。从原子聚集体的视角上,超声速断裂可以在一种超级硬化的原子间作用势的情况下发生:即其对应的弹性模量将随着应变的增加而上升。这样一来,在裂纹尖端的局部波速将明显地高于由调和原子势给出的常规波速。以反平面剪切断裂为例,由于局部波速高于裂尖移动速度,裂尖的邻近区域仍然具有亚声速的性质,而外部区域是超声速的。Rosakis 等的实验[35]也暗示了这样一种情况,在实验中裂纹扩展速度在短暂的一段时间超过了纵波速度。该实验是在高分子类材料上进行的,而高分子材料由于高分子链的织构演化,恰由一种上扬形的应力-应变关系所描述。

从连续介质力学分析的角度来看,超声速的裂纹扩展有可能在具有上扬形应力应变关系的固体中实现。其应力可随应变呈上扬形的幂次关系,使其弹性模量和波速都随着应变的升高而上升。如果应力-应变关系足够上扬,这时尽管裂尖的运动表现为“超声速”,裂纹尖端处的局部波速仍然超过裂纹扩展速度。对这种超声速裂纹扩展来说,其先决条件是在固体中得以储存足够的变形能,以供给裂纹尖端维持其处于“表观上超声速”的速度而需要的能流。由此可见,超声速断裂的可能性取决于两个严苛的条件:上扬形应力-应变关系和足够充分的预先加载。

第一个条件保证了在扩展裂尖附近有一个随之移动的局部椭圆区域,并且与掠射向后的双曲型尾区相连接。出于这一目的,材料应该为超弹性,在低应变阶段为线弹性,在高应变阶段应该为幂次超硬化。在裂尖处的材料,由于在该处存在的严重应变集中,可用超硬化应力-应变响应来描述,因此其对应的局部波速高于裂纹尖端的移动速度,导致其定解方程为椭圆型。若充分远离裂纹尖端,材料响应为线弹性,而其对应的局部波速低于裂尖移动速度,其定解方程为双曲型。由不同类型控制方程所制约的两个区域之间的边界应该由合适的间断条件来确定。

第二个条件保证了在超声速裂纹扩展得到启动之前,在裂尖前方的预先应力应该提供了足够的应变能储存。恰是这一能量储存保证了有足够的能流贯入裂纹尖端,来维持其超声速运行。

郭高峰等[45]求解了在反平面剪切下具有上扬形超弹性材料中的定常超声速裂纹扩展。在裂纹尖端附近的控制方程为椭圆型,而在其外部被双曲型方程所主导。两类区域的边界可以大致得到确定,见图 14.5。该解答与后掠的双曲辐射带以弱间断边界相连,与前端的预应力区以强间断边界相连。

等效剪应力/上扬分界值

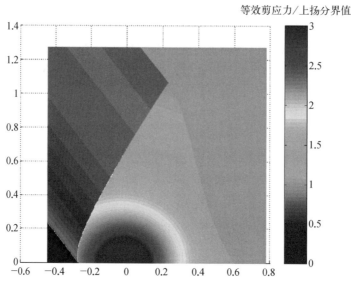

图 14.5 超声速裂纹扩展场,反平面剪切加载,上扬形超弹性材料[45]

14.6 超声速位错运行

与第 14.5 节关于超声速裂纹扩展的讨论相类似,本节探讨超声速位错运行的可能性。与第 14.5 节的理论分析不同,本节采用数值计算的方法来模拟位错运动的物理状态,试图以原子间相互作用来取代线弹性理论中理想化的极限(在线弹性理论中位错芯的能量是无界的),并为位错的动理学(kinetics)予以新的启迪[46,47]。Gumbsch 与高华健[48]首先得以用数值计算的方式揭示:刃位错可以在跨声速和超声速的状况下稳定运行。该计算与随后的其他计算模拟结果表明:如果能够施加足够高的分解剪应力,一根刃位错可以突破剪切波速,并得以在超过纵波的速度下运行。这一预测也得到了后续实验结果的支持,如参见文献[49]。以如此高的速度运行下的位错可以在具有高堆垛层错能的金属中触发从位错运动到形变孪晶的变形机制转变。关于超声速位错运行的绝大部分工作仅涉及刃位错,而鲜有涉及螺位错的。有学者认为当螺位错的运行速度接近于剪切波速时,螺位错会变得不稳定[50]。从实验与数值计算中观察到以超声速运行的螺位错的困难为预测超声速螺位错存在的理论蒙上疑云。从另一个方面来说,螺位错是晶体材料的塑性行为的主要贡献者,螺位错的动理学构成了材料动力学响应的关键一环。

Peng 等[51]采用分子动力学模拟了螺位错在剪切应力作用下的跨声速和超声速扩展过程。他们既模拟了在原子晶体中生成的完美螺位错,也模拟了在孪晶界面上生成的孪晶螺型偏位错。具体计算针对单晶铜或孪晶铜展开。在充分弛豫后,完美螺位错可能分裂成为两个 Shockley 偏位错(领先偏位错和拖后偏位错)以及围在两者之间的堆垛层错。对模拟原子点阵施加离面剪切应力,该应力将驱动螺位错沿着水平方向滑动。图 14.6(a)、(b)描述了两种类型的位错,随着剪切作用的增强,可模拟得到螺位错的运行距离和运行速度曲线。对完美螺位错来说,图中分别绘制了其领先螺位错和拖后螺位错的曲线,并在图中标示了单晶铜的三个剪切波速。从图 14.6(a)可见:随着应变增加,螺位错首先加速。当其速度到达 $v_{s1}^{[110]}$ 时,其加速度下降,而速度持续上升,冲击第二个波速 $v_s^{[111]}$,即之出现速度跌落。然后,位错以高于 $v_s^{[111]}$ 的速度稳定运行。进一步的应变加载可驱动两个偏位错以超过 $v_s^{[100]}$ 的速度扩展,即进入超声速的位错运行。

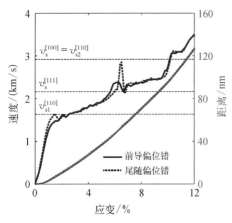

(a) 螺型全位错的运行距离(红色)
与运行速度随所施加应变的变化

(b) 孪晶界面上的偏位错的运行距离
(红色)与运行速度随所施加应变的变化

图 14.6　在剪切应变下螺位错的运行速度[51]

$v_{s1}^{[110]}$ = 1.63 m/s、$v_s^{[111]}$ = 2.16 km/s、$v_s^{[100]}$ = $v_{s2}^{[110]}$ = 2.92 km/s 是单晶铜的三个剪切波速

图 14.7(a)~(f)中给出了螺型全位错在不同运行速度下所激发的原子速度 v 的截图。图 14.7(a)为在 v = 0.8 km/s 时的快加速过程;图 14.7(b)为在 v = 1.8 km/s 时的慢加速过程;图 14.7(c)、(d)表明在跨过剪切波速 $v_s^{[111]}$ 时的第一次速度跳跃,其中图(c)显示拖后偏位错的运行速度低于领先偏位错,图(d)显示拖后偏位错追上了领先偏位错;图 14.7(e)显示在 v = 2.36 km/s 的稳态运行,该值高于 $v_s^{[111]}$;图 14.7(f)显示位错的超声速运行,速度 v = 3.1 km/s,图中可以明显看出由位错引起的激波,还标示了每个马赫锥所对应的剪切波速。

该数值模拟表明:螺位错可以在剪切波速下实现稳态运行,甚至以略高于它的速度进行超声速运行。该观察推翻了被认可多年的经典理论,即以剪切波速运行的螺位错会引起无穷大的能量耗散,并因此导致其不可实现性的判断。数值模拟的结果还发现不对分解剪应力起贡献的应力分量也会强烈地影响到位错运动。这些发现将会对今后对晶体材料动力学行为[52]的探索提供新的线索。

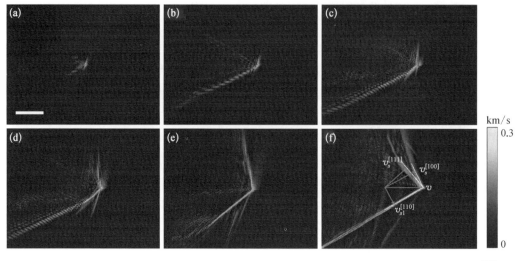

图 14.7 螺型全位错在不同运行速度下所激发的原子速度 v 的截图 (图中的标尺长为 **8 nm**) [51]

近日,大阪大学、日本同步辐射研究所、斯坦福大学等研究团队报道通过实验证据直接测量位错通过材料传播的速度,利用飞秒 X 射线摄影证明了位错在单晶金刚石中的传播速度比声波的速度更快。Katagiri 等[53] 使用世界上最亮的 X 射线激光器之一的原位 X 射线照相显示了金刚石中跨声速位错运动的实验证据。实验结果显示了跨声速位错运动,位错速度可以达到金刚石的第二剪切波速和纵波速之间,但仍未能突入超声速运行的范围。该种实验手段为了解极端条件下的超快变形行为提供了新的机会。

14.7 高能流引致的缺陷演化

与无法有效承受剪切的流体不一样,固体在其流动失稳而导致破坏的过程中无法发育到全尺度的统计不变性。与高雷诺数湍流所带来的能量级串相比,以缺陷运动为表征的固体破坏过程尚没有充分地发挥其能量吸收的作用。这里与湍流或不同尺度的涡所对应的固体破坏的例子是碎裂(fragmentation)过程,它是将单根裂纹的低维传播贯穿过程泛化为更小尺度下并行发生的高维碎裂过程,从而得以吸收更多的破坏能量。对固体的直接气化(evaporation)表示这种碎裂过程的极致,其粒度减少到原子量级,其对应的温度高达等离子态的温度。这一过程得以吸收更多的能量。

由此而见,对固体而言,外界能量的输入,一方面造成缺陷的加速发展,另一方面造成不同尺度的更广泛的破坏。如果想要在前者达到极致,就需要将输入的能量始终地倾注于缺陷运行的顶端,如裂纹尖端或运行中的位错芯部。此外,这一缺陷的高速扩展还应尽量少地受到阻碍与干扰,例如高速断裂时的裂纹分叉现象就会大大地降低主裂纹的扩展速度[11]。早在 1970 年,Winkler 等[54] 采用激光诱导的膨胀等离子体来驱动裂纹扩展,且裂纹的扩展面恰为氯化钾各向异性单晶体的弱晶面,得以实现极高速的裂纹扩展。其要点在于：① 注入远高于断裂能的输入能量,并且直接注入至行进中的裂纹尖端;② 在极短的时间内(数十纳秒)完成可定量观测的裂纹扩展;③ 存在一个易断裂的弱面。对该实验来说,裂纹的平均速度落在 20 000~60 000 m/s 的区间,大大超过了氯化钾的横波速度(2 783 m/s)和纵波速度(4 530 m/s)。该文提出了一个理论模型,其预测的超声速裂纹的速度和最终扩展长度与他们在氯化钾中的观测值大致相当。

从上述实验结果可以看到：如果在固体介质中储存能量,并由这些能量的释放来获得驱动缺陷扩展的能量力,则缺陷运行的极限速度就与应力波的传播有关,或者与固体介质的各种波速有关。如果将远高于固体断裂能的能量不断地注入缺陷顶端,且具有预制的缺陷延伸弱面,则缺陷运行的极限速度就与能量注入点的移动速度有关;或者在激光注入能量的方式下,与光速有关。如果考虑一个信息触发的能量注入系统,其注入的能量密度足以摧毁含缺陷材料的弱面,且该信息可以用量子纠缠的方式,以超距的传播速度来进行传递,那么是否从群体配合的角度来说,该缺陷可以实现超距的扩展速度? 源于此,可以提出下述力学基本问题：

力学基本问题 46　缺陷传播的极限速度是什么？是波速、光速、还是超距？

参考文献

[1] Anderson P M, Hirth J P, Lothe J. Theory of dislocations[M]. 3rd edition. Cambridge：Cambridge University Press, 2017.

[2] Eshelby J D. Uniformly moving dislocations[J]. Proceedings of the Physical Society. Section A, 1949, 62(5)：307.

[3] Eshelby J D. The equation of motion of a dislocation[J]. Physical Review, 1953, 90(2)：248.

[4] Weertman J, Weertman J R. Moving dislocation [M]//Nabarro F R N. Dislocations in solids. Amsterdam：North Holland Pub. Co. , 1980.

[5] Nosenko V, Morfill G E, Rosakis P. Direct experimental measurement of the speed-stress relation for dislocations in a plasma crystal[J]. Physical Review Letters, 2011, 106(15)：155002.

[6] Markenscoff X, Clifton R J. The nonuniformly moving edge dislocation[J]. Journal of the Mechanics and Physics of Solids, 1981, 29(3)：253 – 262.

[7] Markenscoff X, Huang S. Analysis for a screw dislocation accelerating through the shear-wave speed barrier[J]. Journal of the Mechanics and Physics of Solids, 2008, 56(6)：2225 – 2239.

[8] Markenscoff X, Huang S. The energetics of dislocations accelerating and decelerating through the shear-wave speed barrier[J]. Applied Physics Letters, 2009, 94(2)：021906.

[9] Lazar M. On the non-uniform motion of dislocations：The retarded elastic fields, the retarded dislocation tensor potentials and the Liénard-Wiechert tensor potentials[J]. Philosophical Magazine, 2013, 93(7)：749 – 776.

[10] Freund L B. Energy flux into the tip of an extending crack in an elastic solid[J]. Journal of Elasticity,

1972, 2(4): 341 - 349.

[11] Freund L B. Dynamic fracture mechanics[M]. Cambridge: Cambridge University Press, 1998.

[12] Burridge R. Admissible speeds for plane-strain self-similar shear cracks with friction but lacking cohesion [J]. Geophysical Journal International, 1973, 35(4): 439 - 455.

[13] Andrews D J. Rupture velocity of plane strain shear cracks[J]. Journal of Geophysical Research, 1976, 81(32): 5679 - 5687.

[14] Freund L B. The mechanics of dynamic shear crack propagation[J]. Journal of Geophysical Research: Solid Earth, 1979, 84(B5): 2199 - 2209.

[15] Burridge R, Conn G, Freund L B. The stability of a rapid mode Ⅱ shear crack with finite cohesive traction[J]. Journal of Geophysical Research: Solid Earth, 1979, 84(B5): 2210 - 2222.

[16] Brock L M. Two basic problems of plane crack extension: A unified treatment[J]. International Journal of Engineering Science, 1977, 15(9 - 10): 527 - 536.

[17] Simonov I V. Behavior of solutions of dynamic problems in the neighborhood of the edge of a cut moving at transonic speed in an elastic medium[J]. Mechanics of Solids, 1983, 18: 100 - 106.

[18] Broberg K B. The near-tip field at high crack velocities[J]. Structural Integrity: Theory and Experiment, 1989: 1 - 13.

[19] Broberg K B. Intersonic bilateral slip[J]. Geophysical Journal International, 1994, 119(3): 706 - 714.

[20] Yang W, Suo Z, Shih C F. Mechanics of dynamic debonding[J]. Proceedings of the Royal Society of London. Series A: Mathematical and Physical Sciences, 1991, 433(1889): 679 - 697.

[21] Yu H, Yang W. Mechanics of transonic debonding of a bimaterial interface: The anti-plane shear case [J]. Journal of the Mechanics and Physics of Solids, 1994, 42(11): 1789 - 1802.

[22] Yu H, Yang W. Mechanics of transonic debonding of a bimaterial interface: The in-plane case[J]. Journal of the Mechanics and Physics of Solids, 1995, 43(2): 207 - 232.

[23] Coker D, Rosakis A J. Experimental observations of intersonic crack growth in asymmetrically loaded unidirectional composite plates[J]. Philosophical Magazine A, 2001, 81(3): 571 - 595.

[24] Archuleta R J. Analysis of near source static and dynamic measurements from the 1979 imperial valley earthquake[J]. Bulletin of the Sersmological Society of America, 1982, 72: 1927 - 1956.

[25] Beroza G C, Spudich P. Linearized inversion for fault rupture behavior: Application to the 1984 Morgan Hill, California, earthquake[J]. Journal of Geophysical Research: Solid Earth, 1988, 93(B6): 6275 - 6296.

[26] Wald D J, Heaton T H. Spatial and temporal distribution of slip for the 1992 Landers, California, earthquake[J]. Bulletin of the Seismological Society of America, 1994, 84(3): 668 - 691.

[27] Ellsworth W L. Near field displacement time histories of the M7. 4 Kocaeli (Izmit), Turkey, earthquake of August 17, 1999[J]. Eos Transactions American Geophysical Union, 1999, 80: F648.

[28] Bouchon M, Vallée M. Observation of long supershear rupture during the magnitude 8. 1 Kunlunshan earthquake[J]. Science, 2003, 301(5634): 824 - 826.

[29] 陈运泰. 汶川大地震的成因断裂、破裂过程与成灾机理[OL]. [2023 - 12 - 19]. https://www.docin. com/p-2110805411. html.

［30］ Xia K, Rosakis A J, Kanamori H. Laboratory earthquakes: The sub-Rayleigh-to-supershear rupture transition[J]. Science, 2004, 303(5665): 1859 - 1861.

［31］ Xia K, Rosakis A J, Kanamori H, et al. Laboratory earthquakes along inhomogeneous faults: Directionality and supershear[J]. Science, 2005, 308(5722): 681 - 684.

［32］ Rosakis A J. Intersonic shear cracks and fault ruptures[J]. Advances in Physics, 2002, 51(4): 1189 - 1257.

［33］ Abdelmeguid M, Zhao C, Yalcinkaya E, et al. Dynamics of episodic supershear in the 2023 M7. 8 Kahramanmaraş/Pazarcik earthquake, revealed by near-field records and computational modeling[OL]. [2023 - 12 - 19]. https: //www. nature. com/articles/s43247 - 023 - 01131 - 7.

［34］ Dong P, Xia K, Xu Y, et al. Laboratory earthquakes decipher control and stability of rupture speeds [J]. Nature Communications, 2023, 14(1): 2427.

［35］ Rosakis A J, Samudrala O, Coker D. Cracks faster than the shear wave speed[J]. Science, 1999, 284 (5418): 1337 - 1340.

［36］ Broberg K B. Intersonic crack propagation in an orthotropic material [J]. International Journal of Fracture, 1999, 99: 1 - 11.

［37］ Huang Y, Wang W, Liu C, et al. Analysis of intersonic crack growth in unidirectional fiber-reinforced composites[J]. Journal of the Mechanics and Physics of Solids, 1999, 47(9): 1893 - 1916.

［38］ Gao H, Huang Y, Gumbsch P, et al. On radiation-free transonic motion of cracks and dislocations[J]. Journal of the Mechanics and Physics of Solids, 1999, 47(9): 1941 - 1961.

［39］ Abraham F F, Gao H. How fast can cracks propagate? [J]. Physical Review Letters, 2000, 84(14): 3113.

［40］ Gao H, Huang Y, Abraham F F. Continuum and atomistic studies of intersonic crack propagation[J]. Journal of the Mechanics and Physics of Solids, 2001, 49(9): 2113 - 2132.

［41］ Needleman A, Rosakis A J. The effect of bond strength and loading rate on the conditions governing the attainment of intersonic crack growth along interfaces [J]. Journal of the Mechanics and Physics of Solids, 1999, 47(12): 2411 - 2449.

［42］ Guo G, Yang W, Huang Y, et al. Sudden deceleration or acceleration of an intersonic shear crack[J]. Journal of the Mechanics and Physics of Solids, 2003, 51(2): 311 - 331.

［43］ Abraham F F, Walkup R, Gao H, et al. Simulating materials failure by using up to one billion atoms and the world's fastest computer: Brittle fracture[J]. Proceedings of the National Academy of Sciences, 2002, 99(9): 5777 - 5782.

［44］ Abraham F F, Walkup R, Gao H, et al. Simulating materials failure by using up to one billion atoms and the world's fastest computer: Work-hardening[J]. Proceedings of the National Academy of Sciences, 2002, 99(9): 5783 - 5787.

［45］ Guo G, Yang W, Huang Y. Supersonic crack growth in a solid of upturn stress-strain relation under anti-plane shear[J]. Journal of the Mechanics and Physics of Solids, 2003, 51(11 - 12): 1971 - 1985.

［46］ Zhou S J, Preston D L, Lomdahl P S, et al. Large-scale molecular dynamics simulations of dislocation intersection in copper[J]. Science, 1998, 279(5356): 1525 - 1527.

［47］ Marian J, Cai W, Bulatov V V. Dynamic transitions from smooth to rough to twinning in dislocation motion［J］. Nature Materials, 2004, 3(3): 158 - 163.

［48］ Gumbsch P, Gao H J. Dislocations faster than the speed of sound［J］. Science, 1999, 283(5404): 965 - 968.

［49］ Nosenko V, Zhdanov S, Morfill G. Supersonic dislocations observed in a plasma crystal［J］. Physical Review Letters, 2007, 99(2): 025002.

［50］ Wang Z Q, Beyerlein I J. Stress orientation and relativistic effects on the separation of moving screw dislocations［J］. Physical Review B, 2008, 77(18): 184112.

［51］ Peng S, Wei Y, Jin Z, et al. Supersonic screw dislocations gliding at the shear wave speed［J］. Physical Review Letters, 2019, 122(4): 045501.

［52］ Devincre B, Hoc T, Kubin L. Dislocation mean free paths and strain hardening of crystals［J］. Science, 2008, 320(5884): 1745 - 1748.

［53］ Katagiri K, Pikuz T, Fang L, et al. Transonic dislocation propagation in diamond［J］. Science, 2023, 382(6666): 69 - 72.

［54］ Winkler S, Shockey D A, Curran D R. Crack propagation at supersonic velocities, Ⅰ［J］. International Journal of Fracture Mechanics, 1970, 6: 151 - 158, 271 - 278.

第 15 章
可编程固体

> "在微观纳米级上,正在发生一场空前的革命。这就是通过编程使物理和生物材料具备改变形状、改变属性的能力,它的应用范围甚至超过了硅基物质。"
>
> ——斯凯拉·蒂比茨,《4D 打印机的诞生》

遵照力学的认知,固体介质的变形与运动是由传感信息进行导航、由指令来实施控制、由物质集合体来予以执行的。考虑信息/物理交互作用的力学[1]可构建实现这一任务的虚拟/现实桥梁。如果上述构成智能介质的单元可以融汇在同一个实体中,便可以实现传感、指令与致动的三位一体。这样的一个物质实体就称为一个可编程实体。如果一个物质实体的每一个组成单元均是分别可以独立控制的可编程单元,且单元之间还得以维持必要的连续条件,则称该物质实体为可编程固体。本章以可编程固体为脉络来展示这一涉及信息/物理交互作用的力学过程。

15.1 多物理场下的固体变形

在过去的一个世纪,科学家们孜孜探寻多物理场下机敏介质的被动致动过程,可参见著者的专著[2]。力场引起固体点阵或分子构架的变形,引起物质粒子在点阵中的滑移流动,引起电子云的重新分布,这些都促进了固体变形。电场和磁场引起固体点阵中部分粒子的偏置,引起作为二级相变特征的畴域形成,引起电磁流变体的分子自由程变化,引起电子能带的重谱,引起固体点阵中部分粒子的自旋变化,这些都影响了固体变形。光场激发固体点阵中部分粒子由于接收光量子而能级跃迁,产生破坏价键的强光效应,造成光敏材料的辐照脆化,这些都加速了固体变形与破坏。温度场引起固体点阵和分子构架中部分粒子的无序动能增加,引起多级相变的形成,这些都影响了固体的熔化与变形。

在多物理场的联合作用下,其对固体变形的塑造既有简单的线性加和部分,也有耦合的非线性加强部分。从数学的角度来讲,后者往往在远离平衡态的情况下占优。从物理学的角度来讲,力、电、磁、光、热等分布场分别干扰着物质间的基本作用力:力场对应于万有引力、弱作用力和核力;电场和磁场对应于电磁力;热场对应于核振动;光场对应于外

227

层电子的轨道跃迁,从而改变弱作用力和核力;而磁场改变自旋,与未知的第五种力或许有关。

在 21 世纪,力学的研究对象也对准了包含电子-离子-分子相互作用和运动的智能介质。智能介质是以天然或者人工方式组成并嵌含有智能的物理介质,智能的体现有其微观动力、细观构筑、宏观涌现和能量-信息循环。智能介质力学既体现在以力为主导的多场环境作用对介质智能的激发、引导与控制,又体现在智能产生过程中对介质的多层次动力学过程。智能介质在多物理场的联合作用下(被动或主动)的变形是智能介质力学的一项关键内容。

智能介质力学的核心科学挑战是智能介质的物质-信息-能量关联与其全域智能响应的联系。这包括两个方面:一是物质-信息-能量关联规律。智能介质的力学响应与物质-信息-能量运动紧密关联;除物理场驱动变形和产生功能性(或被动变形)之外,信息场也可以驱动变形。智能介质在上述激励作用下可做出主动性响应,其本身属于开放系统,对连续介质框架下的确定性原理、局部作用原理、守恒性、熵增原理等形成了挑战。揭示智能介质与系统的物质-信息-能量关联规律需要发展新的力学理论,以克服如下科学挑战:① 描述非平衡态气-液-固多相体系中电子-离子-分子间的动力学耦合、局域场与外场耦合、物质运动变形、信息态与能量转换等的多相-多场-多尺度耦合。② 描述智能介质与系统在物理场与信息场作用下的智能激发、引导与控制其多层次动力学过程。二是介质及系统的智能融入与涌现。在人造介质及系统中实现智能融入与涌现对其设计、建构、表征和功能表达提出了挑战,需要发展新的力学理论和设计理念对其智能行为进行深入研究和理解;需要构筑以气-固-液为构成特征的智能介质,表征其自组装、自重构、可生长、自修复等非平衡过程,研究上述过程与信息场、能量场的关联及其宏观智能涌现。介质及系统的智能融入与涌现主要涉及两方面的问题:① 结合物质-信息-能量关联规律和智能介质的建模,掌握介质与系统智能融入的理论基础;② 发展多相多功能介质的构筑方法和力-化-生-控耦合智能特性的融入与表征技术,实现介质与系统的凝智、获能、论理、塑形等智能涌现。

15.2　传感/致动/控制与可编程

传感(sensing)、致动(actuating)、控制(control)、可编程(programable)是智能介质所可能具有的四种基本功能。传感是指可以将场强度转变为信号的感知过程,也代表从具象化的强场(力、热、声、光、电、磁)转变为数字化的弱场(信息)的过程。与之相反,致动代表着从数字化的弱场(信息)转变具象为强场(力、热、声、光、电、磁)的过程。控制代表两者间的关系,以制约两者之间关系的控制律来表达。控制可分为被动控制与主动控制两类。前者代表根据传感的信号,按照既定的控制律来调制致动的过程;后者代表根据设计者的意志,按照预定的或自主的编程来调制致动的过程。可编程有两种含义,一种指

"编程容纳能力",即智能介质的设计可以接纳预定的编程输入;另一种指"编程自由",即可以随时编程改造智能介质,包括人为性编程输入和自主编程修改。

实现无所不能的可编程固体应该是一个比较长远的目标。从力学角度来讲它必须具有四个方面的可编程性,即机构学的可编程性、结构学的可编程性、能量学的可编程性、动力学的可编程性。机构学的可编程性系指可以根据微机构的联动效果实现所需的运动学(Kinematics)要求,可以完成任何随时间演化的变形梯度张量,包括其形变部分和转动部分;其低维的例子包括了各种可展开机构和叠纸结构。结构学的可编程性是指在经历上述变形的任一时间段,编程体都有符合结构完整性要求的性能,包括刚度、强度、稳定性、完整性等。能量学的可编程性是指在整个变形过程,编程体自身都有充裕的能量供给来实现其任务;并且这一自身能量供给要求可以在相当长的服役周期内得到满足。动力学的可编程性是指在整个变形过程,编程体自身(包括各微单元的质量分布和速度分布)都可以满足牛顿动力学方程,包括动量方程、动量矩方程和连续方程。实现可编程固体的充分条件是:对任一时刻 t,固体中任意一点 x 处的微单元可以实现任给的变形梯度 $F(x, t)$,且这一变形表达过程可以在给定的工作时间内有充分的能量支持。

上述条件并不是构成可编程固体的必要条件,只是实现可编程固体的终极追求。为了践行这一追求,需要勾勒出构建可编程固体的不同里程碑。里程碑的第一步是构建可实现均匀变形 $F(t)$ 的可编程单元;里程碑的第二步是构建在若干特征点集合 $\hat{x}$ 可实现非均匀变形 $F(\hat{x}, t)$ 的可编程固体的断续体;里程碑的第三步是构建在若干特征点集合 $\hat{x}$ 可实现非均匀变形 $F(\hat{x}, t)$,且可以满足弱连续条件的可编程固体;里程碑的第四步是构建在足够密集的特征点集合 $\hat{x}$ 上可实现非均匀变形 $F(\hat{x}, t)$,且可以满足弱连续条件的可编程固体;里程碑的第五步是构建在任意密集的特征点集合 $\hat{x}$ 上可实现非均匀变形 $F(\hat{x}, t)$,且可以实现不破坏固体完整性的可编程固体。

为解释上述里程碑设定的第二步与第三步,下面讨论可编程的粒状散体,并将其称为变换体(Transformium)。对于每一粒变换体,都可以在信号场的激发下使其实现预先编程好的变形梯度张量 $F(t)$。可以将其铺设为层状介质,附着在电连接薄膜网上。对该层介质可以实现任意的程序加载,如同柔性电子中的 MicroLED 一样,形成二维的可编程体。对于三维的情况,可以构建由电流变拓扑网络与粒状精调变换体组成的组合体,对每一粒变换体均预设编程,并通过无线编程控制来操纵其变形。散态粒状的变换体可通过电流变液来黏聚为一体。形状变化的准确实施取决于粒状变换体的连续变化和相邻粒状体之间的刚体转动。在初始时刻和变形终结时刻,可通过电场作用将电流变拓扑网络加以固化,形成连续化可编程固体。在时刻 t,该固体每一个位于 x 的散体粒可以实现预先编程好的变形梯度张量 $F(x, t)$,并通过电流变拓扑网络来弥合相邻粒状变换体之间的微小不连续(正比于变换体的尺度),于是该组合体可以造就任意的指定形状。不断缩小变换体的尺度与重构控制,可实现具有给定精度的可编程固体。并可以期待由粒状体的微小致动应变得以集成出显著的形状变化。鉴于以上叙述,可以提出下述力学基本问题:

力学基本问题 47　实现可编程固体的主要瓶颈是什么?

15.3　3D 打印技术

实现可编程固体的主要制备手段是 3D 打印技术。

3D 打印技术出现在 20 世纪 90 年代中期,它是利用光固化和纸层叠等技术的快速成形装置。它与普通打印工作原理基本相同,打印机内装有液体或粉末等"打印材料",并通过电脑控制把"打印材料"一层层叠加起来,最终把计算机上的蓝图变成实物。该项打印技术称为 3D 立体打印技术。

3D 打印也称为增材制造,涵盖了几种截然不同的 3D 打印工艺。它们的不同之处在于所用材料的方式,并通过逐层构建来缔造部件。国际标准化组织(International Organization for Standardization,ISO)将其分为七种类型,分别是:材料挤出(direct-ink-writing)[3]、还原聚合(fused deposition modelling)[4]、粉床融合(powder bed fusion)[5]、材料喷射(material jetting)[6]、黏合剂喷射(binder jetting)[7]、定向能沉积(energy deposition)[8]、片材层压(sheet lamination)[9]。最近,加州理工学院 Greer 研究组还提出了光聚合法(vat photopolymerization)[10]。以水凝胶的 3D 打印为例,目前最重要和流行的方法是直接墨写(direct ink writing,DIW)与数字光处理(digital light processing,DLP)[11],见图 15.1。

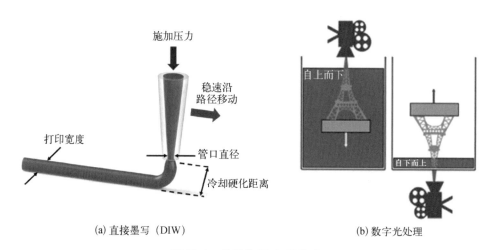

(a) 直接墨写（DIW）　　　　　　　　　　　　(b) 数字光处理

图 15.1　典型的 3D 打印技术

对材料研发来讲,DIW 是最丰富多彩的增材制造工艺。其打印过程类似于挤牙膏。物料呈丝状挤出,先形成一个表面,继而形成一个物体。通过构筑具有可控制流变行为的牙膏体,使利用任何材料来创建复杂的 3D 体成为可能[12]。DIW 的主要挑战之一在于设计和构筑具有黏塑性和自修复功能的墨膏,使其易于在剪切下流动,并在沉积就位后迅速得以恢复。研究者经常寻找可以容纳广谱材料种类并将其改变为墨膏的灵活做法。借助剪切稀化的 DIW 方法,几乎所有材料(如橡胶、塑料、陶瓷、金属和复合材料)都可以被整合到 3D 打印的能力中,且其固态组元高于 80%,避免了孔隙结构的形成和成形后的尺寸不稳定性。此外,在 DIW 打印技术中加入类似于 Carbomer 的修饰物也可以改变水凝胶的流变学特征。

数字光处理(DLP)是一项使用在投影仪和背投电视中的显像技术[13]。在 DLP 投影仪中,图像是由数字微镜器件(digital micromirror device,DMD)产生的。DMD 是在半导体芯片上布置一个由微镜片(精密、微型的反射镜)所组成的矩阵,每一个微镜片控制投影画面中的一个像素。投影式光固化打印(DLP 打印)是一种常见的光固化 3D 打印方式,具有大通量、快速、高精度等优点。其中,倒置型投影式光固化打印方式因具有液体浮力自支撑的特点,能够打印出非常复杂的三维模型。近年来,随着光敏生物墨水的发展,利用投影式光固化技术进行生物 3D 打印已成为可能,具有可重复性高、制造能力强、无挤出剪切力等显著优势。

3D 打印的设计过程是:先通过计算机建模软件建模,再将建成的三维模型分切为逐层的截面,即切片,从而指导打印机逐层打印。打印机通过读取文件中的横截面信息,用液体状、粉状或片状的材料将这些截面逐层地打印出来,再将各层截面以各种方式黏合起来从而制造出一个实体。这种技术的特点在于其几乎可以造出任何形状的物品。打印机打出的截面的厚度(即 Z 方向)以及平面方向即 X-Y 方向的分辨率是以 dpi(像素/英寸①)或者微米来计算的,一般的厚度为 16~100 微米。而平面方向则可以打印出跟激光打印机相近的分辨率。打印出来的"墨水滴"的直径通常为 50~100 微米。

15.4　4D 打印技术与时空设计

4D 打印技术是指由 3D 技术打印出来的结构能够在外界激励下发生形状或者结构的改变,直接将材料与结构的变形设计内置到物料当中,简化了从设计理念到实物的造物过程,让物体能自动组装构型,实现了产品设计、制造和装配的一体化融合[14]。4D 打印可视为下述三项技术的三位一体:一是作为制造手段的 3D 打印技术;二是作为打印原料的智能介质;三是基于可编程技术的时空设计。4D 打印是指 3 个空间维度和 1 个时间维度,使得打印的材料成为按照时空设计而变化的时空连续统。利用该技术,设计者能对物体进行"编程",让其具备智能生物般的自主性。

可编程物质的概念起源于计算机领域而非材料领域。1991 年,麻省理工学院的两名学者 Toffoli 和 Margolus 首次使用"可编程物质"一词,描述在固定空间中排序、只能与一级

---

①　1 英寸(in) = 2.54 厘米(cm)。

邻居交换信息的一组计算节点[15]。2005 年,美国国防高级研究计划局(Defense Advanced Research Projects Agency,DARPA)启动了一项名为"打造可编程物质"的长期项目,聚焦模块化机器人、集成编程、纳米材料[16],让可编程物质的发展轨迹与智能介质实现了交汇。最终,在 2013 年,麻省理工学院自组装实验室创始人 Skylar Tibbits 在一次 TedX 演讲中,提出以智能介质为 3D 打印原料生产可编程物体,并将这一技术命名为"4D 打印"。3D 打印、可编程物质、智能介质三个领域的碰撞交融,拉开了 4D 打印革命的序幕[17]。

4D 打印是指利用"可编程物质"和 3D 打印技术,制造出在预定的刺激下可自我变换物理属性的三维物体。其中,"可编程物质"是指能够以编程方式改变外形、密度、导电性、颜色、光学特性、电磁特性等属性的物质。4D 打印的第四维是指物体在制造出来以后,其形状或性能可以在某一参变量(如时间)下进行自我变换。4D 打印制造的物体至少有两种形式:一种是物体的各部分连接在一起,可自我变换成另一种形态或性能;另一种是该物体由可分离的三维像素(一种基于体积的像素,与平面像素类似,三维像素是"可编程物质"的基本单元,不同的"可编程物质"具有不同的三维像素)组成,三维像素可聚集形成更大的可编程部件;反之,该部件也可分解成三维像素。4D 打印可以理解为赋予物体额外功能的 3D 打印,能制造"动态"的、可对外界刺激做出反应的物体。利用 4D 打印,可创造"自我组装"的智能材料。

除了合适的材料,4D 打印技术的进步还需要设计理念的同步发展,这一设计方法可以概括为时空设计。设计者必须能合理结合多种材料、工艺和功能,设计出具有预期功能的物体;需要以"设计-建模-模拟"三个基本步骤为基础,形成新的设计方法论,确保打印出的物体能以正确的方式响应外部刺激。4D 打印在数字化建模之初,就将材料的触发介质、时间等可控的因素,以及其他相关数字化参数预先植入打印材料中。在 4D 打印中,编程的基本单位是"体素"(voxel)。体素,是指存储活性物质物理、化学、生物信息的基本体积单位。设计出拥有特定功能的 4D 打印成品,需要通过前期建模、模拟体素的最佳空间分布,保证最终的成品能在刺激下做出特定的反应。在这一复杂的设计过程中,期望实现的物体行为应视为输入变量,物体的实际行为(体素的空间分布)应视为输出变量,而且设计者应具有根据实际问题"随机应变"的思维。4D 打印的主要构成要素可以分为三个部分:智能介质、外部刺激因子、时空设计过程。对智能介质来说,"刺激反馈"是构成4D 打印体材料的基本属性之一,即该介质能够接受预设刺激,并产生一定反馈结果。刺激因子是用来改变 4D 打印结构体形状、属性和功能变化的触发器。研究者在 4D 打印领域中已经运用的刺激因子包括:水、温度、紫外线、光与热的组合以及水与热的组合。刺激因子的选择取决于特定的应用领域,这同样也决定了 4D 打印结构体中智能材料的选择。时空设计过程是确保被打印的智能介质得以实现所期盼的时空形态变化。智能介质能够在特定条件下发生自我变化,并且可以具有记忆特性,可以记住它所处的状态和形状。例如,智能材料可以在受到刺激后自我组装和自我修复,或者在受到温度变化时自我变形。4D 打印技术的优势在于其在空间合理分布不同材料,以创造复杂的 3D 形态的能力。通过设计智能介质分布的方向、位置,人们可以使结构体受刺激因子的刺激后,产生给定的时空形态变化。

上述 4D 打印的技术的核心思想在于当设计这些被打印的智能介质时,应该尽量保证当它们受到刺激因子的刺激后,其产生的自适应变形可使它们尽量地汇聚为一体,而不是使之分崩离析。这一思想将为智能介质的设计开辟新的准则。基于他在自装配和可编程物质方面的先驱性工作,Tibbits 在其新著《汇聚一体:新材料革命的指南》[18]中展示了这一面向设计与创新的核心思想。他描述了物质是如何能够计算并展示人们一般认为属于生物的行为,并对人们如何认识物理材料并与之相处所设定的基本假设提出了挑战。4D 打印能塑造形态复杂、功能多变的物体,有望开辟设计的新世界,带来制造业的重大变革。如果打印出的物体能在预先设定的时间和地点实现自我组装,无须人类参与,那么必然会催生出一系列全新的技术。如果物体既有感知力,又有行动力,就意味着能自主适应环境。如果物体能自我检查并修复生产与使用中发生的损坏,则能减少对设备进行侵入性修理工作的需要。

图 15.2 列举了 4D 打印的几个例子:图(a)为在液体媒介中用 4D 打印出的物体,可在液体蒸发后自动组合为截角八面体,图源自 MIT 自组装实验室[19];图(b)为利用 4D 打

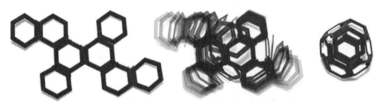

(a) 可自动组合为截角八面体的4D打印

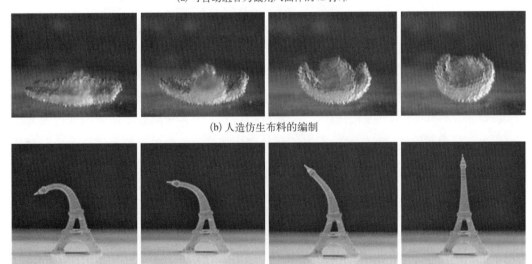

(b) 人造仿生布料的编制

温度升高

(c) 温度敏感的埃菲尔铁塔

图 15.2　文献中报道的若干 4D 打印的实例

印生成的微液滴,由它可编制人造仿生布料[20];图(c)为利用形状记忆高分子材料和4D打印制作的"温度敏感埃菲尔铁塔"模型[21]。

类似于力学形变理论的中间构形,在设计和制作4D打印结构体的流程中,可存在一个或多个中间形态。为了实现4D打印技术,可使用一种称为"程序化组装"的方法。即首先使用3D打印技术打印出一个具有预定形状的物体,然后使用智能材料将其包覆。接下来,将该物体暴露于特定的环境中(例如水或气体),智能材料即可根据该环境的变化发生自我变化并组装成特定的形状。

15.5 从智柔体到生命体

智柔体的发展路线图体现为编年史上的不同研究阶段。在20世纪80年代,体现为对机敏材料(smart materials)的研究,旨在揭示智柔体对外部刺激(条件反射式)的反应。在20世纪90年代,体现为对智能材料(intelligent materials)的研究,旨在揭示智柔体对外部主体动作的反馈作用,需要形成闭环。在20世纪末,转向为对多功能软物质(multi-function soft matters)的研究,适应了智能体与人体的协调性。在21世纪初,体现为对智柔体的研究,将研究的对象从智能软介质拓展到智柔结构和智能软机器,开始进行智柔体的系统构筑。在21世纪20年代,体现为对类生命体的研究,旨在揭示如何把生命功能嵌入智柔体。在可预见的未来,将体现为对生命体的研究,旨在揭示对生命功能在软件和硬件角度的学习性、可设计性和可制备性。

关于智慧构筑需要完成下述四个功能。一是感知功能:它非常类似于动物与人的五官与神经,即能够具有视觉、听觉、嗅觉、味觉和信号传递能力。二是执行功能:它非常类似于动物与人的双手与四肢,即能够具有移位与作动的能力。三是数据功能:它非常类似于动物与人的大脑存储,即能够具有记忆与提取数据的能力。四是论理功能:它非常类似于动物与人的大脑的批判性思维,即能够具有逻辑推演与批判的能力。

关于生命构筑也需要完成四个功能。一是繁衍功能:它非常类似于动物与人的生命延续,即能够具有遗传与复制的能力。二是成长功能:它非常类似于动物与人的发育成长,即能够具有能量输送与代谢的能力。三是攻防功能:它非常类似于动物与人的意志力与免疫力,即能够具有求生本能与免疫力。四是协同功能:它非常类似于动物与人的群体意识,即能够具有组织与互作的能力。

经过上述关于智慧构筑与生命构筑的讨论,可以提出下述力学基本问题:

力学基本问题48 如何在智柔体中注入生命元素?

下面继续考察4D打印,但将被打印的物质从智能介质延拓到智柔体或生命物质。可编程的软物质单元可以实现超大的形变性能[22],甚至可以达到引起拓扑变化的程度。有不少力学团队研究可致动的软机器[23,24]。其制备可仰赖于3D打印乃至4D打印的方法,后者指对智柔体的打印。这些可致动的软机器具有一定智能,可以进行自主组合和自主优化。尽管看上去又轻又软,但这些可致动软机器可以存活于极端的环境,如炎热或冰冷的水中[25],或者承受高达 110 MPa 的静水压力[26]。对活体细胞(如肌肉、皮肤和神经回路)的打印已经有不少尝试性工作[27]。这些人造但却有智能的物质为医学应用提供了无尽的潜力。科学家可以在一个敷有养料的骨架上打印活细胞。关于软物质的人工智能方面还有细观软物质和生物大分子的细胞物理问题[28]。

与之相对应的科学基本问题是:

力学基本问题 49　物质如何被编码而成为生命材料?(科学 125[29]之一)

力学基本问题 50　为什么生命需要手性?(科学 125[29]之一)

参考文献

[1] Yang W, Wang H T, Li T F, et al. X-Mechanics——An endless frontier[J]. Science China Physics, Mechanics & Astronomy, 2019, 62: 1－8.

[2] Yang W. Mechatronic reliability[M]. Berlin: Springer, 2003.

[3] Talley S J, Branch B, Welch C F, et al. Impact of filler composition on mechanical and dynamic response of 3-D printed silicone-based nanocomposite elastomers [J]. Composites Science and Technology, 2020, 198: 108258.

[4] Jing J, Xiong Y, Shi S, et al. Facile fabrication of lightweight porous FDM-Printed polyethylene/graphene nanocomposites with enhanced interfacial strength for electromagnetic interference shielding[J]. Composites Science and Technology, 2021, 207: 108732.

[5] Hupfeld T, Wegner A, Blanke M, et al. Plasmonic seasoning: Giving color to desktop laser 3D printed polymers by highly dispersed nanoparticles[J]. Advanced Optical Materials, 2020, 8(15): 2000473.

[6] Yuk H, Lu B, Lin S, et al. 3D printing of conducting polymers[J]. Nature Communications, 2020, 11(1): 1604.

[7] Barui S, Ding H, Wang Z, et al. Probing ink——Powder interactions during 3D binder jet printing using time-resolved X-ray imaging[J]. ACS Applied Materials & Interfaces, 2020, 12(30): 34254－34264.

[8] Regehly M, Garmshausen Y, Reuter M, et al. Xolography for linear volumetric 3D printing[J]. Nature, 2020, 588(7839): 620－624.

[9] Bhatt P M, Kabir A M, Peralta M, et al. A robotic cell for performing sheet lamination-based additive manufacturing[J]. Additive Manufacturing, 2019, 27: 278－289.

[10] Saccone M A, Gallivan R A, Narita K, et al. Additive manufacturing of micro-architected metals via hydrogel infusion[J]. Nature, 2022, 612(7941): 685－690.

[11] Chen Z, Zhao D, Liu B, et al. 3D printing of multifunctional hydrogels [J]. Advanced Functional Materials, 2019, 29(20): 1900971.

[12] Yang G, Sun Y, Li M, et al. Direct-ink-writing (DIW) 3D printing functional composite materials based on supra-molecular interaction[J]. Composites Science and Technology, 2021, 215: 109013.

[13] Li Y, Mao Q, Li X, et al. High-fidelity and high-efficiency additive manufacturing using tunable pre-curing digital light processing[J]. Additive Manufacturing, 2019, 30: 100889.

[14] 陈花玲, 罗斌, 朱子才, 等. 4D 打印-智能材料与结构增材制造技术研究进展[J]. 西安交通大学学报, 2018, 12(1): 12.

[15] Toffoli T, Margolus N. Programmable matter: Concepts and realization[J]. Physica D, Nonlinear Phenomena, 1991, 47(1-2): 263-272.

[16] Goldstein S C, Lee P. Realizing programmable matter[OL]. [2023-12-19]. https://cognitivemedium.com/assets/matter/DARPA2006.pdf.

[17] Tibbits S. Active matter[M]. Cambridge: MIT Press, 2017.

[18] Tibbits S. Things fall together: A guide to the new materials revolution[M]. Princeton: Princeton University Press, 2021.

[19] Self-Assembly Lab, Stratasys ltd. & Autodesk inc. 4D Printing[OL]. [2023-12-19]. https://selfassemblylab.mit.edu/4d-printing.

[20] Villar G, Graham A D, Bayley H. A tissue-like printed material[J]. Science, 2013, 340(6128): 48-52.

[21] Ge Q, Sakhaei A H, Lee H, et al. Multimaterial 4D printing with tailorable shape memory polymers[J]. Scientific Reports, 2016, 6(1): 31110.

[22] Li T, Keplinger C, Baumgartner R, et al. Giant voltage-induced deformation in dielectric elastomers near the verge of snap-through instability[J]. Journal of the Mechanics and Physics of Solids, 2013, 61(2): 611-628.

[23] Carpi F, Bauer S, de Rossi D. Stretching dielectric elastomer performance[J]. Science, 2010, 330(6012): 1759-1761.

[24] Yang X, An C, Liu S, et al. Soft artificial bladder detrusor[J]. Advanced Healthcare Materials, 2018, 7(6): 1701014.

[25] Li T, Li G, Liang Y, et al. Fast-moving soft electronic fish[J]. Science Advances, 2017, 3(4): e1602045.

[26] Li G, Chen X, Zhou F, et al. Self-powered soft robot in the Mariana Trench[J]. Nature, 2021, 591(7848): 66-71.

[27] Huang G, Li F, Zhao X, et al. Functional and biomimetic materials for engineering of the three-dimensional cell microenvironment[J]. Chemical Reviews, 2017, 117(20): 12764-12850.

[28] Zhang Y, Yu J, Wang X, et al. Molecular insights into the complex mechanics of plant epidermal cell walls[J]. Science, 2021, 372(6543): 706-711.

[29] Science. 125 questions: Exploration and discovery[OL]. [2023-12-19]. https://www.sciencemag.org/collections/125-questions-exploration-and-discovery.

第四篇

交叉力学

　　交叉力学的主要研究分支包括：生物与仿生力学、等离子体力学、软物质力学等，通过与其他学科交叉融合，发展力学的新概念、新理论、新方法和新领域。生物与仿生力学的主要研究领域包括细胞-亚细胞-分子生物力学、组织-器官力学、骨-关节力学、心血管工程力学、空间生物力学与重力生物学、生命现象系统化和模型化研究等。等离子体力学主要研究高温等离子体和低温等离子体的力学性质[1]。

　　交叉力学本身就代表着无垠的科学前沿[2]。可以通过介质、层次、性能、互作这四个视角来认识交叉力学。从介质的视角，交叉力学可以考虑介质交叉，其代表为广义软物质力学；从层次的视角，交叉力学可以考虑层次交叉，其代表为层次关联力学；从性能的视角，交叉力学可以考虑刚柔交叉，其代表为共融机器人力学；从互作的视角，交叉力学可以考虑质智交叉，其代表为虚拟/现实交互力学。

　　在随后各章，将依次讨论介质交叉、层次交叉、刚柔交叉和质智交叉，并展示其包含的力学基本问题。

第16章
介质交叉

"金以刚折,水以柔全。"

——葛洪,《抱朴子·外篇·广譬》

本章讨论介质交叉,既包括流体与固体的交叉,也包括流固介质与智能/控制机制的交叉。所针对的对象从自然科学中的软物质到生命科学中的智能介质,到社会科学中的社会介质;从具有流固转化功能的水凝胶到最复杂的物质——大脑,到最复杂的群体——人类社会。本章从流固介质交叉论起,引申出广义软物质的理论框架,并在此基础上演绎软物质力学;并继而讨论如何在软物质中引入可转变性与可调制性,将其升级为智柔体,从而探讨智柔体力学的框架。最后,本章尝试将生命引入智柔体,并诠释生命力学的概念。

16.1 流固介质交叉:广义软物质

宇宙中所有聚集排列的物质都在一定程度上可以用连续介质模型来描述。按照聚集形态,连续介质可粗略地分为凝聚态与等离子态,其中凝聚态又可以分为流体与固体。软物质在物理学上也称为软凝聚态物质,它由固、液、气基团或大分子等基本组元构成,是处于理想流体和固体之间的复杂体系,其结构单元的相互作用远小于凝聚态物质中粒子间的相互作用。

可以将软物质视为固体与流体的交叉介质,或者兼具固体相与流体相的复合物质。这种交叉介质可视为广义软物质[2]。广义软物质可具有不同形式的拓扑联络。该种拓扑联络,尤其是其固体相的聚集连接方式,将主宰其力学特征。例如,3-0联络(即固体相为3维或体态分布,流体相为点状分布)代表一块多孔固体;0-3联络(即流体相为3维或体态分布,固体相为点状分布)代表一杯稀溶液;3-3联络(即固体和流体相均为3维或体态分布)代表一块浸润的开放孔式海绵。与软物质对体积变形的高抗力相比,其对剪切的抵抗能力取决于其固体相框架的可变形性、其充填流体的黏性,以及固液两相间的交互作用。后者还涉及固液两相之间的化学键合作用。软物质的自由能包括两方面的贡献：来自内能的贡献和来自熵（混合熵与构型熵）的贡献。这里的构型熵不仅包括固体相的构型熵（如高分子网络的构型熵），也包括把固体和流体微结构组合为一体的构型熵。从多物理场耦合的角度来看，可将上述对于软物质的认识拓展到对其输运特性的分析中，即对拓扑绝缘性、导电性，甚至超导性质的研究。

广义软物质的概念可以从物质体延展到生命体和社会体。作为生命体的代表，人体就主要由软物质构成，如脑、肌肉、皮肤、器官、神经、软组织等。本章将主要讨论物质体与生命体，仅在本节的随后段落简述社会体所涉及的力学问题。

社会的"广义软物质"理论可视为社会连续介质力学与社会化学的结合[2]。将社会整体看作是一个社会分子的聚集物空间。人类聚集体也可以视为广义软物质。人类社会具有最高的复杂性，既能够表现出如固体般的稳定性，又能够表现出如流体般的流动特征，所以是一种典型的广义软物质。它是一种固态相（类似于多层高分子网络）和液态相（代表由社会化学所刻画的黏滞流体特征）的融合介质。

将社会视为广义软物质，能够为它的力学分析提供很大的便利。例如，对当前非常关切的社会韧性问题可采用力学方法进行研究。社会韧性本身就应该是一个力学概念[3,4]，它着重于讨论社会体的驱动力、变形性与适应性。社会体可以视为是麦克斯韦流体与社会组织网络交叉而成的软介质。然而，如果想用连续介质力学理论来描述社会韧性尚需补充两个重要的元素：一个可定义社会连续统的合适空间和一个度量社会缺陷的尺度（类似于断裂力学中的裂纹长度）。可根据所要研究的问题将社会体定义在一个合适的空间之上（如物理空间、财富-生产力空间等），则它的本构关系可视为社会网络与所填充黏性流体的宏观体现。类似于增韧水凝胶理论[5]，可将社会网络描绘为一种双层网络，其中一层代表与社会指导、社会组织和资源配置有关的强网络，它由意识形态团聚下的党政联合体所主导；另一层为弱交互的社团性网络，反映邻里关系、社会监督、民间交往和专业团体归属。其填充流体可用麦克斯韦流体来模拟，流体的黏性由社会化学确定，代表了社会在文化、资源和服务方面的互动关系。借助于社会网络中的资源配置、损伤控制和新政发布，社会体具有可修复性和可复原性。社会的分化可能造成社会体中的异质或缺陷生成。

社会韧性由其塑性变形和重塑能力所度量，并在很大程度上依赖于政府和执政党的领导力。施加于社会体的载荷由两部分构成：长时应力与短时冲击。前者由持续的社会失衡所造成，包括社会分化、竞争加剧、居住失所和社会不公；后者则随自然灾害、饥荒、战争、瘟疫而来，它们可能造成社会动荡与撕裂。

类似于断裂力学的描述，可将社会安全或社会韧性问题视为社会的断裂；即社会缺陷或社会分化在社会体中的生成、扩展和能量耗散过程。达到临界缺陷尺度时，在断裂驱动力超过社会韧性的情况下会发生社会断裂。社会韧性取决于阻抗社会断裂过程的能量耗散。如果社会体是冷漠的、脆弱的，社会网络的交联度低、无有效社会组织、有社会鸿沟，且由社会化学所制约的社会黏度低，则易于发生解理断裂，且社会韧性完全由缺陷尺度所决定。该情景类似于常规水凝胶的断裂过程,缺失可有效地释放断裂能的断裂过程区。如果社会网络的交联度低,但却有较强的社会黏度,可以形成较充分发展的断裂过程区,具有较高的化学势,能有效地释放断裂能,这时易发生延性断裂,该情景类似于单层网络水凝胶的断裂过程,其社会韧性不仅取决于缺陷尺度,还取决于社会化学,即取决于社会的互助精神与资源流动。如果社会网络和社会黏度均很高,社会网络将得以在党政组织的坚强领导下、在社会团体的密切协作中,将整个社会体的资源输送至扩展中的裂纹尖端,并实现超强的断裂韧性。该情景类似于双层水凝胶的断裂过程[5]。此外,在强大组织网络的迅速修复下,社会体中的裂纹可以及时得到止裂与修复,以致避免形成灾难性破坏的临界尺寸,从而实现超强的断裂韧性,类似于无缺陷敏感性的水凝胶[6]。

对上面所述的包括物质体、生命体、社会体在内的广义软物质来说,一个基本的力学问题是:

力学基本问题 51　广义软物质的力学框架是什么?

16.2　软物质力学

1991 年,德热纳(图 16.1)在其诺贝尔物理学奖颁奖致辞中明确地提出了"软物质"的概念[7]。他指出,"(软物质)有两个主要特征:(1)复杂性。……在本世纪(指 20 世纪)上半叶原子物理学的剧变中,一个自然的结果是软物质,其基础是高分子、表面活性剂、液晶,还有胶体粒子。(2)柔性。……非常轻微的化学作用竟然会导致力学性能的激烈变化——这是软物质的典型特征。"也就是说,软物质的两大特征是"复杂性"(多即复杂)与"柔性"(小扰动、大响应)。2005 年,著名学术期刊 *Science* 在创刊 125 周年之际提出了 125 个世界性科学前沿问题,其中 13 个直接与软物质交叉学科相关[8]。

在力学上,通常以弹性模量作为界定物质"软""硬"的标准,但是两者之间并没有明显的界线。"软"是指材料受到较小外力而发生较大变形,而"硬"则是指受到较大外力却发生较小变形,但是两者是对立和统一的。同一材料有时可以被看作软材料,但其他时候也可以被看作硬材料,而且材料的"软"和"硬"在某些条件下还可以互相转化。软物质是介于固体和流体之间的一种连续介质形态。可将软物质定义为固体与流体的复合介质,当时间趋于无穷时,其剪切模量并不趋于零,但其剪切模量 G 与体积模量 K 的比值却趋于一个小量 ε[2],即

图 16.1　皮埃尔・吉勒・德热纳(Pierre-Gilles de Gennes, 1932 ~ 2007)

$$G/K \rightarrow O(\varepsilon) \quad \text{当} \ t \rightarrow \infty , \ \varepsilon \ll 1 \tag{16.1}$$

类似于对编织物的分析表明,软物质的这种弱抗剪性质使得对其本构方程的渐近展开成为可能,人们可期待当对软物质进行单向拉伸时会产生横向皱曲。这时,拉伸方向的一些小扰动可以在横向引起大的桡曲变化。

除了遵循连续介质力学的一般理论外,软物质力学尚需厘清下述四项本身固有的科学问题:① 可描述液固介质交叉的本构理论;② 可描述在多物理场作用下体现"小扰动、大变形"的耦合场形变理论;③ 可描述软物质失效的破坏理论;④ 可描述软物质粘接行为的界面理论。下面扼要叙述其进展。

浙江大学交叉力学中心的软物质研究团队较系统地研究了软物质的本构理论[9-13],这些本构理论都有其具象化的物理模型,并以水凝胶作为其演示验证。它们包括软物质的黏性/超弹性本构框架[9]、含损伤过程且考虑各向异性的 Mullins 效应的本构模型[10]、考虑多重网络弹性体且受到溶胀预拉张作用的本构模型[11]、兼顾物理具象与热力学原理的本构模型[12]、可调整水含量的本构模型[13]。上述模型为以水凝胶为代表的软物质的本构描述打下了基础。

软物质在多物理场作用下的大变形理论反映了其小扰动、大响应的特征。美国哈佛大学,中国的浙江大学、西安交通大学、哈尔滨工业大学等在这一领域中取得了重要的进展。例如李铁风等曾经在具有力电耦合效应的丙烯酸铁电橡胶 VHB 上实现了面积延展率高达 1 592% 的世界纪录[14],几年后该纪录又被卢同庆团队所打破。该材料为李铁风团队后续的软体机器鱼的研究[15]奠定了材料基础,而新发展的适应低温和极高压的国产铁电橡胶又为无保护壳直接在马里亚纳海沟底扑翼的软体机器鱼提供了作动力[16]。

软物质的失效模式包括脆性断裂、疲劳破坏和变形失稳等类型。哈佛大学的锁志刚(图 16.2)团队在这一领域做出了系统性的贡献[5]。他们受到日本北海道大学龚剑萍团队关于双层水凝胶的启发[17],研制出离子型水凝胶。即使在含水量达到 90% 时,这种水凝胶也可以拉伸到原长的 20 倍,且其断裂能可高达 9 000 J m⁻²。锁志刚团队进一步提出一种可大幅伸长、透明且导电的水凝胶材料[18]。尹腾昊等[19]采用了一个新的物理量"断裂基本功"来刻画水凝胶这类材料的韧性。锁志刚团队还对水凝胶的疲劳力学问题进行了开创性的研究[20],并挑战性地提出在静态加载和循环加载下都对缺陷不敏感的水凝胶[6,20]。浙江大学曲绍兴团队报道了一种通过类共价氢键相互作用实现的海藻糖网络修复策略,以改善水凝胶的机械性能,包括强度、伸长率、缺口敏感性等,使它们能够耐受极端环境条件,并同时保持合成的简单性,这被证明可用于各种水凝胶,且含缺陷材料的伸长率可以超过 40 倍[21]。锁志刚团队还针对纠缠远大于交联的一类高分子软物质,研究了其对应的断裂、疲劳和摩擦问题[22]。卢同庆等研究了软物质的力电灾变问题[23]。

图 16.2　锁志刚(1963~)

软物质界面粘接有多种类型,除了常见的共价键连接、离子键连接、范德华力连接外,还有一种特别的拓扑连接方式[24-26]。这时高分子链像钩针一样穿过两相界面,实现比共价键弱但比范德华力强的界面连接。作为应用,按照这一界面粘接方式可以制成水凝胶漆[27],刘俊杰等综述了各种功能水凝胶涂层的科学问题[28],陈哲等综述了评估镀层粘接的各种力学方法[29]。

16.3　可转变性与可控制性

与常规的流体和固体不同,由介质交叉所得到的物质体或生命体通常经过设计而得,设计的目的在于实现其可转变性与可控制性。这里的“可”字主要体现了两项能力:一是变化的幅度;二是变化的精度。

可转变性是指从一种状态转到另一种状态的能力,它主要包括:① 几何转变,即从一种几何形状到另一种几何形状的转变;无论是自然领域还是技术领域,都会遇到“双稳态”类型的例子,可参阅李铁风等的论著[30],其驱动转变的控制量可以是温度、湿度、光照度等。② 物理转变,既包括从固态到液态和气态的物态转变,也包括各种固态相变;其驱动转变的控制量往往是热力学量,如温度、振动[31]等。③ 化学转变,即化学键价结构的变化,如对界面粘接方式的变化[16,21,25-29]。④ 构成转变,如水凝胶的溶胀与脱水。⑤ 拓扑联络方式转变,该种转变可极大地影响其固体相的聚集连接方式,将主宰其力学特征;如固体相从纠缠状高分子网链变为交联状高分子网链,其刚度和韧度可以发生很多变化。⑥ 生命状态的改变,该变化将重写信息传递系统、能量补给系统、溶胀/脱水控制、拓扑链接方式和熵生成趋势。对软物质体系来讲,其可转变性的种类是丰富多彩的,可转变性的幅度是千姿百态的,但可转变性的精度是只能大致地予以保证。

可控制性系指对状态转变的控制方式与控制能力。它主要包括:① 物理控制,即以力、热、声、光、电、磁、信息、湿度等方式,通过多场耦合控制来进行控制;此时的控制能力取决于多物理场的耦合程度。② 构筑控制,即通过 3D 打印[32]或 4D 打印[33]的方式来进行控制,也包括各种镀层工艺[34]。③ 化学控制,即通过酸碱度来进行控制[35]。由多元介质集成的软介质系统具有更复杂的组织架构,每个单元都可有一套自感知-自供能-自驱动-自控制的运行系统;实现其响应与控制需要突破基于单一介质的方法局限,开展跨介质协同和跨层次控制的研究。

16.4　智 柔 体 力 学

随着信息功能技术日臻成熟,力学的研究对象开始转向以气-液-固多相介质为构成特征的、包含电子-离子-分子相互作用和运动的智能介质[36,37]。智能介质是以天然或者人工方式嵌含有智能的物理介质。智能的体现有其微观动力、细观构筑、宏观涌现和能量-信息循环。虽然最简单的拟神经忆阻介质的使用已然开启了类脑智能芯片的新篇章[38,39],但面对类脑介质和人脑等智能系统,现有的力学理论和认识顿显无力[40]。从以承载与运动为特征的连续介质和多场耦合信息功能介质,到面向神经系统与人脑智能体系的智能介质,力学正在进入智能介质力学时代,如图16.3所示。

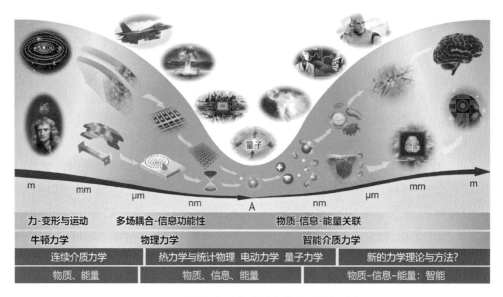

图 16.3　智能介质力学是力学发展的新阶段

智能介质力学从电子-离子-分子间的动力学耦合来研究多相介质的物质-信息-能量关联规律及智能涌现;它既体现在以力为主导的多场环境作用对介质智能的激发、引导与控制,又体现在智能产生过程中介质内的多层次动力学过程。智能介质力学的核心内涵是多相-多场-多尺度的物质-信息-能量关联动力学所引起的全域智能响应和多层次关联控制。

对应于软物质的智能介质力学可称为智柔体力学。智柔体力学全新的内涵需要突破现有的力学理论框架,才能深入探究物质、信息和能量的关联性及其与智能的联系,进而实现介质与系统的智能融入与涌现。因此,需要解决的基本问题有两个。

(1)智柔体力学理论:智柔体力学的研究对象横跨气-液-固介质,涉及物质、信息、能量的多层次耦合,超越了物理力学所描述的多场耦合信息功能性,需要发展多相-多场-多尺度耦合的力学理论。从智柔体模拟到人脑神经系统信号产生、传输和调控的智能产生效应可以揭示介质-信息-能量耦合的智能涌现过程,深入研究介质的智能响应与涌现。在理论建模方面,要着力体现介质的多层次级联智能特性;建立三维实体介质的力学模型来全面分析其智能行为。

(2)智柔体的构筑:智柔体的构筑包括基本物质构筑和智能融入两个方面。发展以气-液-固多相介质和多功能耦合为代表的智能介质与系统的构筑与表征方法;突破现有基于功能材料的设计、制备和表征方法的局限;以水凝胶等软物质为基础,嵌入异质结和感应、响应等信息功能组元,实现以力为主导的多场耦合智能特性融入和智能属性激发、调控,突破人造介质的智能融入与控制的挑战,并实现基于多组元的智能介质系统的构筑。

智柔体是指智能软介质、智柔结构、智能软机器与类生命软机器的统称,见图 16.4。其中类生命软机器可抽象为由具有自主收缩能力的生物组织细胞(红色)和不具有收缩能力的细胞(绿色)组成,实现具有自驱动特点的软体机器人。智柔体以智和柔为两大特征,"智"体现多层次构筑(包括构架与建筑),"柔"体现力学表征,两者相辅相成。智柔体一方面以天然/人工方式来嵌含或涌现智能,另一方面在激励作用下发生大范围变形。其力学方面的共性特征为:大变形、可变构、低功耗、力-化学-生物融合。对智柔体的研究既体现在多场激励作用对智柔体智能行为的激发、引导与控制;又体现在自感知、自供能、自驱动、自控制等全域智能过程中的多层次动力学。

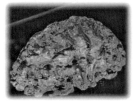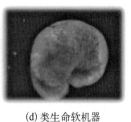

(a) 智能软介质　　(b) 智柔结构　　(c) 智能软机器　　(d) 类生命软机器

图 16.4　智柔体系

智柔体的第一种形式是智能软介质,体现了其基元特征。智能软介质具有大变形、可变构、多场耦合特点,其典型代表是软体二极管和柔性类神经,如图 16.5 所示。其典型特征为:① 多尺度:分子构象、网络拓扑;② 多层级:多相介质、界面;③ 多场:力-热-光-电-磁耦合。其面临的力学问题是:智能嵌入、响应、涌现;物质-信息-能量关联。

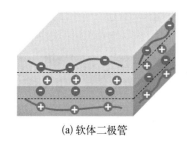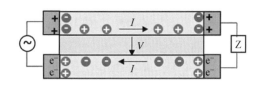

(a) 软体二极管　　　　　　　　　(b) 柔性类神经

图 16.5　智能软介质

智柔体的第二种形式是智柔结构,体现了其结构特征。智柔结构可由软体人工肌肉驱动,由柔性器件感知;研究由材料耦合响应到系统功能乃至智能的构建。其典型代表是柔性感知手和软体机器鱼。其典型特征为如下。① 结构柔性:环境物体高度共融;② 功能集成:异质异构混合集成;③ 质量超轻:大幅减轻系统重量。其面临的挑战与问题是:可延展、共形、高载流、低功耗、异质异构集成。

智柔体的第三种形式是智能软机器,体现了其动力特征。系指集成不同材料体系、不同功能元器件、不同动力构元,构成的可感知、可计算、可持续作动的柔性信息系统。其典型代表是可穿戴柔性器件。其典型特征为:① 耦合驱动:光、化、电、磁耦合;② 融合感知:智柔一体化设计;③ 多功能:强适应、高亲和。其面临的挑战与问题是:材料/结构/动力/系统一体化;感知-驱控-功能融合。

智柔体的第四种形式是类生命软机器,体现了其生命特征。系指集成细胞、微生物等生命介质与人工软介质,构建具有自生长、自感知、自适应、可重构等生命特征的类生命体。其典型代表是可重构类生命软介质与生物泵软机器。如图 16.6 所示:前者由叶绿体和高分子材料组成的类生命软介质,在光照作用下叶绿体发生光合作用,产生葡萄糖,与已有高分子网络产生交联反应,可对材料重塑并增强。后者由骨骼肌细胞(黄色)与水凝胶软管(蓝色)和聚二甲基硅氧烷(polydimethylsiloxane, PDMS)管道框架(红色)构成。在电信号刺激下,骨骼肌会发生周期性收缩,利用骨骼肌环两侧软管长度不对称的特点,驱动管道中的液体定向逆时针流动,实现生物泵功能。类生命软机器的典型特征为:① 学科融合:力-化学-生物融合;② 生命特征:自生长、自供能等;③ 生物功能:生长、输运、调控。其面临的挑战与问题是:生命介质-人工软介质-信息与生命-柔性结构技术交叉融合。

骨骼肌细胞环

(a) 可重构类生命软介质　　　　　　(b) 生物泵软机器

图 16.6　类生命软机器

对智柔体的研究是多学科交叉的范例。其硬件的研究需要用到力学,引出软物质力学与跨尺度力学;需要用到物理,引出对软凝聚态与多场耦合的研究;需要用到化学,引出对力化学与界面化学的研究;需要用到生命科学,引出对类生命体与合成生物学的研究;需要用到材料,引出对智能材料与材料基因组的研究。其软件的研究需要用到数学,引出对数据科学、数理逻辑、数字孪生的研究;需要用到信息科学,引出对柔性电子与人工智能的研究。其应用的研究体现在工程,引出对软机器、智柔结构与机器人的构筑;体现在医学,引出对健康监测、人工器官、康复装置的发展。

如图 16.7 所示,智柔体理论涉及多时空尺度、多场耦合、物质/能量/信息关联。其挑战在于:当前软材料理论和方法尚缺乏跨越微观到宏观的层级关联和考虑物质-能量-信息的智柔融合,无法描述介质柔性与智能涌现的关联脉络。例如,智能软体机器的群效应需要开展机器个体间的多通道信息融合与多状态组织协同分析,才能实现主动协同,进而达到群体的智能涌现与控制;而类脑体系需要在发展三维实体的力学模型和算法的基础上研究其内部多层次的智能激发与响应。

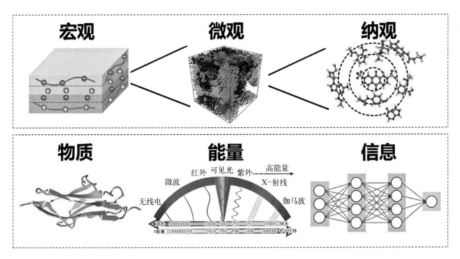

图 16.7　智柔体的多时空尺度、多场耦合、物质/能量/信息关联

智柔体力学的研究涉及三个核心科学问题。其一是:如何利用柔性来凸显赋智过程? 其二是:异构与界面如何协同柔智关联? 其三是:如何构筑、驯化与调控智柔体?

这些问题都有待在今后予以解决。

16.5　生命力学

从第 16.4 节讨论的智柔体到类生命体,需要经历一个赋予物质以智慧与生命的改造。

实现类生命体的第一步是构筑智慧软物质。智慧软物质是一种新型的人造物质,微结构复杂而富有层次,且不同的内嵌微观单元或子结构可能具有全然不同的功能或性能,相互之间各司其职又相互配合。需要在微观尺度上整合具有信息感知、处理和执行等功能的活性生物单元,可按需进行能量释放和能量转换,具备自修复、自重构、复制遗传、变异增强等一种或多种特殊能力。因此,智慧软物质从本质上是一个开放的、非平衡的、可作出自主反应和具有自我学习能力的智能系统。从力学的角度对这样的复杂系统进行宏观描述与分析无疑是一个挑战,且在传统的固体/流体介质上尚未呈现其对应的自我学习、复制进化等特殊性能。力学家们必须突破已有连续介质力学理论框架,特别是多种守恒律(能量、质量、动量)可能不再成立,需要建立合适的非平衡演化方程,将自我学习、反馈调节等特殊性能作为其理论体系的重要架构。建立这样的理论体系,需要多学科交叉融合,从而最终达到精确预测在复杂环境影响下智慧软材料的力学、化学、电学信号等的耦合关系及其性能演化。生命/类生命活性物质的引入会赋予软物质自主调控的能力和行为。同时,在大脑中存在的力学环境与大脑中存储信息的关系是脑功能中一个异常深奥的问题。这里所指的力学环境可以包括头颅中的脑压、神经网络中存在的心理张力、外界冲击产生的应力波传播与脑震荡,以及脑血管中的梗塞或溢血等。

类生命体是指在人工环境下得以维持的有生命的物体,生命体是指可以自我维护的生命物体。作为例子,可以提出下述科学问题:

力学基本问题52 人体组织或器官可以完全再生吗?(科学 125[8]之一)

从智柔体到类生命体再到生命体,力学的作用是巨大的。生命体是活力的象征。肌肉在电化学反应下产生(用物理仪器可度量的)收缩力,神经网络在意念激励下产生着(标志紧张程度的)神经张力,生命体中分子通道在信息程序控制下产生力环境,力决定分子运动的靶向和生命聚集体的形貌[41]。

力的产生得益于生命体中三磷酸腺苷(adenosine triphosphate,ATP)酶的激励。在意念的调控下,ATP 以电化学反应的速度转变为能量。类似于在物理世界中以蒸汽来驱动蒸汽机,以电力来驱动电动机,以核能来驱动核电站,由酶转化形成的能量可以驱动分子马达。这里高效酶是软机器中的能量元件,分子马达是执行元件,由横桥模型驱动的肌丝是组织化的合成与控制元件。三位科学家让-皮埃尔·索瓦日(Jean-Pierre Sauvage,1944~)、詹姆斯·弗雷泽·斯托达特(James Fraser Stoddart,1942~)、伯纳德·卢卡斯·费林加(Bernard Lucas Feringa,1951~)由于在分子马达[图 16.8(a)]方面的工作分享了2016 年度的诺贝尔化学奖[42][图 16.8(b)]。

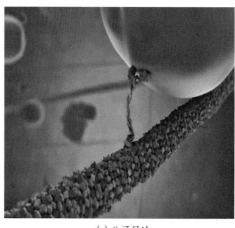

(a) 分子马达　　　　　　　　　(b) 2016年度诺贝尔化学奖

图 16.8　分子马达的研究获得 2016 年度的诺贝尔化学奖

生物力学(Biomechanics)理论以美籍华人科学家冯元桢(图 16.9)先生的工作为奠基。冯元桢先生认为:生物力学是将"生物科学的原理和方法与力学的原理和方法相结合,从而(定量地)认识生命过程的规律,并用于维持、改善人的健康"。生物力学的核心是应力与生长的关系。冯元桢在 1983 年提出关于应力与生长的关系的基本假说:"生物体的组织和器官都是在一定的应力场中实现其功能的;在正常生理条件下,组织和器官内的应力分布可符合其功能优化的需要。"[43]对于活性的连续介质,其总变形不仅包括应力产生的变形,还应包括长期应力作用下造成的组织生长,而后者的稳态应该使组织和器官内的应力分布符合其功能优化的需要。这一思想非常深刻,不仅对皮肤、肌肉适用,对血管、骨骼也同样适用。

图 16.9　美籍华人科学家冯元桢(Yuan-Cheng Fung,1919~2019)　　图 16.10　美籍华人科学家钱煦(Shu Chien, 1931~)

在细胞与分子层次,力环境的影响往往与信息的传导更为紧密相连,也比较隐喻。这时,对宏观的现象关联让位于对微观的机理把握,力学、生物学、化学产生深度交融。以钱煦先生(图 16.10)为代表的学派提出了下述力学-化学-生物学耦合规律:"生物体细胞和分子的力学信号通过传递和转导的方式转化为化学信号和生物学信号,并经过细胞重建和分子重构、从而形成新的生物学稳态。""力生物学"(Mechano-biology)描述了力场主导下生命体成长和信息传播的规律。人们越来越认识到,力学因素及其调控作用在生命活动和疾病发生中扮演着重要的角色。细胞所处的力学微环境,包括细胞外基质硬度、拓扑结构、几何尺度等对其发育、生长、增殖、分化、凋亡、免疫应答等生命活动有重要影响[44]。

生命组织对力学微环境信号的感知和响应是一个多尺度的力学-化学耦合过程,涉及分子-细胞-组织多尺度力生物学问题。在分子尺度,蛋白分子可以感知力学刺激,发生构型的变化;在亚细胞尺度,如黏附斑和细胞骨架可以产生聚合和解聚;在细胞尺度上,可以发生细胞-基质、细胞-细胞间黏附的变化,以及细胞极化、迁移、增殖等方面的变化。但是,力学刺激是如何在不同尺度上传递、增强、转化、表达,以及在同一个尺度不同信号是如何协调的,这些科学问题的答案仍未见雏形。

在分子、细胞和组织尺度,研究细胞对力学微环境的响应机制及其调控信号通路,实现分子、细胞及组织器官的跨尺度研究非常重要。在这一情景下,生命体的力学表征包括下面四个基础科学问题和应用挑战：① 生命体的力学特性对微环境中多种典型细胞的表型分化及生长的作用；② 细胞微环境中的力-生-化信号耦合的细胞间信号网络的演化动力学；③ 集群迁移行为的力学影响机理和调控机制；④ 细胞、组织微环境与生物材料互作的体外仿真实验技术。

大脑是最复杂的生命体。大脑是意念的产生体，大脑是信息中枢，大脑又是流动的物质。在大脑中，完美地实现了意念、信息、质流的三元聚顶。大脑的力学建模是一个具有挑战性的前沿问题。大脑的力学建模需要考虑物质建模、信息建模和意念建模三个互相影响的层面[45]。其物质建模在于构建智慧软物质的本构模型。该模型既有宏观层次的力学模型，又有细微观层次的组织结构模型。从宏观力学的角度上讲，大脑是典型的软物质，具有低模量、高断裂应变、黏性、非线性等特点，其模型可建立在有限变形连续介质力学基础上。随着凝胶、细胞、组织等软物质研究中实验方法的演进，其力学理论框架不断被拓宽。外界的力、热、光、电、化学等环境信号可诱发软物质性能的改变。因此，对软物质的力学理论建模，需要考虑多物理场耦合条件下发生的物质与能量的交换，以及随之产生的变形和运动。哈佛大学锁志刚研究组通过耦合大变形连续介质力学和电化学理论研究了聚电解质凝胶在离子溶液中的溶胀行为[46]；同校的贝托尔迪（Katia Bertoldi）研究组基于热力学理论框架建立了介电弹性体的大变形连续介质力-电耦合理论[47]。

虽然构成大脑的物质组分能够遵循力学规律，但现有的力学理论（包括量子力学理论）却难以描述大脑的功能和意识[48]。另外，从生命物质的分子跨越到细胞器、细胞膜（包括膜蛋白），再到普通细胞和神经元，其中广泛存在的有序组装、控制和感知以及能量与信息的传递不仅依赖分子层次的局部耦合，也涉及长程的介观以至宏观层次的互动[49]。这种多层次动力学决定着介质智能的宏观涌现。因此，面向神经系统的智能介质力学需要解决的关键问题包括：如何描述这类室温非平衡体系的物质-信息-能量关联？如何通过能量和信息共同激发的物理场变化，实现介质与系统智能的全域性融入与涌现？

时空分辨日益提高的结构和功能表征技术正推动着蛋白质结构组学、神经连接组学研究的不断深入，神经网络的连接图谱以及神经元复杂的信息整合、传递、处理和运算功能均得到实验的初步揭示[50]；单个神经元树突最近也被发现具有执行复杂运算的能力[51]。在深入认识神经元介质和神经网络介质系统智能行为的基础上，发展基于真实神经组织的智能介质力学算法和模型，将有效推动人造介质自感知、自供能、自驱动以及智能化的自主闭环调控和主动控制体系的设计、构筑与赋能。

大脑的意念建模需要考虑整个的神经生理和心理过程。神经中的意念传递过程是由神经元（neurons）的不断激发为物质基础的，神经元沿着神经网络中诸突触运行，通过点燃过程来将神经信号传递给下一个神经元。大脑中的力环境对信息的储存位置、对神经元的点燃过程、对神经信号传导通道的选择都产生影响[52]。

在一定的心理意念下，意念力对脑神经网络的形成与生长有着重要的作用。大脑的主体部分是在幼童在 3 个月~6 岁时形成的，是在学习得到的知识转变为意念的驱动下形成的神经网络,类似于神经应力与神经网络生长的关系。神经突触的形成与可塑性的动力学与意念力的关系,为意念与物体之间的紧密联系提供了新的认识空间。当前的神经科学发现显示:人的大脑和意识都是物质性的,意识的身心二元论是不能成立的,应该回归于大脑一元论[53]。同时,科学家们还发现,在意念驱动下,神经突触能够产生可观察到的凸起[54]。也就是说,人们在冥思苦想之际,其意念促进了神经突触的生长,有可能造成新的神经回路的形成,导致创新思想的产生。

生命力是一个复杂的组合体,其组成架构应包括生理、心理、信息三个方面。信息为念,心理为源,生理为泉。从生理方面来讲,生命力是物理化的力,如肌肉产生的收缩力、心脏产生的泵动力、脑神经中存在的张力等。从心理方面来讲,生命力是可由意念驱动的力,是一种电化学力,意念驱动着酶的输送和神经元的点燃,并进一步激发物理化的力。从信息方面来讲,生命力是信号传输的力,包括程序化指令的传输、免疫大军的调动、细胞通道的开启与关闭等。

类似于物理学中的四种力(万有引力、电磁力、强相互作用力、弱相互作用力),这里也可以尝试地列出生命力的四种关联形式。

对应于万有引力的是万有念力,它也对应着信念空间的意识形态力,它以长程作用的形式,如理想、初心、理念、使命等意识形态形式,以感召的方式作用于每一个生命体。每个生命体都拥有念力,人的念力远超过动物的念力,动物的念力远超过植物的念力。心智发育成熟的人的念力超过幼童的念力。每个国家有国家意识形态所产生的念力,地球有人类命运共同体所辐射的念力。生命体之间的念力作用可由万有念力定律来刻画,非常类似于牛顿的万有引力定律。对应于电磁力的是生命体的组成力和协调力,它在意念场的笼罩下,以电化学反应的方式,根据多层次的生命体的细微观结构,来确保生命系统的运行和协调有效。其协调过程包括神经元的点燃、分子马达的开动、横桥的连接和脱黏、细胞通道的开启与关闭等。强相互作用力是维系生命传承稳定的力,它对应的是生命体的传承力,也可以称为基因力,通过基因组碱基对的排列体现传承。除非发生“核”反应,也就是基因敲出、基因嵌入、基因编辑等,传承力的强大使得生命系统得以按照达尔文的进化论,以缓慢的代际演化的形式绵延下去。弱相互作用力制约着原子的组织行为,它对应于生命体的潜意识力,这种力以潜在的、不易察觉的、后台的形式作用于生命体,其长期累积的结果却可以起到潜移默化的作用。潜意识力的作用主要体现在对信息的影响力和弱改造力。

关于生命力的探究是一门宏大的学问。目前仅仅露出的冰山一角已经让每一个力学工作者神往不已。与生命力学有关的科学 125 个问题[8]还有:器官和整个有机体如何了解停止生长的时间? 大脑如何建立道德观念? 等等。

参考文献

[1] 国务院学位委员会力学评议组. 力学一级学科简介及其博士、硕士学位基本要求[Z], 2023.

[2] Yang W, Wang H T, Li T F, et al. X-Mechanics—An endless frontier[J]. Science China Physics, Mechanics & Astronomy, 2019, 62: 1 − 8.

[3] Holling C S. Resilience and stability of ecological systems [J]. Annual Review of Ecology and Systematics, 1973, 4(1): 1 − 23.

[4] Godschalk D R. Urban hazard mitigation: Creating resilient cities[J]. Natural Hazards Review, 2003, 4(3): 136 − 143.

[5] Sun J Y, Zhao X, Illeperuma W R K, et al. Highly stretchable and tough hydrogels[J]. Nature, 2012, 489(7414): 133 − 136.

[6] Bai R, Yang J, Morelle X P, et al. Flaw-insensitive hydrogels under static and cyclic loads [J]. Macromolecular Rapid Communications, 2019, 40(8): 1800883.

[7] de Gennes P G. Soft matter (Nobel lecture)[J]. Angewandte Chemie International Edition in English, 1992, 31(7): 842 − 845.

[8] Science. 125 questions: Exploration and discovery[OL]. [2023 − 12 − 19]. https://www. sciencemag. org/collections/125-questions-exploration-and-discovery.

[9] Xiang Y, Zhong D, Wang P, et al. A physically based visco-hyperelastic constitutive model for soft materials[J]. Journal of the Mechanics and Physics of Solids, 2019, 128: 208 − 218.

[10] Zhong D, Xiang Y, Yin T, et al. A physically-based damage model for soft elastomeric materials with anisotropic Mullins effect[J]. International Journal of Solids and Structures, 2019, 176: 121 − 134.

[11] Zhong D, Xiang Y, Liu J, et al. A constitutive model for multi network elastomers pre-stretched by swelling[J]. Extreme Mechanics Letters, 2020, 40: 100926.

[12] Xiang Y, Zhong D, Rudykh S, et al. A review of physically based and thermodynamically based constitutive models for soft materials[J]. Journal of Applied Mechanics, 2020, 87(11): 110801.

[13] Zhong D, Xiang Y, Wang Z, et al. A visco-hyperelastic model for hydrogels with tunable water content [J]. Journal of the Mechanics and Physics of Solids, 2023, 173: 105206.

[14] Li T, Keplinger C, Baumgartner R, et al. Giant voltage-induced deformation in dielectric elastomers near the verge of snap-through instability[J]. Journal of the Mechanics and Physics of Solids, 2013, 61(2): 611 − 628.

[15] Li T, Li G, Liang Y, et al. Fast-moving soft electronic fish[J]. Science Advances, 2017, 3(4): e1602045.

[16] Li G, Chen X, Zhou F, et al. Self-powered soft robot in the Mariana Trench[J]. Nature, 2021, 591 (7848): 66 − 71.

[17] Gong J P, Katsuyama Y, Kurokawa T, et al. Double-network hydrogels with extremely high mechanical strength[J]. Advanced Materials, 2003, 15(14): 1155 − 1158.

[18] Keplinger C, Sun J Y, Foo C C, et al. Stretchable, transparent, ionic conductors[J]. Science, 2013, 341(6149): 984 − 987.

[19] Yin T, Wu T, Liu J, et al. Essential work of fracture of soft elastomers[J]. Journal of the Mechanics and Physics of Solids, 2021, 156: 104616.

[20] Bai R, Yang J, Suo Z. Fatigue of hydrogels[J]. European Journal of Mechanics-A/Solids, 2019, 74:

337－370.

[21] Han Z, Wang P, Lu Y, et al. A versatile hydrogel network-repairing strategy achieved by the covalent-like hydrogen bond interaction[J]. Science Advances, 2022, 8(8): eabl5066.

[22] Kim J, Zhang G, Shi M, et al. Fracture, fatigue, and friction of polymers in which entanglements greatly outnumber cross-links[J]. Science, 2021, 374(6564): 212－216.

[23] Lu T, Cheng S, Li T, et al. Electromechanical catastrophe[J]. International Journal of Applied Mechanics, 2016, 8(7): 1640005.

[24] Yang J, Bai R, Suo Z. Topological adhesion of wet materials[J]. Advanced Materials, 2018, 30(25): 1800671.

[25] Liu Q, Nian G, Yang C, et al. Bonding dissimilar polymer networks in various manufacturing processes [J]. Nature Communications, 2018, 9(1): 846.

[26] Yang X X, Yang C H, Liu J J, et al. Topological prime[J]. Science China Technological Sciences, 2020, 63(7): 1314－1322.

[27] Yao X, Liu J, Yang C, et al. Hydrogel paint[J]. Advanced Materials, 2019, 31(39): 1903062.

[28] Liu J, Qu S, Suo Z, et al. Functional hydrogel coatings[J]. National Science Review, 2021, 8(2): nwaa254.

[29] Chen Z, Zhou K, Lu X, et al. A review on the mechanical methods for evaluating coating adhesion[J]. Acta Mechanica, 2014, 225: 431－452.

[30] Li T, Zou Z, Mao G, et al. Electromechanical bistable behavior of a novel dielectric elastomer actuator [J]. Journal of Applied Mechanics, 2014, 81(4): 041019.

[31] Li T, Qu S, Yang W. Electromechanical and dynamic analyses of tunable dielectric elastomer resonator [J]. International Journal of Solids and Structures, 2012, 49(26): 3754－3761.

[32] Chen Z, Zhao D, Liu B, et al. 3D printing of multifunctional hydrogels[J]. Advanced Functional Materials, 2019, 29(20): 1900971.

[33] Chen Z, Lou R, Zhong D, et al. An anisotropic constitutive model for 3D printed hydrogel-fiber composites[J]. Journal of the Mechanics and Physics of Solids, 2021, 156: 104611.

[34] Han Z, Wang P, Mao G, et al. Dual pH-responsive hydrogel actuator for lipophilic drug delivery[J]. ACS Applied Materials & Interfaces, 2020, 12(10): 12010－12017.

[35] Yin T, Wu L, Wu T, et al. Ultrastretchable and conductive core/sheath hydrogel fibers with multifunctionality[J]. Journal of Polymer Science Part B: Polymer Physics, 2019, 57(5): 272－280.

[36] 白坤朝, 詹世革, 张攀峰, 等. 力学十年: 现状与展望[J]. 力学进展, 2019, 49(1): 201911.

[37] 国家自然科学基金委员会数学物理科学部. 力学学科发展研究报告[M]. 北京: 科学出版社, 2007.

[38] Kim H J, Chen B, Suo Z, et al. Ionoelastomer junctions between polymer networks of fixed anions and cations[J]. Science, 2020, 367(6479): 773－776.

[39] Kim Y, Yuk H, Zhao R, et al. Printing ferromagnetic domains for untethered fast-transforming soft materials[J]. Nature, 2018, 558(7709): 274－279.

[40] Poldrack R A, Farah M J. Progress and challenges in probing the human brain[J]. Nature, 2015, 526

（7573）：371 – 379.

［41］冯西桥,曹艳平,李博. 软材料表面失稳力学［M］. 北京：科学出版社,2018.

［42］Barnes J C, Mirkin C A. Profile of Jean-Pierre Sauvage, Sir J. Fraser Stoddart, and Bernard L. Feringa, 2016 Nobel Laureates in Chemistry［J］. Proceedings of the National Academy of Sciences, 2017, 114 （4）：620 – 625.

［43］Fung Y. Biomechanics: Motion, flow, stress and growth［M］. Berlin: Springer-Verlag, 1990.

［44］Chien S. Mechanotransduction and endothelial cell homeostasis: The wisdom of the cell［J］. American Journal of Physiology-Heart and Circulatory Physiology, 2007, 292(3): H1209 – H1224.

［45］Gidon A, Zolnik T A, Fidzinski P, et al. Dendritic action potentials and computation in human layer 2/ 3 cortical neurons［J］. Science, 2020, 367(6473): 83 – 87.

［46］Hong W, Zhao X, Suo Z. Large deformation and electrochemistry of polyelectrolyte gels［J］. Journal of the Mechanics and Physics of Solids, 2010, 58(4): 558 – 577.

［47］Henann D L, Chester S A, Bertoldi K. Modeling of dielectric elastomers: Design of actuators and energy harvesting devices［J］. Journal of the Mechanics and Physics of Solids, 2013, 61(10): 2047 – 2066.

［48］Koch C, Hepp K. Quantum mechanics in the brain［J］. Nature, 2006, 440(7084): 611.

［49］Lichtman J W, Denk W. The big and the small: Challenges of imaging the brain's circuits［J］. Science, 2011, 334(6056): 618 – 623.

［50］Markram H, Muller E, Ramaswamy S, et al. Reconstruction and simulation of neocortical microcircuitry ［J］. Cell, 2015, 163(2): 456 – 492.

［51］Gleeson P, Steuber V, Silver R A. neuroConstruct: A tool for modeling networks of neurons in 3D space ［J］. Neuron, 2007, 54(2): 219 – 235.

［52］Li C T, Poo M, Dan Y. Burst spiking of a single cortical neuron modifies global brain state［J］. Science, 2009, 324(5927): 643 – 646.

［53］Bao A M, Luo J H, Swaab D F. Viewpoints concerning scientific humanity questions based upon progresses in brain research［M］. Hangzhou: Journal of Zhejiang University (humanity and social science edition), 2012, 7.

［54］Lai K O, Ip N Y. Synapse development and plasticity: Roles of ephrin/eph receptor signaling［J］. Current Opinion in Neurobiology, 2009, 19(3): 275 – 283.

第 17 章
层次交叉

"大不自多,海纳江河。"

——马一浮,《浙江大学校歌》

17.1 层次交叉的三种路线

由于对物质展现形式的不同,在建模和信息传递中不可避免地会出现层次交叉[1]。层次交叉有三种方式: 其一是自上而下(top-down)的方式,即从更具有总体观的层次开始,以其中的场数据来主控具有局部观的层次;其二是自下而上(bottom-up)的方式,即从更具有局部观的层次开始,以其汇总数据而为具有总体观的层次嵌入具有本构意义的内涵;其三是层次互动(interactive)的路线,即同时从相邻的层次开始,通过层次互动来不断地修改各个层次的表述现状。

对于流体、固体和智能体,其层次交叉具有不同的特点。

对流体来说,其组成的微观粒子具有可连续变化的分子自由程[2]。粒子运动和粒子之间的相互作用可以远离平衡态,不同尺度运动基团有可能借助"黏度"机制来相互耦合;也就是说,通过雷诺数的作用,大的涡团(eddy)的相干结构与小的涡团的混沌运动相耦合。这体现为充分发育的湍流在不同尺度通过能量级串所造成的耦合,同时体现为充分发育湍流的统计不变性。在不同尺度和不同频谱下,可观察到其对应的普适尺度律(如以"K41"为表示的-5/3 能量幂次律),该尺度律得到了佘振苏与 Leveque[3] 的验证。这种层次交叉(或尺度交叉)是一种连续的、本原的层次交叉,可以是自上而下(即能量从大尺度传输到小尺度),也可以是自下而上(即能量从小尺度传输到大尺度)。湍流脉动对流场结构的影响可通过以序变化为表达的结构系综(structural ensemble)来概括[4]。

对固体来说,其组成的微观粒子没有可连续变化的分子自由程,而是固定在与点阵常数相当的数值上振荡(由晶格动力学所制约[5])。其不同的表现层次(如宏观连续介质力学、细观力学、分子动力学、第一性原理计算、量子力学计算等)所寄托的尺度相差较大,多个尺度所对应的物理规律不同,相邻尺度具有强耦合特征。此时,流体力学中常用的相似性方法失效,层次交叉既可采取自上而下的方式出现,也可采取自下而上的方式出现,它们各代表了对固体变形[6]与破坏[7]认识的不同思路。对其中更为复杂的固体破坏过程来说,这一多层次交叉的耦联过程可能涉及宏观破坏准则的大尺度与微观随机过程的小尺度之间的多次耦联。现以断裂问题来举例说明:从宏观连续介质力学的层次来说,断裂由断裂过程来表征,其驱动的力学特征量有能量释放率 G、应力强度因子 K、控制裂纹向前平移的守恒积分 J 等。但断裂过程尚受到材料的断裂阻力或断裂韧性所支配,而后者需要由细观力学所主导的细观分析所给出。例如,制约断裂过程的韧脆转变取决于裂纹前沿解理扩展与自裂尖的位错发射之间的竞争;前者取决于裂纹尖端处的固体结构,后者取决于位错动力学。若需在细观力学中精确且具象式地给出沿不同晶面的解理过程和沿不同位错滑移系的位错动力学过程,还需要借助于尺度更小的分子动力学层次[8]。在分子动力学计算中,原子间相互作用势往往是经验性或未知的,这时需要通过第一性原理计算来得到原子间的相互作用势。介原子分子动力学方法是一种有效的方法[9,10],但其对应的计算结果尚不充分。对于以金属键来表达的弥散状电子云,可以考虑通过原子镶嵌方法(embedded atoms method,EAM)[11],按照自上而下的模拟方法对固体的断裂过程进行模拟。但对具有共价键等定向电子云结构的固体材料,尚需考虑在弱关联甚至是强关联的量子力学模型下进行计算。关于自下而上的力学方法论,现已经发展出多种统计平均方法,如均匀化方法(homogenization)、跨层次模拟(multiscale simulation)、介尺度力学(meso-mechanics)等。与流体中湍流场的结构系综类似,固体破坏过程中的表征量是能量动量张量(energy-momentum tensor),可见艾米·诺特(Emmy Noether,1882~1935)的奠基性论著[12]。诺特定理将对称性与守恒律紧密结合,被称为"20世纪和21世纪物理学的指路明灯"。诺特意识到,作用量的每一种连续对称性,都将有一个守恒量与之对应。按照 Eshelby[13]、Knowles 与 Sternberg[14] 的当代阐述:能动量守恒积分的诸分量和特征量分别对应于缺陷在物质空间中运行时的平动、转动和尺度变化的不变性与守恒量,例如 J 积分就代表裂纹沿着现行方向向前平动的守恒量,M 积分代表尺度变化的守恒量。

对智能体来说,多层次的联系往往采用互动式的方法。人们观察到:计算力学与人工智能享有同样的数据驱动原理和多层递归的方法论。然而,多层的递归也可以通过一种互动式的途径来渐次完成。通过考察人或动物的视觉过程,可以得到有益的启发。通过视觉系统,人们可以把多层次的物理世界精确地映射至自身的脑海之中。由光线将所有的信息映入视网膜,再通过颅神经注入大脑。随着信息注入深层的神经元,可见的物体在不同的水平逐渐抽象化为信息。然而,其对应的映射可能具有很多细节。最近的研究揭示:在深度神经元网络中对这些特征的分离与生物系统非常类似。这一观察隐喻了一种联合式的数据驱动多层次解算方法,图17.1对此形象地进行了显示。它既不是从微观到宏观的"扫视"方式,也不是从宏观到微观的"凝视"方式,而是从微观到宏观的同时辨识、逐渐同步认清的方式,是一种协调一致的数据驱动过程。不同的层次在辨识的过程中是互相促进、互动的。

如何解析这一过程的机制、动力、信息传递路线,则是一个力学的基本问题:

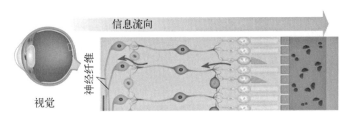

图 17.1　多层次的视觉过程[15]

力学基本问题 53　如何开展互动式层次交叉？（科学 125[16]之一）

　　智能体在层次互动上的另一个特征是群体智能。考虑一个由智能体组成的多层次群体,其大尺度的集体又是由一个个小尺度群落组成,而群落由一个个智能个体组成。群体的运动,如鱼群在大洋中的迁移、兽群在中非大草原上的迁移、蚁群在不同栖息地之间的迁移都具有宏观意义的迁移路径,而其组成的每一个群落的行走路径是在宏观行走路径上叠加的中观扰动,而每一智能个体的行走轨迹是在群落的行走路径上叠加的微观扰动。由此产生的一个涉及层次交叉的力学基本问题是:

力学基本问题 54　集体运动的基本原理是什么？（科学 125[16]之一）

　　对于每一个智能体,它们均可以具有某种智能,其程度也各有不同。当它们组成一个智能体的群体时,每个智能体除了简单地将其有限的智能贡献给群体外,还可以由于群体的存在而产生智能加强作用（synergy）,即所谓"集思广益"。这一群体智能的产生,是力学的基本问题之一:

力学基本问题 55　群体智能是如何出现的？（科学 125[16]之一）

17.2　跨层次实验观察

　　从实验的角度来看,跨越尺度与层次的多物理实验是一项充满挑战的事业。绝大多数现存的实验测定是以一种串行的方式进行的,而当今的挑战是实时的、鲜活的多层次实验观察。不同尺度的测试应该在同一时间、对同一地点进行,但却能采获不同物理内涵或不同分辨率的数据。例如,已经设计了新的实验装置可以用多束光谱射线来观察同一聚焦点[17],或者用时间序列匹配的方式予以同步。本节以流体的湍流和固体的变形和破坏过程的多尺度测量为例来加以展示。

　　对湍流实验来说,为了更清晰地揭示其转捩和湍流结构图像,获得高品质流动,通常可在低湍流度风洞或静风洞中采取粒子图像测速（PIV）方法来进行。即利用多次摄像以记录流场中粒子的位置,并分析摄得的图像,从而测出流动速度的方法。其基本原理是在流场中布撒示踪粒子,并用脉冲激光片光源入射到所测流场区域中,通过波前光学,经过连续两次或多次曝光,粒子的图像被记录在底片上或电荷耦合器件(charge coupled device, CCD)相机上。如果撒入不同尺度的这类颗粒,如从纳米尺度到微米尺度,就可揭示湍流结构的多尺度信息,揭示高雷诺数下不同尺度的能量传递信息。

对于固体的变形和破坏过程,现今的透射显微学的发展提供了一个跨层次的实验平台,连接了从亚埃尺度到微米尺度的材料信息流。随着多通道探测器的装备,被测试材料在二维投影面上的基本信息与结构数据可以对逐列原子的近同步地扫描获得,如图 17.2(a)所示。浙江大学交叉力学中心在 X-Nano 夹持器(该装置具有对样品进行 4 轴或 5 轴操作的能力)下,对样品进行加载,加载步长可以达到 0.1 nm 的控制精度。同时按照不同的分辨率对样品提取观察数据,由不同的投影角度获取的显微原子像可按照立体投影原则合成为三维图像,见图 17.2(b)[15]。若进一步与观测原子种类的信息相结合,该三维空间排布将有利于获得理解该固体物质的前所未有的信息。加载所对应的弹性应变张量也可以从具有(数十)皮米精度的原子间距得到。除了力学加载外,该装置还可以进行电加载和自源性热加载。这一例子展示了可以在精心设计的具有层次交叉观察能力的实验力学装置下,对固体物质进行小尺度、高分辨率、跨层次的变形与破坏实验,并能够得到对多个物理量的高精度解析结果。类似的实验也可以在同步辐射光源的测试线上,对高速冲击的加载场景进行[17]。

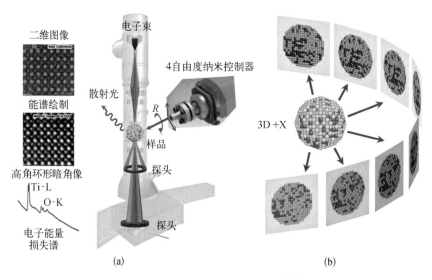

(a)   (b)

图 17.2   多层次现场三维测试[15]

(a)在 X-Nano 加持器下对样品进行场加载,由纳米操作台绕一根倾斜轴来不断转动样品可得到一系列 2D 图像,同时按照不同的分辨率对样品提取观察数据,最新型的球差校正透射电镜可同时记录 2D 空间下的原子排列和元素基本特征;(b)由不同的投影角度获取显微原子像,并按照立体投影原则合成为三维图像

对层次交叉的研究可以被延伸到创建超级材料之中。例如,将硬而脆的冰晶体与柔而韧的双网络水凝胶相结合,可以创造韧性的冰[18];将木材的层级结构捣破重

组可以产生"超级木头",并由其纳米纤维的紧致排列而展现出引人注目的强度与韧性[19],马里兰大学团队以材料科学系胡良兵教授与机械工程系李腾教授组成的团队开发了一种"超级木头"(图 17.3),它的强度比普通木材高出 10 倍以上,而价格却比后者廉价得多。采取纳米孪晶排列的金属合金可以同时具有高强度、高延性和高电导率[20]。

图 17.3　超级木头

跨层次实验观察的一个难点是界面量的测量,其中在宏观与细观层次的界面现象的测量在文献中已经有不少论述,如文献[21];但在微观层面尚鲜有述及。其主要的难点是:① 难以在非表面(或亚表面)的界面处实现具有原子清晰度的图像分辨;② 各种力学加载方式(如纳米压痕、针尖加强拉曼散射等)均只能产生局部的微观界面信息;③ 各种体波的波长远大于界面层的微观厚度,它们无法分辨界面的微观结构;④ 目前没有方法可以敏感地观测或示踪界面对生命信息的传播作用。于是,现存的一个力学基本问题是:

力学基本问题 56　如何在微观层面测量界面现象?(科学 125[16]之一)

17.3　跨层次模拟计算

由于流体具有连续变化的分子自由层,所以其跨层次模拟计算多针对其数学结构而不是针对其物理结构。从宏观层次到细观层次存在"边界层"结构,甚至对于湍流边界层存在马赫数变化时保持不变的"多层边界层"结构,参见北京大学佘振苏团队的工作[22]。对 N-S 方程进行计算时,则有能量级串效应带来的层次耦合。此外,从微观的玻尔兹曼气体动力学到宏观的 N-S 方程本身具有同源性,因为 N-S 方程可视为玻尔兹曼气体动力学的一阶矩的统计平均方程。

对于固体的跨层次模拟计算,情况则复杂得多。一方面,由于剪切变形受到约束,固体在变形方面的非线性程度不如流体复杂;另一方面,固体的本构模型比流体复杂,物理非线性的程度相应有所提高。尤其是固体中的缺陷运动规律比较复杂,且这一运动将宏观、细观和微观连成一体。又因为固体中没有连续变化的分子自由程,导致其以原子运动为主的描述模型(该模型的一个重点在于描述缺陷的运动)和以连续介质运动为主的描述模型(该模型的重点在于描述应力与形变场的宏观分布)很难完全耦合为一体。对将连续介质计算与分子动力学相结合的数值模拟方法来说,介原子分子动力学方法可以将计算的包络从纯金属拓展到合金[9],从位错运动拓展到相变,拓展到高熵合金和缺陷聚集现象[10]。

无论是流体还是固体,均有可能遭遇到在微观描述模型和宏观描述模型之间的过渡,对流体是从玻尔兹曼方程到 N‒S 方程的过渡,对固体是从分子动力学到连续介质力学的过渡。在这两种描述模型中插入以人工智能来关联的深度发掘方法应该是一个有希望的方向,即把跨层次的数值模拟与借助于卷积神经网络的数据深度发掘[23]联系起来。卷积神经网络可能会适应下述连接任务:通过普适层次律和能量级串对湍流结构的多尺度关联[24],而深度数据分析则有可能为复杂的合金来构筑原子间的相互作用势,从而可以实现从第一性原理到大规模分子动力学之间的过渡。这里仍然存在着若干尚未解决的困难,例如: 对深度数据分析有效性的标定;如何提取与具体问题无关(problem independent)的计算单元来避免维度灾难;等等。

本节根据图 17.4 所展示的破坏与湍流两个问题来详解这类跨层次计算问题。对于固体的破坏问题,通常可用有限元方法(finite element method, FEM)或物质点方法来进行连续介质层次的计算,当然在连续介质层次也可以使用总体/局部(global/local)法,这些方法可以通过不同的方案与分子动力学计算耦合,如过渡层方法[8]、准连续介质法[25]、握手区法等,而进行分子动力学计算的区域往往是缺陷所在的区域,如图 17.4(a)所示。在分子动力学区域,其原子间的相互作用是往往需要通过密度泛函的方法得到,镶嵌原子模型[11]、介原子分子动力学[9]等就是其中的一些做法,可以通过深度学习来训练得到更好的原子间相互作用势[10],见图 17.4(b)。如果考虑固体的输运性质,则还可以直接从量子力学的薛定谔方程出发,通过应变势的方法将连续介质计算与量子力学计算耦合起来[26]。

对湍流的模拟计算来讲,如果直接求解 N‒S 方程(即 DNS),则在大雷诺数的情况下往往涉及万亿个自由度,参见表 17.1。对于雷诺数大于 10^5 的情况,就算使用当前最快的 Frontier 电子计算机,也仍然难以进行直接的计算,只能采用雷诺平均(Reynolds average Navier-Stokes, RANS)/大涡模拟(LES)/PDF 的跨层次计算的方法。图 17.4(c)、(d)分别给出了斯坦福大学 2013 年采用超百万核计算机通过大涡模拟得到的气动噪声分布[27]和 Hiremath 等于 2012 年采用 PDF 方法得到的燃烧流场图[28]。如果未来采用量子计算,则可望在 71 个量子比特的情况下,进行雷诺数为 10^9 量级的计算。因为 N‒S 方程不便于进行量子计算,可以采用改造后的流体薛定谔方程(FSE)来进行量子计算[29]。

□ **破坏**

**FEM, Particles,
Global/Local
CM/MD/DFT**

□ **湍流**

**DNS（万亿），
RANS/LES/PDF**

(a) 跨层次计算方法

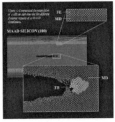

(b) 层次间的相互作用

(c) 气动噪声大涡模拟

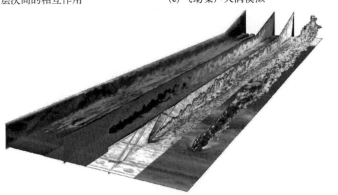

(d) pdf方法得到的燃烧流场图

图 17.4　固体的破坏过程和流体的湍流运动的跨层次计算

表 17.1　湍流 DNS 计算（常规计算与量子计算）所需的算力

Re	$Re\lambda$	N^3	存储量	计算量	时间	量子比特	QC 计算量	QC 时间
10^3	80	285^3	527 MB	$\mathcal{O}(10^{12})$	1.4 ms	26	$\mathcal{O}(10^6)$	20 ms
10^5	800	$9\,000^3$	16 TB	$\mathcal{O}(10^{18})$	24 min	41	$\mathcal{O}(10^8)$	1.5 s
10^7	8 000	$284\,525^3$	491 PB	$\mathcal{O}(10^{25})$	46 yr	56	$\mathcal{O}(10^{10})$	90 s
10^9	80 000	$8\,997\,461^3$	15 ZB	$\mathcal{O}(10^{31})$	46 039 625 yr	71	$\mathcal{O}(10^{12})$	97.5 min

　　注：① 湍流计算资源对比：目前最快超算（Frontier）算力为 1 102 PFlops，假设与时钟频率为 10 GHz 的理想量子计算机同时用于湍流模拟。② 经典计算机与量子计算机模拟均匀各向同性湍流的计算开销对比。

　　当前最复杂的跨尺度、跨层次计算应该是覆盖全宇宙的跨层次计算。其中最大的尺度可以达到全宇宙的尺度（约 920 亿光年或约 8.7×10^{27}m），其中最小的尺度是量子理论的最小长度,即普朗克长度,约 1.6×10^{-35} m,中间横跨了约 63 个量级,涉及连续介质与粒子描述之间反反复复的转变。宇宙流体动力超算模拟是多层次计算的"圣杯"[30]。由此可以提出下述力学基本问题:

力学基本问题 57 能实现全宇宙(63 个量级)的宏微观跨层次模拟吗?

17.4 跨层次信号感知

跨层次之间的信号感知有三种方案:一是演绎方案,即在理论模型的引导下推测不同层次的场信号,无论是自上而下的离异化(heterogenization)模型还是自下而上的均匀化(homogenization)模型,根据一个层次的激发信号来推得其相邻层次的响应信号[6,7]。二是关联方案,即在现场同时量测不同层次的场信号,无论是自上而下的激发还是自下而上的点燃,如原子图像与宏观力学场,并通过跨层次耦联的方法(如人工智能的方法)来关联这些信号[15]。三是新机理方案,即除了现在已知的四种力以外(它们分别代表微观物质粒子之间的相互作用,即强作用力与弱作用力,以及宏观场之间的相互作用,即万有引力和电磁力),还可能出现物质粒子与自旋之间、不同的自旋之间的相互作用,即各种希格斯力。

对于第一种方案,其跨层次信号感知是推测性的、先验的,取决于理论模型的准确度和问题的复杂程度。例如,在同样的宏观应力场下,对同类晶体的点阵常数可以有非常好的预见性。而在同样的脑压(brain pressure)和神经绷紧程度(nerve tension)下,不同的人可能产生不同的神经元活动,从而产生迥然不同的个人行为。对于第二种方案,其跨层次信号感知是各自取证的、互验的,并能够作为基础数据来训练对不同层次的理论模型的关联。例如,在量测的脑压和神经绷紧程度下,可根据不同的个体的行为模式的范围及其不同,来推测其神经图谱连接,并进一步推测其能力、品格和脾性。对于第三种方案,其跨层次信号感知是探索性的、未知的,任何非平凡的信号感知均代表新物理学的证据。

与跨层次信号感知相联系的一个力学问题是跨层次作用力的可感知性。从宏观层次来讲,它只能感知细观乃至微观层次的关联矩,而一般来讲无法感知杂乱、无规则的个体跃动。例如,从宏观上可以感知到由点阵伸张而产生的应力和弹性变形、由微观粒子无规振动的动能之和而表达的温度场、由粒子平均滑动而导致的塑性变形场、由粒子平均流速而关联的宏观流速场等;但却无法感知到屏蔽在连续介质点之内的局部微观信息。从微观层次来讲,它只能大致地感知到宏观层次的场量,而一般来讲无法在微观场的意义下逐点地感知宏观的参数。例如,微观粒子可以之间感知到宏观应力,因为应力制约着对其跃迁行为产生偏置作用的激活能垒;微观粒子也可以间接地感觉到温度,因为温度从统计平均的意义上决定其动能(或初始速度);但微观粒子无法感受到已经完成的塑性变形,因为以位错移动为标志的塑性变形一旦完成,位错芯远离被观测的粒子,它所对应的塑性变形将不会对该粒子的振动产生影响。同理,在脑神经回路中的某个神经元的运行和点燃过程也不会直接受到以往神经记忆的影响,该影响只对整个神经回路构建的细观过程产生影响,就像以往塑性变形的残留(即位错密度分布)可能会对位错网络的相互作用产生影响一样。

17.5　跨层次失效控制

跨层次失效往往是一个以小搏大的过程。蝴蝶效应的存在造成了跨层次失效的统计分散性。达·芬奇曾研究过悬挂物体线材的选择准则,说明了在同种材质、同种横截面的情况下,越长的线越容易断裂[31]。这为后来的统计强度理论(如强度的韦伯分布理论)提供了方向。

图 17.5 展示了其对应的分层次失效过程。图的右上角代表在结构层次的失效,可以针对一定要求的工程设计,来尽量地减少结构中的内部残留应力、分散外载、缓解结构中的应力集中。从连续介质的层面来看,失效代表了在裂纹尖端过程区所聚集的能量或场强度超过了该区域的材料所能够提供的阻力;它可以通过断裂力学的理论分析和嵌含有断裂准则的特种有限元方法(如 X - FEM)来加以模拟。既然材料的特性源自材料的细观结构,那么要挖掘材料变形与破坏的本质,就必须在细观的层次上找出问题的根源;利用对细观结构(如金相结构、混凝土结构、复合材料细观结构)的认识去更好地预测材料的宏观性质,并嵌有对细观缺陷运动方式(如位错运行,微裂纹萌生、扩展与汇聚,相变过程,

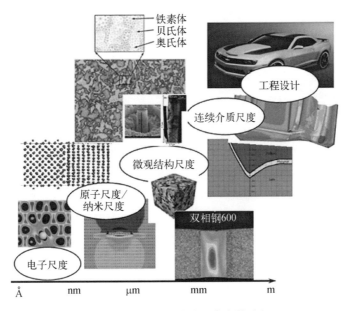

图 17.5　固体材料的分层次失效过程

界面失效等)的模拟软件。更加深入的一个层次为原子或纳观层次,通过对分子动力学乃至第一性原理的模拟从物理的角度上表达失效的过程。甚至有时可能进一步深入到图17.5 左下角中所展示的电子层次,描述电子云的分布状态对失效过程的影响。

后一个过程可以金刚石的破坏过程为例来进行展示,即说明电子结构对金刚石破坏的影响。金刚石为强共价键结构,其电子分布集聚在定向分布的 sp^2 和 sp^3 键上。考察在对顶砧构形下的金刚石破坏,见图 17.6(a)。在尖顶处可以观察到有剧烈破坏并变形的痕迹。进一步的显微学观察可得密集的位错网痕迹,见图 17.6(b)。

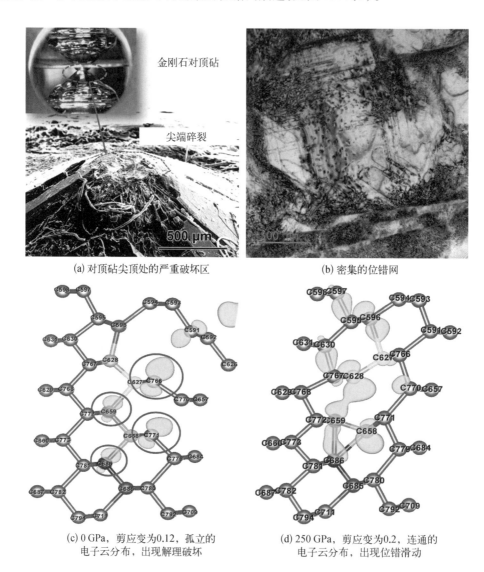

(a) 对顶砧尖顶处的严重破坏区   (b) 密集的位错网

(c) 0 GPa,剪应变为0.12,孤立的电子云分布,出现解理破坏   (d) 250 GPa,剪应变为0.2,连通的电子云分布,出现位错滑动

图 17.6　金刚石的失效过程

在强围压下,已有的实验数据表明:即使在室温下,在金刚石中也可以形成位错运行的机制[32]。下面在第一性原理的框架下对金刚石的变形与破坏过程进行模拟。可以发

现：当静水应力为零时，如果施加 12% 的剪应变，则出现解理破坏，这时金刚石中每个碳原子附近的电子云分布均呈孤立状，没有出现位错运行所必然要求的电子云贯通的状态；(d) 在强围压 250 GPa 下，当施加的剪应变到达 20% 时，出现碳原子间连通的电子云分布，同时可模拟出位错滑动。

如果多层次模拟可以定量地表达固体材料的破坏过程，则实现这一目标便在一定程度上驱动了跨层次失效控制方法的出现，即通过引入计算机仿真和高分辨率材料结构表征，建立起容纳宏-微-纳观多重尺度的统一理论框架，更加深刻地揭示材料从变形、损伤、局部化开裂直到破坏的物理机制，并结合连续介质力学、细观分析、分子动力学、第一性原理等来实现对多层次破坏过程的控制[6-8]。在这一愿景下，可以提出下述力学基本问题：

力学基本问题 58　如何（主动或被动地）实现跨层次失效控制？

在该问题中，被动失效控制是指在某一物质层次的失效指征达到某一临界区间时所触发的修补机制，或者是某种健康监测的报警机制，主动失效控制是指对某一关键物质层次可主动启动的修复机制。

17.6　跨层次多物理耦联

跨层次的作用还体现在不同层次之间的多物理耦联，即力、热、电、磁、光、声等物理场的跨层次耦联。这一耦联至少可以通过四种方式进行：一是同一层次间的耦合场作用；二是耦合场对不同级别的相变或畴变的作用；三是在耦合场下物质的细观或微观结构出现微区性的组织化；四是耦合场对自旋取向以及引起的畴结构的形成。本节一一加以详述。

对于同一层次间的力、热、电、磁、光、声等物理场的耦合作用，一般从唯象学的观点出发可构造其化学势。将化学势 Π 对相应的热力学流变量 q 取偏导数，就可以得到对应的热力学力 Q：

$$Q = \frac{\partial \Pi}{\partial q} \tag{17.1}$$

在耦合不强的情况下，可以将其对各种场变量进行泰勒展开：

$$Q = Q_0 + Q_1 q + Q_2 q^2 + \cdots \tag{17.2}$$

如果耦合场中热力学力的方向随热力学流的方向的改变而改变，则式(17.2)中的偶数次系数均应为零；如果耦合场中热力学力的方向不随热力学流的方向的改变而改变，则式(17.2)中的奇数次系数均应为零。

物质粒子在物理时空中的转变主要指相变。按照朗道-利夫希茨(Evgeny Lifshitz, 1915~1985)理论[33]，零级相变指聚集形态(如固态、液态、气态)的转变，一级相变指固体点阵形态(如14种布拉菲点阵)之间的转变,二级相变指固态畴变(即对称度的变化)。对零级相变来讲,压力(力场)、温度(热场)、电激发(如第12.5节中冰单晶纤维的形成)、电磁取向(电流变体和磁流变体)等均为其控制因素。对一级相变来讲,原子堆垛形式的变化(如在不同布拉菲点阵之间的变化)称为固态相变,其对应的自由能函数值还是连续的,但其对热力学自变量的导数值却发生突变。当一种固相由于热力学条件(如温度、压力、电场、磁场等)的变化成为不稳定时,如果没有对相变的障碍,将会通过相结构(原子或电子组态)的变化,转变成更为稳定或平衡的状态。固态相变常指一种组织在温度或压力变化时,转变为另一种或多种组织的过程,如多晶型转变、珠光体相变等。在相变时,物系的自由能保持连续变化,但其他热力学函数如体积、焓、熵等发生不连续变化。根据吉布斯自由能对热力学自变量的高阶导数发生不连续的情况,可以将固态相变进一步进行分级:相变时体积及熵(它们均为对自由能的一阶导数)变化间断的相变为一级相变,如多晶型相变,它们伴有结构变化和相变潜热。如果点阵的堆垛形式基本保持不变,但其排序方式发生变化,如有序无序转变,这时其对应的自由能函数值的一阶导数值还是连续的,但其二阶导数值(如焓、热膨胀与压缩系数等物理量)却发生突变,称为二级相变。在力、电、磁场加载下,铁电或铁磁材料在居里点的畴变是二级相变的例子[33]。

在耦合场下物质的细观或微观结构出现微区性的组织化是指在物质粒子的排布上出现畴区。畴区可在力场、电场、磁场的激发下形成,而热场往往通过无序运动的增大而破坏畴区。对于压电、铁电、热电材料,电场往往由于方向性而引发电畴。在电场作用下,既可以引发上述的90°畴变,也可以引发180°畴变,但后者所对应的畴变方向与前者不同,畴变应变量也大为减少。同样,力场也会引起畴区的变化。如铅直方向压应力可引发90°畴变,电畴由铅直取向的c畴转变成水平取向的a畴。这其中的c畴与a畴都是四方相,畴变只发生了点阵参数的改变,即引起了畴变应变,但并不改变点阵的堆垛方式(即相结构变化)。不同类型的电畴(或磁畴)间的边界称为畴界。畴界两侧的电畴多取对应点阵的首尾连接形式,以降低畴界上的电磁能和弹性应变能[34]。由于90°畴变对电场正负取向的对称性,其对应的耦合展开式(17.2)仅具有偶数项。

耦合场,尤其是磁场,可作用至基本粒子所处的氛围,引起其自旋取向的变化。该变化也可以导致磁畴结构的形成,并进而改变物质所蕴含的信息特征,这需要结合自旋电子学(Spintronics)才能阐述清楚。

参考文献

[1] 杨卫,赵沛,王宏涛. 力学导论[M]. 北京:科学出版社,2020.

[2] 陈伟芳,赵文文. 稀薄气体动力学矩方法及数值模拟[M]. 北京:科学出版社,2017.

[3] She Z S, Leveque E. Universal scaling laws in fully developed turbulence[J]. Physical Review Letters, 1994, 72(3): 336.

[4] 佘振苏,陈曦,未波波,等. 应用结构系综理论发展壁湍流工程湍流模型[J]. 中国科学:物理学力

学天文学,2015,45(12):124703.

[5] Born M, Huang K. Dynamical theory of crystal lattices[M]. Oxford: Clarendon Press, 1954.

[6] Yang W, Lee W B. Mesoplasticity and its applications[M]. Berlin: Springer-Verlag, 1993.

[7] 杨卫. 宏微观断裂力学[M]. 北京:国防工业出版社,1995.

[8] Yang W, Tan H, Guo T. Evolution of crack tip process zones[J]. Modelling and Simulation in Materials Science and Engineering, 1994, 2(3A): 767.

[9] Wang P, Xu S, Liu J, et al. Atomistic simulation for deforming complex alloys with application toward TWIP steel and associated physical insights[J]. Journal of the Mechanics and Physics of Solids, 2017, 98: 290–308.

[10] Wang P, Shao Y, Wang H, et al. Accurate interatomic force field for molecular dynamics simulation by hybridizing classical and machine learning potentials[J]. Extreme Mechanics Letters, 2018, 24: 1–5.

[11] Baskes M I, Nelson J S, Wright A F. Semiempirical modified embedded-atom potentials for silicon and germanium[J]. Physical Review B, 1989, 40(9): 6085.

[12] Conover E. In her short life, mathematician Emmy Noether changed the face of physics[J]. Science News, 2018, 193(11): 20.

[13] Eshelby J D. The continuum theory of lattice defects[M]. NewYork: Academic Press, 1956.

[14] Knowles J K, Sternberg E. On a class of conservation laws in linearized and finite elastostatics[J]. Archive for Rational Mechanics and Analysis, 1972, 44(3): 187–211.

[15] Yang W, Wang H T, Li T F, et al. X-Mechanics—An endless frontier[J]. Science China Physics, Mechanics & Astronomy, 2019, 62: 1–8.

[16] Science. 125 questions: Exploration and discovery[OL]. [2023–12–19]. https://www.sciencemag. org/collections/125-questions-exploration-and-discovery.

[17] Fan D, Huang J W, Zeng X L, et al. Simultaneous, single-pulse, synchrotron X-ray imaging and diffraction under gas gun loading[J]. Review of Scientific Instruments, 2016, 87(5): 073903.

[18] Morelle X P, Illeperuma W R, Tian K, et al. Highly stretchable and tough hydrogels below water freezing temperature[J]. Advanced Materials, 2018, 30(35): 1801541.

[19] Song J, Chen C, Zhu S, et al. Processing bulk natural wood into a high-performance structural material [J]. Nature, 2018, 554(7691): 224–228.

[20] Lu L, Shen Y, Chen X, et al. Ultrahigh strength and high electrical conductivity in copper[J]. Science, 2004, 304(5669): 422–426.

[21] Yang W. An outline for interfacial and nanoscale failure, Chapter 8.0, Interfacial and nanoscale failure [M]//Comprehensive Structure Integrity. Oxford: Elsevier Science, 2003.

[22] Zhang Y S, Bi W T, Hussain F, et al. Mach-number-invariant mean-velocity profile of compressible turbulent boundary layers[J]. Physical Review Letters, 2012, 109(5): 054502.

[23] Lecun Y, Bengio Y, Hinton G. Deep learning[J]. Nature, 2015, 521(7553): 436–444.

[24] Meng Z, Shen W, Yang Y. Evolution of dissipative fluid flows with imposed helicity conservation[J]. Journal of Fluid Mechanics, 2023, 954: A36.

[25] Phillips R. Crystals, defects and microstructures: Modeling across scales[M]. Cambridge University

Press, 2001.

[26] Freund L B, Johnson H T. Influence of strain on functional characteristics of nanoelectronic devices[J]. Journal of the Mechanics and Physics of Solids, 2001, 49(9): 1925 – 1935.

[27] Stanford Center for Turbulence Research[OL]. [2023 – 12 – 19]. https://ctr. stanford. edu/research.

[28] Hiremath V, Lantz S R, Wang H, et al. Computationally-efficient and scalable parallel implementation of chemistry in simulations of turbulent combustion [J]. Combustion and Flame, 2012, 159 (10): 3096 – 3109.

[29] Meng Z, Yang Y. Quantum computing of fluid dynamics using the hydrodynamic Schrodinger equation [J]. Physical Review Research, 2023, 5(3): 033182.

[30] Cen R. Environmentally driven global evolution of galaxies[J]. Astrophysics Journal, 2011, 741: 99.

[31] 沃尔特·艾萨克森. 列奥纳多·达·芬奇传: 从凡人到天才的创造力密码[M]. 汪冰, 译. 北京: 中信出版集团,2018.

[32] Nie A, Bu Y, Huang J, et al. Direct observation of room-temperature dislocation plasticity in diamond [J]. Matter, 2020, 2(5): 1222 – 1232.

[33] Landau L D, Lifshitz E M. Course of theoretical physics[M]. Oxford: Butterworth-Heinemann, 1977.

[34] Yang W. Mechatronic reliability[M]. Berlin: Springer, 2003.

第18章
刚柔交叉

> "刚柔节也。"
>
> ——《周易·鼎》

　　刚柔交叉是在交叉科学研究中最具有力学特征的交叉。刚性与柔性均为力学特征。刚性有着"刚硬"（rigidity）和"刚度"（stiffness）双重含义。前者为定性的，用来区分刚体与变形体的属性；后者为定量的，用来度量刚度数值的高与低。刚体是指当外力作用其上时，体积和形状都不会发生改变的物体，即体中任意两点之间的距离不会产生任何改变。与刚体相对应的是变形体，它是一个宽泛的概念，细分上有弹性体与柔性体等分类。弹性体指当受到外力作用时会发生应变，而当外力撤去后能够恢复至原形态的物体。柔性体则侧重于"小作用、大变形"的描述，往往还伴随有几何非线性问题。有关刚柔交叉的研究常涉及动力学与控制学科与机器人科学的交叉。本章将专注于由刚体与柔性体共同组成的装置、机构与机器，探讨其动力学与控制的学术内涵，并阐述与可控制性相关联的力学基本问题[1]。

18.1　刚柔动力学

　　多体系统指由多个物体，刚体、弹性体或柔性体，以一定方式联接组成的系统。多体系统往往又分为多刚体系统和柔性多体系统。后者更为普遍，且牵涉刚体运动与柔性体变形的联系，即刚体的运动会影响到柔性体的变形，柔性体的变形也会影响到刚体的运动。这时可用刚柔耦合系统来指代多体系统。

　　人们对于刚柔耦合系统的研究仅有不到一百年的历史。从20世纪60年代开始，陆续有学者开展了对刚柔耦合系统动力学建模中有关多体系统动力学方面的研究；在1977年德国慕尼黑举办的国际理论与应用力学联合会上[2]，更是掀起了多体系统动力学研究的高潮。

　　对刚柔耦合系统动力学建模的研究始于对较简单的多刚体系统动力学建模的研究，Wittenburg[3]在其出版的多刚体系统动力学著作里应用了图论方法和拉格朗日方法，这些方法与多体系统动力学相结合,极大地丰富了对多体系统的动力学建模。至 20 世纪 70 年代末,学者们开展了对柔性多体系统动力学建模以及刚柔耦合效应的研究。国内学者贾书惠[4]、刘延柱等[5]分别在其撰写的多体系统动力学专著中,对多刚体系统动力学建模和数值计算方面的内容进行了细致的理论推导。

多体系统动力学研究具有相对运动的多个物体构成的复杂耦合系统,揭示系统及其环境的相互作用动力学行为。对刚柔耦合系统中的多柔体系统进行动力学建模时,如果沿用多刚体系统动力学建模中的刚体或者小变形假设,则得到的理论结果会与真实情况相差较大。随着航天器和机器人领域研究的兴起,人们开始关注刚柔耦合系统中柔性多体动力学的建模,于是对刚柔耦合系统动力学建模的研究从对多刚体系统的研究逐渐拓展到了对柔性多体系统的研究,并进一步扩展到对非惯性系下一般刚柔耦合系统动力学建模的研究。Likins[6]、Modi[7]、Kane 等[8]是研究柔性多体系统动力学理论的先驱学者,他们的学术论著极大地推动了柔性多体系统理论的发展。以航天器为例,在研究挠性航天器刚柔耦合动力学建模时,大体上可以划分出三个研究阶段[9],首先是对包含柔性附件的刚柔耦合体航天器动力学建模研究[10],继而过渡到对含有大型柔性结构的刚柔耦合体航天器动力学建模研究[11],最后到对一般柔性多体系统刚柔耦合航天器动力学建模的研究。借助刚柔动力学,在微重力的条件下,太空遥控机器手臂可以利用广泛存在的随遇平衡特征,平顺地将尺度远超过机械臂截面直径的物体按照设计好的运动学轨迹运达指定位置,且不致引起明显的动力学颤振。

无论是多刚体系统,还是柔性多体系统或刚柔耦合系统的动力学建模方法,都是由牛顿力学和分析力学这两大类表现形式衍生而来。牛顿力学的代表是牛顿-欧拉方法,在对多刚体系统动力学建模过程中被率先使用。该方法以牛顿动力学定律为理论基础,由主动力、惯性力以及约束力构成的动力学方程组为大多数人所熟知,但是对于约束力的处理和求解不够直接。牛顿-欧拉方法为柔性多体系统动力学建模和刚柔耦合系统动力学建模提供了可比对的方法和思路。分析力学则基于虚位移-达朗贝尔原理以及第二类拉格朗日方程。虚功原理在解决系统静力学问题时,仅考虑了主动力却没有考虑约束反力;而达朗贝尔原理的存在使得人们在解决动力学问题时可以沿用几何静力学中求解平衡问题的方式。动力学普遍方程则是将这两个原理结合起来,集其优势,得到多自由度刚柔耦合系统的所有运动方程,且方程中不会出现约束反力。如果用广义坐标的形式将动力学普遍方程表示出来,即为第二类拉格朗日方程,应用广泛且形式简单,便于进行变分和泛函驻值的求解。此处值得提及的是 Kane 方程与哈密顿原理。Kane 方程可用来解决非完整系统的动力学问题。该方程在动力学普遍方程的基础上,引入了偏角速度、偏速度和广义速率的概念,是具有虚功形式的达朗贝尔原理。它兼有牛顿-欧拉法和拉格朗日乘子法的优点,是形式简洁且便于计算机求解的系统动力学方程。哈密顿原理的实质是从能量守恒的角度出发来建立刚柔耦合系统的动力学方程,然后应用变分方法研究泛函形式,得到先决条件和驻值条件,且不需要事先确定具体的物理结构。

刚柔动力学是行为主义的基础。行为主义的核心为控制论,可以覆盖从机器人控制到神经控制的广袤领域。动力学与控制将行为的决策和实施过程转化为由一组微分方程定义的动力系统,它为人工智能的行为提供了牛顿力学的物理内涵和控制论所展示的各种决策机制。例如:由计算动力学的动态子结构法,可演绎至人工智能的区块链技术;由多刚体/多柔体的动力学理论,可以扩展到现在的共融机器人技术;由非线性力学发展出的结构性混沌控制技术,可以融入现代的模糊控制技术之中。以行为主义为基础、面向刚柔交叉的数字孪生构建是一个重要发展方向。

18.2 刚柔组合体的控制——达·芬奇手术机器人

刚柔交叉的功用在于精确的运动学和动力学控制。一个典型的例证是就是达·芬奇手术机器人。

20 世纪 80 年代末,DARPA 组织美国科学家们在斯坦福研究院开始了外科手术机器人的研发,初衷是要研制出适合战地手术的机器人。1995 年成立了直觉外科公司,将太空遥控机器手臂技术转化为临床应用,并陆续开发了几代手术机器人。

达·芬奇手术机器人由三部分组成:外科医生控制台、床旁机械臂系统、成像系统。外科医生坐在手术室无菌区之外的控制台中,使用双手(通过操作两个主控制器)及脚(通过脚踏板)来控制器械和一个三维高清内窥镜;手术器械尖端与外科医生的双手同步运动。床旁机械臂系统是外科手术机器人的操作部件,其主要功能是为器械臂和摄像臂提供支撑。成像系统内装有外科手术机器人的核心处理器以及图像处理设备,能为主刀医生带来患者体腔内三维立体高清影像。

第四代达·芬奇手术机器人的概况图见图 18.1。采用主-仆式远距离操作模式,可以用微创的方式实施各种复杂的临床外科手术,也可以实行远程操控手术。手术时,需要在患者身体手术的部位切开 1 到 5 个不等的小切口,机械臂系统则通过这些小口插入手术机械臂和摄像头。达·芬奇手术机器人的机械臂结构由肩部、肘部、手腕和手指组成:肩部控制机械臂的旋转和角度;肘部控制机械臂的伸缩和弯曲;手腕可以实现机械臂在三个方向上的旋转和摆动;手指可以实现灵巧的操作。主刀医生可以在控制台上通过双目内窥镜观察患者体内的三维图像。这套机器人系统将医生的眼睛和手部自然延伸到患者身上,将医生的手、手腕和手指运动准确地翻译为手术器械微细而精确的运动。

达·芬奇手术机器人利用刚柔结合来进行精确的手术操作路径动力学控制,其力学方面的优势体现在以下四个方面。

(1) 观察影像的三维性和高分辨性。手术机器人的内窥镜为具有超清晰 3D 显示的影像系统,立体感和层次感非常好,打破了人眼的局限,将手术视野放大了 20 倍;能够获得准确的空间距离,便于医生对手术部位进行精确的定位和操作;荧光显影技术能将画面放大 5~15 倍,能够为主刀医生呈现患者体腔内三维立体高清影像,精准地避开手术区域

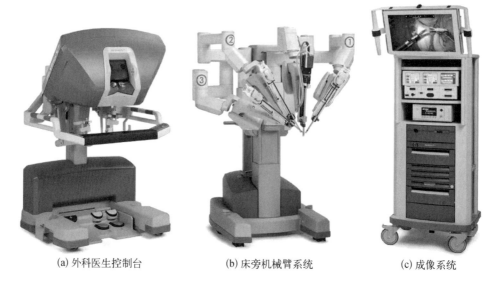

(a) 外科医生控制台 (b) 床旁机械臂系统 (c) 成像系统

图 18.1 第四代达·芬奇手术机器人

的血管和神经,还有多角度自动切换的智能图像处理功能。

(2) 手术机械臂的轻质量与轻柔接触。灵活的操作臂不仅比手小,更具有轻质量、低摩擦和敏感的力映射感知功能,使主刀医生能够真实地感知和清晰地观察到手术部位的解剖结构,并感受到手术刀(超声烧蚀刀和切割刀)阻力。人手的颤动会增加术中组织脏器的损伤,达·芬奇手术机器人灵活的"内腕"可以过滤掉直接操作时的手部颤动,能保证数小时的纹丝不动,使器械更稳定,更好地保护神经和血管,让手术更安全,稳定性更高。

(3) 利用多重传动机构而实现的精准性。相比于传统腔镜只能在 4 个自由度上进行操作,达·芬奇手术机器人的仿真手腕器械可以在 7 个自由度上手术,每个自由度可以旋转 540°。达·芬奇手术机器人的盘架机构和大传动比大大缩小了手术器械的步进量,使其准确性达到 0.02 mm。

(4) 手术路径的全方位性。达·芬奇手术机器人能以不同角度在靶器官周围操作,7 个操作自由度的海量组合使其能够以广谱的运动学路径来进行手术操作,手指的运动以柔顺的拉线驱动方式来进行,并采用弯曲导管技术,这些手段都非常适合在狭窄手术空间内的操作。

18.3 刚柔协同控制

刚硬与柔软的契合标示了交叉力学的另一个走向。沿着这一方向的进展可以由两个例证来说明:柔性电子技术与自适应机器人。

柔性电子技术是超脱于硅片的坚硬力学质感,从而实现可与人体组织和弯曲背景协调的电子元器件。例如,可以采用岛桥布局来连接一个个微小而坚硬的硅芯片[12],小尺度的硅芯片为岛,呈弯曲态的柔软连接导线为桥。相对于伸张所对应的僵直变形而言,弯曲所对应的扰度变化即为柔软。处于屈曲状态下的导线的弯曲抗力可以忽略不计,以致其连接而成的组合膜片可熨帖于任何宏观曲率的表面。这类机构形成了柔性电子学的核心器件结构[13]。同样的概念还可以演绎到柔性显示器、柔性马达、柔性泵和柔性医学装置。对健康监测而言,可制成类似于文身或生物相容胶带的超级柔软的装置,在其上可以在预先设计的位置处嵌含传感或致动功能,从而贴附在柔软的婴儿皮肤、大脑褶皱或器官表面。这些表面感知装置具有四项特征:① 自然吸附;② 与表皮层相容;③ 精确测量;④ 无线传输。对柔性电子学的进一步推进可体现在大脑中设置的三维神经感知系统[14]。该系统由三维矩阵式排列的纳米点群组成,每个纳米点都能够自行展开为一个伞状网络。

本章的其余部分讨论机器人的例子。机器人的动作精度涉及大量的刚柔耦联的多体系统动力学问题。自适应机器人是刚柔交叉研究的一个当代例证[15]。自适应机器人的典型构形为由光滑结合点相连的坚硬框架组成,外包有弹柔的肌肉与强韧的筋条。骨骼状的坚硬框架承担了绝大部分的重力载荷和刚度需求,可以大幅度拉伸的弹柔肌肉与强韧筋条起到了发力与控制的作用。但这一"硬骨柔筋"设计理念也可以发生改变。按照少林寺最高功法"易筋洗髓功"的哲学理念,只有"易筋为坚,洗骨为柔",才能造就超级武者。对于自适应机器人,也可以探讨新的力学原理,即通过减弱支撑框架的刚度来实现对自然环境更好的适应性,通过锤炼其皮肤、肌肉与韧带的强韧性来构筑更好的战力和防御盾甲。这样组装起来的机器人具有更宽广的行动包络、更高的能量效率、超强的敏捷能力。

共融机器人是刚柔联合控制的新境界。其中,共融有三个维度,即与环境融合,与人类融合、机器人互相融合。环境融合就是得以适应恶劣的环境;与人融合就是为人服务,听人指挥,人机共融增强;互相融合就是指它可以以群体的形式出现。在这一理念下,机器人可以在绝大多数非结构化和动态变化的环境中为人类工作。为达到这一目标,其必要条件是:灵巧的抓取操作、可适应复杂地形的灵活足式动作、对周边信息的五官感知能力,以及与大脑神经网络类似的可联通上述三者的中枢控制装置,见图 18.2。

图 18.2　刚柔联合控制下机器人需要具备的基本功能[1]

为了使共融机器人有别于机器,它必须具有存储、学习和控制功能。这些功能可汇聚于图 18.2 中的机载大脑上,体现为强化学习框架下的卷积神经网络计算。在足够的算力下,所选取的深度神经网络结构可实现随环境进程的动态演化,并能够模拟机器人与环境之间交互作用的复杂性。在这一数字孪生的作用中,需要将一项"政策"或描述该政策的"q 值函数"近似到任意的精度。对于上述过程,在 20 世纪 50 年代于工程控制领域提出的 Bellman 方程,以动态规划的创始人理查德·贝尔曼 (Richard E. Bellman,1920~1984)命名,为其最优化提供了必要条件,并以此建立了增强学习的基础。深度模仿是展示其训练多重特征(人类、机器人等)能力的另一个例证,它可以模拟不同类型的技巧,包括步行、杂技和武术[16]。

18.4　高机动性足式机器人:本征动力学

在泥盆纪晚期,鱼类进化出了四肢,登上陆地,地球上最原始的广义两栖动物开始出现。随后,脊椎动物开始以四足运动的方式探索陆地世界。约 6 000 年前,人类发明了轮子,从此轮式运动这种简单高效的运动方式出现于人类文明[17]。然而,即使人类付出了几千年的努力,并发展出了履带等附加结构,轮式机械仍然只能在陆地上有限的范围内运动[18]。

当机器人脱离结构化的工业场景,进入充满不确定性的自然环境,运动性能成为机器人的核心能力指标。足式运动具备非连续接触的特点,能够克服轮的局限性,在陆地上各个角落运动。足式运动机制以其卓越的地形适应性和良好的机动性成为机器人出行的理想方案。这种优势来自足底与地面间歇式的接触-脱离过程。然而,这种连续-离散相混合的运动过程为足式机器人的动力学分析和控制带来了挑战,导致足式机器人的实际表现与人们的美好期待尚不能相符。

对于人和动物,通过自己的肢体与环境进行实时的物理交互是一种本能。这个被人们习以为常的过程却包括了地面-足底、骨骼-肌腱之间的物理交互作用以及感受器信号预处理,神经中枢的感觉运动控制与反射等分布式多层次信息处理。这些过程环环相扣,赋予了动物杰出的运动能力。当前足式机器人所呈现的运动与自然界的动物还相去甚远,运动控制便是其中的核心问题。经典的控制方法是基于模型的方法(model predictive control,MPC)。这种方法对机器人系统的动力学行为进行简化建模,并基于模型导出控制律[19-21]。在这种控制方法中,模型的准确性直接决定了控制的准确性,但是模型的复杂程度又制约了控制器的更新频率。随着算力的增长,控制中使用的模型已经从弹簧倒立摆模型发展到了全身动力学模型,控制频率也有了长足的进步;但是在有限的机载算力下,两者仍然难以兼得。

最高奔跑速度已成为直观简洁地衡量足式运动能力的首选指标。在自然界中,各个生态位上的动物对速度都有一种朴素的追求。对于捕食者而言,更高的速度意味着更高的捕食成功率。而对于被捕食者,更高的速度意味着更高的生存概率。即使在文明的人类社会,虽然生存已经不再依赖于矫健的身形,但是对速度的追求依旧在我们的基因中留存烙印。这种诉求被带入到奥运会,凝聚为"更快、更高、更强"的标语,爆发于百米赛道上风驰电掣的冲刺。受限于遗传物质的束缚,动物的速度存在着难以突破的极限;肌肉作为构成动物力量的基础,其能量密度存在着瓶颈。作为人造产物,通过吸收生物运动学原理,深入分析足式运动动力学机理,机器人的机动性应存在着更宽广的可能性。

对于足式机器人的研究热情在很大程度上受自然界中动物的卓越运动能力所激励。这种卓越的运动能力表现在其运动的机动性和对复杂地形的适应性,这将在本节和第18.6 节中予以说明。如图 18.3(a)所示,猎豹作为奔跑速度最快的陆地动物,其有记录的最大速度高达 112 km/h;其从静止加速到 100 km/h 仅需要 3 s[22],这种加速性能与方程式赛车的加速度相当。在崎岖地形下,轮式运动的机动性迅速恶化。然而,依靠附肢与地面进行交替接触实现运动的动物,可以通过落足点规划,实现对地形条件的充分利用,避免对连续光滑的地形条件的依赖。图 18.3(b)所示意的就是岩羊在近乎垂直的岩壁上进行运动。岩羊的蹄子巧妙地借助悬崖峭壁上狭小的平台产生足够的作用力,支撑岩羊的平衡。历经半个多世纪的研究,人造的足式机器人在运动机动性和地形适应性上仍然无法达到自然界动物的能力。

(a) 猎豹高速奔跑过程,其有记录的最大奔跑速度高达112 km/h

(b) 岩羊能够在近乎垂直的岩壁上攀爬,摄取所需要的矿物盐

(c) 短跑运动员的奔跑速度是其身体机能的综合表现

图 18.3　自然界中卓越的足式运动行为

足式运动的过程中主要包含了三个具体的过程,分别是支撑、摆腿与平衡[23]。支撑功能主要通过支撑腿与地面力交互作用,对身体的质心位置进行调整。摆腿功能主要是为了实现可持续的运动,为下一次腿的着陆过程做准备。平衡功能表现为控制身体的姿态角。足式运动的生物通过在一个运动周期内,对三种功能的切换与组合,实现自身适应不同的地形条件的稳定运动。因此,足式运动具有更高的运动自由度,提升了动物与机器人的环境适应能力。

正如最高车速性能指标对于汽车的意义,速度对于复杂的机器人系统也是一个首要的性能衡量标准。图 18.4 以体重作为横坐标,以奔跑速度作为纵坐标,对比了动物与迄今为止足式机器人的速度差异。由图 18.4 可见,当前四足机器人的速度远未达到自然界哺乳动物的平均水平,其中仅有部分机器人可达到生物性能的下界。一般而言,四足机器人目前只达到了相同体重的动物速度的四分之一左右。目前能够在三维空间自由运动的机器人中,以 Boston Dynamics 发展的 WildCat[24] 液压驱动的四足机器人奔跑速度最快,可达到 32 km/h。

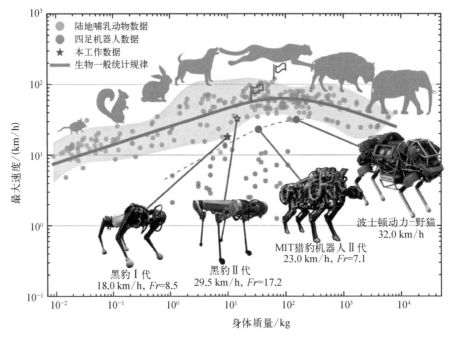

图 18.4　四足机器人运动速度发展历程

蓝色圆形点表示的是四足机器人的运动数据;红色圆形点表示的动物所达到的奔跑速度

图 18.5 回顾了双足(或人形)机器人运动速度发展过程。纵观双足机器人的整体发展,可以发现能够达到人类平均行走速度的机器人屈指可数,而这些机器人的峰值速度与人类的峰值速度相去甚远。图中的纵坐标采用弗劳德数(Froude number)作为机器人的无量纲速度[25]。将机器人简化为倒立摆模型,弗劳德数的定义为由倒立摆质心运动速度而产生的离心力和自身重力的比值:

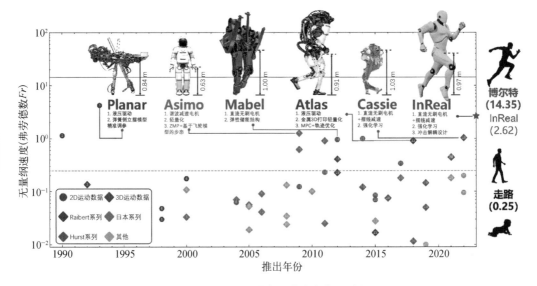

图 18.5　双足机器人运动速度发展过程

$$Fr = \frac{mv^2/l}{mg} = \frac{v^2}{gl} \qquad (18.1)$$

从时间维度看,早在 2009 年,Asimo 第三代的机器人就已经实现了 1.26 的无量纲速度。但时至 2022 年,Cassie 机器人基于强化学习算法才将无量纲速度提升到 1.03。从整体上分析,双足机器人在机动性方面的发展出现了近 15 年的停滞。

造成足式机器人运动速度落后的原因很难归结于其驱动元件的孱弱。机器人领域所用的直流无刷电机功率密度可超过 500 W/kg,领先于人的肌肉功率密度 300 W/kg;电机驱动的效率高达 80%,高于自然肌肉的效率。造成足式机器人目前奔跑速度落后的主要原因在于动力学与控制。足式运动机制通过附肢与环境间歇式接触-脱离的运动过程存在着双重挑战,即足式运动的固有挑战和高速运动的新增挑战。这里首先分析足式运动的固有挑战,包括混合性、冗余性、欠驱动三大挑战。

混合性: 混合动力学系统系指同时表现出连续和离散行为的动力学系统[26]。这是足式机器人系统相较于其他机器人最大的区别。通过主动规划机器人何时何地与环境进行接触、脱离,可为机器人的运动提供了极大的自由度,实现足式机器人对复杂地形的适应。也正是这个特点为足式机器人的动力学建模和控制器设计带来了困难。对于连续的动力学行为,通常采用多刚体动力学进行建模。而对于混合动力学系统,其离散的行为主要表现为原本在空中摆动的腿突然与地面接触的过程。由于地面刚度较高,发生碰撞的时间短,冲量大,因此该过程通常采用庞加莱映射的方法进行建模[27]。当动力学系统状态达到切换条件(通常表达为机器人足底与地面接触并且速度向下时),采用庞加莱映射对状态量进行更新,然后继续采用多刚体动力学进行计算。这种不连续的行为给动力学系统的仿真以及稳定性分析带来了巨大的挑战。另外,控制器对腿的控制也常常处于两种功能的频繁切换的过程,而这种功能切换又依赖于对机器人和环境的接触状态的估计,这对机器人的状态估计算法提出了更高的要求。

冗余性: 足式机器人的冗余性挑战也可以称为高自由度挑战。为实现机械腿的末端点能够在三维空间进行大范围运动,机械腿通常包含三个以上的主动自由度。结合身体的三个平动自由度和转动自由度,四足机器人通常有 18 个自由度。为了避免机器人与地面的刚性冲击,一些机器人在结构设计中引入串联弹簧等被动自由度,进一步增加了机器人系统的自由度。这种高自由度限制了最优控制的更新频率,并使得机器人的轨迹规划变得更加困难。控制器需要根据抽象指令具象化地协调不同腿、不同关节之间的配合,从而和谐地完成参考指令。这种配合关系被称为步态。生物研究的表明,合适的步态选择不仅能够提升运动效率,还能够提升运动稳定性[28]。

欠驱动: 足式机器人的机体是在空中浮动的,与惯性坐标系(参考地面)之间并不存在完整约束。这导致了足式机器人系统的欠驱动特性。欠驱动特性是足式机器人系统的特点。如何充分利用足式机器人的欠驱动特性来提升机器人系统的性能,对机器人的结构设计和控制提出了挑战。

然后分析高速运动的新增挑战,包括耦合性、高载荷、欠稳定。

耦合性:随着机器人奔跑速度的提升,机器腿发生剧烈的摆动。此时机器人质量矩阵的非对角线元素以及离心力、科里奥利力将身体和腿耦合起来。根据动量守恒与角动量守恒定律,机器人无法独立调节身体的姿态和机械腿的构型,附肢的剧烈摆动会带来身体的反向运动的趋势。随着机器人的速度提升,腿摆动产生的耦合惯性力、离心力与摆动频率、摆动速度呈平方倍增长,非线性耦合效应已经出现。

高载荷:随着机器人速度的提升,对机器人作动器的性能需求也将提升。一方面,作动器需要克服因为机械腿高速摆动所产生的惯性力;另一方面,由于机器人速度的提升,机械腿和地面接触时的速度也剧烈增加。这将导致接触过程中的地面对机器人各个关节产生巨大的冲击载荷。除了高作动力需求,高机动运动也需要高的作动速度。对作动器所需求的输出力与输出速度的同步提升为工程实践带来了巨大的挑战。这种高强度、周期性的交变动载荷会导致材质疲劳失效。

欠稳定:当机器人处于奔跑状态,腿和地面接触的时间缩短,甚至存在一些时刻机器人所有腿都不与地面接触的情况。研究发现,随着机器人速度的提升,动力学系统会逐渐表现出2倍周期分岔、4倍周期分岔直至混沌的发生,机器人运动失去周期性[29]。这一现象喻示着机器人稳定性随着速度提升的恶化。由于高维度、强耦合和混合非线性特点,传统的稳定性分析工具,诸如李雅普诺夫稳定性理论,难以应用于机器人动力学系统。除了稳定性,鲁棒性也是横亘在理论与实践中的巨大挑战。

此外,伴随着机器人的速度提升、地面的冲击载荷增加、机器人躯干和附肢的耦合效应显现、机器人和地面有效接触时间缩短,机器人的稳定性也将发生恶化。在开展动力学模型、控制器设计和软硬件优化之前,生物仍然是我们的学习和参考的对象。通过对生物的运动形式、解剖学结构,甚至是感觉运动控制神经系统的研究能够启发新的思路,其中最典型的就是受人体运动数据启发的弹簧倒立摆模型(spring load inverted pendulum,SLIP)[30]。

足式机器人的本征动力学分析旨在通过数学模型来深入了解机器人动力学系统的特点。在本征动力学分析过程中,可建立足式机器人全身混合动力学模型。受惠更斯耦合摆的启发,金永斌[31]发现躯干运动和附肢摆动通过惯性力、离心力与柯氏力剧烈耦合。利用连续耦合效应可以缓解机器人关节电机高载荷的挑战。在稳定性评估中,受随机系统稳定性启发,可发展基于熵的系统稳定性判据[32],用于验证离线优化的神经网络控制器对于不同动力学参数扰动的鲁棒性,为理想仿真中训练得到的控制器能够成功部署到实际复杂的机器人平台上奠定基础。结合动力学分析,发现熵稳定性判据能够敏感地捕获到机器人动力学系统的极限环、倍周期分岔和混沌行为。研究还同时发现,信号反馈延时和机器人步态对稳定性有重要影响。

结合本征动力学分析、控制器设计和稳定性评估的结论,浙江大学交叉力学中心对机器人软硬件平台进行设计和迭代,制备了黑豹系列的高机动四足机器人实验平台。可预设反映足式机器人奔跑速度的四个里程碑。里程碑一为突破同规格机器人速度奔跑纪录。体重为 10 kg 量级黑豹一代机器人实现了 5 m/s 的稳定奔跑,打破了同规格机器人奔跑速度纪录,峰值速度指标提升了 37%。里程碑二为打破机器人绝对速度的世界纪录(该纪录为体重为 154 kg 的 WildCat 机器人所保持的 8.8 m/s 纪录[24]);目前体重为 30 kg 的黑豹二代可望达到 10 m/s 的奔跑速度,为后续足式机器人追赶甚至超越自然界生物机动性奠定了基础。里程碑三为足式机器人的峰值速度可与自然界动物的平均机动性相当,暂设为在 30~40 kg 量级的足式机器人上实现 15 m/s 的奔跑速度。足式机器人速度在这一里程碑下的进一步提高,需要借助仿生学的研究,如建立奔跑过程的耸腰动作,以在高步频的前提下进一步地提高步幅。里程碑四为足式机器人的峰值速度超过自然界峰值机动性(30 m/s),这目前仍然是一个可望而不可及的目标。其可能采取的措施包括进一步优化驱动元件在全奔跑周期的出力过程;通过大百分比的腾空过程来增加步幅;改进足式机器人在超高速奔跑中的空气动力学设计,降低气动阻力,增加抓地力;优化刚柔控制的一体性;进一步提高足式机器人的能量密度;等等。进而可以提出下述力学基本问题:

力学基本问题 59　足式机器人能达到或超越足式动物的机动性吗?

18.5　足式机器人的步态转换与地形适应

在动物的运动中,每条腿都处在由落地支撑和离地摆动构成的循环中,不同腿的摆动又存在先后关系,这样形成的有特定节律的运动模式被称为步态。动物能够根据速度、地形、体能、机动性等需求,选择合适的步态,在需求变化时,能够在不同的步态之间自由、流畅地切换,这是动物运动中最基本的行为。对足式机器人而言,由于步态种类的多样性以及步态切换的复杂性,实现步态之间的自由切换变得颇为复杂。

运动速度只是足式机器人的一个维度,机器人的研究可以梳理为深度和广度两个维度,见图 18.6。深度方向的研究以运动速度为代表,表示机器人作业能力的上限。广度方向上的研究着眼于机器人的落地应用,主要关注机器人掌握多

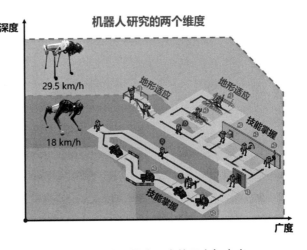

图 18.6　足式机器人研究的深度与广度

种技能的能力与适应不同环境的能力。在复杂地形适应能力方面,足式机器人与动物的差距颇为明显。在面对非平坦的地形时,动物能够根据地形的形貌和地面的物理特性,主动适应各种复杂的地形。在平地运动中,机器人的身体高度、姿态以及落脚点高度都是基本恒定的;但在起伏地面上,这些量会发生较大幅度的变化,需要考虑的运动学和动力学过程都更加复杂。此外,在讨论复杂地形时,还没有公认的对于地形复杂性的抽象描述。

在轨迹规划环节,大部分任务都需要通过启发式的方法根据速度规划脚的摆动轨迹,当需要适应地形或者执行复杂动作时,可以通过引入落脚点选择器或离线轨迹优化提高性能。运动控制是足式机器人研究的核心问题。基于强化学习的控制方法兼顾高模型精度和高计算效率两大优点,是学术界和产业界公认的控制方法。基于动作模仿的强化学习将参考运动融入奖赏函数,在不满足动力学的运动参考轨迹附近搜索符合动力学的轨迹,简化了奖赏函数设计,提高了使用强化学习设计控制器的效率。然而现有方法只能模仿特定的动作。邵烨程提出参考运动和控制策略联合设计方法,从而推广到多种动作的模仿学习[33]。他以四足机器人为研究对象,研究了平地上多种步态的运动以及步态之间的切换,复杂地形的主动适应性,并从简单的移动任务推广到一般任务。

为了刻画步态之间的切换,可采取基于相位引导的步态切换控制[34];通过基于相位引导的强化学习控制框架,来控制多种步态的运动以及步态之间的自由切换。将四足运动的步态拆分为四条腿独立的周期运动,并使用四个独立的周期变量,即相位表示步态,形成统一的步态描述与生成方式。并通过霍普夫(Hopf)振子来量化步态切换,对四条腿的相位进行耦合,实现不同步态的控制。相位引导强化学习方法将学习任务从多种步态的学习转变为相位与步态关系的学习,并利用敏感度分析确认相位引导可简化学习任务。

为了刻画对复杂地形的适应,可进行基于落足点引导的地形适应控制:如提出基于落足点引导的强化学习控制框架,将复杂地形近似为梅花桩。根据落足点信息生成参考运动,以阶梯地形为核心,提出了三阶段训练方法,实现了实物机器人对非平坦地形的主动适应。可构建一种基于工况分布的泛化能力分析方法,选取身体姿态、接触角、干涉强度等特征对训练样本所处的工况进行量化,通过分析训练样本工况的分布情况,解释了以阶梯地形为核心的训练方法具有高泛化能力的原因。

上述方法可进一步推广到针对一般动作的模仿学习控制[33],即构建融合动作生成和模仿技术的运动控制方法。基于动作状态机,根据用户指令实时生成可控的参考运动轨迹,并使用强化学习控制器实时跟随运动轨迹。使用同一个控制器在实物机器人上实现了步态切换、高抬腿和跳跃等多个动作。提出了参考轨迹可预测性的概念,用于表示参考运动前后动作的关联性。验证了强化学习控制器具备挖掘参考轨迹内在关联性的能力,揭示了动作模仿中控制器输入的参考轨迹长度对控制器性能的影响机理,为参考轨迹长度选取提供了理论指导。

18.6　极高静水压力下的刚柔组合体

刚柔交叉的另一个例证是探讨可适应于极高静水压力的刚柔组合体。

深海中具有极高的静水压力。人们往往需要借助于坚硬耐压壳体和压力补偿系统来保护用于深海航行的力电装置。然而,海洋学家发现不装备这类笨重且体积庞大的抗压系统的一些深海生物却可以在极深的海底处自由地游弋[35]。一个典型的例子是深渊狮子鱼,它们可以在 8 700 m 水深下生活,见图 18.7。

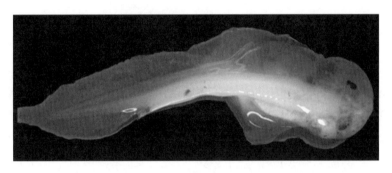

图 18.7　深渊狮子鱼(2017 年于马里亚纳海沟约 8 000 m 区域捕获)

狮子鱼具有特殊的生物力学结构[36]。其一,鱼体中不存在空腔,呈单连通域,消解了对均匀静水应力的结构性扰动;其二,鱼身中主脊和刺骨均为细长且柔软的细梁,颇有"柔若无骨"的风范,是一种以肌丝牵动变形的珠链或发丝类型结构;其三,鱼头中不存在大片的头盖骨,是一个由胶质包裹细碎骨巢而成的金鱼头状结构。图 18.8 中对比了狮子鱼的生物力学结构与常见海鱼结构的不同。由有限元计算可得:静水压力下在狮子鱼身体中仅造成低得多的冯·米塞斯(Richard von Mises,1883~1953)应力。

一体的头骨

分布的头骨

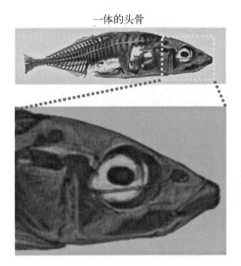
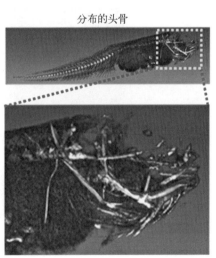

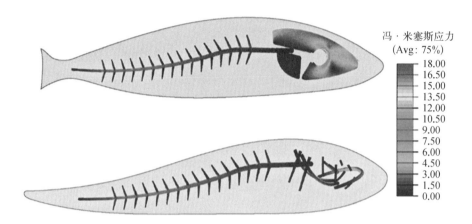

冯·米塞斯应力
(Avg: 75%)

18.00
16.50
15.00
13.50
12.00
10.50
9.00
7.50
6.00
4.50
3.00
1.50
0.00

图 18.8　狮子鱼与常规海鱼的头骨比较(前者在承受静水压时仅产生
低得多的冯·米塞斯应力)

　　李铁风团队研究极端环境下的软物质力学和软体机器人系统。他们利用极端环境下软物质的力学特性,发展出岛桥式网联的机器人控制系统与能源系统,实现了无需耐压外壳的软体机器人在马里亚纳海沟 10 900 m 海底驱动,并控制实现了在南海 3 224 m 深海的自由航行[37]。相关成果在 *Nature* 主刊发表,入选"2021 年中国科学十大进展"。*Nature* 还以"深海潜游者"为题作为封面文章介绍这项研究成果,见图 18.9。

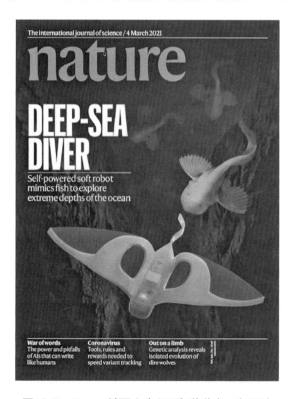

图 18.9　*Nature* 封面文章(深海潜游者:自驱动
软体机器人鱼翔海底深渊)

这项成果表明：以力学研究为基础,面向深海极端环境探测的机器人系统,有望在极端环境下揭示软物质行为机理,并发展相应的基础理论。于是可以提出下述基本力学问题：

力学基本问题 60　极高静水压下工作的刚柔组合体要遵循什么样的设计准则？

对这一问题的思考,在于发挥极端环境下软物质、软器件与软体机器人系统的强适应和多功能特性。考虑到在极高水压下机器人系统的非空腔性,可以将其构形考虑为单连通的异质连续体。在极高水压力下,其主要的破坏模式为刚性与柔性介质间的界面破坏。因此,硬介质的尺度和柔性介质对其的断续包裹将是降低界面应力的力学要素,而柔韧的界面连接将是抑制界面破坏的材料要素。

基于这一理解,可研究生命启发的共融型智能机器人——用于探索奇特的生命现象和结构组织(如深海生物),解析其动力产生与智能涌现的优异机制。研究的目标旨在建立机器人、智能设备等人造系统的仿生设计与操纵原理,开发刚柔-质智共融的强适应机器系统,探索人类未知领域(如深海)。这时需要解析软体机器人系统状态变化,分析物理本征特性和机器人交互动力学特性,对在复杂环境与任务下进行特种作业的软体机器人理论与应用有重要价值。从极端环境软物质力学基础理论出发设计机器人系统,提出高压下电磁驱控软物质耦合行为,有望取得具有创新意义的突破。

回顾在第 13 章中关于斗篷理论的研究,由于流体基本不具有形状抵抗力,就可以通过变换理论来实现斗篷效应;而对固体来说,由于其抗剪切或偏振特征,很难实现斗篷效应。如把这一比拟映射到极高压的情况：对于各向同性的柔性体(如五模材料),可以有效地适应极高压的环境,只需抵抗静水压力即可;而对于具有多个非零模量的固体材料或连续态的刚柔复合体(如生物体),在极高压下还会产生剪切抗力,由此在一定的压力下就可以产生破坏行为。现在的问题是：能否在这一刚柔复合体上包覆一层斗篷状的柔性材料,并允许进行精心设计与制备的超材料表面,使得人们可以通过这一斗篷来消解被包裹的固体或刚柔复合体中的剪切应力？ 如果在现代科技的努力下这一目标得以实现,可以进一步提出下述问题：生机与活力在多高的静水压力下仍然可以存在？

参考文献

[1] Yang W, Wang H T, Li T F, et al. X-Mechanics—An endless frontier[J]. Science China Physics, Mechanics & Astronomy, 2019, 62: 1 - 8.

[2] Magnus K. Dynamics of multibody systems[M]. Berlin: Springer-Verlag, 1978.

[3] Wittenburg J. Dynamics of systems of rigid bodies[M]. Berlin: Springer-Verlag, 2013.

[4] 贾书惠. 刚体动力学[M]. 北京: 高等教育出版社,1986.

[5] 刘延柱,洪嘉振,杨海兴. 多刚体系统动力学[M]. 北京: 高等教育出版社,1989.

［6］ Likins P W. Dynamics and control of flexible space vehicles［R］. NASA－CR－105592, 1970.

［7］ Modi V J. Attitude dynamics of satellites with flexible appendages-a brief review［J］. Journal of Spacecraft and Rockets, 1974, 11(11)：743－751.

［8］ Kane T R, Ryan R R, Banerjeer A K. Dynamics of a cantilever beam attached to a moving base［J］. Journal of Guidance, Control, and Dynamics, 1987, 10(2)：139－151.

［9］ 缪炳祺,曲广吉,程道生. 柔性航天器的动力学建模问题［J］. 中国空间科学技术,1999,19(5)：35－40.

［10］ 李俊峰,王照林. 带挠性伸展附件的航天器姿态动力学研究［J］. 清华大学学报：自然科学版, 1996,36(10)：35－40.

［11］ 李智斌,王照林,李俊峰. 带柔性伸缩附件航天器几何非线性振动稳定性［J］. 宇航学报,2004, 25(2)：141－146.

［12］ Lacour S P, Wagner S, Huang Z, et al. Stretchable gold conductors on elastomeric substrates［J］. Applied Physics Letters, 2003, 82(15)：2404－2406.

［13］ Khang D Y, Jiang H, Huang Y, et al. A stretchable form of single-crystal silicon for high-performance electronics on rubber substrates［J］. Science, 2006, 311(5758)：208－212.

［14］ Zhou T, Hong G, Fu T M, et al. Syringe-injectable mesh electronics integrate seamlessly with minimal chronic immune response in the brain［J］. Proceedings of the National Academy of Sciences, 2017, 114(23)：5894－5899.

［15］ Trimmer M B, Ewoldt P R H, Kovac M, et al. At the crossroads：Interdisciplinary paths to soft robots ［J］. Soft Robotics, 2014, 1(1)：63－69.

［16］ Peng X B, Abbeel P, Levine S, et al. Deepmimic：Example-guided deep reinforcement learning of physics-based character skills［J］. ACM Transactions On Graphics (TOG), 2018, 37(4)：1－14.

［17］ 李约瑟. 中国科学技术史［M］. 北京：科学出版社,2007.

［18］ Raibert M H. Legged robots that balance［M］. Cambridge：MIT Press, 1986.

［19］ Liston R A, Mosher R S. A versatile walking truck［C］. London：Transportation Engineering Conference, 1968.

［20］ di Carlo J, Wensing P M, Katz B, et al. Dynamic locomotion in the MIT cheetah 3 through convex model-predictive control［C］. Madrid：2018 IEEE/RSJ international conference on intelligent robots and systems (IROS), 2018.

［21］ Bjelonic M, Grandia R, Geilinger M, et al. Offline motion libraries and online MPC for advanced mobility skills［J］. The International Journal of Robotics Research, 2022, 41(9－10)：903－924.

［22］ Li M, Wang X, Guo W, et al. System design of a cheetah robot toward ultra-high speed［J］. International Journal of Advanced Robotic Systems, 2014, 11(5)：73.

［23］ Oshana R, Kraeling M. Bioinspired legged locomotion［OL］.［2023－12－19］. https：//linkinghub. elsevier. com/retrieve/pii/C2014004899X.

［24］ Boston Dynamics. Atlas and beyond：The world's most dynamic robots［OL］.［2023－12－20］. https：//www. bostondynamics. com/atlas.

［25］ Vaughan C L, O'Malley M J. Froude and the contribution of naval architecture to our understanding of bipedal locomotion[J]. Gait & Posture, 2005, 21(3): 350 - 362.

[26] Reher J, Ames A D. Dynamic walking: Toward agile and efficient bipedal robots[J]. Annual Review of Control, Robotics, and Autonomous Systems, 2021, 4: 535 - 572.

[27] Grizzle J W, Chevallereau C, Sinnet R W, et al. Models, feedback control, and open problems of 3D bipedal robotic walking[J]. Automatica, 2014, 50(8): 1955 - 1988.

[28] Granatosky M C, Bryce C M, Hanna J, et al. Inter-stride variability triggers gait transitions in mammals and birds[J]. Proceedings of the Royal Society B, 2018, 285(1893): 20181766.

[29] Lee J, Hyun D J, Ahn J, et al. On the dynamics of a quadruped robot model with impedance control: Self-stabilizing high speed trot-running and period-doubling bifurcations[C]. Chicago: 2014 IEEE/RSJ International Conference on Intelligent Robots and Systems, 2014.

[30] Blickhan R. The spring-mass model for running and hopping[J]. Journal of Biomechanics, 1989, 22(11 - 12): 1217 - 1227.

[31] 金永斌. 高机动足式机器人动力学分析与最优控制[D]. 杭州: 浙江大学, 2022.

[32] Jin Y, Liu X, Shao Y, et al. High-speed quadrupedal locomotion by imitation-relaxation reinforcement learning[J]. Nature Machine Intelligence, 2022, 4(12): 1198 - 1208.

[33] 邵烨程. 基于动作生成的足式机器人运动控制研究[D]. 杭州: 浙江大学, 2023.

[34] Shao Y, Jin Y, Liu X, et al. Learning free gait transition for quadruped robots via phase-guided controller[J]. IEEE Robotics and Automation Letters, 2021, 7(2): 1230 - 1237.

[35] Kunzig R. Deep-sea biology: Living with the endless frontier[J]. Science, 2003, 302(5647): 991.

[36] Wang K, Shen Y, Yang Y, et al. Morphology and genome of a snailfish from the Mariana Trench provide insights into deep-sea adaptation[J]. Nature Ecology & Evolution, 2019, 3(5): 823 - 833.

[37] Li G, Chen X, Zhou F, et al. Self-powered soft robot in the Mariana Trench[J]. Nature, 2021, 591 (7848): 66 - 71.

第 19 章
质智交叉

"一个正确的认识,往往需要经过由物质到精神,由精神到物质,即由实践到认识,由认识到实践这样多次的反复,才能够完成。这就是马克思主义的认识论,就是辩证唯物论的认识论。"

——毛泽东,《人的正确思想是从哪里来的》

作为本书的最后一章,我们讨论物质与智慧的交叉,也可以视为物质与精神的交叉。毛泽东主席讲"物质可以变成精神,精神可以变成物质","发挥主观能动性"。这一具有哲学意义的交叉概念是以相互作用为基础的,而相互作用又以力作为具象化的依托。习近平总书记在中国科学院第十九次院士大会、中国工程院第十四次院士大会上的讲话中,引用了《墨经·经上》中的名句"力,形之所以奋也"。并且他把力的作用从墨子意指的物质世界延伸到精神世界,提出很多事物、事件或行为的动力在于精神层面,而其度量就是精神层面的作用力。

本章将讨论虚拟与现实之间的交互作用力学。首先介绍在物理/生命/信息交集[1]下的三元世界,由此将物理力的概念拓展到生命力与信息力。作为这三类力之间媒介的体现,本章将讨论数值孪生和数智迁移,并在最后一节展开对通用人工智能的讨论。本章将涉及 9 个力学基本问题。

19.1 物理/生命/信息三元世界

描述万物之间作用的力学,包括牛顿力学、应用力学,以及为理论物理导航的四大力学,已经应用于各个领域。新的力学应该以什么作为研究对象呢? 力除了对物质有作用以外,对精神有没有作用呢? 除了"力,形之所以奋也",有没有"力,意之所以奋也"?

我们的生活与三个空间(世界)相联系,见图 0.1。在大自然中存在一个物理空间,物理空间里有物理力,如引力、强作用力、电磁力、弱作用力,该空间里的物理规律有牛顿力学、应用力学、四大力学。是否还有代表物质或场与自旋相互作用的第五种力是当今物理学界正在探索的科学问题。物理空间和人类所属的生命空间息息相关。人类去认识物理空间,称为认识自然,属于科学的范畴;人类如果想去改变物理空间,则称为改造自然,属于工程的范畴。人可以用各种方法去认识自然,改造自然,包括分析、实验、计算等。目前已经有了四种科学范式,分别以实验、理论、模拟、数据为手段来认识自然,其力学的具象化分别为伽利略范式、牛顿范式、冯·诺依曼范式、开普勒范式。反过来讲,物理的空间也可能改变生命、生物或人的形态与内涵。例如物种的进化,既可以通过渐进的达尔文方式进行,也可以通过人为干涉的突变方式去实现。在赛博空间(cyberspace)中映射出信息力,也有作为信息规律的信息力学;它能通过互联网、知识产生、知识传播等,以数据的方式去驱动物理空间和生命空间的进程,见图 0.1[2]。赛博空间对物理空间的驱动,可以通过物联网的形式,包括数值模拟、数字孪生、计算科学等方式。赛博空间对生命空间的驱动,可以通过混合增强、增强记忆、人工智能、机器学习等方式。这三个空间的共同的交汇点属于“通用人工智能”的范畴,它是生命/物理/信息结合的高级方式。

由此产生的一个力学基本问题是:

力学基本问题 61　在物理/生命/信息三元世界中,有什么类型的力?

19.2　生命力的体现

物质与智慧的交叉,体现出生命力的重要性。力与生命的关系,可从以下四个方面来加以阐述。

一是力源生造就生命。在生命力学中,力是可以通过分子马达机制产生的,通过酶转化的能量来进行驱动,这是力源生的实施方式和驱动方式。力的产生得益于生命体中三磷酸腺苷(ATP)酶的激励;在意念的调控下,ATP 以电化学反应的速度转变为能量。类似于在物理世界中以蒸汽来驱动蒸汽机,以电力来驱动电动机,以核能来驱动核电站,由酶转化形成的能量可以在生命世界中驱动分子马达。造就生命之力源的分子马达给出了从能量化身为力的物理图像。三位科学家让-皮埃尔索瓦日、詹姆斯·弗雷泽·斯托达特、伯纳德·卢卡斯·费林加由于在分子马达方面的工作分享了 2016 年度的诺贝尔化学奖[3]。

二是力作用改变传承。在基因传承方面,对基因进行剪切、接续都是力学行为,执掌生命传承的基因组可以在分子力剪刀的作用下进行基因编辑。在组织传承方面,生物力学家发现:力不仅可以造成生命组织外在形状的变化,而且可以激发生命组织内在结构的生长。

三是意念力塑造回路。力学能够描述意念与躯体之间的交互作用。意念驱动着神经信号的不竭流动。这些指令信号会启动一系列的电化学反应,助力于神经元的流走[4]。突触传递是中枢神经系统神经元之间信息传递的基本方式。这些累积的神经元驱动轴突的生长和突触的延伸。因此,意念力(或神经心理学力)可以驱动大脑神经体的物理生长。生命科学的科学家发现[5],如果一个人聚精会神地去想一件事,其神经元某对应位置上会隆起一个亚毫米尺度的凸起。该凸起一旦与另外一根神经搭住,就形成一个新的脑回路,点燃创新思想。

四是力汇聚重塑哲学。当今的科学依据表明:物质和精神不一定表现为对立的两极。有时候两者融为一体,这时便无法区分精神与物质之间的边界,有可能发生"物质变精神、精神变物质"的转换。也就是说,在神经科学的新发展下,经典的物质-精神二元论可能与大脑一元论[6]并存。这时生命力的体现就是形意融通的意念力。

生命力学里的生命力还可以细分为意念执行力、生命信息力、生命进化力、生命创造力等。类比于物理世界的四种力,可将其分别称为:万有念力、电化学力、基因力、弱作用力。意念执行力具有场的特征,是一种长程力(可称为万有念力),它可代表民族的意识形态或国家意志的执行能力,或人体神经中枢对各个生命体的生命感召力;生命信息力是一种依赖于信息通道的场传播力,可以在声、光、电、磁的物理场中传播,采取声音、眼神、电感应、磁取向等方式,体现信息传播效果;生命进化力代表代际遗传和交联的基因力,传承生命体最本质的核心信息,也体现环境对生命体的影响;生命创造力代表生命系统的组成力和协调力,它是一种弱作用力,在生命的创造、合成与可持续发展中起到重要作用。

力学界常用的词汇,往往可以无障碍地应用于生命科学和心理学。例如,在神经科学或者是心理学中,心理状态所承受的张力经常被表达为 stress 或者 tension,这两个词都是力学研究者的常用词汇。此外,如损伤(damage)、韧性(resilience)、疲劳(fatigue)、承受力(endurance)等词汇,在神经科学中的含意也大致与其力学含意相同。每一个人的神经系统或者心脏系统应当处于一个什么样的初始状态,才可以更好地实现"以不变应万变"的目标?这是力学中讲述的最优初始形态问题,应当从未来期望逆行回溯至当今的优化问题。

意识是生命力存在的表现。现有的共识认为意识是大脑的产物。其依据是:第一,丘脑中遗传有丘觉,丘觉是表达意思的,每当丘觉发放出来,就在脑中显现了一个意思;第二,在大脑皮质以及下丘脑、杏仁核、基底核、小脑等脑中存储着样本,多数是通过学习建立的,脑的主要功能就是进行样本分析;第三,联系丘脑与其他脑的神经元具有联结功能,丘觉与样本通过学习建立联结,形成功能一体,样本就能通过联结路径激活丘觉产生意识。丘觉、样本、联结是产生意识必需的三个条件,丘觉是意识的内核,样本是意识的外壳,联结是激活的路径,激活是产生意识的方式。非主流心理学认为,意识在"大脑过滤模型"的基础上独立于大脑。在他们看来,人类大脑的主要功能是过滤大量的意识,包括幻觉、超自然现象、神秘体验等。阿尔道斯·赫胥黎在其著作《知觉之门》[7]中推广了这一模型。"大脑过滤模型"对许多意识状态的现象都能做出简洁而全面的解释,但它长期以来一直被主流心理学所排斥。神经科学的观点是,意识完全是由大脑产生的,并不独立于大脑而存在,从而为意识赋予了物质基础。其证据是:与大脑的化学和电子互动(无梦睡眠、全身麻醉、药物、脑死亡)可以改变或消灭意识,没有可重复的实验能够证明可不需要先与大脑接触来形成意识之间的因果关系。

从交叉力学的生命力观点来看：意识力既可以代表一种认识力,也可以代表一种作用力;意识既可以是在意识力(如基因力和弱作用力)的作用下启发形成,存储于大脑之中,也可以是在作用力(如信息传递力和意识形态力)的感召下形成的,作为大脑与类似作用所触发的条件反射,因此便依赖于大脑与环境的互动。

凡此种种,可以提出下述科学问题:

力学基本问题 62　意识存在于何处?（科学 $125^{[8]}$ 之一）

生机与活力是生命力存在的另一个表现形式。老化发生于每个植物、动物和人类成员。科学家们一直致力于可能干扰衰老过程的研究,其中一个重要的方向就是延缓细胞衰老。一种做法是以某种方式消除与衰老相关的"缓慢"细胞,同时保持正常细胞沿着时钟走向顺行。随着年龄的增长,一些细胞会放弃复制繁殖并停止工作,另一些不必要的繁忙细胞却可能失控发展成癌症。科学家们往往处于放任缓慢细胞积聚或允许癌细胞增殖的两难选择之中。研究结果证明,衰老是"多细胞的内在属性"。优胜劣汰的自然选择为地球上的物种演化提出了一系列解决方案,但进化并没有成功地击败老龄化。它不能通过自然选择来避免。科学或许能够减缓衰老,但它无法阻止这一进程。

可以考虑从生命力的角度上探讨这一问题。力生物学家(mechano-biologists)可以通过调制信号通道来控制生命信息力,使得人体可以通过优化的、个人定制的细胞凋亡信号控制来延长细胞的更新周期;力基因学家(mechano-geneticists)可以通过基因编辑来制造长寿基因,改善我们的生命进化力;力-生物技术学家(mechano-biotechnologists)可以通过对变异细胞的行为控制来理顺生命系统的组成力和协调力,降低癌组织的形成概率。在这一综合且个性化的处置方案下,可以试图探索下述科学问题:

力学基本问题 63　我们可以阻止自己衰老吗?（科学 $125^{[8]}$ 之一）

19.3　信息力的体现

在赛博空间中,信息的产生、流动、传播与滞失遵循着信息规律。信息时空的作用力为信息力。知识产生、知识传播是信息力作用下产生的信息源和信息流。信息流动可采用固定网络(如互联网)、移动网络(如移动互联、云互联)和人-人、人-机、机-机交流等方式进行。

在语义空间[9]中,可定义不同语义之间的信息力,其表现为影响力、传播力、意识形态力、潜意识力等形式。信息力可能包括信息影响力(与万有引力相似)、信息传播力(与电磁力相似)、意识形态力(与强相互作用力类似)、潜意识力(与弱相互作用力类似)等类型。信息力往往对有意识的生命体才有作用。信息影响力与信息传播力是语义空间中的长程作用力;意识形态力是仅针对特定语义的短程作用力,而潜意识力为长期作用的弱作用力。信息力是赛博空间内不同语义相互联系的纽带,它可以表达为信息量对语义空间距离的导数,它影响人们对信息的信任程度。

信息时空的基本规律为信息力学基本定律。在信息空间,信息量与信息影响力之间由信息动力学方程所控制,可类比于在物理空间的牛顿动力学方程。信息动力学包含与万有引力定律和牛顿运动三定律相对应的形式。对两个信息的网点或者是网址,以 I_1 与 I_2 代表该两个信息点上各自承载的信源量,并记 r 为在语义空间中信息点 1 与信息点 2 之间的距离。该两个信息点之间的信息作用力应该与它们在语义空间中的距离负相关。也就是说:两个网点的热门话题的语义差距越大,相互间的影响就越小,反之亦然。该方式和牛顿的万有引力公式非常相像。对应于万有引力定律,有(无传播障碍的)语义空间的万有影响力定律[4]:

$$F_{12} = C\frac{I_1 I_2}{R(r)} \tag{19.1}$$

式中,F_{12} 代表语义空间中信息点 1 与信息点 2 之间的影响力;C 为万有影响力常数;$R(r)$ 为相对于 r 的单调递减函数。如果信息空间呈均匀、各向同性状,则 $R(r)$ 应为 r 的齐次函数。仿照胡克对万有引力的推导过程,对 N 维信息空间,$R(r)$ 应为 r 的 $N-1$ 次幂函数。对应于牛顿运动三定律,在语义空间中有:

第一定律——信息惯性定律,在未经删除、改写或屏蔽下,信息内容保持不变,信息传播动量保持恒定;

第二定律——信息动量的变化率等于作用于其上的影响力(或信息力)的冲量;

第三定律——在语义点 1 与 2 之间作用力等于反作用力,影响力等于受影响力。由信息力学的基本规律可以展现在语义空间中信息宏观运动的动力学特征,包括其波传播过程。

下一个问题是:在信息空间,需不需要遵循类似于热力学定律这样的规律?这里所指的热力学定律包括:热力学第零定律(即热平衡定律)、热力学第一定律(即能量守恒定律)、热力学第二定律(即熵增定律)、热力学第三定律(即绝对零度不可达到),以及有关热传导的定律。

对该问题的回答却不是很容易的。首先,不能孤立地考察信息,因为对信息的接收、认识、加工与繁衍是与人紧密关联的。其次,与物质的不灭相反,信息是可以被封存和泯灭的,也可以被复制、编织或重新发掘。为了更好地回答这一问题,可以先寻找对应于诸热力学量的信息空间特征量[2]。物理时空的主要驱动量为能量。能量的空间变化率即为力(或能量力),是驱动物理世界运动的原动力。能量的起伏与涨落体现为热,是分子运动的表征。通过爱因斯坦质能关系式,能量还与物质的存在相关。因此,在物质世界中,从宏观到微观层次,能量是物质运动与存在的驱动者。信息时空的主要驱动量为信息量。信息量是信息发生的频次与活力的组合;频次越高、数据的震惊度越大、信息停留时间越久,信息量就越大。除震惊度以外,信息量还可以用信息的价值来度量,它类似于物理空间的温度或分子运动力。

可称语义空间中每一点的数据量(或信息发生的频次)为该点的信源量,称数据的震惊度为信源热度。照此理解,可将信息量视为在单位时间内信源量与信源热度之乘积的平均值。在语义空间上某一点沉积的信息量相当于物理空间某一点的能量,其语义空间的分布构成信息场。信息场的梯度在该空间上产生信息作用力,类似于物理空间中的能量力。物理熵用于刻画物理世界的混乱程度,可包括振动熵、混合熵、构型熵等多种类型。而信息熵用于刻画信息世界的混乱程度,表达信息的混乱性、跃动性和真伪并存性。

在粒子动力学描述的热碰撞时,相撞粒子的动量守恒、动能守恒。与两个孤立系统相接触而产生的热平衡过程不同,信息的碰撞可能会产生新的信息。所以,没有"信息热度平衡"定律,信息都是一波一波发生的,或者趋热,或者被遗忘。类似地,不同于能量守恒定律,无法实现"信息量守恒"定律。类似于力学上的自由能,可将自由信息量视为是信息量减去热度与信息熵的乘积,后者代表了无法产生置信作用的信息量,会随着时间的消逝变成矛盾的信息,变成对宏观语义不造成影响而被扬弃的信息。自由信息量是可以释放出来,对整个语义空间均能施以影响的信息。但即使对应于这样的自由信息量,也是可以由承载信息的人群通过汇聚众智而不断产生,并没有守恒定律。对于熵增定律,信息科学家们讲到数字世界和物理世界的关系时认为:"数字世界消耗物质能量,转化成热量损耗,并给物理世界提供高价值信息,帮助物理世界实现物质和能量的优化,产生熵减。"对于封闭信息系统,信息的普遍交流可能造成信息的结构化,造成统一意识的形成,造成熵减。与物理空间不同,信息空间和生命空间均可能发生熵减作用。对热力学第三定律,即绝对零度不可达到,在信息空间中应该具有同样的假设。与物理世界的热传导定律相符合,在信息空间中也可以通过传导(信息扩散)、对流(网络信息)和辐射(信息舆情)的方式来进行信息传播。

在信息时空中,外界作用主要通过外界信息影响的方式来体现。按照其分布特征,外界信息影响也分为面型信息力与体型信息力两类。对隔离的系统来讲,面型信息力代表隔离域外的非合作方(如竞争对手、黑客等)对防火墙的攻击力。在网络博弈中,以网制网的方式代表不同体域之间的信息作用力,互相施加于双方的防火墙之上。外界体力的施加有超距性(如信息纠缠)和传播性(如借助声光电媒介的传播)等施加方式。

19.4　数字孪生与阿凡达模拟范式

对物质实体的数智化过程可以分为三个阶段来加以实现。

第一个阶段是数值化,就是全面地用数值来表示物质实体,即将物质实体的全部物理内涵都表达为二进制数值。这时注重于分析、模拟的因果式研究范式让位于数据驱动的研究范式[10,11],对计算力学亦为如此[12-14]。对物质实体逐一映射对应的数值化可在几何图形学的框架下实现。计算机显示中的图形变幻可以采用几何流形来加以表示。虚拟影像的建立主要依赖于计算机图形学。从作为参照物的物理现实图像出发,可按照连续介质力学中的运动学映射来形成赛博空间的虚拟影像。即取物理现实图像为参考构形,赛博空间中的虚拟影像为即时构形,利用变形梯度张量来完成这一映射。后者的优点在于一旦建立起运动学映射关系,就可以根据物理现实图像的连续视频来自动生成虚拟影像的连续动作。如在科幻电影《阿凡达》(Avatar)中,诸位阿凡达及其各种动作的塑造可相对于人体演员的自然态来建立参考坐标,在所需表现的阿凡达自然态上建立一一对应的映射坐标,人体演员到阿凡达之间的映射就可以表示为"变形梯度"(或变换张量)。该映射建立后,人体演员的位置移动、肢体腾挪、面部表情变化等都可以映射成为阿凡达的运动学图像,成为电影中阿凡达栩栩如生的运动影像。

第二个阶段是数字化,就是建立与物质实体全面对应的数字孪生体(digital twin)。2002年,美国密歇根大学 Michael Grieves 教授首次提出了产品生命周期管理概念模型,提出"与物理产品等价的虚拟数字化表达",出现了现实空间、虚拟空间的描述。该思想由 Michael Grieves 命名为"信息镜像模型",而后演变为"数字孪生"的术语。也就是说,在现实系统和虚拟系统的界面上设立一个镜像,或者称为"系统的孪生",使得虚拟系统和现实系统在整个生命周期中彼此连接,见图19.1。中国科学院自动化研究所的王飞跃研究员提出了平行系统的概念,指由某一个自然的现实系统和对应的一个或多个虚拟或理想的人工系统所组成的共同系统,参见文献[15]。2011年,Michael Grieves 教授在《几乎完美:通过 PLM 驱动创新和精益产品》一书中给出了数字孪生的三个组成部分:物理空间的实体产品、虚拟空间的虚拟产品、物理空间和虚拟空间之间的数据和信息交互接口[16]。数字孪生的本质就是在信息世界中对物理世界的等价映射[17]。俄罗斯、日本等国先后推出了以阿凡达命名的数字孪生机器人的研制计划。

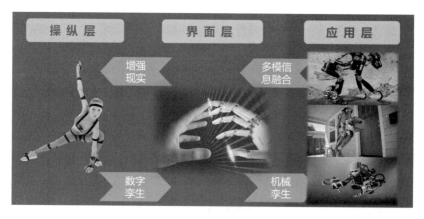

图19.1 阿凡达模拟范式

第三个阶段是数智化,就是把物质实体全面地用可进化的数智体来替代。数智体承接了所关联物质实体的全部智能,并可以根据未来物理世界和信息世界的环境来加以演化。俄罗斯亿万富翁德米特里·伊茨科夫(Dmitry Itskov)公布了一项存在争议性的"2045

行动计划"：他准备上传自己的大脑，争取到 2045 年实现数智永生。该计划一共分为四个阶段。阶段 A 的实现点是 2015 年，做出一个人的机器人复制体，不需要外科手术即可实现人类意识的移植，可通过脑机接口（brain-computer interface，BCI）远程控制；阶段 B 的实现点是 2025 年，该阶段将实现在某个人生命终止后将其大脑进行移植；阶段 C 的实现点为 2035 年，届时将在某人死后进行人工大脑及性格移植；阶段 D 将在 2045 年实现最终极的目标，制造出全息型的阿凡达。该计划宣称，这种创造出来的人造人不仅在功能上超越原有人体，并且在形体上达到完美，吸引力也不逊于人体。

与之对应的两个科学问题（也是质智交叉力学的基本问题）是：

力学基本问题 64 **是否有可能创建有感知力的机器人？**（科学 125[8] 之一）

力学基本问题 65 **能否数字化地存储、操控和移植人类记忆？**（科学 125[8] 之一）

19.5 数智能力向实质物体的迁移

数智能力向实质物体的迁移需要在力学上保持五个一致：一是静力学一致，即数字孪生体的静力学刚度、强度与可靠性要与实质物体一致；二是运动学一致，即数字孪生体的几何形貌与变形特征要与实质物体一致；三是动力学一致，即数字孪生体的质量分布和运动要与实质物体一致，均需满足牛顿的动力学方程；四是信息学一致，即数字孪生体的数字处理和信息交换能力要与实质物体的算力、控制频率和信息通信能力一致；五是能量学一致，即数字孪生体的能量配给能力要与实质物体的能量存储、动力输出和电磁相容性能力一致。

数智能力向实质物体的迁移不一定要采取一对一的方式，也可以通过网络系统实现近乎超距的、一对群体的方式。这可以借助人机融合的阿凡达系统。该系统可将人的感官、动作以光速与世界各地机器人建立关联，从而对当地环境进行感知并作业。因此，可以视作是信息时代下对物理运输手段的补充，实现全球人力的高效流动、重新配置。人机融合阿凡达系统是一种全新的作业方式，它通过人机共享控制将机器人的机能与操纵人员的智能有机融合，实现机器人能够在任意时间、任意地点、按照人类意愿完成任何事情，实现时间同步、空间解耦的功能。见图 19.2，可借助高速通讯网络，

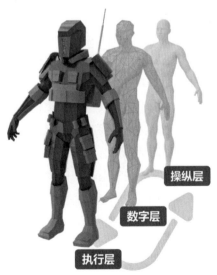

图 19.2 人机融合阿凡达系统

将机器人端(执行层)传感器采集到的环境信息传输到操纵人员端;基于传感信号,由数字层重构机器人所处环境;根据重构得到的环境信息,操纵层做出控制决策,并传递到执行层,与机器人底层控制融合,实现作业。如果可以将这一过程做到极致,便可以探讨下述涉及混合智能[18]的科学问题:

力学基本问题 66 我们可以和计算机结合以形成人机混合物种吗?(科学125[8]之一)

19.6 通用人工智能

人工智能有三个组成部分,采用心理学的名词,可分别称为符号主义、行为主义、联结主义[19]。符号主义又称为心理学派,行为主义又称为物理学派,联结主义又称为生理学派。从力学的视角上,符号主义对应的是逻辑主义、数据解析、计算力学;行为主义对应的是进化主义、控制论、动力学与控制;联结主义对应的是神经网络学派、跨层次学习、多尺度力学。

当前发展的人工智能,还停留在专用人工智能的阶段,即人工智能只在有限的专业能力方面超过人。其所对应的信息力学是无法达到全面自主阶段的信息力学,其哲学命题是:我们只有"自在"之力,而没有"自为"之力。机器与人尚没有整合为一体,心理、生理与物理的研究尚没有在力的框架下融于一体。在未来可能进入通用人工智能阶段,这时将诞生人工智能与人的融合体,它会在全方位上超过人。通用人工智能所对应的质智交叉是达到全面自主阶段、呈现"自为"之力的质智交叉,即机器与人融合为一体,心理、生理与物理的研究在力的框架下融于一体,数据与思想融为一体。其对应的哲学命题是:数据何时具有思想?

通用人工智能的研究目标是寻求统一的理论框架,来解释各种智能现象;并建构具有高效的学习和泛化能力、能够根据所处的复杂动态环境自主产生并完成任务的通用人工智能体(artificial general intelligence, AGI),使其具备自主的感知、认知、决策、学习、执行和社会协作等能力,且符合人类情感、伦理与道德观念。为了处理复杂的问题,AGI允许机器去模仿人类行为和思维过程。根据设计,这些机器的表现行为与人类相同,这也包括其渊博的知识和认知计算技巧。实现通用人工智能需要满足三个关键要求:① 能够处理无限任务,包括在复杂动态的物理和社会环境中没有预先定义的任务;② 具有自主性,能够像人类一样自己产生并完成任务;③ 具有一个价值系统,由价值来定义它的目标,由具有价值系统的认知架构来驱动智能系统应用。

近30年,人工智能进入快速发展期,分化成计算机视觉、自然语言处理、认知与推理、机器学习、机器人学、多智能体领域等子领域。每个领域均出现过突破性的成果,但是每个独立的成果仍局限在其子领域中。2016年被誉为是类脑计算机元年,美、英、德相继推出了第一款类脑计算机,这是走向通用人工智能的关键基础。清华大学类脑计算研究中心于 2015 年 11 月成功地研制出国内首款超大规模的神经形态类脑计算"天机"芯片,同时支持脉冲神经网络和人工神经网络[20]。类脑计算的兴起,促进了量子力学、脑科学、认知科学的深度交叉。

实现人工智能需要满足三要素:算法、数据和硬件算力,这些要素都同等重要。人工智能往往遭遇维度灾难和算力瓶颈。20 多年前,人们就想到利用量子计算为人工智能加速,但是量子计算不能直接用来做深度学习。必须要设计相应的量子人工智能算法,才能达到加速的目的。例如,将不适合量子计算的 N - S 方程改造为薛定谔流体方程,可以在高雷诺数的情况下实现具有指数加速能力的湍流计算[21]。如果在人工智能中采用优于经典的算法和深度学习方法的量子机器学习策略,能够实现算力的量子加速,可支持以指数级的高复杂度计算来提高效率和准确性。这时所带来的一个科学问题是:

力学基本问题 67　量子人工智能可以模仿人脑吗?(科学 125[8]之一)

2020 年之后,人工智能的发展由"究理"(数理模型)向"问心"(价值函数)过渡,智能体由"心"驱动,实现从大数据到大任务、从感知到认知的飞跃,这是迈向通用人工智能的必经之路,也为计算力学和多学科优化提供了广阔的用武之地。力学中发展起来的弱解法、多场融合、特征模态等方法非常适用于人工智能。人工智能的奖赏函数与多学科优化中的目标函数异曲同工,所对应的非凸求解、多重约束、奇异解等求解问题也十分相似。在这一科学人工智能的发展中,充分地延拓了人工智能的联结主义思想,也是交叉力学中将层次交叉与质智交叉相结合的范例。

对未来人工智能的发展可做出如下研判。

研判 1:人工智能核心领域将高度融合、走向统一,实现从弱人工智能向通用人工智能转变。人工智能的六个核心领域(计算机视觉、自然语言处理、机器学习、认知与推理、机器人学和多智能体)呈现出对内融合、对外交叉的发展态势。人工智能领域的发展将寻求统一的人工智能架构,以实现人工智能从感知到认知的转变,从解决单一任务为主的"专项人工智能"向解决大量任务、自主定义任务的通用人工智能转变。

研判 2:人工智能的发展将从基于"大数据、小任务"这一数据关联范式向基于"小数据、大任务"这一关联+机理的范式迈进。深度学习的研究本质上是基于"以大数据驱动小任务"的范式,其依靠的是通过大量数据训练的分类器解决单一的任务,只能做特定的、人类事先定义好的任务;每项任务都需要大量的数据与标注;模型不可解释、知识表达不能交流;大数据获取与计算的成本昂贵,缺乏自主驱动的价值体系和认知架构,其局限性日益明显。即使对于基于深度学习技术的大型预训练神经网络模型(generative pre-trained transformer,GPT),即大语言模型,虽然已经取得了惊人的进展,但仍无法符合通用人工智能的要求。一是大型语言模型只能处理文本领域的任务,无法与物理和社会环境进行互动,无法体现"知行合一"的理念。二是大型语言模型也不具备自主能力,它需要人类来具体定义好每一个任务。三是尽管 ChatGPT 已经在不同的文本数据语料库上进行了大规模训练,包括隐含人类价值观的文本,但它并不具备理解人类价值或与人类价值保持一致的能力,即缺乏所谓的道德指南针。要构建真正智能的系统,应当更加关注数理逻辑和知识推理,因为只有将系统建立在人们了解的方法之上,才能确保 AI 不会失控。图灵奖得主杨立昆(Yann LeCun, 1960~)表示:语言只承载了所有人类知识的一小部分;大部分人类具有的知识都是非语言的,因此,大语言模型是无法接近人类水平智能的。人类处理各种大语言模型的丰富经验清楚地表明,仅从言语中可以获得的东西是如此之少。仅通过语言是无法让 AI 系统深刻理解世界,这是错误的方向。要实现通用人工智能,需要"小数据、大任务"范式,要用大量任务、而不是大量数据来塑造智能系统和模型。在"以小数据驱动大任务"的新范式下,只有少量数据的单一人工智能系统便可以发展出"常识",并且用"常识"来解决各种任务。

人工智能的新时代将是机理探析(mechanism)和数据关联双轮驱动的时代。无论是分析力学、量子力学、统计力学还是计算力学将重返其发展的中心舞台。通用智能体的出现,人类文明与人工智能将有新的冲突与融合,出现人、机混合的文明。人的智能将不再是唯一的,掌握了力学的 AI 也将开始具有创造力。人只是一种更高级的通用智能体,但不是终结。人类将迈入人机共生的智能时代。摆在人们面前的是下述科学和社会伦理学问题:

力学基本问题 68　机器人或 AI 可以具有人类创造力吗?（科学 125[8]之一）

力学基本问题 69　人工智能会取代人类吗?（科学 125[8]之一）

参考文献

[1] NIST Cyber-Physical Systems website[OL]. [2023 - 12 - 20]. https：//www. nist. gov/cyberphysical-systems.

[2] 杨卫,赵沛,王宏涛. 力学导论[M]. 北京:科学出版社,2020.

[3] Barnes J C, Mirkin C A. Profile of Jean-Pierre Sauvage, Sir J. Fraser Stoddart, and Bernard L. Feringa, 2016 Nobel Laureates in Chemistry[J]. Proceedings of the National Academy of Sciences, 2017, 114(4)：620 - 625.

[4] Yang W, Wang H T, Li T F, et al. X-Mechanics—An endless frontier[J]. Science China Physics, Mechanics & Astronomy, 2019, 62：1 - 8.

[5] Lai K O, Ip N Y. Synapse development and plasticity：Roles of ephrin/eph receptor signaling[J]. Current Opinion in Neurobiology, 2009, 19(3)：275 - 283.

[6] 包爱民,罗建红,迪克·斯瓦伯. 从脑科学的新发展看人文学问题[J]. 浙江大学学报(人文社会科学版),2012,42(4)：6 - 12.

[7] 阿道斯·赫胥黎. 知觉之门——天堂与地狱[M]. 庄蝶庵,译. 北京:北京时代华文书局,2017.

［8］ Science. 125 questions：Exploration and discovery［OL］.［2023 - 12 - 19］. https：//www. sciencemag. org/collections/125-questions-exploration-and-discovery.

［9］ Wu Z, Chen H. Semantic grid：Model, methodology, and applications［M］. Hangzhou：Springer Science & Business Media, 2008.

［10］ U. S. Government. Big data research and development initiative［OL］.［2023 - 12 - 20］. http：// www. whitehouse. gov/sites/default/files/microsites/ostp/big_data_press_release_final_2. pdf.

［11］ 邢黎闻. 徐宗本院士：从科学的角度说大数据的科学问题［J］. 信息化建设,2017(6)：13 - 15.

［12］ Kirchdoerfer T, Ortiz M. Data-driven computational mechanics［J］. Computer Methods in Applied Mechanics and Engineering, 2016, 304：81 - 101.

［13］ Kirchdoerfer T, Ortiz M. Data-driven computing in dynamics［J］. International Journal for Numerical Methods in Engineering, 2018, 113(11)：1697 - 1710.

［14］ Stainier L, Leygue A, Ortiz M. Model-free data-driven methods in mechanics：Material data identification and solvers［J］. Computational Mechanics, 2019, 64(2)：381 - 393.

［15］ Wang F Y. Back to the future：Surrogates, mirror worlds, and parallel universes［J］. IEEE Intelligent Systems, 2011, 26(1)：2 - 4.

［16］ Grieves M. Virtually perfect：Driving innovative and lean products through product lifecycle management ［M］. Cocoa Beach：Space Coast Press, 2011.

［17］ Grieves M. Digital twin：Manufacturing excellence through virtual factory replication［J］. White paper, 2014, 1(2014)：1 - 7.

［18］ 郑南宁,刘子熠,任鹏举,等. 混合-增强智能：协作与认知［J］. Frontiers of Information Technology & Electronic Engineering, 2017, 18(2)：153 - 179.

［19］ 高文. 人工智能发展现状与趋势［C］. 北京：中共中央政治局第九次集体学习,2018.

［20］ Pei J, Deng L, Song S, et al. Towards artificial general intelligence with hybrid Tianjic chip architecture ［J］. Nature, 2019, 572(7767)：106 - 111.

［21］ Meng Z, Yang Y. Quantum computing of fluid dynamics using the hydrodynamic Schrodinger equation ［J］. Physical Review Research, 2023, 5(3)：033182.

结束语

"力学笃行"

——陆游,《陆伯政山堂稿序》

唐人魏征云"求木之长者,必固其根本;欲流之远者,必浚其泉源。"[1]无论是治国,还是治学,都要固其根本。对一个力学工作者,能不断地思顾力学学科之根本,乃是其治学的正道。

寻求力学之根本有两条路线。一条是自上而下的路线,质询力学研究的出发点或基本假设,并采取逻辑演绎的方式来推演该学科的全部构成。这就是当年牛顿在1687年著述《自然哲学之数学原理》[2]所采取的路线,也是20世纪Truesdell在著述《理性力学引论》[3]所采取的路线。另一条是自下而上的路线,梳理所在学科尚有哪些基本问题还没有解决,并企图通过对这些问题的深耕来撬动广袤的学科处女地。对数学而言,20世纪Hilbert的23个问题[4]就是这方面成功的探索,新千禧年的7大数学问题[5]是这一路线的延续。在整个科学领域,还有《科学》期刊的125个未解问题[6]。

本书则企图沿着后一条路线做一些尝试。

作为本书的结束语,作者想从下面三个维度来阐述力学在整个自然哲学发展中的中枢作用。

1. 宏微观结合的力学

科学在于认识自然。取决于观察的尺度,自然可以呈现出不同的形态:宏观的连续介质形态、细观的微细结构形态、微观的原子分子形态。宏微观结合的力学是开启不同形态关联的一把钥匙,其学科方面的实体是物理力学。

物理力学起源于钱学森先生的倡议[7],旨在从物质科学的微观、细观、宏观诸表征层次的关联出发,阐述其力学行为的物理本源。除体相物质外,物理力学还可以应用于探讨低维物质。研究重点包括:细观力学、物质的跨层次理论、多场耦合力学、低维物质力学、爆炸力学、等离子体力学、核爆过程稳定性等。物理力学需要深入研究的问题包括:① 从微观角度自下而上地设计具有特殊功能的新材料;② 实现极端条件下的材料和器件服役性能模拟;③ 表面、界面设计等概念及应用;④ 设计和制备低维材料、微纳结构新材料、新型智能材料、结构和器件等;⑤ 发展爆炸力学研究;⑥ 发展高温、低温、空间与天体等离子体力学研究。

宏微观结合力学的一个新发展趋势在于人工智能方法的介入。最近,来自 14 个机构的 63 位作者合作撰写了关于科学人工智能(AI for science)的长篇综述,详细阐述了 AI 在亚原子(波函数、电子密度)、原子(分子、蛋白质、材料、相互作用),以及宏观系统(流体、气候、地下)等不同时空尺度的科学领域应用的关键挑战、学科前沿和开放问题[8]。在不同的层次均可以有着自身材料设计的侧重,需要发展对应的 AI 方法。以较为丰富多彩的功能设计为例:量子层次的功能设计可以涉及拓扑绝缘体的探寻,发展相对于薛定谔方程的量子算法;原子层次的功能设计涉及材料基因组,涉及具有广大数据库的深度学习算法;分子层次的功能设计涉及功能基元,涉及功能的涌现学习;团簇层次的功能设计涉及高功能催化剂,涉及对限域化学的原理学习;细观层次的功能设计涉及功能复合材料,涉及对输运性能的宏观化过程。

与宏微观结合的力学有关的一个科学问题是空间的维度。维度,又称为维数,是数学中独立参数的数目。在物理学和哲学的领域内,指独立的时空坐标的数目。0 维是一个无限小的点,没有长度。1 维是一条无限长的直线,只有长度。2 维是一个平面,由长度和宽度(或部分曲线)组成。3 维是 2 维加上高度组成体积。维度是力学中的时空观的基础,所对应的科学问题是:

力学基本问题 70 空间中有多少个维度?(科学 125[6] 之一)

人类最多能够接触到的维度是三维。三维以上的空间人类就只能想象了。认识高维度空间得从四维空间开始说起,它是离三维空间最近的空间维度。人们可以用数学的方法,在纸上模拟计算四维空间,可就是感知不到四维空间具体是什么样子。这是因为"感官"限制了人类。提到四维空间,就有必要说一下克莱因瓶。用拓扑学的语言来说,克莱因瓶是个"不可定向的拓扑空间",意思是克莱因瓶没有内外之分,只有在四维空间中,它才能展现出真面目。四维空间上面还有更高维度的空间,现在科学界将空间划分为 11 个维度:零维是点;一维是线;二维是面;三维是体(为某时间点的空间);四维是时间轴上的空间;五维是时间面上的空间;六维是时间体上的空间;七维是无限(伪);八维是时空线;九维是时空面;十维是时空无限,也是十一维中的点。在大一统理论中,主要成果有弦理论和 M 理论[9]。作为最接近"物理的终极理论"的理论,M 理论希望能借由单一理论来解释所有物质与能源的本质与交互关系,它结合了五种超弦理论和十一维空间的超引力理论。在 M 理论正确的前提下,空间维度就有 11 个。四维空间和人们有联系,剩下的 7 个空间维度都是一个个震动的平面,它们极度弯曲。M 理论的基础之一是几何,11 个维度构成了一个庞大的几何体,我们的宇宙在这个几何体内充当了维度之间的"膜"。当然,维度之间的"膜"不止一层。科学家试图用 M 理论解释宇宙中的一切现象,包括奇点大爆炸,用它来解释就是维度之间的"膜"发生了碰撞,这才引发了大爆炸,宇宙的膨胀现象也可以用 M 理论来解释。

2. 多物理场共融的力学

物理力学还致力于探讨多物理场共融的力学,即在力、热、声、光、电、磁、核、能量、信息、生命等多因素作用下的耦合力学行为。这一耦合行为可以概述为五种类型。一是在多物理场共同作用下粒子复合体的整体流动行为,如风沙流体力学就与砂粒间弥散分布的电磁场有很大关联,这一多物理场共融的过程决定了起砂条件,沙尘暴中的砂粒分布和多相流湍流生成,其特征是多物理场调制了多相流的复杂流动。二是在多物理场共同作用下分子自由程变化,以及对应的液固转变过程,电流变体与磁流变体均属于此类情况,3D 打印的数字光加工(DLP)也属于这一范畴,这一光场主导的压塑打印过程以光场作为触发液固相变的催化条件,其特征是多物理场改写了流变体的状态方程。三是在多物理场共同作用下晶格点阵所发生的一级和二级相变,包括铁电、铁磁等力电磁耦合行为,以及对应的失效机理[10],其特征是多物理场丰富了固体中的畴结构。四是在多物理场共同作用下对物体输运行为的变化,如高压引起的超导行为、芯片中的应变工程、大应变下金刚石由深禁带绝缘体转变为半导体乃至导体的过程,其特征是多物理场改变了凝聚态物质的能带结构。五是在强激光、电磁场等多场耦合下的物质相互作用,包括激光毁伤、激光辐照引起裂纹高超声速扩展等,其特征是多物理场摧毁了物质的价键结构。

3. 有形与无迹之间的力学

在力学研究的先贤眼中,力学是有形的、是非常具象化的。如墨子就在《经上》记载说道:"力,刑(通形)之所以奋也。"亚里士多德的著作论述过力学问题。他解释杠杆理论说:"距支点较远的力更易移动重物,因为它画出一个较大的圆。"他关于落体运动的观点是:"体积相等的两个物体,较重的下落得较快。"这个错误观点对后世影响颇大。亚里士多德还认为:"凡运动的事物必然都有推动者在推着它运动",但一个推一个不能无限地追溯上去,因而"必然存在第一推动者",即存在超自然的神力。这就是所谓无穷追溯的哲学命题。阿基米德在浴缸中领悟到"浮力"就是排出水的重量,他还有"给我一个支点,我就能翘起整个地球"这样非常具象化的说法。牛顿一生都纠结于力的本原,力是产生的?还是施加的?他倾向于后一种,但仍未摆脱无穷追溯这一哲学命题,由此引出了第一推动力。

力是介乎于有形和无迹之间的观念。德国的古典哲学家依曼努尔·康德(Immanuel

Kant, 1724~1804)所著的《自然科学的形而上学基础》[11]共分为四章,即:① 运动学的形而上学基础;② 动力学的形而上学基础;③ 力学的形而上学基础;④ 现象学的形而上学基础。该书对早期力学体系的哲学思想进行了系统地探究。

黑格尔(Georg Hegel, 1770~1831)的立身之作为《精神现象学》。该书中译本[12]的正文也就 100 面出头,前面的序也写了近 100 面,写的是马克思和恩格斯是如何评价该书的。该书正文中有 20 多面是关于力的,其阐述语言比较艰涩,和现在所讲的力有些不同,偏向精神意义上的力,即无边无际的力。黑格尔讲到自在的力、自为的力、此岸的力、彼岸的力,讲到什么是普遍的力、有表现形式的力、隐含的力等。该书第三章"力与知性:现象和超感官世界"中讲到"力与力的交互作用"时是这样定义力的表现和存在的辩证统一的"……这种运动过程就叫做力:力的一个环节,就是力之分散为各自具有独立存在的质料,就是力的表现;但是当力的这些各自独立存在的质料消失其存在时,便是力的本身,或没有表现的和被迫返回自身的力。但是第一,那被迫返回自身的力必然要表现其自身;第二,在表现时力同样是存在于自身内的力,正如当存在于自身内时力也是表现一样"[12]。并且他强调"力就是返回到自身的力"。除了间接地肯定牛顿第三定律以外,黑格尔的这一思想还是中国哲学中"由用求体""格物穷理"的系统性的体现。马克思特别注重黑格尔的《精神现象学》,曾称"精神现象学是黑格尔哲学的真正起源和秘密"。在《德意志意识形态》一书中又称精神现象学是"黑格尔的圣经"[13]。马克思和恩格斯都认为机械唯物论和马赫主义有悖于黑格尔的辩证法。

有鉴于此,力理念的演绎有现象和本质这两者间辩证性的对立统一。作为物质、信息与意念之交会的学科,力作用于有形与无迹之间。

参考文献

[1] (唐)魏征. 谏太宗十思疏[M]//(清)吴楚材,吴调侯. 古文观止. 武汉:崇文书局,2010.

[2] Newton I. Philosophiae naturalis principia mathematica[M]. Oxford:University of Oxford Press, 1687.

[3] Truesdell C A. A first course in rational continuum mechanics[M]. London:Academic Press, 1992.

[4] Hilbert D. The problems of mathematics[C]. Paris:The Second International Congress of Mathematics, 1900.

[5] 美国克雷数学研究所的科学顾问委员会. 千年大奖问题[Z], 2000.

[6] Science. 125 questions:Exploration and discovery[OL]. [2023-12-19]. https://www.sciencemag. org/collections/125-questions-exploration-and-discovery.

[7] 钱学森. 物理力学讲义[M]. 北京:科学出版社,1962.

[8] Zhang X, Wang L, Helwig J, et al. Artificial intelligence for science in quantum, atomistic, and continuum systems[OL]. [2023-12-19]. https://doi.org/10.48550/arXiv. 2307. 08423.

[9] Horava P, Witten E. Heterotic and type I string dynamics from eleven dimensions[J]. Nuclear Physics B, 1996, 460:506-524.

[10] Yang W. Mechatronic reliability[M]. Berlin:Springer Verlag, 2003.

［11］依曼努尔·康德. 自然科学的形而上学基础［M］. 邓晓芒,译. 上海：上海人民出版社,2003.

［12］黑格尔. 精神现象学［M］. 贺麟,王玖兴,译. 北京：商务出版社,1979.

［13］马克思,恩格斯. 德意志意识形态［M］. 中共中央马克思恩格斯列宁斯大林著作编译局,译. 北京：
人民出版社,1961.